EUL VERLAG

Rechnungslegung und Wirtschaftsprüfung

Herausgegeben von Prof. (em.) Dr. Dr. h. c. Jörg Baetge, Münster, Prof. Dr. Hans-Jürgen Kirsch, Münster, und Prof. Dr. Stefan Thiele, Wuppertal

Band 21
Sören Peters
Entscheidungsnützlichkeit der Leasingbilanzierung nach IFRS und US-GAAP – Eine Analyse der aktuellen Reformbestrebungen
Lohmar – Köln 2009 • 360 S. • € 64,- (D) • ISBN 978-3-89936-866-6

Band 22
Lüder Kurz
Bilanzierung von Klimaschutzprojekten nach IFRS – Clean Development Mechanism und Joint Implementation unter dem Protokoll von Kyoto
Lohmar – Köln 2010 • 304 S. • € 59,- (D) • ISBN 978-3-89936-901-4

Band 23
Christoph Berentzen
Die Bilanzierung von finanziellen Vermögenswerten im IFRS-Abschluss nach IAS 39 und nach IFRS 9 – Eine vergleichende Untersuchung der Entscheidungsnützlichkeit unter besonderer Berücksichtigung des Komplexitätsgrads
Lohmar – Köln 2010 • 284 S. • € 58,- (D) • ISBN 978-3-89936-950-2

Band 24
Eva Brandt
Bilanzierung pharmazeutischer FuE-Projekte nach IFRS
Lohmar – Köln 2010 • 432 S. • € 68,- (D) • ISBN 978-3-89936-951-9

Band 25
Oliver Tinz
Die Abbildung von Wachstum in der Unternehmensbewertung – Eine theoretische und empirische Analyse der Möglichkeiten und Grenzen einer objektivierten und transparenten Abbildung von Wachstum nach IDW S 1
Lohmar – Köln 2010 • 324 S. • € 62,- (D) • ISBN 978-3-89936-952-6

JOSEF EUL VERLAG

Reihe: Rechnungslegung und Wirtschaftsprüfung · Band 25

Herausgegeben von Prof. (em.) Dr. Dr. h. c. Jörg Baetge, Münster, Prof. Dr. Hans-Jürgen Kirsch, Münster, und Prof. Dr. Stefan Thiele, Wuppertal

Dr. Oliver Tinz

Die Abbildung von Wachstum in der Unternehmensbewertung

Eine theoretische und empirische Analyse der Möglichkeiten und Grenzen einer objektivierten und transparenten Abbildung von Wachstum nach IDW S 1

Mit einem Geleitwort von Prof. Dr. Hans-Jürgen Kirsch, Westfälische Wilhelms-Universität Münster

EUL VERLAG

Bibliografische Information der Deutschen Nationalbibliothek

Die Deutsche Nationalbibliothek verzeichnet diese Publikation in der Deutschen Nationalbibliografie; detaillierte bibliografische Daten sind im Internet über <http://dnb.d-nb.de> abrufbar.

Dissertation, Westfälische Wilhelms-Universität Münster, 2010, unter dem Titel: Die Abbildung von Wachstum in der Unternehmensbewertung – Möglichkeiten und Grenzen einer objektivierten und transparenten Abbildung von Wachstum nach IDW S 1 unter Berücksichtigung empirischer Befunde zum Wachstum börsennotierter Unternehmen in Deutschland

D 6 (2010)

ISBN 978-3-89936-952-6
1. Auflage August 2010

JOSEF EUL VERLAG GmbH
Brandsberg 6
53797 Lohmar
Tel.: 0 22 05 / 90 10 6-6
Fax: 0 22 05 / 90 10 6-88
E-Mail: info@eul-verlag.de
http://www.eul-verlag.de

Bei der Herstellung unserer Bücher möchten wir die Umwelt schonen. Dieses Buch ist daher auf säurefreiem, 100% chlorfrei gebleichtem, alterungsbeständigem Papier nach DIN 6738 gedruckt.

Geleitwort

Unter der Annahme einer unbegrenzten Lebensdauer wird der Unternehmenswert durch die künftigen finanziellen Überschüsse determiniert. Eine solche zukunftsorientierte Bewertungskonzeption findet sich auch in den Grundsätzen des Instituts der Wirtschaftsprüfer in Deutschland e. V. (IDW) zur Durchführung von Unternehmensbewertungen (IDW S 1 i. d. F. 2008). Als Ergebnis eines kontinuierlichen Dialogs zwischen Bewertungstheorie und -praxis nimmt IDW S 1 eine herausragende Stellung im deutschen Bewertungsumfeld ein und gilt daher bei Fragen der Bewertung von Unternehmen als maßgeblicher Bewertungsstandard. Die wesentliche Herausforderung bei der Anwendung eines Zukunftserfolgsverfahrens folgt aus der Unsicherheit künftiger Entwicklungen. Die künftige Entwicklung lässt sich für einen gewissen Zeitraum in der nahen Zukunft sicherer prognostizieren als für die fernere Zukunft. Demnach ergibt sich für jedwede in die Zukunft gerichtete Bewertung ein Horizont, jenseits dessen die künftigen finanziellen Überschüsse nicht mehr differenziert geplant, sondern nur anhand pauschaler Annahmen quantifiziert werden können.

Dieses Prognoseproblem stellt sich insbesondere bei der Frage, wie im Szenario eines Wachstums der künftigen finanziellen Überschüsse zu verfahren ist. Bislang werden wachsende finanzielle Überschüsse weitgehend pauschal durch einen Wachstumsabschlag vom Kapitalisierungszinssatz erfasst. Vor dem Hintergrund des bewertungsimmanenten Spannungsverhältnisses zwischen theoretischer Fundierung und Komplexitätsreduktion erscheint diese Vereinfachung aus finanzmathematischer Perspektive zwar durchaus sachgerecht. Indes stellt IDW S 1 in Abhängigkeit von Bewertungsanlass und Funktion des Bewertenden besondere Anforderungen an die Objektivierung und Transparenz der Bewertung. Dies trifft v. a. auf solche Bewertungsanlässe zu, in denen der Bewertende als neutraler Gutachter dazu aufgerufen ist, einen objektivierten Unternehmenswert zu ermitteln. Will man für einschlägige Bewertungssituationen verhindern, dass der aus seiner Eigenschaft als wesentliche Wertdeterminante resultierende Einfluss des Wachstumsabschlags durch Ausfüllen etwaiger Ermessensspielräume zugunsten singulärer bzw. zulasten schutzwürdiger Interessen involvierter Parteien ausgenutzt wird, ist in besonderem Maße für eine objektivierte und transparente Abbildung von Wachstum Sorge zu tragen. Der Verfasser nimmt dies zum Anlass, den in IDW S 1 normierten Status quo der Berücksichtigung wachsender finanzieller Überschüsse im Bewertungskalkül und -gutachten kritisch zu analysieren und darauf aufbauend unter Einbezug empirischer Befunde alternative Ansätze zu entwickeln.

Innerhalb des konzeptionellen Rahmens der objektivierten Unternehmensbewertung arbeitet der Verfasser im **zweiten Kapitel** zunächst für zentrale Begriffe ein allgemeines Verständnis heraus und grenzt den Untersuchungsgegenstand über die generelle Bezugnahme auf IDW S 1 hinaus ab. Im Anschluss erörtert er als weitere konzeptionelle Grundlagen allgemeine Grundsätze zur Ermittlung von Unternehmenswerten, die für die Abbildung von Wachstum relevant sind. Ebenso erläutert er das grundlegende Vorgehen zur Abgrenzung, Prognose und Kapitalisierung der künftigen finanziellen Überschüsse. Darauf aufbauend stellt der Verfasser konkrete Verfahren zur Bewertung von Unternehmen vor, wobei der Schwerpunkt seiner Betrachtung auf den Grundzügen der bewertungstechnischen Abbildung von Wachstum innerhalb der verschiedenen Verfahren liegt. In diesem Zusammenhang thematisiert er zudem verfahrensbezogene Spezifika bei der Berücksichtigung wachsender finanzieller Überschüsse, infolge derer eine verfahrensbezogene Diskussion der bewertungstechnischen Abbildung von Wachstum geboten ist. Abschließend leitet er Grundsätze für die Durchführung und Erläuterung von Unternehmensbewertungen unter besonderer Berücksichtigung des Wachstums von Unternehmen als Beurteilungskriterien für die spätere Analyse ab.

Im **dritten Kapitel** widmet sich der Verfasser der quantitativen Analyse des Wachstums von Unternehmen. Hierzu verdeutlicht er einleitend anhand einer Sensitivitätsanalyse die wertmäßige Bedeutung des Wachstumsabschlags als eine wesentliche Determinante des Unternehmenswerts. Daran anknüpfend setzt er sich mit der üblichen Vorgehensweise der Bewertungspraxis und -judikatur zur Quantifizierung von Wachstumsabschlägen kritisch auseinander. Sodann arbeitet der Verfasser ausführlich den Stand der empirischen Forschung zum Wachstum deutscher Unternehmen auf, indem er das konzeptionelle und methodische Vorgehen sowie die daraus gezogenen Rückschlüsse auf das Wachstum deutscher Unternehmen würdigt. Im Wesentlichen motiviert durch die divergierenden Ergebnisse der bisherigen empirischen Studien zum Wachstum deutscher Unternehmen führt der Verfasser schließlich eine eigene empirische Untersuchung zum Wachstum börsennotierter Unternehmen in Deutschland durch. Die empirischen Befunde verifizieren die eingangs geäußerte Hypothese des Verfassers, dass zwischen der Bandbreite der Wachstumsabschläge in der Bewertungspraxis und -judikatur zum einen und den empirischen Befunden zum Wachstum deutscher Unternehmen zum anderen eine deutliche Diskrepanz besteht. Diese Erkenntnis motiviert zusätzlich für die Frage, inwieweit sich das tatsächliche bzw. historische Wachstum deutscher Unternehmen anhand des Bewertungskalküls gemäß IDW S 1 zutreffend abbilden lässt. Auf Basis der Ergebnisse der eigenen empirischen Analyse zeigt der Verfasser anhand welcher Referenzmaßstäbe Wachstumsabschläge verfahrensspezifisch plausibilisiert werden könnten.

Im **vierten Kapitel** setzt sich der Verfasser auf qualitativer Ebene mit der konzeptionellen Abbildung von Wachstum unter konkreter Bezugnahme auf IDW S 1 auseinander, wobei er flankierend auf die Erkenntnisse der quantitativen Untersuchung als Argumentationsbasis rekurriert. Er nimmt dabei die anwendungsorientierte Perspektive eines Bewertenden ein, der in der Funktion als neutraler Gutachter nach Maßgabe von IDW S 1 dazu aufgefordert ist, einen objektivierten Unternehmenswert zu ermitteln. Um eine vollständige und umfassende Analyse zu gewährleisten, beleuchtet der Verfasser die konzeptionelle Abbildung von Wachstum gemäß IDW S 1 auf zwei unterschiedlichen Betrachtungsebenen. Während sich der Verfasser auf der Bewertungsebene der Frage annimmt, inwieweit die bewertungstechnische Abbildung von Wachstum hinreichend objektiviert ist, untersucht er auf Berichtsebene die durch das Bewertungsgutachten vermittelte Transparenz hinsichtlich der Berücksichtigung wachsender finanzieller Überschüsse. Den Schwerpunkt der Betrachtung legt der Verfasser auf die bewertungstechnische Abbildung von Wachstum, da diese nachhaltigen Einfluss auf den Unternehmenswert selbst und auf die zugehörige Berichterstattung im Bewertungsgutachten hat.

Die Ausführungen enden auf beiden Ebenen mit einer kritischen Würdigung, wobei der Verfasser auf Bewertungsebene die oben vorgestellten allgemeinen Grundsätze zur Durchführung von bzw. zur Berichterstattung über Unternehmensbewertungen zugrunde legt. Für beide Betrachtungsebenen kommt er zu dem Ergebnis, dass die Abbildung von Wachstum jeweils äußerst ermessensbehaftet ist. Den nicht unerheblichen Einfluss des subjektiven Ermessens des Bewertenden führt der Verfasser im Wesentlichen auf den seines Erachtens geringen Umfang operabler und konkreter Handlungsanweisungen in IDW S 1 zurück. Auf Bewertungsebene eröffnen sich dem Bewertenden insofern zahlreiche Ermessensspielräume, als dass sich die Abbildung von Wachstum im Bewertungskalkül aufgrund der in IDW S 1 idealtypisch gewählten Phasendifferenzierung auf eine Vielzahl pauschaler und somit nur schwer zu objektivierender Annahmen stützt. Angesichts des nicht unerheblichen Einflusses des Bewerterermessens auf die Abbildung von Wachstum wiegt es nach Auffassung des Verfassers umso schwerer, dass aufgrund der nur rudimentären Angabepflichten in IDW S 1 auf Berichtsebene ebenso Ermessensspielräume bestehen. In der Konsequenz ist nicht sichergestellt, dass das Ausfüllen der auf Bewertungsebene vorhandenen Ermessensspielräume im zugehörigen Bewertungsgutachten transparent dargestellt wird. Nach Ansicht des Verfassers gewährleistet IDW S 1 letztlich nur eingeschränkt eine objektivierte und transparente Berücksichtigung wachsender finanzieller Überschüsse und offenbart insofern Spielraum für punktuelle Verbesserungen hinsichtlich der bewertungs- und berichtstechnischen Abbildung von Wachstum.

Die Erkenntnisse der qualitativen Analyse nimmt der Verfasser im **fünften Kapitel** zum Anlass, alternative Ansätze zur objektivierten und transparenten Abbildung von Wachstum herauszuarbeiten, um das im Vorfeld identifizierte Verbesserungspotenzial durch punktuelle Änderungsvorschläge realisieren zu können. Analog zur Struktur der konzeptionellen Analyse legt der Verfasser seinen Ausführungen wiederum eine bewertungs- und eine berichtsbezogene Perspektive zugrunde. Auf Bewertungsebene plädiert er zur phasenbezogenen Abbildung von Wachstum für die Anwendung eines Konvergenzmodells. Als wesentliches Argument zugunsten eines solchen dreiphasigen Bewertungskalküls führt er die mit der Implementierung einer zusätzlichen Übergangsphase zwischen Detailplanungs- und Restwertphase einhergehende explizite Abbildung von Wachstumskomponenten bzw. Offenlegung der zugrunde liegenden Wachstumsannahmen an. Wie der Verfasser selbst einschränkend anmerkt, stellt die jeweilige Ausgestaltung der Phasenmethode indes nur den konzeptionellen Rahmen zur Abbildung von Wachstum dar. Wenngleich das Bewertungskalkül durch den Rückgriff auf eine Konvergenzphase stärker objektiviert wird, kann dieses Vorgehen den grundsätzlichen Einfluss des subjektiven Ermessens des Bewertenden nicht vollständig verhindern. Losgelöst vom jeweiligen Phasenkonzept widmet sich der Verfasser daher intensiv der Frage, inwieweit gerade die Abbildung des nachhaltigen und äußerst wertrelevanten Wachstums der künftigen finanziellen Überschüsse der Restwertphase objektiviert werden kann. Als Antwort auf diese Frage arbeitet der Verfasser verschiedene Herangehensweisen zur marktobjektivierten bzw. methodisch normierten Ermittlung wachstumsrelevanter Bewertungsparameter heraus. Anhand dieser Ansätze zeigt der Verfasser, wie Ermessensspielräumen durch den Einbezug von Kapitalmarktdaten und die Vorgabe empirisch fundierter Referenzgrößen bzw. -zeiträume zur objektivierten Ableitung einzelner Wachstumskomponenten begegnet werden kann. Um den

Grenzen der Objektivierung des Bewertungskalküls auch auf Berichtsebene Rechnung zu tragen, konkretisiert und erweitert der Verfasser die Angabenpflichten nach IDW S 1 zu einem idealtypischen Soll-Objekt der wachstumsbezogenen Berichterstattung. Die empfohlenen Angaben sollen sicherstellen, dass das Ausfüllen von Ermessensspielräumen im Bewertungsgutachten transparent dargestellt wird. Bei der kritischen Würdigung der erarbeiteten Ansätze kommt der Verfasser zu dem Ergebnis, dass ihre Anwendung allein aus Komplexitätserwägungen nicht abgelehnt werden kann. Vielmehr überwiegt die durch Explikation getroffener Annahmen erzielbare Objektivierung des Bewertungskalküls. Gleiches gilt für die flankierend empfohlene Aufwertung des Bewertungsgutachtens, da die entstehenden Informationskosten durch den Informationsnutzen erweiterter und konkretisierter Angabevorschriften kompensiert werden.

Insgesamt wird mit dieser Arbeit die Abbildung des Wachstums bei der Unternehmensbewertung umfassend und differenziert analysiert. Dabei überzeugt vor allem die fundierte Analyse der konzeptionellen Fragen der Unternehmensbewertung wie auch konkreter wertbestimmender Parameter. Die Arbeit ist dabei stets theoretisch fundiert, ohne den konkreten Anwendungsbezug aus den Augen zu verlieren. Die empirische Untersuchung liefert wichtige Hinweise für die konkrete Unternehmensbewertung. Besonders überzeugen die differenzierten Anforderungen an die Berichterstattung, die dazu beitragen dürften, diese wichtigen Wertparameter zu objektivieren. Insofern wünsche ich der Arbeit eine weite Verbreitung sowohl in der theoretischen Diskussion als auch in der praktischen Umsetzung.

Münster, im Juli 2010 Prof. Dr. Hans-Jürgen Kirsch

Vorwort des Verfassers

Die vorliegende Arbeit entstand während meiner Tätigkeit als wissenschaftlicher Mitarbeiter am Institut für Rechnungslegung und Wirtschaftsprüfung (IRW) der Westfälischen Wilhelms-Universität in Münster und meiner Tätigkeit als Mitarbeiter der PricewaterhouseCoopers AG Wirtschaftsprüfungsgesellschaft im Bereich Valuation & Strategy, Niederlassung Hannover. Sie wurde von der Wirtschaftswissenschaftlichen Fakultät in Münster im Juli 2010 als Dissertation angenommen.

An dieser Stelle möchte ich all jenen meinen tiefen Dank aussprechen, die mich bei der Anfertigung dieser Arbeit auf vielfältige Art und Weise unterstützt haben. Im Besonderen gilt dies für meinen verehrten Doktorvater, Herrn Prof. Dr. Hans-Jürgen Kirsch. Ihm danke ich sowohl für die Möglichkeit zur Promotion als auch für die wissenschaftliche Betreuung meiner Arbeit. Er hat die Entstehung meiner Arbeit stets mit größtem Interesse und konstruktiver Kritik gefördert. Seine Anregungen und seine stete Zuversicht in das gute Gelingen der Arbeit haben mir sehr geholfen. Für die Unterstützung seitens der PricewaterhouseCoopers AG Wirtschaftsprüfungsgesellschaft bedanke ich mich stellvertretend bei Herrn WP StB Prof. Dr. Mathias Schellhorn sowie Herrn WP StB Armin Albat. Ebenso danke ich Herrn WP StB Gerhard Saur, Herrn Dr. Michael Borgmann und Herrn Dr. Timo Willershausen für ihre ständige Diskussionsbereitschaft. Weiterhin gilt mein Dank Herrn Prof. Dr. Wolfgang Berens für die Übernahme des Zweitgutachtens und Herrn Prof. Dr. Heinz Lothar Grob für sein Mitwirken in der Promotionskommission.

Besonderer Dank ist Herrn Prof. Dr. Dr. h. c. Jörg Baetge und den Mitarbeitern seines Forschungsteams für die fachlichen Anregungen in zahlreichen Doktorandenseminaren auszusprechen. Desweiteren ist es mir ein wichtiges Anliegen, mich bei all meinen (ehemaligen) Kollegen am Institut in Münster zu bedanken. Namentlich hervorheben möchte ich an dieser Stelle Herrn Dipl.-Kfm. Tim Hoffmann, Herrn Dr. Hannes Köhrmann, Herrn Dr. Peter Koelen, Herrn Dr. Lüder Kurz, Herrn Dipl.-Kfm. Gerrit Lütkeschümer, Herrn Dr. Sebastian Nimwegen, Herrn Dipl.-Kfm. Daniel Siegel sowie Herrn Dr. Roland Schulz vom Forschungsteam Baetge. Ihnen danke ich nicht nur für ihre fachliche Unterstützung, sondern auch für die gebotene Ablenkung von der Forschung. Außerordentlicher Dank gilt zudem meinem wissenschaftlichen „Mitbewohner" Herrn Dr. Christoph Berentzen wie auch meinem privaten Mitbewohner Herrn Dipl.-Kfm. Marco Reinhard. Dank ihres moralischen Beistands war die Promotion rückblickend betrachtet auch in schwierigen Situationen ein leicht zu ertragendes „Übel". Darüber hinaus danke ich allen studentischen Hilfskräften, die meine Arbeit mit großem Einsatz unterstützt haben.

Zu guter Letzt möchte ich mich von ganzem Herzen bei meiner Familie bedanken. Für ihre bedingungslose Unterstützung auf meinem bisherigen Lebensweg ist meinen Eltern und meiner Schwester ein ganz besonderer Dank auszusprechen. Ihr Rückhalt, Vertrauen und Zuspruch haben mir nicht nur während meines Studiums stets die notwendige Kraft gegeben, um jedwede Herausforderung bestmöglich meistern zu können. Daneben möchte ich zwei ganz besonderen Frauen in meinem Leben danken: meiner Herzdame Maren und der kleinen Hundedame Polly. Mit ihrem unerschütterlichen Verständnis haben sie mir den notwendigen Freiraum zur Anfertigung dieser Arbeit verschafft. Ihr fröhlicher, lebhafter und humorvoller Charakter (in beiden Fällen gleichermaßen vorhanden) bzw. das Beharren auf regelmäßigen Auslauf (in einem Fall besonders ausgeprägt) haben mir während dieser Zeit Ablenkung und Antrieb zugleich verschafft. Mit ihrer grenzenlosen Zuversicht und dem Glauben in mich, hat mir gerade meine Freundin das nötige Durchhaltevermögen zum erfolgreichen Abschluss der Promotion gegeben.

Wenngleich die Unterstützung meiner Familie, meiner Herz- und meiner Hundedame in Worten nicht aufzuwiegen ist, versuche ich es dennoch – und widme ihnen diese Arbeit.

Münster, im Juli 2010 Oliver Tinz

Inhaltsübersicht

Inhaltsverzeichnis

Abbildungsverzeichnis

Formelverzeichnis

Tabellenverzeichnis

Anhangsverzeichnis

Abkürzungsverzeichnis

A

Abs.	Absatz
Abschn.	Abschnitt
abzgl.	abzüglich
AG	Die Aktiengesellschaft (Zeitschrift)
AktG	Aktiengesetz
APV	Adjusted Present Value
Aufl.	Auflage

B

BB	Betriebs-Berater (Zeitschrift)
Bd.	Band
BFuP	Betriebswirtschaftliche Forschung und Praxis (Zeitschrift)
BGBl.	Bundesgesetzblatt
BGH	Bundesgerichtshof
BIP	Bruttoinlandsprodukt
BörsG	Börsengesetz
BörsZulV	Börsenzulassungsverordnung
bzw.	beziehungsweise

C

ca.	circa
CAPM	Capital Asset Pricing Model
c. p.	ceteris paribus
CRSP	Center for Research in Security Prices

D

DAI	Deutsches Aktieninstitut
DAX	Deutscher Aktienindex
DB	Der Betrieb (Zeitschrift)
DBW	Die Betriebswirtschaft (Zeitschrift)
DCF	Discounted Cashflow
d. h.	das heißt
DStR	Deutsches Steuerrecht (Zeitschrift)

E

EBIT	Earnings before Interest and Taxes

EBT	Earnings before Taxes
EBITDA	Earnings before Interest, Taxes, Depreciation and Amortisation
EG	Europäische Gemeinschaft
ESt	Einkommensteuer
EPS	Earnings Per Share
EUR	Euro
EZB	Europäische Zentralbank

F

f.	folgende (Seite)
FAUB	Fachausschuss für Unternehmensbewertung und Betriebswirtschaft
FB	Finanz-Betrieb (Zeitschrift)
FCF	Free Cashflow
F & E	Forschung und Entwicklung
ff.	fortfolgende (Seiten)
Fn.	Fußnote
Frankfurt a. M.	Frankfurt am Main
FtE	Flow to Equity
FTSE	Financial Times Stock Exchange

G

GE	Geldeinheit(en)
gem.	gemäß
GewSt	Gewerbesteuer
GoB	Grundsätze ordnungsmäßiger Buchführung
GoD	Grundsätze ordnungsmäßiger Durchführung von Unternehmensbewertungen
GoE	Grundsätze ordnungsmäßiger Erläuterung von Unternehmensbewertungen

H

HBR	Harvard Business Review (Zeitschrift)
HFA	Hauptfachausschuss des IDW
HGB	Handelsgesetzbuch
Hrsg.	Herausgeber
hrsg. v.	herausgegeben von

I

IACVA	International Association of Consultants, Valuators and Analysts-Germany e. V.
IAS	International Accounting Standard(s)

ICB	Industry Classification Benchmark
IDW	Institut der Wirtschaftsprüfer in Deutschland e. V.
IDW FN	IDW Fachnachrichten (Zeitschrift)
i. d. F.	in der Fassung
i. d. R.	in der Regel
i. e. S.	im engeren Sinne
IFRS	International Financial Reporting Standard(s)
IPO	Initial Public Offering
i. S.	im Sinne
ISIC	International Standard Industrial Classification
i. S. v.	im Sinne von
i. w. S.	im weiteren Sinne

J

JÜ	Jahresüberschuss

K

KoR	Zeitschrift für internationale und kapitalmarktorientierte Rechnungslegung
KMU	kleine und mittlere Unternehmen
KSt	Körperschaftsteuer

L

LG	Landgericht

M

MDAX	Mid-Cap Deutscher Aktienindex
ME	Mengeneinheit(en)
Mio.	Million(en)
m. w. N.	mit weiteren Nachweisen

N

NACE	Nomenclature des Activités économiques dans les Communautés Européennes (Statistische Systematik der Wirtschaftszweige in der Europäischen Gemeinschaft)
Nr.	Nummer
NZG	Neue Zeitschrift für Gesellschaftsrecht

O

OLG	Oberlandesgericht

P

p. a.	per annum
PIMS	Profit Impact of Market Strategies
PiR	Praxis der internationalen Rechnungslegung (Zeitschrift)

R

REIT	Real Estate Investment Trust
Rev.	Revision
rev.	revised
RGBl.	Reichsgesetzblatt
Rn.	Randnummer
RWZ	Zeitschrift für Recht und Rechnungswesen

S

S	Standard
S.	Seite
sbr	Schmalenbachs Business Review (Zeitschrift)
sog.	so genannt(e)
Sp.	Spalte
SpruchG	Spruchverfahrensgesetz
StSenkG	Steuersenkungsgesetz
StuB	Unternehmensteuern und Bilanzen (Zeitschrift)

T

TCF	Total Cashflow
Telekom.	Telekommunikation
Tz.	Textziffer

U

u. a.	und andere
UM	Unternehmensbewertung und Management (Zeitschrift)
US	United States (of America)

V

v. a.	vor allem
vgl.	vergleiche
vSt	vor Steuer(n)

W

WACC	Weighted Average Cost of Capital
WM	Zeitschrift für Wirtschafts- und Bankrecht (Wertpapiermitteilungen)
WP	Wirtschaftsprüfer
WPg	Die Wirtschaftsprüfung (Zeitschrift)
WpHG	Wertpapierhandelsgesetz
WpPG	Wertpapierprospektgesetz
WpÜG	Wertpapiererwerbs- und Übernahmegesetz

Z

z. B.	zum Beispiel
ZBB	Zeitschrift für Bankrecht und Bankwirtschaft
ZfB	Zeitschrift für Betriebswirtschaft
zfbf	Zeitschrift für betriebswirtschaftliche Forschung
ZfCM	Zeitschrift für Controlling und Management
ZfhF	Zeitschrift für handelswissenschaftliche Forschung
ZGR	Zeitschrift für Unternehmens- und Gesellschaftsrecht
ZIP	Zeitschrift für Wirtschaftsrecht
ZP	Zeitschrift für Planung und Unternehmenssteuerung
ZPO	Zivilprozessordnung
ZSteu	Zeitschrift für Steuern und Recht
z. T.	zum Teil
zzgl.	zuzüglich

Symbolverzeichnis

Afa_t	Abschreibungen in der Periode t
d_j	Dividendenrendite des Unternehmens j
d_m	Dividendenrendite des Marktportfolios
D_t	(Erwartete) Dividendenzahlung in der Periode t
EK	Marktwert des Eigenkapitals
f	Fade-Faktor
FK	Marktwert des Fremdkapitals
FCF_t	Free Cashflow in der Periode t
$FÜ_t$	Finanzielle Überschüsse des zu bewertenden Unternehmens in der Periode t des Detailplanungszeitraums
$FÜ_T$	Finanzielle Überschüsse des zu bewertenden Unternehmens zu Beginn des Restwertzeitraums
$FÜ^{nSt}$	Finanzielle Überschüsse des zu bewertenden Unternehmens nach Steuern
$g^{Th,w}$	(Gesamt-)Wachstum der künftigen finanziellen Überschüsse bei Vorliegen von herkömmlichem und thesaurierungsbedingtem Wachstum
G_t	Gewinn der Periode t
GK	Marktwert des Gesamtkapitals
Inv_t	Investitionen in der Periode t
j	Laufindex (Unternehmen)
$JÜ_t$	Jahresüberschuss in der Periode t
k	Kapitalisierungszinssatz
k_j^{nSt}	Kapitalisierungszinssatz nach Steuern des zu bewertenden Unternehmens j
k_m	Kursrendite des Marktportfolios
m	Index für das Marktportfolio
M_t	Menge der Periode t
M_t^A	Absatzmenge der Periode t
M_t^B	Beschaffungsmenge der Periode t
MRP	Marktrisikoprämie
MRP^{nSt}	Marktrisikoprämie nach Steuern

n	Laufindex (Zahl)
NI_t	Nettoinvestitionen in der Periode t
P_t^A	Absatzpreis der Periode t
P_t^B	Beschaffungspreis der Periode t
q	Ausschüttungsquote
q_j	Ausschüttungsquote des zu bewertenden Unternehmens j bzw. empirisch ermittelte Ausschüttungsquote der Alternativanlage
r_{EK}	(Risikoäquivalente) Renditeforderung der Eigenkapitalgeber (Eigenkapitalkosten)
r_{FK}	(Vom Markt erwarteter) Fremdkapitalzins
r_f	Risikoneutraler (Basis-)Zinssatz
r_j^{nSt}	Nettorendite der Eigenkapitalgeber des Unternehmens j (Eigenkapitalkosten nach persönlicher Einkommensteuer)
r_j^{vSt}	Bruttorendite der Eigenkapitalgeber des Unternehmens j (Eigenkapitalkosten vor persönlicher Einkommensteuer)
r_m^{vSt}	Rendite des Marktportfolios vor persönlicher Einkommensteuer
r_w	Kapitalwertneutrale Wiederanlagerendite
s	Unternehmensteuersatz
s_{abg}	Pauschaler Steuersatz für Dividenden und Zinsen im Abgeltungsteuersystem
s_{eff}^k	Effektiver Steuersatz für Kursgewinne im Abgeltungsteuersystem
s_{FK}	Steuerersparnis aus anteiliger Fremdfinanzierung
s_{gew}	Gewerbesteuersatz
s_{kst}	Körperschaftsteuersatz
t	Zeitindex (Jahre)
T	Zeitindex (Jahre des Detailplanungszeitraums)
UW	Unternehmenswert
w	Konstante Wachstumsrate der finanziellen Überschüsse des zu bewertenden Unternehmens im Restwertzeitraum
$w_{analytisch}$	Analytische Gesamtwachstumsrate
w_{EK}	Konstante Wachstumsrate von Jahresüberschuss und Dividendenzahlung im Restwertzeitraum
w_{FCF}	Konstante Wachstumsrate des Free Cashflow im Restwertzeitraum
$w_{implizit}$	Implizite Gesamtwachstumsrate

w_{nom}	Nominaler Wachstumsabschlag
w_{real}	Realer Wachstumsabschlag
w_{th}	Thesaurierungsbedingter Wachstumsabschlag
$ß_j$	Betafaktor des zu bewertenden Unternehmens j
$ß_u$	Betafaktor des unverschuldeten Unternehmens
$ß_v$	Betafaktor des verschuldeten Unternehmens
δ	Überwälzungsquote
π	Gesamtwirtschaftliche Inflationsrate
π^U	Unternehmensspezifische Inflationsrate
τ	Thesaurierungsquote

1 Problemstellung und Gang der Untersuchung

Die Unternehmensbewertung gilt gemeinhin als „Königsdisziplin" der Betriebswirtschaft, da die Bewertungspraxis im Zuge der Bewertung von Unternehmen eine Vielzahl theoretischer Ansätze aus einzelnen Teildisziplinen der Betriebswirtschaftslehre anwendet.[1] Die Theorien, die den in der Bewertungspraxis üblichen Verfahren und Methoden zugrunde liegen, werden somit kontinuierlich hinterfragt und unter Berücksichtigung der im Zuge ihrer praktischen Anwendung gewonnenen Erkenntnisse sukzessiv weiterentwickelt. Umgekehrt fließen fortlaufend neue Erkenntnisse der Theorie und Wissenschaft in die Überarbeitung praktisch maßgeblicher Bewertungsstandards ein. **Betriebswirtschaftliche Theorie und Praxis** befinden sich mithin auf dem Gebiet der Unternehmensbewertung in einem **intensiven Dialog**,[2] „um den theoretisch fundierten Königsweg der Unternehmensbewertungslehre auch für die Umsetzung in der Praxis zu öffnen"[3].

Während dieser Weg für verschiedene thematische Aspekte der Unternehmensbewertung bereits weitgehend geebnet ist,[4] verläuft er für einzelne Problembereiche trotz langjähriger Diskussion (noch) weitaus „holpriger". Einen solchen Diskussionsbereich stellt die Abbildung von Wachstum in der Unternehmensbewertung dar. Die **grundsätzliche Relevanz von Fragen des Wachstums** von Unternehmen bei ihrer Bewertung resultiert dabei aus der Dominanz von Zukunftserfolgsverfahren und der solchen Verfahren inhärenten Zukunftsorientierung.[5] Als Referenzmodell zur bewertungstechnischen Abbildung wachsender künftiger finanzieller Überschüsse wird üblicherweise auf das u. a. auf GORDON/SHAPIRO zurückgehende Wachstumsmodell zurückgegriffen.[6] Dieses unterstellt ein unendliches geometrisches Wachstum der künftigen finanziellen Überschüsse, welches finanzmathematisch durch einen aggregierten Wachstumsabschlag vom Kapitalisierungszinssatz im Bewertungskalkül abgebildet wird. Da der Wachstumsabschlag zudem eine der wesentlichen Determinanten des Unternehmenswerts im Allgemeinen bzw. des Restwerts im Speziellen ist, entfaltet er über seine grundsätzliche Relevanz hinaus eine enorme quantitative Bedeutung.[7]

---

1 Vgl. WAGNER, W., Unternehmensbewertung, S. I.

2 Der fortwährende Dialog zwischen Bewertungstheorie und -praxis äußert sich in einem permanenten Hin- und Herwogen verschiedener Denkströmungen. Ein historischer Abriss dieser Entwicklung findet sich bei HENSELMANN, K., Unternehmensbewertung, S. 91-126.

3 WAGNER, W., Unternehmensbewertung, S. I.

4 Zu denken ist hierbei an die Etablierung des DCF-Verfahrens als gleichberechtigte Bewertungsmethode neben dem üblichen Ertragswertverfahren. Für kritische Überlegungen zur DCF-Methode vgl. KIRSCH, H.-J./KRAUSE, C., DCF-Methode, S. 793-812.

5 Eine Begründung für die Maßgeblichkeit einer solchen zukunftsorientierten Betrachtungsweise liefert bereits SCHMALENBACH. Vgl. SCHMALENBACH, E., Schätztechnik, S. 1.

6 Vgl. GORDON, M. J./SHAPIRO, E., Rate of Profit, S. 102-110 sowie bereits WILLIAMS, J. B., Investment Value, S. 87-96.

7 Vgl. DÖRSCHELL, A./FRANKEN, L./SCHULTE, J., Kapitalisierungszinssatz, S. 241; BAETGE, J./NIEMEYER, K./KÜMMEL, J./SCHULZ, R., DCF-Verfahren, S. 437; SOMMER, F./WÖHRMANN, A./WÖMPENER, A., DCF and Comparables, S. 3. Anhand einer einfachen Sensitivitätsanalyse lässt sich zeigen, dass bereits eine Erhöhung des Wachstumsabschlags von 1,0 % auf 2,0 % eine Steigerung des Unternehmenswerts um mehr als 10,0 % bewirkt. Bei Ansatz der übrigen Bewertungsparameter in einer marktüblichen Größenordnung verstärkt sich dieser Werteffekt mit Zunahme des Wachstumsabschlags überproportional. Die Bedeutung des

Die vorab geschilderten Grundüberlegungen des Wachstumsmodells nach GORDON/SHAPIRO liegen grundsätzlich auch der für die deutsche Bewertungspraxis relevanten Verlautbarung des IDW zugrunde,[8] in welcher berufsständische **Grundsätze zur Durchführung von Unternehmensbewertungen (IDW S 1 i. d. F. 2008)** behandelt werden.[9] Der Wert eines Unternehmens bestimmt sich demnach gemäß IDW S 1 i. S. einer zukunftsorientierten Betrachtungsweise grundsätzlich aus den finanziellen Überschüssen, die in der Zukunft bei Fortführung des Unternehmens realisiert werden (Zukunftserfolgswert).[10] Aufgrund seiner herausragenden Stellung in der deutschen Bewertungspraxis bei Fragen der Bewertung von Unternehmen wird IDW S 1 auch für Zwecke der folgenden Analyse als maßgeblicher Bewertungsstandard für die Abbildung von Wachstum herangezogen und stellt somit eine wesentliche Grundlage für die anschließende Untersuchung dar. Die in IDW S 1 dargelegten konzeptionellen Grundlagen der Unternehmensbewertung werden durch Abschnitt A des WP-Handbuchs ergänzt. Die darin enthaltenen Ausführungen sind der Erläuterung und Kommentierung von IDW S 1 gewidmet und dienen der Anwendung und Umsetzung der Theorie der betriebswirtschaftlichen Bewertungslehre in der Praxis gemäß IDW S 1.[11] Verschiedene Fachbeiträge[12] von Mitgliedern des FAUB[13] setzen sich zudem mit ausgewählten Problemen der Unternehmensbewertung auseinander und erläutern mögliche Lösungen vor dem Hintergrund von IDW S 1. Sofern im weiteren Verlauf der Arbeit auf den Regelungsbereich von IDW S 1 rekurriert wird, schließt dies daher auch die ergänzenden Anmerkungen im WP-Handbuch bzw. in den zuletzt genannten Fachbeiträgen von Mitgliedern des FAUB ein.

Eine kritische Auseinandersetzung mit der **Abbildung von Wachstum nach IDW S 1** ist dabei nicht allein aufgrund der angedeuteten Wertrelevanz dieses Aspekts geboten. Ein dahingehender Bedarf folgt bereits aus der generellen Unsicherheit zukunftsorientierter Bewertungen. Diesbezüglich erscheint es intuitiv nachvollziehbar, dass sich die künftige Entwicklung von Unternehmen für einen gewissen Zeitraum in der nahen Zukunft plausibler beurtei-

Wachstumsabschlags für den Unternehmenswert im Allgemeinen sowie die an dieser Stelle skizzierte Sensitivitätsanalyse im Speziellen werden in Abschn. 32 ausführlich erläutert.

8 Zur Stellung von IDW S 1 als etablierten Standard in der deutschen Bewertungspraxis vgl. BERENS, W./STRAUCH, J./MENKE, J.-P., Grundsätze ordnungsmäßiger Due Diligence, S. 817.

9 Zur Entstehung und Bedeutung der fachlichen Verlautbarungen des IDW vgl. IDW (Hrsg.), WP Handbuch 2006, Bd. I, Anhang 3. Sofern im Folgenden auf keine konkrete Fassung von IDW S 1 Bezug genommen wird, ist stets IDW S 1 i. d. F. 2008 angesprochen.

10 Vgl. HFA DES IDW (Hrsg.), IDW S 1, Tz. 5.

11 Vgl. IDW (Hrsg.), WP Handbuch 2008, Bd. II, Rn. A 1.

12 Vgl. u. a. TSCHÖPEL, A./WIESE, J./WILLERSHAUSEN, T., Unternehmensbewertung und Wachstum, Teil 1, S. 349-357; TSCHÖPEL, A./WIESE, J./WILLERSHAUSEN, T., Unternehmensbewertung und Wachstum, Teil 2, S. 405-412; DÖRSCHELL, A./FRANKEN, L./SCHULTE, J./BRÜTTING, C., CAPM-basierte Risikozuschläge, S. 1152-1162; DÖRSCHELL, A./FRANKEN, L./SCHULTE, J., Objektivierter Unternehmenswert, S. 444-454; ZEIDLER, G. W./SCHÖNIGER, S./TSCHÖPEL, A., Unternehmensteuerreform, S. 276-288; JONAS, M., Methodenkonsistenz, S. 835-843; WAGNER, W./JONAS, M./BALLWIESER, W./TSCHÖPEL, A., Unternehmensbewertung, S. 1005-1028; JONAS, M./LÖFFLER, A./WIESE, J., CAPM mit deutscher Einkommensteuer, S. 898-906 sowie WAGNER, W./JONAS, M./BALLWIESER, W./TSCHÖPEL, A., Weiterentwicklung von IDW S 1, S. 889-898. Zum Verhältnis von IDW S 1, WP-Handbuch und Fachbeiträgen von Mitgliedern des FAUB vgl. WAGNER, W./SAUR, G./WILLERSHAUSEN, T., Unternehmensbewertungsgrundsätze, S. 732.

13 Zum Aufgabenbereich des FAUB vgl. WAGNER, W., Unternehmensbewertung, S. I.

len und sicherer prognostizieren lässt als für die fernere Zukunft. In der Konsequenz ergibt sich demnach für jedwede in die Zukunft gerichtete Bewertung ein Horizont, jenseits dessen die künftigen finanziellen Überschüsse nicht mehr differenziert geplant, sondern nur noch unter **Zuhilfenahme pauschaler Annahmen** quantifiziert werden können.[14] Wie im weiteren Verlauf dieser Arbeit zu erörtern ist, trifft dieses Prognoseproblem in besonderem Maße auf die Ermittlung des Restwerts im Allgemeinen bzw. die Abbildung von Wachstum in der ewigen Rente im Speziellen zu. Bezogen auf den – maßgeblich durch den Wachstumsabschlag determinierten – Restwert wird daher vereinzelt der Vorwurf einer sog. „Black Box“[15] geäußert.

Vor diesem Hintergrund kann im konkreten Bewertungsfall in Abhängigkeit des zugrunde liegenden Bewertungsanlasses und der jeweiligen Funktion des Bewertenden ein **gesteigertes Bedürfnis einer objektivierten und zugleich transparenten Abbildung von Wachstum** zur Entschlüsselung der angesprochenen „Black Box“ bestehen. Will man in solchen anlassbezogenen Fällen verhindern, dass die aus seiner Eigenschaft als wesentlicher Bestimmungsfaktor des Unternehmenswerts resultierende „Hebelwirkung“ des Wachstumsabschlags durch Ausfüllen gegebenenfalls bestehender Ermessensspielräume zugunsten singulärer bzw. zulasten schutzwürdiger Interessen involvierter Personen bzw. Personengruppen ausgenutzt wird, ist daher in besonderem Maße für eine objektivierte und transparente Abbildung von Wachstum Sorge zu tragen.

Wie bereits einleitend angedeutet, trifft die konzeptionelle Abbildung wachsender finanzieller Überschüsse gemäß IDW S 1 auf eine starke Resonanz von Seiten des Schrifttums. Die zugehörige **Diskussion in der Literatur** ist dabei vorrangig der Frage gewidmet, inwieweit die simultane Abbildung verschiedener Komponenten des Wachstums von Unternehmen unter Berücksichtigung wesentlicher Annahmen von IDW S 1 tatsächlich zulässig ist oder vielmehr im Widerspruch zu einzelnen Prämissen steht.[16] Die zugehörigen Beiträge im Schrifttum setzen sich indes nicht nur mit der Frage der konsistenten Vereinbarkeit einzelner Wachstumskomponenten auseinander. Unter Berücksichtigung der üblichen **Quantifizierung von Wachstumsabschlägen in der Bewertungspraxis** ist zudem ein intensiver Streit um die angemessene Größenordnung von Wachstumsabschlägen deutscher Unternehmen nach Maßgabe des durch IDW S 1 implizierten Gesamtwachstums der künftigen finanziellen Überschüsse entbrannt. Das Wachstum von Unternehmen ist daher zunehmend Gegenstand der **empirischen Forschung zur Unternehmensbewertung**. In diesem Zusammenhang wird vereinzelt die Ansicht geäußert, dass die bisherigen empirischen Erkenntnisse einen vermeintlichen Widerspruch gegenüber dem üblicherweise seitens der Bewertungspraxis und -judikatur im Be-

---

14 Vgl. HFA des IDW (Hrsg.), IDW S 1, Tz. 76.

15 Creutzmann, A./Essler, W./Henselmann, K./Kniest, W., Rechtsprechung, S. 113.

16 Wesentliche Beiträge dieser Diskussion stammen von Friedl, G./Schwetzler, B., Inflation, S. 152-158; Meitner, M., Inflation, S. 248-255; Knoll, L., Wachstum und Ausschüttungsverhalten, S. 1120-1125; Wiese, J., Wachstum und Ausschüttungsannahmen, S. 617-623 sowie Schwetzler, B., Halbeinkünfteverfahren, S. 601-617.

wertungskalkül nach IDW S 1 unterstellten Wachstum von Unternehmen offenbaren.[17] Trotz der bereits verfügbaren empirischen Erkenntnisse wird in der jüngeren Vergangenheit angesichts neuer theoretischer Erkenntnisse zum Gesamtwachstum[18] der künftigen finanziellen Überschüsse i. S. v. IDW S 1 vermehrt ein empirisches Vakuum konstatiert,[19] welches die vorliegenden empirischen Studien u. a. aufgrund einer stark fokussierten Betrachtungsweise auf einzelne Wachstumskomponenten nicht zu lösen vermögen. Während die bisherigen Studien lediglich ausgewählten Wachstumskomponenten gewidmet sind, wird im Rahmen der quantitativen Analyse dieser Arbeit das historische Gesamtwachstum finanzieller Überschüsse mit dem Ziel der Extrapolation empirisch untersucht.

Nicht zuletzt aus Anlass der enormen (Wert-)Relevanz des Wachstumsabschlags und der andauernden Diskussion im Schrifttum wird im Rahmen der vorliegenden Arbeit u. a. der Versuch unternommen, die festzustellende Lücke in der empirischen Forschung zur Unternehmensbewertung zu schließen. Darüber hinaus wird der vermeintliche Widerspruch zwischen theoretischer Konzeption, praktischer Quantifizierung und empirischer Validierung des Wachstumsabschlags aufgelöst. Insgesamt setzt sich die Untersuchung zur Abbildung von Wachstum in der Unternehmensbewertung mit den folgenden **Forschungsfragen** auseinander:

- Ist das durch IDW S 1 implizierte Gesamtwachstum der künftigen finanziellen Überschüsse konsistent zu neueren empirischen Befunden?
- Spiegeln die in Bewertungspraxis und -judikatur angesetzten Wachstumsabschläge das tatsächliche Wachstum von Unternehmen zutreffend wider?
- Gewährleisten die Vorgaben nach IDW S 1 bezogen auf ausgewählte Bewertungsanlässe eine objektivierte und transparente Abbildung von Wachstum?
- Welche Möglichkeiten bestehen i. S. einer Fortentwicklung von IDW S 1, um etwaige Ermessensspielräume einzuschränken bzw. transparent auszufüllen?

Zur Beantwortung der Forschungsfragen – bei gleichzeitiger Einbettung der gegenwärtig diskutierten Detailfragen in ein übergeordnetes Analysekonzept – ist der **Gang der Untersuchung** wie folgt strukturiert:

In **Kapitel 2** werden zunächst für das Verständnis der Arbeit wesentliche Begriffe bestimmt und über die generelle Bezugnahme auf IDW S 1 hinaus eine weitere Eingrenzung des Untersuchungsgegenstands vorgenommen. Anschließend werden im Zuge der Erarbeitung konzeptioneller Grundlagen allgemeine Grundsätze zur Ermittlung von Unternehmenswerten sowie

[17] Zu empirischen Studien vgl. KNOLL, L./LOBE, S./TARTLER, T., Langfristiges Ergebniswachstum, S. 12-19; SCHÜLER, A./LAMPENIUS, N., Wachstumsannahmen, S. 232-248 sowie WIDMANN, B./SCHIESZL, S./JEROMIN, A., Kapitalisierungszinssatz, S. 808-810.

[18] Aufbauend auf diesen Erkenntnissen lässt sich eine analytische Gesamtwachstumsrate herleiten, die grundsätzlich mit den am Kapitalmarkt beobachtbaren Wachstumsraten vergleichbar sein sollte. Vgl. TSCHÖPEL, A./WIESE, J./WILLERSHAUSEN, T., Unternehmensbewertung und Wachstum, Teil 1, S. 350.

[19] Vgl. exemplarisch TSCHÖPEL, A./WIESE, J./WILLERSHAUSEN, T., Unternehmensbewertung und Wachstum, Teil 2, S. 409.

die Abgrenzung, Prognose und Kapitalisierung der künftigen finanziellen Überschüsse erörtert. Darauf aufbauend werden konkrete Bewertungsverfahren vorgestellt, wobei der Fokus der Betrachtung auf Ertragswert- und DCF-Verfahren liegt. Abschließend werden als Beurteilungskriterien der nachfolgenden Analyse Grundsätze ordnungsmäßiger Durchführung und Erläuterung von Unternehmensbewertungen unter besonderer Berücksichtigung des Wachstums von Unternehmen zweckbezogen abgeleitet.

Kapitel 3 ist der quantitativen Analyse des Wachstums von Unternehmen gewidmet. Anhand einer Sensitivitätsanalyse wird zunächst die Bedeutung des Wachstumsabschlags als eine wesentliche Determinante des Unternehmenswerts verdeutlicht. Daran anknüpfend wird die Quantifizierung von Wachstumsabschlägen in der Bewertungspraxis und -judikatur sowie der empirischen Forschung zum Wachstum von Unternehmen kritisch analysiert. Die Erkenntnisse dieser kritischen Analyse fließen schließlich in eine eigene empirische Untersuchung zum Wachstum börsennotierter Unternehmen in Deutschland ein.

Aufbauend auf den empirischen Befunden wird in **Kapitel 4** auf qualitativer Ebene die Abbildung von Wachstum nach Maßgabe von IDW S 1 kritisch analysiert. Zum Zweck einer ganzheitlichen Betrachtung findet die Analyse auf zwei unterschiedlichen Ebenen statt. Zunächst wird untersucht, wie das Wachstum von Unternehmen im Bewertungskalkül nach IDW S 1 abzubilden ist. Die anschließende Auseinandersetzung ist der Frage gewidmet, wie über das im Bewertungskalkül abgebildete Wachstum im zugehörigen Bewertungsgutachten nach IDW S 1 Bericht zu erstatten ist. Die Ausführungen enden jeweils auf beiden Ebenen mit einer ausführlichen kritischen Würdigung, wobei auf Bewertungsebene die Grundsätze ordnungsmäßiger Durchführung bzw. auf Berichtsebene die Grundsätze ordnungsmäßiger Erläuterung von Unternehmensbewertungen herangezogen werden.

Die Erkenntnisse der kritischen Analyse zur Berücksichtigung wachsender finanzieller Überschüsse nach IDW S 1 werden in **Kapitel 5** zum Anlass genommen, mögliche Ansätze zur Stärkung der Objektivierung und Transparenz der Abbildung von Wachstum herauszuarbeiten, wobei die Differenzierung der vorstehend erwähnten Betrachtungsebenen beibehalten wird. Als Beurteilungsmaßstäbe für die kritische Würdigung der erarbeiteten Ansätze dienen abermals die Grundsätze ordnungsmäßiger Durchführung und Erläuterung von Unternehmensbewertungen.

Die Arbeit schließt in **Kapitel 6** mit einer Zusammenfassung und einem knappen Ausblick. Dabei werden unter Berücksichtigung der eingangs aufgeführten Forschungsfragen ein Resümee der wesentlichen Ergebnisse der vorliegenden Untersuchung gezogen sowie denkbare künftige Entwicklungen skizziert.

Abbildung 1-1 gibt einen abschließenden Überblick über die vorstehend beschriebene Struktur der Arbeit:

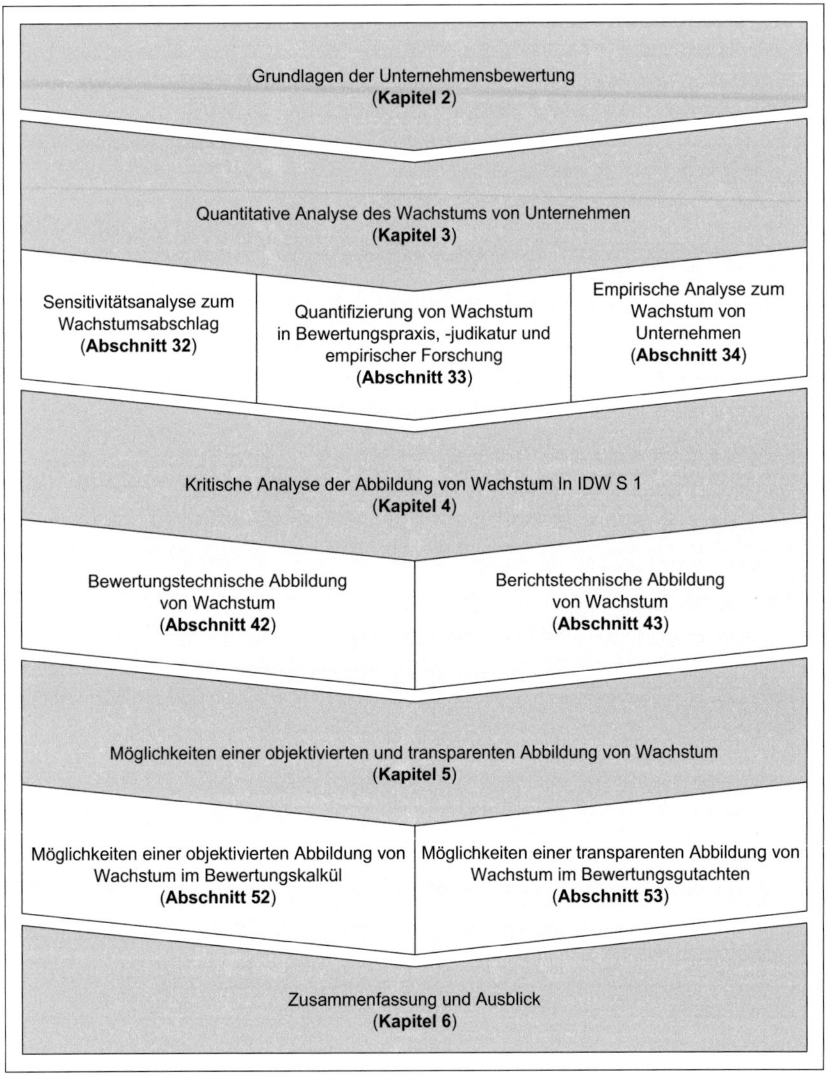

Abbildung 1-1: Gang der Untersuchung

2 Grundlagen der Unternehmensbewertung

21 Begriffliche Grundlagen und Abgrenzung des Untersuchungsbereichs

211. Die Bestimmung des maßgeblichen Wachstumsverständnisses

Das Wachstum von Unternehmen kann vielfältige Ausprägungen annehmen. Will man das Wachstum von Unternehmen unter angemessener Berücksichtigung dieser Vielfalt analysieren, erfordert dies eine genaue Begriffsbestimmung. Eine Klärung des im Rahmen dieser Analyse verwendeten Wachstumsverständnisses ist zudem aufgrund der sehr unterschiedlichen Begriffsverwendung in Schrifttum und Praxis notwendig.[20] Es bedarf daher – i. S. einer differenzierten Betrachtungsweise des Unternehmenswachstums – ausgehend von einer allgemeinen Definition des zugrunde liegenden Wachstumsbegriffs einer Auseinandersetzung mit den folgenden Fragestellungen zum Wachstum von Unternehmen:

- Aus welchen Bestimmungsfaktoren ergibt sich das Wachstum?
- Anhand welcher Bezugsgrößen lässt sich das Wachstum messen?
- Welche grundsätzlichen Strategien existieren, um ein Wachstum definierter Bezugsgrößen zu erzielen?
- Wie lässt sich das (angestrebte) Wachstum realisieren?

Dem ökonomischen bzw. ökonometrischen Sprachgebrauch entsprechend wird Wachstum allgemein als die Zunahme einer Untersuchungsgröße über die Zeit verstanden. Wachstum äußert sich demnach grundsätzlich in der positiven Differenz zweiter Zustandsgrößen.[21] Diesem dennoch relativ **allgemeinen Begriffsverständnis** folgend wird der Begriff des Wachstums in der einschlägigen Literatur zur Unternehmensbewertung verwendet, um die Entwicklung einer bestimmten Untersuchungsgröße im Zeitablauf zu beschreiben. Beispielsweise wird im Zuge der Diskussion des für die Abbildung von Wachstum in der Unternehmensbewertung äußerst prägenden Dividend Discount Model Wachstum sinngemäß als der wertmäßige Anstieg der Dividende eines Unternehmens im Zeitablauf definiert.[22] Dieses allgemeine Verständnis von Wachstum in der Unternehmensbewertung lässt sich grundsätzlich analog auf alternative Bezugsgrößen übertragen.

Geht man aufbauend auf dieser allgemeinen Definition der Frage nach, aus welchen Bestimmungsfaktoren sich das Wachstum von Unternehmen ergibt, beschäftigt man sich mit den

---

20 Vgl. BEYER, S., Wachstum, S. 256.

21 Wächst eine Untersuchungsgröße mit einer Rate kleiner Null, ist dieses Szenario streng genommen nicht als negatives Wachstum zu deklarieren. In terminologischer Hinsicht müsste ein solcher Sachverhalt vielmehr in Abgrenzung zur eigentlichen Bedeutung des Wachstumsbegriffs unter dem Terminus der Schrumpfung subsumiert werden. Aus Gründen der Vereinfachung werden indes im Folgenden positive und negative Veränderungen einzelner Bezugsgrößen im Zeitablauf gleichermaßen als Wachstum aufgefasst.

22 Vgl. MILLER, M. H./MODIGLIANI, F., Dividend Policy, S. 422; GORDON, M. J./SHAPIRO, E., Rate of Profit, S. 106; WILLIAMS, J. B., Investment Value, S. 90. Das Dividend Discount Model sowie darauf aufbauende Bewertungsmodelle werden in Abschn. 224.5 gesondert thematisiert.

Wachstumskomponenten bzw. -quellen.[23] Als mögliche Ursachen für das Wachstum finanzieller Überschüsse kommen sowohl reale positive Änderungen leistungswirtschaftlicher Erfolgsfaktoren als auch rein nominale Änderungen der finanziellen Überschüsse in Frage.[24] Eine reale positive Entwicklung leistungswirtschaftlicher Erfolgsfaktoren kann sich aus Mengen- wie auch aus Strukturveränderungen ergeben.[25] Nominale Änderungen der finanziellen Überschüsse sind hingegen auf Änderungen der Preissteigerungsrate zurückzuführen.[26] Nominales und reales Wachstum werden im Schrifttum üblicherweise zum herkömmlichen Wachstum zusammengefasst.[27] In Abgrenzung zu diesem stellt sich bei teilweisem Einbehalt finanzieller Überschüsse zudem ein thesaurierungsbedingtes Wachstum ein, welches aus der zeitlichen Verlagerung der andernfalls bei Ausschüttung anfallenden Steuerlast (sog. Steuerstundungseffekt) resultiert.[28]

Als mögliche **Bezugsgrößen** zur Bestimmung des Wachstums von Unternehmen kommen sowohl quantitative als auch qualitative Maßstäbe in Betracht. Die quantitativen Maßstäbe lassen sich zudem weiter in absolute und relative Bezugsgrößen untergliedern. Einen Überblick möglicher Bezugsgrößen gibt Tabelle 2-1:

Quantitative Bezugsgrößen		Qualitative Bezugsgrößen
Absolute Bezugsgrößen	**Relative Bezugsgrößen**	
Umsatz	Umsatzrentabilität	Verhandlungsmacht gegenüber Kapitalgebern
Jahresüberschuss	Eigenkapitalrentabilität	Verhandlungsmacht gegenüber Lieferanten
EBIT bzw. EBITDA	EBIT- bzw. EBITDA-Marge	Verhandlungsmacht gegenüber Wettbewerbern
Free Cashflow	Cashflow-Rentabilitäten	Verhandlungsmacht gegenüber Abnehmern

Tabelle 2-1: Bezugsgrößen des Wachstums von Unternehmen[29]

[23] Eine umfassende Erläuterung der in IDW S 1 berücksichtigen Wachstumskomponenten bzw. Quellen ist Gegenstand von Abschn. 423.1.

[24] Vgl. IDW (Hrsg.), WP Handbuch 2008, Bd. II, Rn. A 207.

[25] IDW S 1 nennt in diesem Kontext Absatzausweitungen oder -einbrüche sowie Kosteneinsparungen als mögliche Ursachen. Vgl. HFA DES IDW (Hrsg.), IDW S 1, Tz. 95. Bezüglich des Wachstums leistungswirtschaftlicher Erfolgsfaktoren eines Unternehmens leiten TREACY/SIMS anhand empirischer Ergebnisse fünf Wachstumsquellen der Umsatzerlöse eines Unternehmens ab. Vgl. TREACY, M./SIMS, J., Growth, S. 128.

[26] Vgl. HFA DES IDW (Hrsg.), IDW S 1, Tz. 94. Streng genommen können Preisänderungen auch realer Natur sein. Zu denken ist hierbei beispielsweise an eine deutliche Qualitätsverbesserung, infolge derer eine Preiserhöhung durchgesetzt werden kann. Im Folgenden sollen indes unter Preisänderungen solche verstanden werden, die sich aus Änderungen des gesamtwirtschaftlichen Preisniveaus ergeben.

[27] Vgl. statt vieler WIESE, J., Wachstum und Ausschüttungsannahmen, S. 618.

[28] Vgl. IDW (Hrsg.), WP Handbuch 2008, Bd. II, Rn. A 221; GAMPENRIEDER, P., Unternehmensbewertung, S. 574.

[29] Zur Kategorisierung möglicher Bezugsgrößen für das Wachstum von Unternehmen vgl. BEYER, S., Wachstum, S. 256. Wenngleich die Bedeutung qualitativer Bezugsgrößen für das Wachstum von Unternehmen nicht zu unterschätzen ist, konzentriert sich die Analyse aufgrund der eingeschränkten Messbarkeit qualitativer Bezugsgrößen auf quantitative Bezugsgrößen für das Wachstum von Unternehmen. Der Fokus liegt hierbei auf dem Wachstum gemessen an absoluten Bezugsgrößen.

Auf Basis der Wachstumsquellen lässt sich ein Wachstum vorab definierter Bezugsgrößen über zwei strategische Alternativen bzw. **Wachstumsstrategien** erreichen. Ein Wachstum des Unternehmens ist zum einen auf Basis der verfügbaren Ressourcen möglich. Man spricht in diesem Zusammenhang von organischem oder internem Wachstum des Unternehmens.[30] Die Generierung organischen Wachstums von Unternehmen ist z. B. durch Produktivitätssteigerungen oder Innovationen möglich.[31] Durch den Zukauf zusätzlicher Ressourcen, z. B. durch Akquisition anderer Unternehmen oder Unternehmensteile lässt sich daneben anorganisches oder externes Wachstum erzielen.[32] Gegenstand der nachfolgenden Analyse soll indes nur organisches Wachstum von Unternehmen sein, da nur dieses einer Quantifizierung anhand üblicher Bewertungsmodelle zugänglich ist.[33]

Für Zwecke dieser Untersuchung ist die Wachstumsstrategie von untergeordneter Bedeutung, da organische und anorganische **Wachstumspotenziale** gleichermaßen nur unter der Voraussetzung entsprechender Investitionen umgesetzt werden können.[34] Es muss somit die Finanzierung der zur Realisierung bestehender Wachstumspotenziale notwendigen Investitionen gewährleistet sein.[35] Daneben wird im Schrifttum diskutiert, inwieweit die Annahme von investitions- und damit einhergehend finanzierungslosem Wachstum gerechtfertigt ist.[36]

Aufgrund der Vielschichtigkeit des Wachstumsbegriffs lassen sich die dargestellten Aspekte nicht losgelöst voneinander behandeln. Zur Konkretisierung des maßgeblichen Wachstumsverständnisses bedarf es daher einer mehrdimensionalen Begriffsbestimmung bzw. Betrachtungsweise, in welcher die einzelnen Dimensionen des Wachstumsbegriffs in eine zusammenhängende Darstellung überführt werden. Die verschiedenen Dimensionen des Wachstumsbegriffs bezogen auf den Anwendungsbereich der Unternehmensbewertung fasst Abbildung 2-1 zusammen:

---

30 Vgl. BEYER, S., Wachstum, S. 256.

31 Vgl. RAISCH, S./PROBST, G./GOMEZ, P., Wege zum Wachstum, S. 12. Eine Übersicht möglicher (kennzahlenbasierter) Ansätze zur Messung und Realisierung organischer Wachstumspotenziale findet sich in MCGRATH, R. G./MACMILLAN, I. C., Exceptional Business Growth, S. 85-88. Einen ähnlichen Ansatz stellt HOWELL vor, indem er für die Ausrichtung des Budgetierungsprozesses an Wachstumspotenzialen plädiert. Vgl. hierzu HOWELL, R. A., Budgeting Process, S. 21 f. Da der Schwerpunkt dieser Arbeit indes auf der Berücksichtigung von Wachstum im Bewertungskalkül liegt, soll der Aspekt des Managements von Wachstumspotenzialen im Folgenden nicht weiter vertieft werden.

32 Vgl. BEYER, S., Wachstum, S. 256. Zum Wachstum durch Akquisition vgl. RAISCH, S./PROBST, G./GOMEZ, P., Wege zum Wachstum, S. 90-94.

33 Anorganisches Wachstum lässt sich allenfalls approximativ unter Inkaufnahme von Verzerrungen bestimmen. Vgl. KOLLER, T./GOEDHART, M./WESSELS, D., Valuation, S. 151.

34 Vgl. BRADLEY, M. H./JARRELL, G. A., Expected Inflation, S. 67.

35 Vgl. BEYER, S., Wachstum, S. 258. In einem ähnlichen Zusammenhang führt PORTER aus, dass nicht die Strategie als solche für den Unternehmenserfolg maßgeblich sei, sondern vielmehr die Aktivitäten zu ihrer Umsetzung. Vgl. PORTER, M. E., Strategy, S. 64.

36 BEYER subsumiert diesen Fall unter dem Begriff des autonomen Wachstums. Vgl. BEYER, S., Wachstum, S. 257. Die Vereinbarkeit von nominalem und thesaurierungsbedingtem Wachstum wird im späteren Verlauf der Arbeit ausführlich diskutiert.

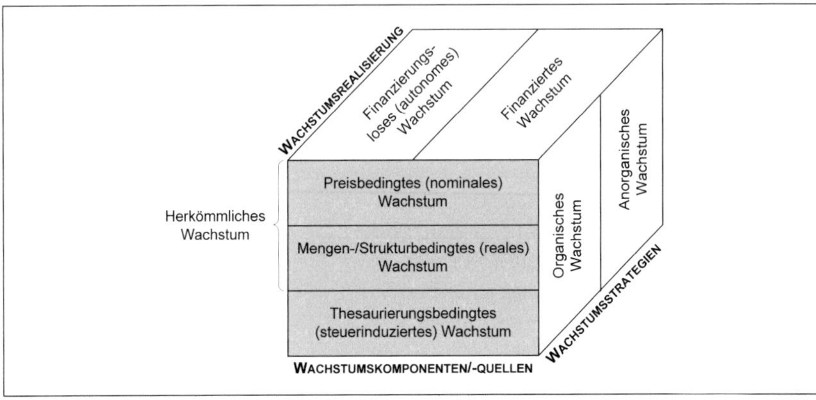

Abbildung 2-1: Dimensionen des Wachstumsbegriffs in der Unternehmensbewertung[37]

Während sich der Wachstumsbegriff nur im Rahmen einer solchen mehrdimensionalen Betrachtung vollständig erfassen lässt, wird im weiteren Verlauf dieser Arbeit der Fokus weniger auf die finanzierungstechnische Realisierung bestehender Wachstumspotenziale, sondern vielmehr auf die differenzierte Abbildung der einzelnen Wachstumskomponenten im Bewertungskalkül und -gutachten gerichtet. Aus Gründen der Vereinfachung wird dabei eine organische Wachstumsstrategie unterstellt und somit von Wachstum durch Akquisitionen abstrahiert.[38]

212. Die Bestimmung des maßgeblichen Objektivierungsverständnisses

Nach BAETGE bedeutet objektivieren, „etwas objektiv zu machen“[39]. Will man den Begriff der Objektivierung näher bestimmen, bedarf es zunächst einer Definition des Begriffs der Objektivität. Dem wissenschaftlichen Sprachgebrauch zufolge ist eine Aussage bereits dann objektiv, wenn sie ausschließlich im jeweiligen Untersuchungsgegenstand begründet ist.[40] POPPER konkretisiert dieses allgemeine Verständnis dahingehend, dass eine Aussage erst dann als objektiv gilt, wenn diese unabhängig von der Willkür des Einzelnen ist und somit inter-

---

37 In Anlehnung an BEYER, S., Wachstum, S. 257. Hinsichtlich der Wachstumsquellen orientiert sich die Darstellung an IDW S 1. Abweichend davon berücksichtigt BEYER in seiner Darstellung durch Kostenreduktion bedingtes Wachstum als separate Wachstumsquelle. Derartiges Wachstum wird in IDW S 1 indes unter mengen- und strukturbedingtem Wachstum subsumiert. Vgl. HFA DES IDW (Hrsg.), IDW S 1, Tz. 95.

38 Für spätere Zwecke dieser Arbeit soll hinsichtlich des anorganischen Wachstums von Unternehmen die Hypothese getroffen werden, dass dieses wie organisches Wachstum über entsprechende Investitionen zu realisieren ist und mithin in der Investitionsplanung von Unternehmen berücksichtigt werden sollte. In diesem Zusammenhang soll der in Fn. 35 zitierte Gedanke PORTERS zur Bedeutung der Strategiewahl für den Unternehmenserfolg aufgriffen und die Maßnahmen der Wachstumsrealisierung als Aktivitäten zur Umsetzung der (Wachstums-)Strategie verstanden werden.

39 BAETGE, J., Objektivierung des Jahreserfolges, S. 16.

40 Vgl. DE VRIES, J., Objektiv, S. 216.

subjektiv, d. h. von jedermann nachgeprüft werden kann.[41] Das Postulat der intersubjektiven Nachprüfbarkeit ist nach POPPER dann erfüllt, wenn die Ableitung der jeweiligen Information auf Gesetzmäßigkeiten beruht.[42] Ähnlich argumentieren IJIRI und JAEDICKE, indem sie die uneingeschränkte Verwendbarkeit des allgemeinen wissenschaftlichen Objektivitätsverständnisses in Frage stellen. Sie plädieren ebenfalls dafür, die Objektivität einer Aussage nicht allein an die Existenz objektiver Faktoren zu knüpfen, welche unabhängig von der Wahrnehmung einer einzelnen Person sind. Nach ihrem Verständnis ist eine Aussage dann objektiv, wenn sie einen Konsens innerhalb einer bestimmten Gruppe von Personen darstellt.[43] Fasst man diese Definition von Objektivität weiter und bezieht sie nicht nur auf eine Gruppe von Personen, lässt sich eine objektive Aussage von einer subjektiven Aussage, die nur für den Einzelnen Bestand hat, durch das Attribut der Allgemeingültigkeit abgrenzen.[44] Informationen zu objektivieren bedeutet demnach allgemein, sie für jedes Individuum gültig und damit intersubjektiv nachprüfbar zu gestalten, d. h. ein Dritter muss bei Anwendung der gleichen Bewertungsmethode zum gleichen Ergebnis kommen.[45] Dieses allgemeine Verständnis von Objektivität wird durch das IDW dahingehend eingeschränkt, dass das **Postulat der intersubjektiven Nachprüfbarkeit** i. S. v. IDW S 1 nur dann erfüllt ist, wenn ein sachkundiger Dritter das Bewertungsergebnis nachvollziehen und die Auswirkungen getroffener Annahmen auf den Unternehmenswert abschätzen kann.[46]

Versteht man Objektivierung in Anlehnung an BAETGE als den notwendigen Prozess zur Gewährleistung des Zustands der Objektivität i. S. v. intersubjektiver Nachprüfbarkeit, stellt sich die Frage nach dem erforderlichen Umfang der Objektivierungsmaßnahmen.[47] Diesbezüglich ist für Bewertungszwecke festzustellen, dass der **Objektivierungsgrad** mit abnehmender Bandbreite möglicher, noch sachgerechter Wertansätze steigt.[48] Je höher der Grad der Objektivierung, desto geringer sind somit die Ermessensspielräume.[49] Die Anforderungen an die

---

41 Vgl. POPPER, K. R., Logik der Forschung, S. 21 unter Verweis auf KANT, I., Kritik der reinen Vernunft, S. 848.

42 Vgl. POPPER, K. R., Logik der Forschung, 1. Aufl., S. 16 f.

43 Vgl. IJIRI, Y./JAEDICKE, R. K., Reliability and Objectivity, S. 476. Zur Gleichsetzung von Objektivität und intersubjektiver Nachprüfbarkeit vgl. ebenso SCHEELE, A., Strategieorientierte Lageberichterstattung, S. 30; KOELEN, P., Investitionstheoretische Bewertungskalküle, S. 17 f. HEPERS weist in einem ähnlichen Zusammenhang klarstellend darauf hin, dass bei Gewährleistung intersubjektiver Nachprüfbarkeit nicht aus einer subjektiven eine objektive Wertermittlung wird, sondern dass die subjektiven Einschätzungen des Bewertenden auch für Dritte nachvollziehbar sind. Vgl. HEPERS, L., Entscheidungsnützlichkeit, S. 117.

44 Vgl. DE VRIES, J., Objektiv, S. 216.

45 Vgl. KÜMMEL, J., Fair Value-Ermittlung mit Barwertkalkülen, S. 90; ebenso BAETGE, J./KRUSE, A., Objektivität der Urteilsbildung, S. 204.

46 Vgl. HFA DES IDW (Hrsg.), IDW S 1, Tz. 174; IDW (Hrsg.), WP Handbuch 2008, Bd. II, Rn. A 141. Zur intersubjektiven Nachprüfbarkeit des Bewertungsgutachtens vgl. ALVANO, W., Unternehmensplanung, S. 38.

47 Nach IJIRI und JAEDICKE bestimmt der Umfang der Objektivierungen den erreichten Objektivierungsgrad. Vgl. hierzu IJIRI, Y./JAEDICKE, R. K., Reliability and Objectivity, S. 476.

48 Vgl. KOELEN, P., Investitionstheoretische Bewertungskalküle, S. 17 f. unter Verweis auf IJIRI, Y./JAEDICKE, R. K., Reliability and Objectivity, S. 475-478.

49 In einem anderen Zusammenhang weisen beispielsweise BAETGE und KIRSCH auf den Vorteil einer geringeren Manipulationsanfälligkeit objektivierter Abbildungen hin. Vgl. hierzu BAETGE, J./KIRSCH, H.-J., Grundsätze ordnungsmäßiger Buchführung, Rn. 63.

Objektivität der zu vermittelnden Informationen werden dabei zum einen durch das Kommunikationsverhältnis zwischen dem Bewertenden und den Adressaten der Bewertung bestimmt. Liegen Informationsasymmetrien vor, lassen sich diese grundsätzlich nur dann gezielt abbauen, wenn die Informationsadressaten nicht anonym sind und somit eine direkte Kommunikation zwischen dem Bewertenden und den Adressaten der Bewertung stattfindet.[50] Ist dies nicht der Fall, sind an die Objektivierung der Bewertung vergleichsweise höhere Anforderungen zu stellen, um die intersubjektive Nachprüfbarkeit selbiger sicherzustellen.[51] Der notwendige Grad der Objektivierung wird zum anderen durch die Unsicherheit des zu bewertenden Sachverhalts determiniert. Diesbezüglich sind v. a. zukunftsbezogene Informationen bzw. Bewertungen in besonderem Maße unsicher.[52] Während sich aus der Unsicherheit zukunftsorientierter Aussagen und Bewertungen weitreichende Gestaltungsspielräume ergeben können, sind vergangenheitsorientierte Informationen per se intersubjektiv nachprüfbar.[53] Objektiv ermittelbare Informationen, wie z. B. rein vergangenheitsorientierte Daten, sind indes für die Wertermittlung anhand üblicher Bewertungsverfahren indes tendenziell weniger bedeutsam, da letztere den Blick v. a. in die Zukunft richten.[54] Diesbezüglich weist BAETGE auf einen Zielkonflikt zwischen objektiven i. S. v. intersubjektiv nachprüfbaren Informationen einerseits und ökonomisch brauchbaren Informationen andererseits hin:

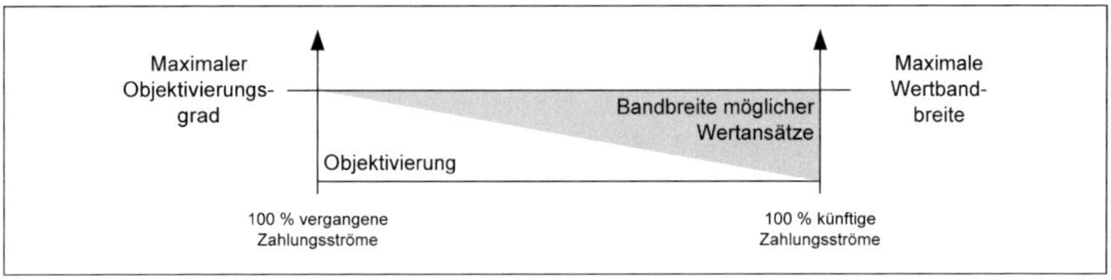

Abbildung 2-2: Der Zielkonflikt zwischen Objektivität und ökonomischer Brauchbarkeit[55]

Wie Abbildung 2-2 verdeutlicht, schränkt die Zukunftsorientierung dominierender Bewertungsverfahren das Ausmaß möglicher Ansätze zur Objektivierung ein.[56] Als Reaktion auf diese Grenzen ist dafür Sorge zu tragen, dass das Ausfüllen vorhandener Ermessensspielräume gegebenenfalls durch Angabe flankierender Informationen transparent dargelegt wird.[57]

Wesentliches Ziel der Untersuchung ist es, unter Berücksichtigung des Zielkonflikts zwischen Objektivität und ökonomischer Brauchbarkeit, Möglichkeiten zur Objektivierung der Abbil-

---

50 Vgl. KOELEN, P., Investitionstheoretische Bewertungskalküle, S. 23.

51 Vgl. KIRSCH, H.-J./KOELEN, P., IFRS-Rechnungslegung und Unternehmensbewertung, S. 284.

52 Vgl. KOELEN, P., Investitionstheoretische Bewertungskalküle, S. 23.

53 Vgl. BALLWIESER, W., Informations-GoB, S. 118; MOXTER, A., Grundsätze ordnungsgemäßer Rechnungslegung, S. 229.

54 Auf die Zukunftsorientierung gegenwärtig dominierender Bewertungsverfahren wird in Abschn. 231 ausführlich Bezug genommen.

55 In Anlehnung an BAETGE, J., Objektivierung des Jahreserfolges, S. 169.

56 Vgl. KOELEN, P., Investitionstheoretische Bewertungskalküle, S. 93.

57 Vgl. KOELEN, P., Investitionstheoretische Bewertungskalküle, S. 77.

dung von Wachstum im Bewertungskalkül gemäß IDW S 1 zu identifizieren, um auf diesem Wege bestehende Ermessensspielräume bei der bewertungstechnischen Abbildung von Wachstum abzubauen.[58] Um den Gegenstand der folgenden Analyse unter Berücksichtigung des angeführten Untersuchungsziels möglichst adäquat abzugrenzen, werden im Folgenden relevante Basisannahmen der Wertermittlung erörtert.

213. Relevante Basisannahmen zur Wertermittlung

Nach der herrschenden betriebswirtschaftlichen Bewertungslehre, welche sich für den deutschsprachigen Raum nicht zuletzt in IDW S 1 widerspiegelt, bemisst sich der Wert eines Unternehmens unter der Annahme ausschließlich finanzieller Ziele nach dem „Barwert der mit dem Eigentum an dem Unternehmen verbundenen Nettozuflüsse an die Unternehmenseigner“.[59] Mithin ergibt sich der Wert eines Unternehmens aus der Ertragskraft des Unternehmens, d. h. der Fähigkeit, künftig finanzielle Überschüsse für die Unternehmenseigner zu generieren.[60]

Neben der angesprochenen **Prämisse ausschließlich finanzieller Ziele** liegen dem vorstehend skizzierten Grundverständnis des Unternehmenswerts als Zukunftserfolgswert die Basisannahmen der **Fortführung des Unternehmens** („Going-Concern-Prinzip“)[61] in unverändertem Konzept und der Veräußerung etwaigen nicht betriebsnotwendigen Vermögens zugrunde.[62] Hinsichtlich der zuletzt genannten Annahme der **Veräußerung von nicht betriebsnotwendigem Vermögen** wird indes im Rahmen dieser Arbeit aus Vereinfachungsgründen davon ausgegangen, dass ausschließlich betriebsnotwendiges Vermögen vorhanden und dieses somit alleiniger Gegenstand der Bewertung ist.[63]

Nach dem im Rahmen dieser Arbeit verfolgten Verständnis entspricht der Wert eines Unternehmens somit dem Zukunftserfolgswert des betriebsnotwendigen Vermögens, welcher sich unter der Annahme der Fortführung der Geschäftstätigkeit des Unternehmens und der Verfol-

---

58 Der Begriff der Objektivierung ist für Zwecke dieser Arbeit in Anlehnung an MOXTER nicht mit dem Begriff der Typisierung gleichzusetzen. Während die Objektivierung nach MOXTER der Ausschaltung bzw. Beschränkung bestehender Ermessensspielräume bei der Bewertung dient, wird mit dem Mittel der Typisierung der Zweck verfolgt, nicht oder nicht mit vertretbarem Aufwand beschaffbare Informationen zu erlangen. Vgl. hierzu MOXTER, A., Grundsätze ordnungsmäßiger Unternehmensbewertung, S. 26. Wenngleich der Objektivierungsgedanke im Fokus dieser Arbeit steht, soll diese Schwerpunktsetzung die grundsätzliche Zulässigkeit von Typisierungen im Bewertungskalkül nicht ausschließen.

59 HFA DES IDW (Hrsg.), IDW S 1, Tz. 4.

60 Vgl. IDW (Hrsg.), WP Handbuch 2008, Bd. II, Rn. A 8. Zur grundsätzlichen Wertkonzeption, nach welcher sich auf gut funktionierenden Märkten der Wert eines Unternehmens durch Kapitalisierung künftiger finanzieller Überschüsse ergibt, vgl. bereits FISHER, I., Theory of Interest, S. 16-18.

61 Zum Grundsatz der Unternehmensfortführung vgl. BAETGE, J./KIRSCH, H.-J./THIELE, S., Bilanzen, S. 122 f. Dem alternativen Wertkonzept des Liquidationswerts kommt im Rahmen dieser Arbeit keine Bedeutung zu, da dieser als Unternehmenswert nur in Betracht kommt, sofern er den Fortführungswert übersteigt. Von einem solchen Szenario wie auch dem Fall eines negativen Wachstums der künftigen finanziellen Überschüsse wird indes abstrahiert. Zum Liquidationswert vgl. DRUKARCZYK, J./SCHÜLER, A., Unternehmensbewertung, S. 89; BALLWIESER, W., Unternehmensbewertung, S. 189.

62 Vgl. HFA DES IDW (Hrsg.), IDW S 1, Tz. 5.

63 Zur Bewertung von nicht betriebsnotwendigem Vermögen nach IDW S 1 vgl. HFA DES IDW (Hrsg.), IDW S 1, Tz. 59-63.

gung ausschließlich finanzieller Ziele ergibt. In Abhängigkeit der Funktion des Bewertenden bei der Durchführung einer Unternehmensbewertung und dem auslösenden Bewertungsanlass lassen sich indes verschiedene Ausprägungen des Zukunftserfolgswerts unterscheiden. Die den verschiedenen Wertkonzeptionen zugrunde liegenden Bewertungsanlässe und Funktionen des Bewertenden sind Gegenstand des nachfolgenden Abschnitts.

214. Relevante Bewertungsanlässe und Funktionen des Bewertenden

Bereits SCHMALENBACH weist auf die Vielfalt verschiedener Wertkonzeptionen als wesentliche Ursache für Zweifelsfragen bei der Bewertung hin.[64] Im Folgenden werden daher die wesentlichen Faktoren zur Bestimmung der für den einzelnen Bewertungsfall relevanten Wertkonzeption näher beleuchtet und die für Zwecke dieser Analyse maßgebliche Wertkonzeption herausgearbeitet.

Der Wert eines Unternehmens steht u. a. in unmittelbarer Abhängigkeit zum jeweiligen Bewertungszweck.[65] Dieser ergibt sich seinerseits aus dem zugrunde liegenden Bewertungsanlass.[66] In Anlehnung an IDW S 1 lassen sich grundsätzlich unternehmerische Initiativen, Gründe der externen Rechnungslegung[67], gesellschaftsrechtliche, gesetzliche bzw. vertragliche Vereinbarungen sowie sonstige Gründe als **Kategorien möglicher Bewertungsanlässe** unterscheiden.[68]

Als Beispiele für **unternehmerische Initiativen**, welche eine Unternehmensbewertung erforderlich machen können, seien u. a. die Durchführung eines sog. Management Buy Out und die Vorbereitung eines Börsengangs genannt.[69] Derartigen Bewertungen ist gemein, dass ihr primärer Zweck in der Entscheidungsvorbereitung liegt. Sofern es sich dabei um die Vorbereitung eigener Entscheidungen des Bewertungssubjekts handelt,[70] liegt es üblicherweise im Interesse des Bewertungssubjekts[71], seine Bewertungs- bzw. Entscheidungsgrundlagen zur Stärkung der eigenen Verhandlungsposition nicht zu offenbaren.[72] Mangels hinreichender

---

64 Vgl. SCHMALENBACH, E., Grundsätze ordnungsmäßiger Bilanzierung, S. 230.

65 Vgl. BALLWIESER, W., Unternehmensbewertung, S. 1.

66 Vgl. MANDL, G./RABEL, K., Unternehmensbewertung, S. 12.

67 Für eine umfassende Bestimmung des Begriffs der Rechnungslegung vgl. SCHELLHORN, M., Instrumente der Rechenschaft, S. 6-10.

68 Vgl. HFA DES IDW (Hrsg.), IDW S 1, Tz. 8. Eine detaillierte Kategorisierung verschiedener Bewertungsanlässe findet sich in DRUKARCZYK, J./SCHÜLER, A., Unternehmensbewertung, S. 82-87; MANDL, G./RABEL, K., Unternehmensbewertung, S. 14 sowie BALLWIESER, W./LEUTHIER, R., Betriebswirtschaftliche Steuerberatung, Teil 1, S. 546-548.

69 Für eine exemplarische Aufzählung von Bewertungen anlässlich unternehmerischer Initiativen vgl. HFA DES IDW (Hrsg.), IDW S 1, Tz. 9.

70 Als Anlässe zur Durchführung von Unternehmensbewertungen zum Zweck der Vorbereitung fremder Entscheidungen kommen z. B. Prüfungen der Kreditwürdigkeit und Sanierungsfähigkeit in Frage. Vgl. BALLWIESER, W., Unternehmensbewertung, S. 1.

71 Der Begriff des Bewertungssubjekts bezeichnet die natürliche oder juristische Person bzw. Personengruppe, aus deren Perspektive die Bewertung durchgeführt wird. Vgl. MATSCHKE, M. J./BRÖSEL, G., Unternehmensbewertung, S. 3. Zur Begriffsabgrenzung von Bewertungsobjekt und -subjekt vgl. ebenso WOLLNY, C., Objektivierter Unternehmenswert, S. 6.

72 Vgl. BALLWIESER, W., Unternehmensbewertung, S. 1.

Transparenz entziehen sich derartige Bewertungen weitgehend einer Objektivierung zugrunde liegender Annahmen und darauf aufbauend ermittelter Ergebnisse für außen stehende Dritte, die an der Entscheidungsfindung nicht beteiligt sind.[73]

Ein wesentlich größerer Objektivierungsbedarf besteht bei Unternehmensbewertungen für Zwecke der externen Rechnungslegung. Die Bedeutung von Standards der **externen Rechnungslegung** als auslösendes Moment zur Durchführung von Unternehmensbewertungen ist im Zuge der Internationalisierung der Rechnungslegung weiter gestiegen.[74] Beispielhaft sei daher an dieser Stelle nicht nur die Durchführung einer Beteiligungsbewertung nach IDW RS HFA 10[75] genannt, sondern auch die eines Werthaltigkeitstests nach IAS 36[76]. Ein ebenfalls häufiger Anwendungsfall von Bewertungskalkülen ist die Durchführung einer Kaufpreisallokation im Zusammenhang mit der Bilanzierung von Unternehmensakquisitionen[77] bzw. -zusammenschlüssen nach IFRS 3 (rev. 2008)[78] bzw. unter Berücksichtigung von IDW RS HFA 16[79]. Bezieht man den Bereich der externen Rechnungslegung demnach auf den Regelungsbereich von HGB und IFRS, ergibt sich aus den Rahmengrundsätzen des HGB[80] bzw. aus den qualitativen Anforderungen der IFRS[81] ebenfalls ein vergleichsweise hoher Objektivierungsbedarf.

Ein ähnlich hoher Objektivierungsbedarf besteht bei Unternehmensbewertungen anlässlich **gesellschaftsrechtlicher, gesetzlicher bzw. vertraglicher Vereinbarungen**. Als ein wesentlicher gesellschaftsrechtlicher Anlass sei auf das aktien- und übernahmerechtliche Squeeze Out-Verfahren hingewiesen.[82] So ist der Ausgleich zwischen streitenden Parteien anhand ob-

---

73 Da primärer Zweck der nachfolgenden Analyse die Objektivierung des Bewertungskalküls gem. IDW S 1 ist, werden Unternehmensbewertungen zur Vorbereitung eigener Entscheidungen vom Untersuchungsgegenstand dieser Arbeit ausgeschlossen.

74 Zur Internationalisierung der Rechnungslegung in Deutschland vgl. PELLENS, B./FÜLBIER, R. U./GASSEN, J./SELLHORN, T., Internationale Rechnungslegung, S. 45-52.

75 Vgl. HFA DES IDW (Hrsg.), IDW S 1, Tz. 10. Zum Verhältnis von IDW S 1 gegenüber IDW RS HFA 10, welcher bei der Bewertung von Beteiligungen und sonstigen Unternehmensanteilen für die Zwecke eines handelsrechtlichen Jahresabschlusses einschlägig ist, vgl. HFA DES IDW (Hrsg.), IDW RS HFA 10, Tz. 1.

76 Zu den Grundlagen des Werthaltigkeitstests gem. IAS 36 vgl. KIRSCH, H.-J./KOELEN, P./KÖHLING, K., Management Approach, S. 203. Zur Implementierung des Goodwill-Impairment-Tests nach IAS 36 vgl. LÜDENBACH, N./HOFFMANN, W.-D., Goodwill-Impairment-Test, S. 1068-1077.

77 Zum Begriff der Unternehmensakquisition vgl. SCHMITTING, W., Unternehmensakquisition und Due Diligence, S. 236. Zu Motiven für Unternehmensakquisitionen vgl. BERENS, W./MERTES, M./STRAUCH, J., Unternehmensakquisitionen, S. 39-47.

78 Zur Bilanzierung von Unternehmenszusammenschlüssen nach IFRS 3 vgl. FINK, C., Unternehmenszusammenschlüsse, S. 114-119.

79 Zur Beziehung zwischen IDW S 1 und IDW RS HFA 16, welcher gleichermaßen bei Bewertungen zur Abbildung von Unternehmenserwerben (IFRS 3) und Werthaltigkeitsprüfungen (IAS 36) nach IFRS zu beachten ist, vgl. HFA DES IDW (Hrsg.), IDW RS HFA 16, Tz. 2.

80 Zu den im handelsrechtlichen GoB-System i. S. v. BAETGE/KIRSCH/THIELE entwickelten Rahmengrundsätzen vgl. BAETGE, J./KIRSCH, H.-J./THIELE, S., Bilanzen, S. 114-122; BAETGE, J./KIRSCH, H.-J., Grundsätze ordnungsmäßiger Buchführung, Rn. 58-75.

81 Zu den Grundsätzen der IFRS-Rechnungslegung vgl. BAETGE, J./KIRSCH, H.-J./THIELE, S., Bilanzen, S. 144-150; METH, D., Rechnungslegung mittelständischer Unternehmen, S. 22-26.

82 Ein Überblick zu Wesen und Wirkung des aktienrechtlichen Squeeze Out-Verfahrens findet sich in JAKOBI, M., Squeeze-out, S. 109-111. Zum übernahmerechtlichen Squeeze Out-Verfahren vgl. JAKOBI, M., Squeeze-out, S. 207-209.

jektiver Bewertungsmaßstäbe zu ermitteln und zieht daher einen ähnlich hohen Objektivierungsbedarf.[83] Dies gilt nicht zuletzt, da die Bewertung aus gesellschaftsrechtlichen und gesetzlichen Anlässen letztendlich richterliche Aufgabe ist, wobei das Bewertungsgutachten ein wesentliches Hilfsmittel zur Urteilsfindung darstellt.[84]

Eng verbunden mit dem Anlass zur Durchführung einer Unternehmensbewertung ist zugleich die jeweilige **Funktion des Bewertenden** im Rahmen der Wertermittlung. Die Funktion des Bewertenden hat insofern mittelbaren Einfluss auf den zu ermittelnden Unternehmenswert, als dass der Bewertung in Abhängigkeit der jeweiligen Funktion, determiniert durch den Bewertungsanlass, unterschiedliche Wertkonzepte zugrunde liegen. Der Bewertende kann in verschiedenen Funktionen an der Durchführung einer Unternehmensbewertung beteiligt sein. So kann er im Rahmen der Bewertung von Unternehmen als neutraler Gutachter, Berater oder Schiedsgutachter bzw. Vermittler auftreten.[85]

In der Funktion als **neutraler Gutachter** bzw. Sachverständiger ermittelt der Bewertende „mit nachvollziehbarer Methodik einen von den Wertvorstellungen betroffener Parteien unabhängigen Wert des Unternehmens".[86] Als einen solchen unabhängigen Unternehmenswert versteht das IDW den objektivierten Unternehmenswert. Dieser stellt „einen intersubjektiv nachprüfbaren[87] Zukunftserfolgswert aus Sicht der Anteilseigner dar, der sich bei Fortführung des Unternehmens in unverändertem Konzept unter Einbeziehung aller realistischen Zukunftserwartungen im Rahmen der Marktchancen und -risiken und finanziellen Möglichkeiten des Unternehmens sowie sonstigen Einflussfaktoren ergibt"[88]. Da ein neutraler Gutachter die Risiken einer möglichen Fehlentscheidung nicht selbst zu tragen hat, sind an die Nachprüfbarkeit der Bewertungsannahmen und -ergebnisse unweigerlich besonders hohe Anforderungen zu stellen.[89]

In der Funktion als **Berater** ermittelt der Bewertende hingegen einen subjektiven Entscheidungswert. Sofern das Zielsystem sowie das Spektrum möglicher Entscheidungen bekannt sind, gibt dieser an, „unter welchen Bedingungen die Durchführung einer bestimmten vorgesehenen Handlung das ohne diese Handlung erreichbare Niveau der Zielerfüllung gerade noch nicht mindert"[90].

---

83 Vgl. BGH v. 10.10.1979, IV ZR 79/78, S. 105; GROßFELD, B., Unternehmens- und Anteilsbewertung, S. 24.

84 PAULSEN, A.-J., Unternehmensbewertung und Rechtsprechung, S. S109. Sofern im Folgenden auf den Fall gesellschaftsrechtlicher, gesetzlicher bzw. vertraglicher Vereinbarungen als potenzielle Bewertungsanlässe Bezug genommen wird, sei unterstellt, dass der Bewertende im Auftrag des zuständigen Gerichts als neutraler Gutachter tätig wird. Vgl. hierzu GROßFELD, B., Unternehmens- und Anteilsbewertung, S. 30. Zum Verhältnis zwischen Gericht und Sachverständigen vgl. PILTZ, D. J., Unternehmensbewertung in der Rechtsprechung, S. 122-130. Zur Bedeutung der Unternehmensbewertung für Zwecke der Wertfindung in Squeeze Out-Verfahren vgl. GAMPENRIEDER, P., Squeeze-out, S. 38 f.

85 Vgl. IDW (Hrsg.), WP Handbuch 2008, Bd. II, Rn. A 18.

86 HFA DES IDW (Hrsg.), IDW S 1, Tz. 12.

87 Zum Begriff der intersubjektiven Nachprüfbarkeit vgl. die Ausführungen in Abschn. 212.

88 IDW (Hrsg.), WP Handbuch 2008, Bd. II, Rn. A 76.

89 Vgl. BALLWIESER, W., Unternehmensbewertung, S. 1.

90 MATSCHKE, M. J./BRÖSEL, G., Unternehmensbewertung, S. 51.

In Konfliktsituation wird der Bewertende oftmals als **Schiedsgutachter** bzw. Vermittler tätig. In dieser Rolle ist er aufgerufen, einen Einigungswert zu ermitteln, der den subjektiven Wertvorstellungen aller beteiligten Parteien Rechnung trägt. Ein solcher Einigungswert stellt einen Kompromiss dar, der für die beteiligten Parteien zumutbar ist und zugleich ihre Interessen angemessen wahrt.[91]

Das Ziel dieser Arbeit ist es zu sondieren, welche Möglichkeiten bestehen, das in IDW S 1 kodifizierte Bewertungskalkül hinsichtlich der Abbildung von Wachstum zu objektivieren und durch entsprechende Erläuterungen nachvollziehbar zu gestalten. Wenngleich auch bei der Ableitung von Entscheidungs- und Einigungswerten die Nachprüfbarkeit der Bewertungsannahmen und -ergebnisse gewährleistet sein muss,[92] erscheint es sachgerecht, die nachfolgende Analyse auf die Funktion des Bewertenden als neutraler Gutachter zu konzentrieren. Während der Objektivierungsgedanke für den neutralen Gutachter bei der Ableitung eines objektivierten Unternehmenswerts oberste Priorität genießt, ermittelt dieser in den Funktionen als Berater und Schiedsgutachter jeweils einen Wert, welcher stark durch subjektive Wertvorstellungen einer bzw. mehrerer Parteien beeinflusst wird.

Hinsichtlich der als relevant erachteten Funktion des Bewertenden sollen innerhalb dieser Arbeit nur solche Anwendungsbereiche von IDW S 1 betrachtet werden, in denen der Bewertende als **neutraler Gutachter** im Auftrag des Bewertungssubjekts dazu aufgerufen ist, einen **objektivierten Unternehmenswert** zu ermitteln.[93] Bezogen auf zugehörige Bewertungsanlässe als auslösende Momente soll dabei konkret auf Unternehmensbewertungen infolge der Anwendung von Standards der externen Rechnungslegung bzw. aufgrund gesellschaftsrechtlicher, gesetzlicher bzw. vertraglicher Vereinbarungen rekurriert werden.

22 Konzeptionelle Grundlagen

221. Vorbemerkungen

Wie bereits ausgeführt, wird der Wert eines Unternehmens nach der herrschenden Bewertungslehre durch den Barwert der Nettozuflüsse an die Unternehmenseigner bestimmt.[94] Den im späteren Verlauf dargestellten gängigen Bewertungsverfahren ist mithin gemein, dass sie auf dem Kapitalwertkalkül der Investitionstheorie beruhen.[95] Geht man, wie für Zwecke dieser Arbeit unterstellt, von der Fortführung des Unternehmens aus und unterstellt demnach eine unbegrenzte Lebensdauer des selbigen,[96] ergibt sich der Unternehmenswert bei Vernach-

---

91 Vgl. MATSCHKE, M. J./BRÖSEL, G., Unternehmensbewertung, S. 51. Während es dem Bewertenden als Schiedsgutachter obliegt, einen Einigungswert final festzustellen, unterbreitet er als Vermittler lediglich einen Vorschlag. Vgl. HFA DES IDW (Hrsg.), IDW S 1, Tz. 12.

92 Vgl. BALLWIESER, W., Unternehmensbewertung, S. 1.

93 Ein umfangreicher Katalog potenzieller Bewertungsanlässe für objektivierte Unternehmenswerte findet sich in WOLLNY, C., Objektivierter Unternehmenswert, S. 32 f.

94 Zum Verständnis des Unternehmenswerts als Zukunftserfolgswert vgl. Abschn. 213.

95 Vgl. HFA DES IDW (Hrsg.), IDW S 1, Tz. 101; IDW (Hrsg.), WP Handbuch 2008, Bd. II, Rn. A 235; BALLWIESER, W., Unternehmensbewertung, S. 8.

96 Vgl. Abschn. 213 zu den Basisannahmen bei der Ermittlung des Unternehmenswerts.

lässigung von nicht betriebsnotwendigem Vermögen als Summe der Barwerte einer (unendlichen) Reihe von finanziellen Überschüssen aus dem betriebsnotwendigen Vermögen:

$$UW = \sum_{t=1}^{\infty} \frac{FÜ_t}{(1+k)^t}$$

Formel 2-1: Zukunftserfolgswert als Barwert künftiger finanzieller Überschüsse

Verzichtet man aus Gründen der Vereinfachung zunächst auf eine explizite Abbildung von Wachstum im Bewertungskalkül, sondern unterstellt, dass dieses im Zuge der periodenindividuellen Planung der künftigen finanziellen Überschüsse Berücksichtigung findet, verbleiben als Bestimmungsfaktoren des Unternehmenswerts die finanziellen Überschüsse im Zähler sowie der Kapitalisierungszinssatz im Nenner des Bewertungskalküls. Zur Erläuterung dieser Determinanten wird im Rahmen der folgenden konzeptionellen Überlegungen ausgehend von der Grundkonzeption des Kapitalwertkalküls auf die Abgrenzung, Prognose und Kapitalisierung der künftigen finanziellen Überschüsse eingegangen.

222. Allgemeine Grundsätze zur Ermittlung von Unternehmenswerten

Grundsätze der Unternehmensbewertung lassen sich allgemein definieren als ein „widerspruchsfreies Normensystem zur Steuerung des Prozesses der Unternehmensbewertung, d. h. der Vorgehensweise und der Resultatsherleitung“[97]. Jedwedem Grundsatzsystem der Unternehmensbewertung ist gemein, dass es zum einen der Anleitung zu zweckentsprechender Unternehmensbewertung und zum anderen dem Schutz sämtlicher an der Unternehmensbewertung beteiligten Parteien dienen soll.[98] Ein solches Verständnis erhebt somit an ein System von Bewertungsgrundsätzen den Anspruch, unter Zuhilfenahme von Prämissen und Abstraktionen ein nachvollziehbares und vorhersehbares Bewertungsschema zu gewährleisten, welches sich einerseits im Einzelfall sachgerecht umsetzen lässt und andererseits eine nachprüfbare Verhaltenssteuerung der beteiligten Parteien ermöglicht.[99] Da Grundsätze indes nicht nur die Regelung eines konkreten Einzelfalls im Sinn haben, sondern sich vielmehr „übersingulär auf eine Klasse von Problemsituationen beziehen“[100], können sie infolge ihres „in generell-abstrakter Weise formulierten Inhalts einen über den Einzelfall hinausgehenden Geltungsanspruch erheben“[101]. Den angesprochenen Zweck der nachprüfbaren Verhaltenssteuerung er-

---

97 MATSCHKE, M. J./BRÖSEL, G., Unternehmensbewertung, S. 719 f. unter Bezugnahme auf GOETZKE, W./SIEBEN, G. (Hrsg.), Moderne Unternehmungsbewertung, S. 264.

98 Vgl. MOXTER, A., Grundsätze ordnungsmäßiger Unternehmensbewertung, S. 1. Zu den Zwecken von Grundsätzen der Unternehmensbewertung vgl. MATSCHKE, M. J./BRÖSEL, G., Unternehmensbewertung, S. 724-728.

99 Vgl. MATSCHKE, M. J./BRÖSEL, G., Unternehmensbewertung, S. 721.

100 KÜNNEMANN, M., Objektivierte Unternehmensbewertung, S. 170.

101 POOTEN, H., GoB aus Käufersicht, S. 8. Trotz z. T. kontroverser Ansichten zu den Grundsätzen der Unternehmensbewertung weisen MOXTER und DÖRNER in diesem Zusammenhang gleichsam einschränkend darauf hin, dass Bewertungsgrundsätze trotz ihres allgemeinen Geltungsanspruchs kein in sich geschlossenes System darstellen, sondern aufgrund der Fortentwicklung ihrer Quellen ein dynamisches Normensystem darstellen. Vgl. MOXTER, A., Grundsätze ordnungsmäßiger Unternehmensbewertung, S. 455. Die entspre-

füllen Grundsätze, indem sie die Bandbreite künftiger Entscheidungsalternativen dahingehend einschränken, dass sie bestimmte Kategorien von Handlungsalternativen explizit zur Betrachtung vorgeben oder von selbiger ausschließen sowie Handlungsalternativen a priori positiv oder negativ bewerten.[102]

In der betriebswirtschaftlichen Bewertungslehre hat sich eine Vielzahl verschiedener Systeme von Grundsätzen zur Ermittlung von Unternehmenswerten herausgebildet.[103] Zentraler Untersuchungsgegenstand dieser Arbeit ist das Bewertungskalkül gemäß IDW S 1. Für Zwecke der vorliegenden Arbeit soll daher an dieser Stelle auf die folgenden in IDW S 1 normierten allgemeinen Grundsätze zur Ermittlung von Unternehmenswerten Bezug genommen werden:

- Maßgeblichkeit des Bewertungszwecks,
- Bewertung der wirtschaftlichen Unternehmenseinheit,
- Stichtagsprinzip,
- Unbeachtlichkeit des (bilanziellen) Vorsichtsprinzips,
- Nachvollziehbarkeit der Bewertungsansätze.[104]

Der Anlass der Bewertung und die Funktion des Bewertenden determinieren das jeweils zugrunde liegende Wertkonzept, aus welchem sich wiederum abweichende Bewertungsprämissen ergeben.[105] Um die dem jeweiligen Bewertungszweck entsprechenden Annahmen und Typisierungen ableiten zu können,[106] verlangt der Grundsatz der **Maßgeblichkeit des Bewertungszwecks** im Zuge der Auftragserteilung explizit festzulegen, in welcher Funktion der Bewertende tätig wird.

„Unternehmen sind zweckgerichtete Kombinationen von materiellen und immateriellen Vermögenswerten, durch deren Zusammenwirken finanzielle Überschüsse erwirtschaftet werden sollen."[107] Nach diesem IDW S 1 zugrunde liegendem Unternehmensverständnis bestimmt sich der Wert eines Unternehmens nicht durch die Werte der einzelnen Bestandteile des Vermögens und der Schulden (Einzelbewertung), sondern nach dem Grundsatz der **Bewertung der wirtschaftlichen Einheit** durch das Zusammenspiel aller Werte (Gesamtbewertung).[108]

---

chenden Ausführungen DÖRNERS auf der 1. Kölner BFuP-Tagung vom 18. und 19. Mai 1976 finden sich in GOETZKE, W./SIEBEN, G. (Hrsg.), Moderne Unternehmungsbewertung, S. 260 f. Zu den Quellen von Grundsätzen der Unternehmensbewertung vgl. MATSCHKE, M. J./BRÖSEL, G., Unternehmensbewertung, S. 729. Hinsichtlich der Quellen lässt sich zudem analog auf die bei den Grundsätzen ordnungsmäßiger Buchführung und Bilanzierung bzw. Rechnungslegung übliche Unterscheidung verweisen. Vgl. hierzu MOXTER, A., Grundsätze ordnungsgemäßer Rechnungslegung, S. 9-13; LEFFSON, U., GoB, S. 112.

[102] Vgl. POOTEN, H., GoB aus Käufersicht, S. 8 zu Grundsätzen als Aktionsrahmen.

[103] Der bedeutendste Ansatz zur Entwicklung von Grundsätzen der Unternehmensbewertung geht auf MOXTER zurück, vgl. Fn. 98. Ebenso findet der Ansatz von POOTEN Beachtung, vgl. Fn. 101. Ein Überblick der beiden Ansätze findet sich in MATSCHKE, M. J./BRÖSEL, G., Unternehmensbewertung, S. 734-739.

[104] Vgl. IDW (Hrsg.), WP Handbuch 2008, Bd. II, Rn. A 45.

[105] Vgl. hierzu die Ausführungen in Abschn. 214.

[106] Vgl. HFA DES IDW (Hrsg.), IDW S 1, Tz. 17.

[107] HFA DES IDW (Hrsg.), IDW S 1, Tz. 18.

[108] Vgl. HFA DES IDW (Hrsg.), IDW S 1, Tz. 18.

Nach dem **Stichtagsprinzip** ist der Wert eines Unternehmens zeitpunktbezogen, d. h. in Abhängigkeit des jeweiligen Bewertungsstichtags zu ermitteln.[109] Fallen Bewertungsstichtag und Zeitpunkt der Durchführung der Bewertung auseinander, darf nur der Informationsstand in die Bewertung einfließen, welcher „bei angemessener Sorgfalt zum Bewertungsstichtag hätte erlangt werden können“[110]. Das Stichtagsprinzip ist somit v. a. für die wertrelevante Frage der hinreichenden Konkretisierung künftiger Investitionsmaßnahmen bedeutsam.

In der für Zwecke dieser Arbeit als maßgeblich erachteten Funktion des Bewertenden als neutraler Gutachter ist dieser an das Gebot der Unparteilichkeit gebunden. Diesem Gebot würde das für die handelsrechtliche Bilanzierung verbindliche Vorsichtsprinzip[111] zuwider laufen. Da Letzteres eine ungleiche Gewichtung der z. T. diametralen Interessen von Gläubigern und Unternehmenseignern zugunsten des Gläubigerschutzes nach sich zieht, gilt nach IDW S 1 der Grundsatz der **Unbeachtlichkeit des (bilanziellen) Vorsichtsprinzips**.[112]

Der Unternehmenswert ergibt sich in Abhängigkeit einer Vielzahl verschiedener Prämissen, die jeweils einen erheblichen Werteffekt haben können. Dem Grundsatz der Klarheit der Berichterstattung[113] entsprechend hat der Bewertende für die **Nachvollziehbarkeit der Bewertungsansätze** Sorge zu tragen. Zu diesem Zweck ist im Bewertungsgutachten kenntlich zu machen, auf welchen wesentlichen Annahmen der ermittelte Unternehmenswert beruht.[114] Der Begriff intersubjektiver Nachprüfbarkeit[115] als Ergebnis hinreichender Objektivierung ist nach IDW S 1 dahingehend zu interpretieren, dass nur die Arbeitspapiere (nicht aber das Bewertungsgutachten) es „einem sachkundigen Dritten ermöglichen [müssen], das Bewertungsergebnis nachzuvollziehen und die Auswirkungen der getroffenen Annahmen auf den Unternehmenswert abzuschätzen“[116].

---

109 Vgl. HFA DES IDW (Hrsg.), IDW S 1, Tz. 22.

110 HFA DES IDW (Hrsg.), IDW S 1, Tz. 23; auch OLG Düsseldorf v. 19.10.1999, 19 W 1/96, S. 323 f. Schwierigkeiten hinsichtlich des zu berücksichtigenden Kenntnisstands können sich beispielsweise dann ergeben, wenn die Bewertung auf einen bereits mehrere Jahre zurück liegenden Bewertungsstichtag erfolgt. In einem solchen Fall dürfen nach der vom BGH begründeten Wurzeltheorie nur solche Entwicklungen in die Betrachtung einbezogen werden, die ihre Wurzeln in der Zeit vor dem Bewertungsstichtag haben. Vgl. hierzu grundlegend BGH v. 17.01.1973, IV ZR 142/70, S. 565; LG Nürnberg-Fürth v. 22.04.1999, 1 HK 6730/89, S. 90. Die Berücksichtigung von Entwicklungen, deren Wurzeln in der Zeit nach dem Bewertungsstichtag gelegt wurden, ist auch dann nicht zulässig, wenn sich diese anhand einer Kausalkette auf den Bewertungsstichtag zurück verfolgen lassen. Vgl. hierzu OLG Düsseldorf v. 17.02.1984, 19 W 1/81, S. 818 unter Berufung auf OLG Düsseldorf v. 29.10.1976, 19 W 6/73, S. 297; OLG Celle v. 04.04.1979, 9 Wx 2/77, S. 1033; ähnlich OLG Zweibrücken v. 09.03.1995, 3 W 133 und 145/92, S. 422; LG Dortmund v. 14.02.1996, 20 AktE 3/94, S. 278 f. Zur Wurzeltheorie vgl. auch OLG Frankfurt a. M. v. 09.02.2010, 5 W 33/09, S. 733; KIRSCH, H.-J./KOELEN, P., IAS 10, Rn. 24.

111 Zum bilanziellen Vorsichtsprinzip vgl. SCHMALENBACH, E., Dynamische Bilanz, S. 83-85 sowie m. w. N. LEFFSON, U., GoB, S. 465-467.

112 Vgl. HFA DES IDW (Hrsg.), IDW S 1, Tz. 64. Zum Grundsatz der Unbeachtlichkeit des Vorsichtsprinzips vgl. BALLWIESER, W., Informations-GoB, S. 117.

113 Zum Grundsatz der Klarheit vgl. IDW (Hrsg.), WP Handbuch 2006, Bd. I, Tz. Q 60-63.

114 Vgl. HFA DES IDW (Hrsg.), IDW S 1, Tz. 66.

115 Vgl. Abschn. 212 zum maßgeblichen Verständnis intersubjektiver Nachprüfbarkeit.

116 HFA DES IDW (Hrsg.), IDW S 1, Tz. 174 [eingefügt durch den Verfasser].

Neben den vorstehend behandelten Grundsätzen formuliert IDW S 1 weitere Grundsätze zur Abgrenzung der künftigen finanziellen Überschüsse für Zwecke der Bewertung des betriebsnotwendigen Vermögens. Aufgrund der übergeordneten Bedeutung dieses Themenkomplexes für die Abbildung von Wachstum werden im Folgenden ausgewählte Grundsätze zur Abgrenzung der künftigen finanziellen Überschüsse gesondert behandelt.

223. Die Abgrenzung der bewertungsrelevanten finanziellen Überschüsse

Wie bereits vorstehend diskutiert, ergibt sich der Wert eines Unternehmens aus dem Barwert der künftigen finanziellen Überschüsse für die Unternehmenseigner.[117] Im Folgenden soll daher dargestellt werden, nach welchen Grundsätzen die bewertungsrelevanten finanziellen Überschüsse abzugrenzen sind.

Die bewertungsrelevanten finanziellen Überschüsse sind unter der Maßgabe der **Zahlungsstromorientierung** abzuleiten. Dabei besitzen nach dem Zuflussprinzip nur solche finanziellen Überschüsse, die als Nettoeinnahmen in den Verfügungsbereich der Unternehmenseigner fließen, eine wertbestimmende Wirkung.[118] Ausgangsgröße zur Bestimmung der Nettoeinnahmen sind die Ausschüttungen an die Unternehmenseigner, wobei nach IDW S 1 von der Ausschüttung derjenigen finanziellen Überschüsse auszugehen ist, „die nach Berücksichtigung des zum Bewertungsstichtag dokumentierten Unternehmenskonzepts und rechtlicher Restriktionen zur Ausschüttung zur Verfügung stehen“[119]. Über die Nebenbedingung der gesellschaftsrechtlichen Ausschüttungsfähigkeit der finanziellen Überschüsse hinaus sind zudem die Finanzierung der Ausschüttungen und die konkrete Verwendung der nicht ausgeschütteten Beträge zu berücksichtigen.[120] Die bewertungsrelevanten Nettoeinnahmen entsprechen indes nicht in voller Höhe den finanziellen Überschüssen, die den Unternehmenseignern unter Beachtung der genannten Nebenbedingungen zufließen. Bewertungsrelevant sind nur diejenigen Nettozuflüsse, die den Unternehmenseignern frei zur Verfügung stehen, d. h. nach **Abzug der Ertragsteuern** des Unternehmens sowie grundsätzlich unter Berücksichtigung der persönlichen Ertragsteuern der Unternehmenseigner.[121]

---

117 Zum Inhalt des Unternehmenswerts vgl. die Ausführungen in Abschn. 213.

118 Vgl. HFA DES IDW (Hrsg.), IDW S 1, Tz. 25; BALLWIESER, W., Anforderungen an die Unternehmensbewertung, S. S102.

119 HFA DES IDW (Hrsg.), IDW S 1, Tz. 35.

120 Vgl. HFA DES IDW (Hrsg.), IDW S 1, Tz. 26. Hinsichtlich der Finanzierung der Ausschüttungen ist eine periodenbezogene Finanzierungsannahme zu treffen, wie sich die finanziellen Überschüsse auf Unternehmenseigner und Fremdkapitalgeber aufteilen. Vgl. IDW (Hrsg.), WP Handbuch 2008, Bd. II, Rn. A 61. Entgegen der vormals vorherrschenden Literaturmeinung entfalten indes nicht nur die Ausschüttungen eine wertbestimmende Wirkung, sondern eine solche geht grundsätzlich auch von den thesaurierten finanziellen Überschüssen aus, da diese die Basis für die Erzielung und Ausschüttung künftiger finanzieller Überschüsse legen. Vgl. BUSSE VON COLBE, W., Berücksichtigung von Synergien, S. 129; MÜNSTERMANN, H., Wert und Bewertung, S. 46 f. Als exemplarische Verwendungsmöglichkeiten werden in IDW S 1 die Realisierung von Investitionsvorhaben, die Tilgung von Fremdkapital und die Rückführung von Eigenkapital genannt. Vgl. HFA DES IDW (Hrsg.), IDW S 1, Tz. 26.

121 Während bei Unternehmensbewertungen infolge unternehmerischer Initiativen unter der Annahme einer vergleichbaren persönlichen Besteuerung der Nettozuflüsse aus Bewertungsobjekt und Alternativanlage auf eine explizite Berücksichtigung persönlicher Ertragsteuern verzichtet wird (mittelbare Typisierung), werden

Gegenstand der Bewertung eines Unternehmens ist die zum Bewertungsstichtag vorhandene Ertragskraft.[122] Für Zwecke der Bewertung gilt es daher, das vorhandene oder realisierbare Erfolgspotenzial stichtagsbezogen zu separieren.[123] Zur bewertbaren Ertragskraft eines Unternehmens zählen nur solche Erfolgschancen, die ihren Ursprung in **zum Bewertungsstichtag bereits eingeleiteten oder hinreichend konkretisierten Maßnahmen** im Rahmen des bisherigen Unternehmenskonzepts und der vorherrschenden Marktgegebenheiten haben.[124] Finanzielle Überschüsse, die sich aus potenziellen, aber zum Bewertungsstichtag noch nicht hinreichend konkretisierten Maßnahmen ergeben können, sind demnach bei der Ermittlung objektivierter Unternehmenswerte außer Acht zu lassen.[125]

Die Kriterien der vollzogenen Einleitung der zugrunde liegenden Maßnahme und der hinreichenden Dokumentation selbiger im Unternehmenskonzept gelten analog hinsichtlich der **Berücksichtigung von Synergie- bzw. Verbundeffekten**.[126] Ihrem Ursprung nach lassen sich Synergieeffekte in sog. echte und unechte Synergieeffekte untergliedern. Während die Realisierbarkeit echter Synergieeffekte an spezifische Gegebenheiten des jeweiligen Unternehmensverbunds geknüpft ist,[127] lassen sich unechte Synergien unabhängig von den dem Bewertungsanlass zugrunde liegenden Maßnahmen realisieren.[128] Der objektivierte Unternehmenswert wird unter der Annahme der Fortführung des Unternehmens in unverändertem Konzept ermittelt.[129] Die Berücksichtigung echter Synergieeffekte würde dieser Prämisse

diese bei gesellschaftsrechtlichen und vertraglichen Bewertungsanlässen aus der Perspektive einer inländischen unbeschränkt steuerpflichtigen natürlichen Person als Anteilseigner mittels sachgerechter Annahme zur Höhe der persönlichen Steuerlast unmittelbar berücksichtigt (unmittelbare Typisierung). Vgl. HFA DES IDW (Hrsg.), IDW S 1, Tz. 30 f. und Tz. 45 f. Zu anlassbezogenen Typisierungen i. S. v. IDW S 1 vgl. WEGENER, W., Objektivierter Unternehmenswert, S. 936 f. Zur grundsätzlichen Relevanz persönlicher Ertragsteuern im Bewertungskalkül vgl. MOXTER, A., Grundsätze ordnungsmäßiger Unternehmensbewertung, S. 177 f.; BALLWIESER, W., Komplexitätsreduktion, S. 102 f.; BAETGE, J./NIEMEYER, K./KÜMMEL, J./SCHULZ, R., DCF-Verfahren, S. 402 f.; WIESE, J., Unternehmensbewertung und Abgeltungssteuer, S. 368.

122 Vgl. hierzu die Ausführungen zum Inhalt des Unternehmenswerts in Abschn. 213.

123 Vgl. IDW (Hrsg.), WP Handbuch 2008, Bd. II, Rn. A 80.

124 Nach dem Kriterium des eingeleiteten Geschäfts gilt eine Maßnahme als hinreichend konkretisiert, sobald diese „durch Geschäfte, Verträge oder ähnlich greifbare Vorgänge hinreichend konkret angestoßen worden ist". Zum Kriterium des eingeleiteten Geschäfts als Objektivierungsansatz vgl. KIRSCH, H.-J., Objektivierung künftiger Zahlungsströme, S. 370-377.

125 Vgl. HFA DES IDW (Hrsg.), IDW S 1, Tz. 32. Eine Berücksichtigung von Erfolgsfaktoren, die ihren Ursprung nach dem Bewertungsstichtag haben, ist zudem nicht mit der Wurzeltheorie des BGH vereinbar. Zur Wurzeltheorie vgl. die Anmerkungen in Fn. 110 in Abschn. 222.

126 IDW S 1 definiert Synergieeffekte in Tz. 33 als „die Veränderung der finanziellen Überschüsse, die durch den wirtschaftlichen Verbund zweier oder mehrerer Unternehmen entstehen und von der Summe der isoliert entstehenden Überschüsse abweichen". Klarstellend sei angemerkt, dass sich durch einen Verbund nicht nur positive Synergien realisieren lassen, sondern gleichsam negative Verbundeffekte beispielsweise aufgrund eines erhöhten Abstimmungsbedarfes grundsätzlich denkbar sind. Vgl. BUSSE VON COLBE, W., Berücksichtigung von Synergien, S. 602-605; WEBER, E., Berücksichtigung von Synergieeffekten, S. 111 f.; SIEPE, G./DÖRSCHELL, A./SCHULTE, J., IDW Standard, S. 949.

127 Echte Synergieeffekte können sich beispielsweise aus der Ergänzung der jeweiligen Produktportfolios oder der gemeinsamen Nutzung bestehender Vertriebsorganisationen ergeben. Vgl. WERNER, W., Behandlung von Verbundeffekten, S. 314 f.

128 Vgl. IDW (Hrsg.), WP Handbuch 2008, Bd. II, Rn. A 83-85.

129 Zur Basisannahme der Fortführung des Unternehmens vgl. Abschn. 213. Die Prämisse der Unternehmensfortführung im bisherigen Konzept schließt auch die Annahme des Verbleibs des Managements bzw. eines gleichwertigen Ersatzes mit ein, sodass die Eliminierung von personenbezogenen Einflüssen auf die künfti-

infolge ihrer Abhängigkeit von subjektiven Einflussfaktoren der beteiligten Unternehmen zuwider laufen, weshalb echte Synergieeffekte bei der Ermittlung objektivierter Unternehmenswerte nicht anzusetzen sind.[130] Unechte Synergieeffekte sind zu berücksichtigen, sofern die synergiestiftenden Maßnahmen den Voraussetzungen der zum Bewertungsstichtag vollzogenen Initiierung und hinreichenden Konkretisierung genügen.[131]

Im Folgenden wird erörtert, wie die zur Ermittlung eines objektivierten Unternehmenswerts abgegrenzten finanziellen Überschüsse zu prognostizieren sind.

224. Die Prognose der künftigen finanziellen Überschüsse

224.1 Die Ermittlung der Planungs- und Prognosebasis

Im Zuge der Ermittlung des Unternehmenswerts als Zukunftserfolgswert[132] stellt die Prognose der künftigen finanziellen Überschüsse aus dem betriebsnotwendigen Vermögen eine unvermeidbare und nicht unwesentliche Herausforderung dar.[133] Unter Prognosen werden hierbei „Hypothesen über zukünftige Ereignisse oder Ereignisfolgen"[134] subsumiert, welche sich auf die zum Bewertungsstichtag noch unbekannte Zukunft beziehen.[135] Unter dem Gesichtspunkt der Objektivierung liegt das Prognoseziel dabei weniger in der Vorhersage der künftigen Entwicklung, sondern vielmehr in der Ableitung von Tendenzaussagen über die künftige Entwicklung anhand von Daten der Gegenwart und Vergangenheit.[136] Voraussetzung einer jeden Prognose ist damit die Beschaffung einer adäquaten Informationsbasis als Ausgangspunkt für weitere zukunftsorientierte Überlegungen sowie die Durchführung einer auf dieser Informationsbasis aufbauenden Unternehmensanalyse als Maßnahme der Informationsverarbeitung und -auswertung.[137]

---

gen finanziellen Überschüsse für Zwecke der Ermittlung objektivierter Unternehmenswerte obsolet ist. Zur grundsätzlichen Berücksichtigung von Managementfaktoren bei der Ermittlung objektivierter Unternehmenswerte vgl. HFA DES IDW (Hrsg.), IDW S 1, Tz. 38-42. Der Einbezug von Werteinflüssen eines über- oder unterdurchschnittlich qualifizierten Managements bei der Ermittlung objektivierter Unternehmenswerte scheitert letztlich an der mangelnden intersubjektiven Nachprüfbarkeit von Managementfaktoren. Vgl. KITTNER, M., Human Resources, S. 2285-2290; HAYN, M., Funktionale Wertkonzeptionen, S. 1349 f.

130 Vgl. IDW (Hrsg.), WP Handbuch 2008, Bd. II, Rn. A 85. Die Unbeachtlichkeit echter Synergieeffekte bei der Ermittlung objektivierter Unternehmenswerte wird auch von der Rechtsprechung anerkannt. Vgl. LG Dortmund v. 14.02.1996, 20 AktE 3/94, S. 279. Zur Behandlung von Synergieeffekten in der Rechtsprechung vgl. WOLLNY, C., Objektivierter Unternehmenswert, S. 159 f.

131 Vgl. REUTER, A., Unternehmensbewertung bei Sacheinlagen, S. 2304.

132 Zur Konzeption des Unternehmenswerts als Zukunftserfolgswert vgl. Abschn. 213.

133 Für einen umfassenden Überblick zur Prognose der künftigen finanziellen Überschüsse aus dem nicht betriebsnotwendigen Vermögen vgl. KLEBER, P., Prognoseprobleme; VOIGT, J. F., Potentialanalyse; ALVANO, W., Unternehmensplanung.

134 BRETZKE, W.-R., Prognoseproblem, S. 85.

135 Vgl. KROG, M., Marktorientierung, S. 119.

136 Vgl. NIESWANDT, H./SEIBERT, D., Prognose, S. 21. Zum Zielkonflikt zwischen Objektivität und ökonomischer Brauchbarkeit vgl. Abbildung 2-2 in Abschn. 212.

137 Vgl. HFA DES IDW (Hrsg.), IDW S 1, Tz. 68. Um den Grundsatz der Nachvollziehbarkeit der Bewertungsansätze hinreichend zu berücksichtigen, ist die Unternehmensanalyse auf Plausibilität und Konsistenz zu prüfen. Vgl. IDW (Hrsg.), WP Handbuch 2008, Bd. II, Rn. A 143. Zum Grundsatz der Nachvollziehbarkeit vgl. Abschn. 221.

Der **Informationsbeschaffung** sollte nicht zuletzt deshalb besonderes Augenmerk geschenkt werden, da die inhaltliche Qualität einer Unternehmensbewertung maßgeblich durch Qualität und Umfang der zur Verfügung stehenden Informationen bestimmt wird.[138] Hinsichtlich des Umfangs der Informationsbeschaffung ist sicherzustellen, dass alle bewertungsrelevanten Informationen im Bewertungskalkül berücksichtigt werden.[139] Die Aussagefähigkeit der Bewertung wird zudem wesentlich durch die Aktualität der zugrunde liegenden Information beeinflusst.[140] Dabei sollten sowohl unternehmens- als auch marktorientierte zukunftsbezogene Informationen herangezogen werden.[141] Unternehmensbezogene Informationen sind v. a. internen Planungsrechnungen sowie daraus entwickelten Plan-Bilanzen, Plan-Gewinn- und Verlustrechnungen sowie Plan-Kapitalflussrechnungen des zu bewertenden Unternehmens zu entnehmen. Marktbezogene Informationen können aus branchenspezifischen bzw. volkswirtschaftlichen Daten abgeleitet werden.[142]

Zur Prognose der künftigen Entwicklungen und zur Vornahme von Plausibilitätsüberlegungen bedarf es zunächst einer **Analyse der Vergangenheit** des Unternehmens als Ausgangsbasis für die in die Zukunft gerichteten Bewertungsschritte. Der Zweck dieser Vergangenheitsanalyse besteht in der Vermittlung eines Mindestverständnisses der Besonderheiten des Bewertungsobjekts und seiner relevanten Umwelt.[143] Die bisherige leistungs- und finanzwirtschaftliche Entwicklung des Unternehmens ist dabei als Ergebnis der Geschäftsaktivitäten des Unternehmens auf verschiedenen Märkten unter Einbezug der vergangenen Markt- und Umweltentwicklungen zu analysieren.[144]

Da die künftige Entwicklung eines Unternehmens nur begrenzt prognostizierbar ist, lassen sich die künftigen finanziellen Überschüsse für einen gewissen Zeitraum der näheren Zukunft besser abschätzen als für die fernere Zukunft. Als Resultat der eingeschränkten Prognostizierbarkeit hat sich in der Bewertungstheorie und -praxis die Phasenmethode als vorherrschender Prognoseansatz etabliert, weshalb diese im Weiteren Gegenstand der Betrachtung ist.

---

[138] Vgl. HFA DES IDW (Hrsg.), IDW S 1, Tz. 69.

[139] Während diesbezüglich in den Grundsätzen ordnungsmäßiger Buchführung ein Grundsatz der Vollständigkeit kodifiziert ist, findet sich oftmals kein entsprechender Grundsatz in Grundsatzsystemen für Zwecke der Unternehmensbewertung. Zum Grundsatz der Vollständigkeit im handelsrechtlichen Sinne vgl. LEFFSON, U., GoB, S. 179 i. V. m. S. 219-238; BAETGE, J./KIRSCH, H.-J./THIELE, S., Bilanzen, S. 119 f.

[140] Vgl. BÖMELBURG, P., Vorbereitung der Unternehmensbewertung, S. 165.

[141] Vergangenheits- und stichtagsbezogene Informationen sind nur insoweit bedeutsam, als sie im Zuge der Vergangenheitsanalyse als Basis für die Schätzung künftiger Entwicklungen oder zur Plausibilisierung selbiger herangezogen werden können. Vgl. IDW (Hrsg.), WP Handbuch 2008, Bd. II, Rn. A 147; HÜLSMANN, C., Gesellschafterabfindung, S. 452.

[142] Vgl. HFA DES IDW (Hrsg.), IDW S 1, Tz. 70 f.

[143] Vgl. POPP, M., Vergangenheits- und Lageanalyse, S. 176 f. Abweichend davon billigt MÜNSTERMANN der Vergangenheitsanalyse eine sog. Maßstabsfunktion zu, nach welcher die Vergangenheitsanalyse Anhaltspunkte zur Erstellung oder Beurteilung der Planungsdaten liefern soll. Vgl. MÜNSTERMANN, H., Wert und Bewertung, S. 49.

[144] Die leistungs- und finanzwirtschaftliche Vergangenheit lässt sich anhand von Gewinn- und Verlustrechnungen, Kapitalflussrechnungen, Bilanzen und internen Ergebnisrechnungen beurteilen, wobei zur Identifikation von Erfolgsfaktoren Bereinigungen um verzerrende Sondereffekte vorzunehmen sind. Vgl. HFA DES IDW (Hrsg.), IDW S 1, Tz. 73 f.

224.2 Die handelsrechtliche Going Concern-Prämisse als Ausgangspunkt der Überlegungen zur Lebensdauer von Unternehmen

Die Annahme der Unternehmensfortführung[145] hat nicht nur prägende Bedeutung für die Ermittlung des Zukunftserfolgswerts im Allgemeinen, sondern gleichsam für die Prognose der künftigen finanziellen Überschüsse im Speziellen.[146] Die einleitenden Ausführungen zur Going Concern-Prämisse werden daher an dieser Stelle aufgegriffen und vor dem Hintergrund der Phasenmethode näher beleuchtet.

Nach der in § 252 Abs. 1 Nr. 2 HGB kodifizierten Annahme der Unternehmensfortführung ist bei der Bewertung von Bilanzposten die Fortführung der Unternehmenstätigkeit zu unterstellen, „sofern dem nicht tatsächliche oder rechtliche Gegebenheiten entgegenstehen". Für Zwecke der Bilanzerstellung wird somit grundsätzlich sowohl die Aufgabe der Geschäftstätigkeit als auch die Beendigung der Existenz des Unternehmens negiert.[147] Die Bilanzposten sind demnach grundsätzlich zum Fortführungswert zu bewerten.[148]

Analog zur handelsrechtlichen Going Concern-Prämisse wird auch nach den Grundsätzen zur Durchführung von Unternehmensbewertungen gemäß IDW S 1 grundsätzlich von der Fortführung des Unternehmens ausgegangen.[149] Es gilt indes kritisch zu hinterfragen, inwieweit diese von der herrschenden Bewertungslehre verfolgte Annahme tatsächlich gerechtfertigt ist.[150] Wenngleich die Annahme aus Gründen der Vereinfachung und Praktikabilität intuitiv nachvollziehbar erscheint, wird von Teilen der Literatur ihre mangelnde Realitätsnähe kritisiert.[151] Diesem Kritikpunkt ist entgegen zu halten, dass im umgekehrten Fall, d. h. bei Annahme einer begrenzten Lebensdauer des Unternehmens, eine Einschätzung darüber erforderlich wäre, zu welchem künftigen Zeitpunkt das Ende der Unternehmenstätigkeit eintritt.[152] Es erscheint daher i. S. einer möglichst weitgehenden Komplexitätsreduktion des Bewertungs-

---

[145] Vgl. Abschn. 213 zur Bedeutung der Going Concern-Prämisse als Basisannahme bei der Ermittlung des Unternehmenswerts als Zukunftserfolgswert.

[146] Zum Einfluss der Going Concern-Prämisse auf die Bewertung und die Berichterstattung vgl. ADAM, S./QUICK, R., Going Concern-Prinzip, S. 256.

[147] Vgl. BAETGE, J./ZIESEMER, S., § 252 HGB, Rn. 50.

[148] Vgl. BAETGE, J./ZIESEMER, S., § 252 HGB, Rn. 40.

[149] Eine Abweichung von dieser Basisannahme ist nur geboten, wenn der Liquidationswert den Fortführungswert übersteigt und ersterer somit als maßgeblicher Wertmaßstab anzusetzen ist. Für Zwecke dieser Analyse wird indes von einem solchen Szenario abstrahiert, sodass nur der Fortführungswert von Relevanz ist. Vgl. hierzu die Ausführungen in Abschn. 213.

[150] Zur herrschenden Bewertungslehre im Zusammenhang mit der Annahme einer unendlichen Lebensdauer von Unternehmen vgl. PEEMÖLLER, V. H., Stand und Entwicklung, S. 411; GÜNTHER, T., Unternehmenswertorientiertes Controlling, S. 109; KRUSCHWITZ, L./LÖFFLER, A., Unendliche Probleme, S. 1041.

[151] Vgl. SIEGEL, T., Unternehmensbewertung, S. 459; BARTHEL, C. W., Unternehmenswert, S. 346 f.; BRUNS, C., Unternehmensbewertung, S. 28; HELBLING, C., Bewertung von KMU, S. 935. Zur Lebensdauer von Unternehmen vgl. FRÜHLING, V., Ewige Rente, S. 201 f. Nach FRÜHLING beträgt der Fehler zwischen der Anwendung der ewigen Rente und der diskreten Barwertermittlung bei einem Kapitalisierungszinssatz von 10,0 % und einer Laufzeit von 20 Jahren 14,9 %. Vgl. FRÜHLING, V., Ewige Rente, S. 200.

[152] Weitere Schwierigkeiten ergeben sich bei der Berücksichtigung etwaiger Liquidationserlöse. Auf diese Problematik wird indes aufgrund der Irrelevanz des Liquidationswerts für Zwecke dieser Analyse nicht weiter eingegangen. Zu den mit der Annahme einer begrenzten Lebensdauer verbundenen Herausforderungen vgl. STELLBRINK, J., Restwert, S. 43.

modells grundsätzlich sachgerecht, von einer unbegrenzten Lebensdauer des zu bewertenden Unternehmens auszugehen.[153] Eine Abweichung von diesem Regelfall zugunsten der Annahme einer begrenzten Lebensdauer erscheint nur dann zweckmäßig, wenn die Lebensdauer des Unternehmens durch rechtliche oder wirtschaftliche Gegebenheiten tatsächlich limitiert ist.[154] Indes merkt STELLBRINK zutreffenderweise an, dass auch in einer solchen Situation „nur dann von einer begrenzten Lebensdauer des Unternehmens auszugehen ist, wenn im Rahmen der Unternehmensplanung eine Abschöpfungsstrategie unterstellt wird und die erzielten finanziellen Mittel nicht eingesetzt werden, um einen anderen Unternehmensbereich aufzubauen, der keinen rechtlichen oder wirtschaftlichen Beschränkungen unterliegt“[155]. Im Folgenden wird daher eine unbegrenzte Lebensdauer des Bewertungsobjekts unterstellt.

Erst die Konzeption des Unternehmenswerts als Zukunftserfolgswert in der Ausprägung als Fortführungswert macht eine Bewertung des Unternehmens „bis in alle Ewigkeit“ überhaupt erforderlich. Da somit die Annahme einer unbegrenzten Lebensdauer von Unternehmen die grundsätzliche Notwendigkeit einer phasenweisen Unterteilung der Lebensdauer begründet,[156] wird nachfolgend dargestellt, welche Gründe im Einzelnen für eine solche Unterteilung sprechen.

224.3 Gründe für die Unterteilung des Prognosezeitraums

Als zentrale Argumente für die Unterteilung der Lebensdauer des Bewertungsobjekts werden in der Literatur die mit zeitlichem Voranschreiten im Bewertungshorizont **abnehmende Prognosegenauigkeit** sowie die zur Komplexitätsreduktion gebotene **Begrenzung des Planungs- und Prognoseaufwands** angeführt.[157]

Der zuerst genannte Aspekt der im Zeitablauf abnehmenden Prognosegenauigkeit als Argument für die Unterteilung einer als unbegrenzt angenommenen Lebensdauer des zu bewertenden Unternehmens ist in der **Unsicherheit künftiger finanzieller Überschüsse** begründet. Die Sicherheit bzw. Unsicherheit von Prognosen wird dabei im Wesentlichen durch den Prognosezeitraum, d. h. den Zeitraum, auf welchen sich die Prognose erstreckt, bestimmt.[158] Die Unsicherheit von Prognosen über den Eintritt und die Ausprägungen der der Planung zugrunde liegenden Faktoren steigt dabei mit zunehmender Länge des Prognosezeitraums.[159]

Die Ursachen für die im Zeitablauf steigende Unsicherheit können sowohl endogener als auch exogener Natur sein. Bei endogenen Faktoren handelt es sich um unternehmensspezifische

[153] Zur grundsätzlichen Notwendigkeit von Komplexitätsreduktionen in der Unternehmensbewertung vgl. BALLWIESER, W., Komplexitätsreduktion, S. 8. Für eine umfassende und dezidierte Bestimmung des Begriffs der Komplexität vgl. BERENTZEN, C., Bilanzierung von finanziellen Vermögenswerten, Abschn. 22.

[154] Vgl. BRUNS, C., Unternehmensbewertung, S. 29.

[155] STELLBRINK, J., Restwert, S. 44.

[156] Die grundsätzliche Notwendigkeit folgt konkret aus HFA DES IDW (Hrsg.), IDW S 1, Tz. 76.

[157] Vgl. DINSTUHL, V., Konzernbezogene Unternehmensbewertung, S. 115.

[158] Vgl. KRUSCHWITZ, L./LÖFFLER, A., Sichere und unsichere Steuervorteile, S. 6.

[159] Vgl. PEEMÖLLER, V. H., Grundsätze der Unternehmensbewertung, S. 1405.

Faktoren wie Produktlebenszyklen oder die Lebensdauer eingesetzter Produktionsanlagen.[160] Exogene Ursachen der mit zunehmender Entfernung vom Bewertungsstichtag[161] steigenden Unsicherheit können in Form möglicher Nachfrageverschiebungen, Änderungen der Steuergesetzgebung oder Naturkatastrophen bestehen.[162] Infolge der zunehmenden Unsicherheit lässt sich die künftige Entwicklung des zu bewertenden Unternehmens für einen gewissen Zeitraum plausibler beurteilen und sicherer vorhersagen (Detailplanungszeitraum) als für die späteren Jahre des Prognosezeitraums (Restwertzeitraum[163]). Ausgehend vom **konzeptionellen Problem der Unsicherheit künftiger Entwicklungen,**[164] infolgedessen die künftigen finanziellen Überschüsse des zu bewertenden Unternehmens nicht bis in alle Ewigkeit detailliert prognostizierbar sind, wird somit eine Differenzierung des Bewertungs- bzw. Prognosezeitraums in zwei Phasen gegenwärtig als idealtypisch[165] erachtet. In der Konsequenz ergibt sich nach dieser regelmäßig zugrunde gelegten Phasendifferenzierung ein Horizont für die Zukunftsbetrachtung, jenseits dessen die Planung der künftigen finanziellen Überschüsse i. d. R. nicht mehr detailliert, sondern nur noch „vergröbert" auf Basis pauschaler Annahmen möglich ist.[166]

Die Differenzierung des Prognosezeitraums in verschiedene Phasen resultiert somit im Wesentlichen aus dem konzeptionellen Problem der Unsicherheit künftiger Entwicklungen. Das in der nachfolgenden Abbildung 2-3 skizzierte Konzept der Phasendifferenzierung ist mithin Ausdruck der notwendigen Vergröberung der Prognose der künftigen finanziellen Überschüsse, wobei der mit zunehmender Entfernung vom Bewertungsstichtag zwangsläufig einhergehende Verzicht auf eine in zeitlicher Hinsicht unendlich differenzierte Planung v. a. in der Anwendung der Formel der ewigen Rente in der Restwertphase zum Tragen kommt.

---

160 STELLBRINK verweist in diesem Kontext exemplarisch auf den Fall, in dem das zu bewertende Unternehmen zwar noch für die zum Bewertungsstichtag angebotene Produktgeneration detaillierte Absatzzahlen für den verbleibenden Zeitraum des Produktlebenszyklus prognostizieren kann, nicht aber die Absatzzahlen der nachfolgenden Produkte. Vgl. STELLBRINK, J., Restwert, S. 44; PEEMÖLLER, V. H., Grundsätze der Unternehmensbewertung, S. 1405.

161 Hierbei sei unterstellt, dass der Bewertungsstichtag und der Zeitpunkt der Durchführung der Bewertung zeitlich übereinstimmen. Vgl. Abschn. 222 zum Stichtagsprinzip.

162 Vgl. PEEMÖLLER, V. H., Grundsätze der Unternehmensbewertung, S. 1405.

163 Der Begriff des Restwertzeitraums bezeichnet mithin die Phase, die sich an den Detailplanungszeitraum anschließt. Der auf diesen Zeitraum entfallende Wertbeitrag ist definiert als der Barwert aller finanziellen Überschüsse, die nach Ende des expliziten Detailplanungszeitraums anfallen. Zur Definition des Restwerts, für den im Schrifttum auch die synonym verwendeten Begriffe Endwert, Terminal Value oder Continuing Value gebräuchlich sind, vgl. ALBRECHT, T., Endwertermittlung, S. 732.

164 Zum konzeptionellen Problem infolge der Unsicherheit der künftigen Entwicklung von Umweltzuständen vgl. BERENS, W./STRAUCH, J., Begriff der Due Diligence, S. 5.

165 Inwieweit die in IDW S 1 normierte und nach herrschender Konvention des Schrifttums als idealtypisch erachtete Phasendifferenzierung die tatsächliche Entwicklung von Unternehmen zutreffend abzubilden vermag oder vielmehr eine unverhältnismäßige Vergröberung der künftigen Entwicklung wird im späteren Verlauf dieser Arbeit analysiert.

166 Vgl. HFA DES IDW (Hrsg.), IDW S 1, Tz. 76.

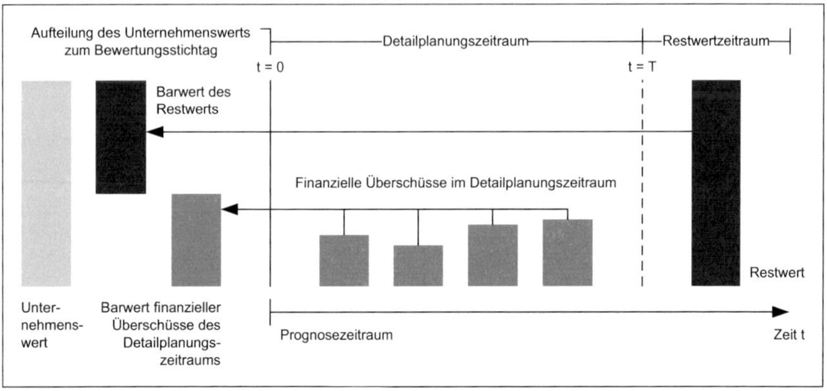

Abbildung 2-3: Die idealtypische Phasendifferenzierung des Prognosezeitraums[167]

Das der Bewertung von Unternehmen immanente **Spannungsverhältnis** zwischen **theoretischer Fundierung** einerseits und **Komplexitätsreduktion** andererseits schlägt sich demnach auch in der jeweiligen Konkretisierung der Phasenmethode nieder. MATSCHKE und BRÖSEL führen diesbezüglich aus, dass das grundsätzliche Erfordernis der Komplexitätsreduktion indes keinesfalls als sog. Primat der Praktikabilität, sondern vielmehr als flankierende Nebenbedingung der übergeordneten Anforderung einer hinreichend theoretischen Fundierung des Bewertungskalküls zu interpretieren ist. Theoretische Fundierung und Praktikabilität müssen daher stets in einem angemessenen Verhältnis zueinander stehen.[168] Bezogen auf die Phasendifferenzierung des Bewertungskalküls drückt sich das Spannungsverhältnis zwischen theoretischer Fundierung und Komplexitätsreduktion daher in der Notwendigkeit einer entsprechenden Abwägung zwischen konzeptioneller Richtigkeit und Praktikabilität aus.

Das vorstehend thematisierte Spannungsverhältnis wird zudem durch die anzustrebende Begrenzung des Planungs- und Prognoseaufwands als zweites vorgetragenes Argument für die Unterteilung der Lebensdauer tangiert. Dieses ist wiederum untrennbar verknüpft mit dem **Erfordernis der Wirtschaftlichkeit** hinsichtlich des Einsatzes von Prognoseverfahren. Wenngleich es durch den Einsatz komplexer Prognoseverfahren grundsätzlich möglich wäre, den zum Bewertungsstichtag verfügbaren Informationsstand zu verbessern, sind ihrer Verwendung insoweit Grenzen gesetzt, als dass das Verhältnis der zusätzlich gewonnenen Informationen gegenüber den Kosten der Informationsgewinnung[169] ausgewogen sein muss.[170]

167 In Anlehnung an STELLBRINK, J., Restwert, S. 47.

168 Vgl. MATSCHKE, M. J./BRÖSEL, G., Unternehmensbewertung, S. 123.

169 Ziel der Informationsgewinnung ist zum einen die Selektion entscheidungsrelevanten Wissens und zum anderen die Reduktion der Wahrscheinlichkeit, dass zusätzliche Informationen einen echten Informationszuwachs für den Entscheidungsträger bewirken. Vgl. BERENS, W./HOFFJAN, A./STRAUCH, J., Planung und Durchführung der Due Diligence, S. 115.

170 Vgl. PEEMÖLLER, V. H., Grundsätze der Unternehmensbewertung, S. 1405.

Neben den beiden genannten Argumenten ergibt sich nach herrschender Meinung eine weitere Legitimationsbasis für die Zuhilfenahme pauschaler Annahmen zur Prognose der künftigen finanziellen Überschüsse jenseits eines bestimmten Planungshorizonts und mithin für die Unterteilung der Lebensdauer des zu bewertenden Unternehmens aus dem im Zeitablauf abnehmenden Einfluss künftiger finanzieller Überschüsse auf den Unternehmenswert.[171] Das Unsicherheits- und Prognoseproblem wird somit durch den **Abzinsungseffekt** künftiger finanzieller Überschüsse relativiert.[172] Da im Zuge der Ermittlung des Unternehmenswerts die künftigen finanziellen Überschüsse kapitalisiert werden,[173] reduziert sich der ihnen zufallende Werteffekt im Zeitablauf.[174] Im Ergebnis nimmt die Gewichtung der Prognoseergebnisse umso mehr ab, je weiter diese in der Zukunft liegen.[175]

224.4 Ansätze zur Abgrenzung des Detailplanungszeitraums

Als mögliche Bestimmungsfaktoren der Länge der verschiedenen Modellphasen verweist IDW S 1 auf unternehmensspezifische Merkmale wie die Größe, Branche und Struktur des zu bewertenden Unternehmens.[176] Weitergehende Ausführungen zur Konkretisierung der Differenzierung in eine nähere Phase (Detailplanungszeitraum) und eine fernere Phase (Restwertzeitraum) macht IDW S 1 indes nicht. Zieht man die idealtypische Phasendifferenzierung des Bewertungszeitraums dennoch als Ausgangspunkt der Überlegungen zur Phaseneinteilung heran, wird deutlich, dass die konkrete Unterteilung der Lebensdauer des Unternehmens maßgeblich durch die Abgrenzung des Detailplanungszeitraums bestimmt wird.[177] Zudem bestimmt die Abgrenzung der Detailplanungsphase den Anwendungszeitpunkt der Formel der ewigen Rente auf den als repräsentativ erachteten und aus Vereinfachungsgründen bis in alle Ewigkeit angesetzten finanziellen Überschuss der Restwertperiode. Nachfolgend werden nicht nur die in der Literatur kontrovers diskutierten Ansätze der Bewertungstheorie zur Bestimmung der Länge der Detailplanungsphase, sondern zugleich das diesbezügliche Vorgehen der Bewertungspraxis kritisch aufgearbeitet.

---

171 Vgl. m. w. N. STELLBRINK, J., Restwert, S. 45.

172 Vgl. IDW (Hrsg.), WP Handbuch 2008, Bd. II, Rn. A 157. PEEMÖLLER weist zudem auf die Kompensationseffekte der zahlreichen Einflussfaktoren auf den Unternehmenswert hin. So ist die Verwendung vereinfachender Annahmen zur Prognose der künftigen finanziellen Überschüsse jenseits des Detailplanungszeitraums auch deshalb vertretbar, da seiner Ansicht nach davon auszugehen ist, dass unerwarteten Chancen unerwartete Risiken entgegenstehen. Vgl. PEEMÖLLER, V. H., Grundsätze der Unternehmensbewertung, S. 1405.

173 Die Kapitalisierung künftiger finanzieller Überschüsse ist Gegenstand von Abschn. 225.

174 Vgl. PEEMÖLLER, V. H., Grundsätze der Unternehmensbewertung, S. 1405.

175 Vgl. IDW (Hrsg.), WP Handbuch 2008, Bd. II, Rn. A 157. Zum Einfluss der Anzahl der Detailplanungsjahre auf den Anteil des Restwerts am Unternehmenswert vgl. IDW (Hrsg.), WP Handbuch 2008, Bd. II, Rn. A 161.

176 Vgl. HFA DES IDW (Hrsg.), IDW S 1, Tz. 76. PEEMÖLLER ergänzt diesen Katalog zudem um die Dynamik der Märkte, auf denen das zu bewertende Unternehmen agiert. Vgl. hierzu PEEMÖLLER, V. H., Grundsätze der Unternehmensbewertung, S. 1405.

177 Klarstellend sei angemerkt, dass die Länge der Detailplanungsphase grundsätzlich keinen Einfluss auf den Unternehmenswert, sondern lediglich auf die Wertanteile der einzelnen Phasen hat. Vgl. KOLLER, T./GOEDHART, M./WESSELS, D., Valuation, S. 277.

Marktbezogene Ansätze	Unternehmensbezogene Ansätze
Konjunktur- bzw. Saisonzyklus	Lebenszykluskonzept
Competitive Advantage Period	Gleichgewichts- oder Beharrungszustand

Tabelle 2-2: Ansätze der Theorie zur Abgrenzung des Detailplanungszeitraums

Ein erster in der Literatur diskutierter Vorschlag zur Abgrenzung des Detailplanungszeitraums setzt nicht an unternehmensspezifischen Merkmalen an, sondern stellt auf die gesamtwirtschaftliche Entwicklung ab. So finden sich in der Literatur zum einen Stimmen, die sich dafür aussprechen, dass der Detailplanungszeitraum nach Möglichkeit einen vollständigen **Konjunktur- bzw. Saisonzyklus** umfassen sollte.[178] Andernfalls bestünde die Gefahr, dass die in einer Boom- oder Rezessionsphase erwirtschafteten finanziellen Überschüsse auch in der ferneren Phase als nachhaltige finanzielle Überschüsse fortgeschrieben würden, wodurch es zu erheblichen Verzerrungen des Restwerts käme.[179] Dieser Argumentation ist indes einschränkend entgegenzuhalten, dass die bloße Fortschreibung der finanziellen Überschüsse des letzten Detailplanungsjahres stets, also auch bei Abdeckung eines vollständigen Konjunktur- bzw. Saisonzyklus, problembehaftet ist. Das letzte Jahr des Detailplanungsjahres markiert lediglich einen Einzelwert, dessen Repräsentativität für die fernere Phase des Prognosezeitraums in Frage zu stellen ist. Eine Fortschreibung des finanziellen Überschusses im letzten Detailplanungsjahr wäre nur dann vertretbar, wenn diese exakt dem Durchschnitt der für den jeweiligen Konjunktur- bzw. Saisonzyklus zu erwartenden finanziellen Überschüssen entsprechen.[180] Die Ermittlung eines solchen Durchschnittswerts setzt indes die Kenntnis über die Länge und aktuelle Phase des Konjunktur- bzw. Saisonzyklus voraus und unterliegt mithin einem zusätzlichen Prognoseproblem.[181]

Im Zentrum eines weiteren vorrangig marktbezogenen und ebenfalls viel zitierten Ansatzes zur Bestimmung der Länge des Detailplanungszeitraums steht die sog. **Competitive Advantage Period**. Diese bezeichnet den Zeitraum, in dem für das zu bewertende Unternehmen der Erhalt der Wettbewerbsposition bzw. von bestehenden Wettbewerbsvorteilen gegenüber der Konkurrenz unterstellt werden kann.[182] Diese Wettbewerbsvorteile schlagen sich ihrerseits in

178 Vgl. MELLEROWICZ, K., Betriebswirtschaftliche Wertungslehre, S. 126; LEFFSON, U., Berücksichtigung von Konjunkturschwankungen, S. 160 f.; TEICHMANN, H., Optimaler Planungshorizont, S. 299; HAYN, M., Bewertung junger Unternehmen, S. 270.

179 Vgl. HAYN, M., Bewertung junger Unternehmen, S. 270. Ähnlich argumentiert WOLLNY, indem er die Eignung eines durch saisonale Einflüsse verzerrten Einzelwerts als Indikator für die als nachhaltig angenommen finanziellen Überschüsse im Restwertzeitraum in Frage stellt. Vgl. WOLLNY, C., Objektivierter Unternehmenswert, S. 171 f.

180 Vgl. STELLBRINK, J., Restwert, S. 50 f.

181 Vgl. HACHMEISTER, D., Unternehmenswertsteigerung, S. 86; WOLLNY, C., Objektivierter Unternehmenswert, S. 172 f.

182 Vgl. LODERER, C./JÖRG, P./PICHLER, K./ROTH, L./ZGRAGGEN, P., Handbuch der Bewertung, S. 632; CHERIDITO, Y./SCHNELLER, T., Residualwert, S. 738. Ursächlich für die Wettbewerbsvorteile können die interne

einer gegenüber dem Branchendurchschnitt höheren Rentabilität des Unternehmens nieder. Der dauerhaften Erzielung von Übergewinnen steht indes nach dem Modell der vollständigen Konkurrenz die Annahme entgegen, dass in Märkten ohne Zugangsbarrieren[183] überdurchschnittliche Gewinne zu Markteintritten führen und die Marktrentabilität infolge der zunehmenden Wettbewerbsintensität sinkt.[184] Zur Abgrenzung des Detailplanungsraums ist daher die Kenntnis über den zeitlichen Fortbestand der Übergewinne notwendig. In der Konsequenz könnte die Länge der Detailplanungsphase unter Einbezug der Competitive Advantage Period nur retrograd bestimmt werden.[185]

Als ein an der unternehmensspezifischen Entwicklung ausgerichteter Ansatz zur Bestimmung der Länge des Detailplanungszeitraums wird im Schrifttum auf das **Lebenszykluskonzept** verwiesen. Danach sollte der Detailplanungszeitraum in Abhängigkeit des aktuellen Stadiums des Unternehmens innerhalb des Lebenszyklus determiniert werden.[186] Die Berücksichtigung der jeweiligen Lebenszyklusphase erscheint nach Ansicht der Fürsprecher dieses Ansatzes geboten, da beispielsweise bei jungen Unternehmen infolge der erfahrungsgemäß anfänglich volatilen finanziellen Überschüsse ein längerer Detailplanungszeitraum zugrunde zu legen ist als bei Unternehmen, die sich bereits in der Reifephase befinden.[187] Die Vernachlässigung des Lebenszyklus hätte für junge Unternehmen i. d. R. eine systematische Unterbewertung zur Folge, da zeitlich später anfallende hohe positive finanzielle Überschüsse im Bewertungskalkül keine hinreichende Berücksichtigung fänden.[188] Ähnlich wie bei der Berücksichtigung des Konjunkturzyklus stellt auch dieser Ansatz den Bewertenden vor die Herausforderung, eine Einordnung des Unternehmens in den Lebenszyklus vornehmen zu müssen.[189] Zugleich bedarf es einer Analyse grundsätzlicher Entwicklungstendenzen innerhalb der jeweiligen Branche. So ist der grundsätzlichen Aussage, dass bei jungen Unternehmen ein längerer Detailplanungszeitraum geboten ist, einschränkend hinzuzufügen, dass für eine solche Schlussfolgerung zusätzlich die Voraussetzung stabiler und langfristiger Produktlebenszyklen innerhalb

---

Rendite des Unternehmens, die Innovationsgeschwindigkeit des jeweiligen Markts und die Existenz von Markteintrittsbarrieren sein. Vgl. MAUBOUSSIN, M./JOHNSON, P., Competitive Advantage Period, S. 67-74.

183 Zur Bedeutung von Markteintrittsbarrieren für die Persistenz ökonomischer Renditen vgl. WILLERSHAUSEN, T., Marktwertorientierte Bewertung, S. 136-139.

184 Vgl. RAPPAPORT, A., Shareholder Value, S. 50; HENSELMANN, K./WEILER, A., Restwertverläufe, S. 356; KOLLER, T./GOEDHART, M./WESSELS, D., Valuation, S. 136.

185 Vgl. WOLLNY, C., Objektivierter Unternehmenswert, S. 172; STELLBRINK, J., Restwert, S. 48 f. Wenngleich sie die Praktikabilität des Konzepts anerkennen, weisen KOLLER/GOEDHART/WESSELS darauf hin, dass es durchaus gefährlich ist, das Konzept der Competitive Advantage Period bei der Abgrenzung des Detailplanungszeitraums einzubeziehen, da nicht notwendigerweise eine Beziehung zwischen der Länge des Prognosezeitraums und dem Wert eines Unternehmens besteht. Vgl. KOLLER, T./GOEDHART, M./WESSELS, D., Valuation, S. 279.

186 Vgl. RAPPAPORT, A., Strategic Analysis, S. 141; PFINGSTEN, F., Shareholder-Value, S. 121-128; BRETTEL, M./RUDOLF, M./WITT, P., Finanzierung von Wachstumsunternehmen, S. 7 f.

187 Vgl. HAYN, M., Bewertung junger Unternehmen, S. 274.

188 Vgl. m. w. N. STELLBRINK, J., Restwert, S. 49. STELLBRINK weist darauf hin, dass die dargelegte Argumentation zur Länge der Detailplanungsphase in Abhängigkeit der Lebenszyklusphase analog für unterschiedliche Unternehmensstrategien gilt. Beispielhaft führt er an, dass bei einer Abschöpfungsstrategie ein kürzerer Detailplanungszeitraum angezeigt ist als bei einer Marktdurchdringungsstrategie. Für einen Katalog unterschiedlicher Unternehmensstrategien vgl. BEA, F. X./HAAS, J., Strategisches Management, S. 170-183.

189 Vgl. STELLBRINK, J., Restwert, S. 50.

der Branche gewahrt sein muss.[190] Ist das Unternehmen hingegen in einer Branche tätig, die durch kurze Produktlebenszyklen, einen hohen Innovationsgrad der eingesetzten Fertigungstechnologie oder geringe Marktstabilität gekennzeichnet ist, impliziert dies eine höhere Unsicherheit der künftigen finanziellen Überschüsse. Dieser Unsicherheit sollte wiederum durch einen kürzeren Detailplanungszeitraum Rechnung getragen werden.[191] Im Ergebnis erscheint die Eignung der Lebenszyklusphase als Indikator für die Länge der Detailplanungsphase zweifelhaft.

Will man die Länge der Detailplanungsphase unternehmensbezogen bestimmen, findet sich im Schrifttum zudem der Vorschlag, das Ende des Detailplanungszeitraums an den sog. **Gleichgewichts- oder Beharrungszustand** zu koppeln. Dieser Zustand wird üblicherweise wie folgt charakterisiert:

- Das Unternehmen erzielt eine konstante Rendite auf die zusätzlichen nach Ende des Detailplanungszeitraums getätigten Nettoinvestitionen,
- das Unternehmen erwirtschaftet eine konstante Rendite auf das Ausgangsniveau des investierten Kapitals und
- das Unternehmen reinvestiert in jedem Geschäftsjahr einen konstanten Anteil seines operativen Gewinnes.[192]

Die bewertungstechnische Fiktion eines Gleichgewichts- oder Beharrungszustands unterstellt demnach mit Ende der Detailplanungsphase keineswegs ein Nullwachstum bestimmter Größen, sondern geht lediglich davon aus, dass sich diese mit Eintritt in die Phase der ewigen Rente in einem eingeschwungenen, d. h. konstantem, Verhältnis zueinander befinden. Indes erlaubt auch der auf das bewertungstechnische Konstrukt des Gleichgewichts- bzw. Beharrungszustands abstellende Ansatz nur eine retrograde Ermittlung der Länge des Detailplanungszeitraums. So lässt sich der Detailplanungszeitraum nach Maßgabe des Erreichens eines Gleichgewichts- bzw. Beharrungszustands erst dann abgrenzen, wenn die Entwicklung der finanziellen Überschüsse nach Ablauf des Detailplanungszeitraums bekannt ist. Nur bei Kenntnis der finanziellen Überschüsse der ferneren Phase (Restwertzeitraum) ist ein abschließendes Urteil darüber möglich, inwieweit sich das Unternehmen nach Ende des Detailplanungszeitraums im Gleichgewichts- bzw. Beharrungszustand befindet.[193] Wenngleich eine Bestimmung der Länge des Detailplanungszeitraums in Abhängigkeit des Erreichens eines Gleichgewichts- bzw. Beharrungszustands somit ex ante nicht möglich ist, herrscht in der Bewertungsliteratur dennoch Einigkeit darüber, dass ein solcher eingeschwungener Zustand

---

[190] Vgl. SUCKUT, S., Unternehmensbewertung, S. 98 f.

[191] Vgl. HACHMEISTER, D., Unternehmenswertsteigerung, S. 86. Vgl. Abschn. 224.3 zum Verhältnis von Prognoseunsicherheit und Prognosezeitraum.

[192] Vgl. KOLLER, T./GOEDHART, M./WESSELS, D., Valuation, S. 230.

[193] Vgl. HERTER, R. N., Unternehmenswertorientiertes Management, S. 53; HAYN, M., Bewertung junger Unternehmen, S. 270.

als wesentliche Anwendungsvoraussetzung der Formel der ewigen Rente für den Restwertzeitraum vereinfachend anzunehmen ist.[194]

Es lässt sich an dieser Stelle als **Zwischenfazit** konstatieren, dass viele der im Schrifttum diskutierten Ansätze der Bewertungstheorie zur Abgrenzung des Detailplanungszeitraums aufgrund mangelnder Praktikabilität in der Bewertungspraxis oftmals auf keine oder nur geringe Akzeptanz stoßen. In konzeptioneller Hinsicht überzeugt v. a. das Konzept der Competitive Advantage Period. Wenngleich dieser Ansatz vorrangig marktbezogen ausgerichtet ist, bezieht er zudem die unternehmensspezifische Entwicklung mit ein und zeichnet sich somit durch eine ganzheitliche, d. h. im Vergleich zu anderen Ansätzen nicht isolierte, Betrachtungsweise aus. Indes ist anzumerken, dass es bislang an konkreten Vorgaben zur praktischen Anwendung dieses Konzepts fehlt, weshalb die Detailplanungsphase in der Bewertungspraxis üblicherweise vereinfachend bestimmt wird.

Bereits im Zusammenhang mit der Erstellung der Planungs- und Prognosebasis findet sich der Hinweis, dass die inhaltliche Qualität einer Unternehmensbewertung maßgeblich durch Qualität und Umfang der zur Verfügung stehenden Informationen bestimmt wird.[195] Letztendlich ist eine Unternehmensbewertung nur auf Basis der verfügbaren Informationen möglich. Die Bewertungspraxis behilft sich daher üblicherweise vereinfachend damit, die Länge des Detailplanungszeitraums an die **Verfügbarkeit interner Planungsrechnungen** des Unternehmens zu knüpfen.[196] Dieser Ansatz fußt auf der impliziten Annahme, dass die unternehmensinternen Planungsrechnungen sowohl die relevanten unternehmensinternen Faktoren (z. B. Produktlebenszyklen) als auch die relevanten unternehmensexternen Faktoren (z. B. Wettbewerbssituation, Konjunktur- und Saisonzyklen) grundsätzlich hinreichend berücksichtigen.[197] Wenngleich aus theoretischer Sicht gegenüber einer solchen anwendungsorientierten Abgrenzung des Detailplanungszeitraums der Verdacht der Willkürlichkeit geäußert werden muss,[198] ist einzugestehen, dass sich eine über das verfügbare Datenmaterial hinausgehende Prognose der künftigen finanziellen Überschüsse nicht durchführen lässt.[199] Da die Verfügbarkeit unternehmensinterner Planungsrechnungen und ergänzender Angaben der standardmäßigen externen Berichterstattung die Prognostizierbarkeit der künftigen finanziellen Überschüsse limi-

[194] Zur internationalen Bewertungsliteratur vgl. KOLLER, T./GOEDHART, M./WESSELS, D., Valuation, S. 234; BUUS, T., Terminal Value Parameters, S. 44. Für das deutsche Schrifttum vgl. stellvertretend WAGNER, W./JONAS, M./BALLWIESER, W./TSCHÖPEL, A., Unternehmensbewertung, S. 1009; STELLBRINK, J., Restwert, S. 50-52. Da die Stabilität der finanziellen Überschüsse im Restwertzeitraum unter Einbezug nur weniger Detailplanungsjahre schwer zu beurteilen ist, sind kurze Detailplanungszeiträume nach Ansicht einiger Autoren nur bedingt als Legitimationsbasis für die Annahme eines eingeschwungenen Zustands geeignet. Im Schrifttum findet sich daher die Empfehlung, den Detailplanungszeitraum eher lang als kurz zu bemessen. Vgl. WOLLNY, C., Objektivierter Unternehmenswert, S. 170.

[195] Vgl. Abschn. 224.1 zur Bedeutung der Informationsbeschaffung für Prognosezwecke.

[196] Vgl. HAYN, M., Bewertung junger Unternehmen, S. 184 f. und S. 270. Vgl. kritisch hierzu TEICHMANN, H., Optimaler Planungshorizont, S. 297.

[197] Vgl. STELLBRINK, J., Restwert, S. 52.

[198] Vgl. RAPPAPORT, A., Strategic Analysis, S. 101 f.

[199] Vgl. HAYN, M., Bewertung junger Unternehmen, S. 184 f.

tiert,[200] entspricht die Detailplanungsphase in der Praxis i. d. R. dem unternehmensinternen Planungszeitraum.[201]

224.5 Allgemeiner Überblick unterschiedlicher Phasenmodelle

Als Referenzmodell zur phasenbezogenen Abbildung wachsender finanzieller Überschüsse gilt das auf GORDON und SHAPIRO zurück gehende Wachstumsmodell.[202] Wenngleich das Wachstumsmodell nach GORDON/SHAPIRO auf dem sog. Dividend Discount Model[203], einem einfachen Barwertkalkül zur Bewertung von Aktien, basiert, ist es grundsätzlich auch für andere finanzielle Überschüsse als Dividenden anwendbar.[204] In seiner Grundform entspricht das Wachstumsmodell nach GORDON/SHAPIRO einer mathematischen Vereinfachung eines einphasigen, diskreten Barwertmodells unter der Annahme eines endlosen geometrischen Wachstums der künftigen finanziellen Überschüsse mit konstanter Rate.[205] In der Konsequenz ist im Fall eines solchen ewigen Rentenmodells mit konstantem Wachstum eine Phasendifferenzierung in Form einer Unterscheidung zwischen Detailplanungs- und Restwertzeitraum zur Abbildung von Wachstum obsolet.

Basisfall des ewigen Rentenmodells mit Wachstum als Ausprägung einphasiger Modelle ist das Modell der ewigen Rente ohne Wachstum (Nullwachstum nomineller Größen). Dieses geht unter der Annahme einer unbegrenzten Lebensdauer des Unternehmens von unendlich lange anfallenden, aber konstanten finanziellen Überschüssen aus.[206] Einphasige Modelle stellen eine sehr vereinfachte Abbildung der künftigen Entwicklung von Unternehmen dar.[207] Sie unterstellen, dass das zu bewertende Unternehmen bereits im Bewertungszeitpunkt ein nach-

---

200 Vgl. STUDER, T., Unternehmensbewertung, S. 307.

201 Vgl. HAYN, M., Bewertung junger Unternehmen, S. 185. In der Praxis umfasst dieser Regelfall üblicherweise einen Planungszeitraum von drei bis fünf Jahren. Vgl. hierzu PEEMÖLLER, V. H., Grundsätze ordnungsmäßiger Unternehmensbewertung, S. 39 f.; ADERS, C./SCHRÖDER, J., Fortführungswert, S. 99; DELLMANN, K./DELLMANN, M., Jahresabschlußbasierte DCF-Valuation, S. 76, KRUSCHWITZ, L., Barwerte, S. 160.

202 Vgl. HACHMEISTER, D./WIESE, J., Zinsfuß, S. 63. Primäres Untersuchungsziel von GORDON/SHAPIRO ist die Ermittlung konkreter Kriterien zur Beurteilung der Rentabilität von Investitionen (Capital Budgeting). Im Zuge dessen setzen sich GORDON/SHAPIRO auch mit der Frage auseinander, wie das künftige Wachstum der aus Besitz von Unternehmensanteilen zufließenden Zahlungsströmen modelltechnisch abgebildet werden kann und entwickeln zu diesem Zweck ein Dividendenwachstumsmodell. Vgl. GORDON, M. J./SHAPIRO, E., Rate of Profit, S. 104-108; GORDON, M. J., Valuation of the Corporation, S. 43-46; GORDON, M. J., Corporate Capital, S. 269-271; LINTNER, J., Corporate Growth, S. 297-305; LINTNER, J., Optimal Dividends, S. 58-60; GORDON, M. J./GOULD, L. I., Cost of Equity Capital, S. 1202; GORDON, M. J./GOULD, L. I., Cost of Equity Capital, S. 849 f. Zum Wachstum von Dividenden vgl. auch bereits WILLIAMS, J. B., Investment Value, S. 87-96.

203 Zum Wachstumsmodell nach GORDON/SHAPIRO als Variation des Dividend Discount Model vgl. DAMODARAN, A., Valuation, S. 158-160. Zum Dividend Discount Model vgl. STOWE, J. D./ROBINSON, T. R./PINTO, J. E./MCLEAVEY, D. W., Equity Investments, S. 55-59; ERNST, D./SCHNEIDER, S./THIELEN, B., Unternehmensbewertungen, S. 143-149.

204 Vgl. MEITNER, M., Zahlungsüberschusswachstumsraten, S. 6 f.

205 Vgl. IDW (Hrsg.), WP Handbuch 2008, Bd. II, Rn. A 211; MEITNER, M., Zahlungsüberschusswachstumsraten, S. 6; FRÜHLING, V., Ewige Rente, S. 200.

206 Vgl. BALLWIESER, W., Unternehmensbewertung, S. 62; HENSELMANN, K., Unternehmensrechnungen, S. 119.

207 Für einen tabellarischen Überblick einphasiger Bewertungskalküle in Abgrenzung zu mehrphasigen Bewertungskalkülen vgl. LOBE, S., Terminal Value, S. 9.

haltiges Ergebnis erwirtschaftet und somit jenen Gleichgewichts- oder Beharrungszustand erreicht hat, der eine zwingende Anwendungsvoraussetzung der Formel der ewigen Rente darstellt.[208] Das Modell der ewigen Rente ohne Wachstum bietet zwar Schutz gegen zu hohe und damit unrealistische Erwartungen des Managements, negiert aber in Gänze künftige Wachstumschancen des Unternehmens und ist daher im Regelfall als (zu) realitätsfern abzulehnen. Insofern stellt der Einbezug von Wachstum in das Konzept der ewigen Rente durch GORDON/SHAPIRO eine deutliche Modellverbesserung dar. Gleichwohl ist auch die Annahme eines bis in alle Ewigkeit konstanten Wachstums der künftigen finanziellen Überschüsse hinsichtlich der Realitätsnähe einer solchen Annahme im Einzelfall kritisch zu hinterfragen.[209] Das Wachstumsmodell nach GORDON/SHAPIRO fußt zudem auf der Annahme sicherer Erwartungen, sodass die Übertragung des Modells auf den (realistischeren) Unsicherheitsfall an weitere (restriktive) Bedingungen geknüpft ist.[210]

In der aktuellen Bewertungslehre und -praxis hat sich eine Modifikation des Basismodells von GORDON/SHAPIRO zu einem **2-Phasenmodell** durchgesetzt.[211] Wie bereits im Kontext mit der Abgrenzung des Detailplanungszeitraums gezeigt, geht dieses modifizierte Phasenmodell von einem zweiphasigen Bewertungszeitraum aus. Die künftigen finanziellen Überschüsse sind im Zuge dieser als idealtypisch erachteten Phasendifferenzierung nur innerhalb der Detailplanungsphase periodenspezifisch zu prognostizieren.[212] Im Restwertzeitraum werden die künftigen finanziellen Überschüsse hingegen analog zum Wachstumsmodell nach GORDON/SHAPIRO unter der Annahme eines konstanten Wachstums der künftigen finanziellen Überschüsse prognostiziert.[213] Wenngleich zweiphasige Bewertungsmodelle gegenüber dem Wachstumsmodell von GORDON/SHAPIRO eine differenziertere Prognose der künftigen finanziellen Überschüsse erlauben und mithin einen gewissen Zugewinn an Realitätsnähe implizieren, stellt die Annahme eines nachhaltigen Wachstums unmittelbar nach Ende der Detailplanungsphase weiterhin eine starke Vereinfachung dar. Die Etablierung von 2-Phasenmodellen in Theorie und Praxis als gängiges Verfahren zur Prognose der künftigen finanziellen Überschüsse gründet sich insbesondere auf die Praktikabilität dieser Modelle. Demnach wird der bei 2-Phasenmodellen erforderliche Prognoseaufwand durch den Verzicht auf zusätzliche Realitätsnähe auf einem vertretbarem Niveau gehalten.

---

208 Vgl. BALLWIESER, W., Unternehmensbewertung, S. 59.

209 Gerade für Märkte ohne Zugangsbarrieren ist aufgrund des dort herrschenden Wettbewerbsdrucks von einem sinkenden Wachstum finanzieller Überschüsse auszugehen. Vgl. hierzu BORN, K., Unternehmensanalyse, S. 104; LEWIS, T. G., Unternehmenswert, S. 116 sowie die Ausführungen zur Competitive Advantage Period in Abschn. 224.4.

210 Vgl. GORDON, M. J./SHAPIRO, E., Rate of Profit, S. 105. Zur Abbildung von Wachstum im Unsicherheitsfall vgl. WIESE, J., Komponenten des Zinsfußes, S. 65-75.

211 Vgl. IDW (Hrsg.), WP Handbuch 2008, Bd. II, Rn. A 159.

212 Zur idealtypischen Phasendifferenzierung vgl. die Ausführungen in Abschn. 224.3.

213 Als alternative Annahme wäre denkbar, dass die finanziellen Überschüsse der Restwertphase nicht unendlich lange mit konstanter Rate wachsen, sondern unendlich lange als konstante Rente anfallen. Dies impliziert ein Nullwachstum der künftigen finanziellen Überschüsse. Vgl. BALLWIESER, W., Unternehmensbewertung, S. 62.

Eine deutliche Annäherung an reale Wachstumsverläufe lässt sich durch die Anwendung von **3-Phasenmodellen** erreichen. Im Vergleich zu 2-Phasenmodellen schalten diese eine Anpassungsphase zwischen den Detailplanungszeitraum und den Zeitraum der ewigen Rente. Dreiphasige Modelle tragen somit der Tatsache Rechnung, dass Unternehmen bei Eintritt in den Restwertzeitraum im Regelfall noch keine als nachhaltig zu klassifizierenden finanziellen Überschüsse erzielen. Die Annäherung an das bewertungstechnische Konstrukt des eingeschwungenen Zustands ist indes nicht nur eine Frage der Zahl der Phasen, sondern auch der Länge des Betrachtungszeitraums vor der ewigen Rente, der bei 3-Phasenmodellen i. d. R. länger ist. In Abhängigkeit des unterstellten Wachstumsverlaufs der finanziellen Überschüsse in der Anpassungsphase lassen sich diverse 3-Phasenmodelle unterscheiden. Einen Überblick der durch die dreiphasigen Bewertungskalküle implizierten Wachstumsverläufe in der zwischengeschalteten Übergangsphase gibt Abbildung 2-4:

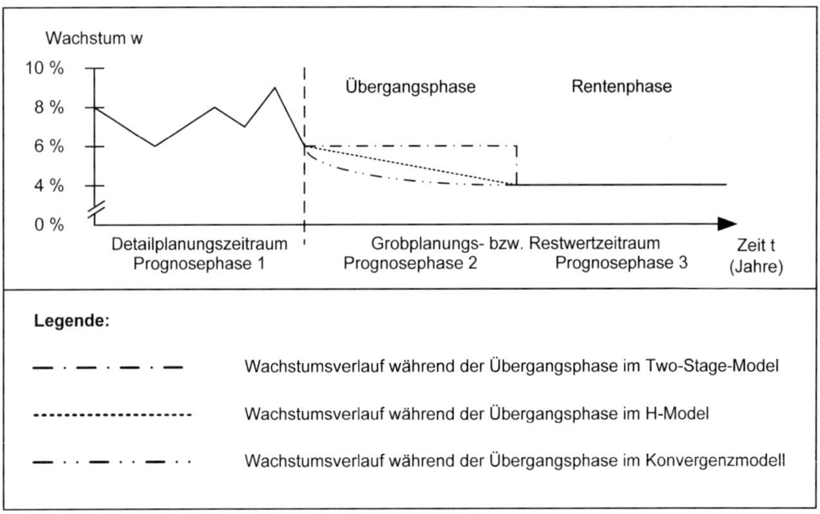

Abbildung 2-4: Wachstumsannahmen dreiphasiger Bewertungskalküle[214]

In der einfachsten Ausprägung als sog. **Two-Stage-Model** findet die Anpassung an das nachhaltige Wachstum der künftigen finanziellen Überschüsse stufenweise statt.[215] Das Two-Stage-Model unterteilt den Zeitraum jenseits der Detailplanungsphase in zwei unterschiedliche Wachstumsphasen.[216] Der Bewertende wird damit in die Lage versetzt, innerhalb von Grobplanungs- bzw. Restwertzeitraum unterschiedliche Wachstumserwartungen zu modellieren. So können über das Two-Stage-Model z. B. unterschiedliche Phasen des Lebenszyklus-

214 In der letzten Phase stimmen die skizzierten Wachstumsverläufe der behandelten dreiphasigen Bewertungskalküle überein, da diesen in der Restwertphase gleichermaßen die Formel der ewigen Rente zugrunde liegt.

215 Vgl. STOWE, J. D./ROBINSON, T. R./PINTO, J. E./MCLEAVEY, D. W., Equity Investments, S. 72.

216 Vgl. KOLLER, T./GOEDHART, M./WESSELS, D., Valuation, S. 287 f.

konzepts innerhalb des Restwertzeitraums abgebildet werden.[217] Wenngleich dem Two-Stage-Modell durch die Zwischenschaltung einer Anpassungsphase und die damit einhergehende stufenweise Annäherung an das bewertungstechnische Konstrukt des Gleichgewichts- oder Beharrungszustands grundsätzlich eine größere Realitätsnähe gegenüber zweiphasigen Bewertungsmodellen attestiert werden kann, fällt dieser Zugewinn an Realitätsnähe durch die stufenweise Anpassung relativ gering aus und rechtfertigt insofern nur bedingt den erhöhten Prognoseaufwand.

Eine größere Realitätsnähe verspricht das sog. **H-Model (Halfway-Model)**, welches die stufenweise Anpassung durch eine lineare Anpassung ersetzt.[218] So unterstellt das H-Model nach Ende der Detailplanungsphase in der ersten Wachstumsphase ein linear abnehmendes Wachstum der finanziellen Überschüsse, welches in der zweiten Wachstumsphase analog zur Rentenphase bei Differenzierung in zwei Bewertungsphasen auf konstantem Niveau verharrt.[219]

Eine weitere Verfeinerung der Anpassungsphase findet sich in sog. **Konvergenzmodellen**. Diese beruhen auf den Überlegungen zur Competitive Advantage Period[220] als Ansatz zur zeitlichen Abgrenzung des Detailplanungszeitraums. Konvergenzmodelle ermöglichen es demnach, die z. B. durch steigende Wettbewerbsintensität ausgelöste zunehmende Abschmelzung eines anfänglich hohen Wachstums auf ein niedrigeres Niveau zu modellieren.[221] Konkret kann die Konvergenzphase durch den Einbezug sog. Fade-Faktoren modelliert werden. Diese reduzieren das Wachstum der künftigen finanziellen Überschüsse in Abhängigkeit der jeweiligen Wettbewerbsintensität in jeder Periode um einen bestimmten Prozentsatz. Fade-Faktoren lassen sich somit als ein Maß für die Wettbewerbsintensität innerhalb einer Branche betrachten.[222] Mit Eintritt in den Restwertzeitraum wird zunächst ein progressiv fallendes Wachstum der künftigen finanziellen Überschüsse unterstellt, welches im Zeitablauf in Richtung des nachhaltigen Wachstumsniveaus konvergiert.[223]

---

217 Vgl. LIENAU, A./ZÜLCH, H., Value in Use, S. 328.

218 Vgl. FULLER, R. J./HSIA, C.-C., Common Stock Valuation, S. 49; DAMODARAN, A., Valuation, S. 164.

219 Vgl. MEITNER, M., Zahlungsüberschusswachstumsraten, S. 7.

220 Vgl. Abschn. 224.4 zur Competitive Advantage Period.

221 Vgl. SCHWETZLER, B., Konsistente Nominalrechnung, S. 80. Die Existenz derartiger Konvergenzprozesse wird durch eine Vielzahl empirischer Studien bestätigt. Vgl. hierzu FRUHAN, W. E., Financial Strategy, S. 25-33; MUELLER, D. C., Profits, S. 17-27; LEHMANN, S., Bewertung börsennotierter Aktiengesellschaften, S. 183; MAUBOUSSIN, M./JOHNSON, P., Competitive Advantage Period, S. 67; KOLLER, T./GOEDHART, M./WESSELS, D., Valuation, S. 156; FAMA, E. F./FRENCH, K. R., Forecasting Profitability, S. 174; CHAN, L. K. C./KARCESKI, J./LAKONISHOK, J., Persistence of Growth Rates, S. 643-684 sowie ALLEN, D. E./SALIM, H. M., Forecasting Profitability, S. 2014-2017. Für eine empirische Validierung von Konvergenzprozessen vgl. WEILER, A., Verbesserung der Prognosegüte, S. 85-138.

222 Die Fade-Faktoren müssen zwischen 0 und 1 liegen. Je höher der Fade-Faktor ist, desto schneller sinkt das Wachstum der künftigen finanziellen Überschüsse im Zeitablauf. Vgl. hierzu MEITNER, M., Zahlungsüberschusswachstumsraten, S. 7.

223 Allenfalls in seltenen Ausnahmefällen kann ein temporär beschleunigtes Wachstum der künftigen finanziellen Überschüsse angezeigt sein. Vgl. COPELAND, T./KOLLER, T./MURRIN, J., Valuation, 3. Aufl., S. 249. Im Regelfall ist daher nicht von der Nachhaltigkeit eines zwischenzeitlich beschleunigten bzw. unverhältnismäßig hohen Wachstums auszugehen. Vgl. KOLLER, T./GOEDHART, M./WESSELS, D., Valuation, S. 156. Eine Verlangsamung von Konvergenzprozessen kann auf die Existenz von Widerstandskräften wie beispiels-

Sowohl die Modelle mit linearer Abschmelzung des Wachstums der künftigen finanziellen Überschüsse als auch solche mit progressiver Abschmelzung vermögen ein deutlich differenzierteres bzw. realitätsnäheres Abbild realer Wachstumsverläufe zu geben. Trotz ihrer Überlegenheit hinsichtlich Detaillierungsgrad und Realitätsnähe gegenüber 2-Phasenmodellen wird die Anwendung von 3-Phasenmodellen seitens der Bewertungspraxis bislang unter Berufung auf einen nicht vertretbaren Komplexitätsgrad weitgehend abgelehnt.[224] Inwieweit die Vorbehalte gegen derartige 3-Phasenmodelle unbegründet sind und ihnen somit gegenüber den bis dato vorherrschenden 2-Phasenmodellen Vorzug gegeben werden sollte, wird im späteren Verlauf dieser Arbeit eingehend diskutiert. Zu diesem Zweck wird zunächst die Abbildung von Wachstum im 2-Phasenmodell ausführlich analysiert. Im Anschluss daran werden Möglichkeiten zur Konkretisierung der Abbildung von Wachstum in einem dreiphasigen Bewertungskalkül eruiert.

225. Die Kapitalisierung der künftigen finanziellen Überschüsse

Die mit der Kapitalisierung der künftigen finanziellen Überschüsse verfolgte Intention ist es, die Vergleichbarkeit der zu verschiedenen Zeitpunkten anfallenden finanziellen Überschüsse aus bestimmten Projekten herzustellen,[225] um so das zu bewertende Unternehmen einem Vergleichsobjekt gegenüber stellen zu können.[226] Um als Kapitalisierungszinssatz geeignet zu sein, müssen zwischen dem Zinssatz im Nenner und den zu diskontierenden finanziellen Überschüssen im Zähler des Bewertungskalküls gewisse **Äquivalenzgrundsätze**[227] erfüllt sein.[228] Der zur Kapitalisierung der finanziellen Überschüsse angesetzte Zinssatz muss nicht nur hinsichtlich Unsicherheit und zeitlicher Struktur äquivalent zu den finanziellen Überschüssen sein, sondern auch in Bezug auf die implizierte Breite.[229]

Die **Unsicherheitsdimension**, welche in der Mehrwertigkeit künftiger Erwartungen zum Ausdruck kommt,[230] wird durch das bewertungsrelevante Risiko abgebildet (Risikoäquivalenz).[231] Da der typische und für Zwecke dieser Arbeit unterstellte Investor grundsätzlich als risikoavers einzuschätzen ist, lässt er sich die Übernahme unternehmerischen Risikos infolge

weise Markteintrittsbarrieren zurückzuführen zu sein. Nach Aussage von HENSELMANN/WEILER lassen sich für Wachstumsraten keine expliziten Konvergenzprozesse nachweisen. Vgl. HENSELMANN, K./WEILER, A., Restwertverläufe, S. 357 f. Hingegen belegt LEHMANN Konvergenzprozesse auch für Umsatzwachstumsraten, wobei eine solche Konvergenz indes nur für den hier betrachteten Fall eines Abschmelzungsprozesses eines anfänglich überdurchschnittlichen Niveaus der Untersuchungsgröße festzustellen ist. Vgl. LEHMANN, S., Bewertung börsennotierter Aktiengesellschaften, S. 184.

224 Vgl. ALVANO, W., Unternehmensplanung, S. 3.

225 Vgl. MOXTER, A., Betriebswirtschaftliche Kapitaltheorie, S. 297.

226 Vgl. MOXTER, A., Grundsätze ordnungsmäßiger Unternehmensbewertung, S. 123-124.

227 Zu den Äquivalenzgrundsätzen im Zusammenhang mit dem Kapitalisierungszinssatz vgl. MOXTER, A., Grundsätze ordnungsmäßiger Unternehmensbewertung, S. 155-167; BALLWIESER, W., Unternehmensbewertung, S. 82-104 sowie BALLWIESER, W., Anforderungen an die Unternehmensbewertung, S. S102.

228 Vgl. WAGNER, W./JONAS, M./BALLWIESER, W./TSCHÖPEL, A., Weiterentwicklung von IDW S 1, S. 890 f.

229 Vgl. IDW (Hrsg.), WP Handbuch 2008, Bd. II, Rn. A 59; WAGNER, W./JONAS, M./BALLWIESER, W./TSCHÖPEL, A., Weiterentwicklung von IDW S 1, S. 890 f.; LAITENBERGER, J./TSCHÖPEL, A., Vollausschüttung, S. 1357; PFAFF, D./PFEIFFER, T./GATHGE, D., Zustands-Grenzpreismodelle, S. 199.

230 Vgl. ALVANO, W., Unternehmensplanung, S. 5.

231 Vgl. WAGNER, W./JONAS, M./BALLWIESER, W./TSCHÖPEL, A., Weiterentwicklung von IDW S 1, S. 890 f.

der Unsicherheit künftiger finanzieller Überschüsse durch eine Risikoprämie abgelten.[232] Bewertungstechnisch kann diese Risikoprämie sowohl im Zähler (Risikoabschlags- bzw. Sicherheitsäquivalenzmethode) als auch im Nenner (Risikozuschlagsmethode) des Bewertungskalküls berücksichtigt werden.[233] In der Bewertungspraxis hat sich indes die Risikozuschlagsmethode als dominierende Vorgehensweise etabliert,[234] wobei diese Dominanz auch seitens des IDW anerkannt wird.[235] Die Risikozuschlagsmethode berücksichtigt die Risikoprämie durch Adjustierung des Kapitalisierungszinssatzes um einen Risikozuschlag im Nenner des Bewertungskalküls.[236] Die **zeitliche Struktur** wird durch die Lebensdauer des Unternehmens und den zeitlichen Anfall der künftigen finanziellen Überschüsse (Stichtags- und Laufzeitäquivalenz) determiniert. Die **Breite** der künftigen finanziellen Überschüsse hat zwei Bestimmungsfaktoren. Neben der Besteuerung[237] (Steueräquivalenz) ist hierbei das Wachstum der künftigen finanziellen Überschüsse angesprochen.[238]

Legt man der bewertungstechnischen Abbildung von Wachstum eine phasenorientierte Betrachtungsweise zugrunde, wird das Wachstum der künftigen finanziellen Überschüsse im Bewertungskalkül in Abhängigkeit der jeweiligen Bewertungsphase in unterschiedlicher Art und Weise berücksichtigt. Innerhalb der Detailplanungsphase wird das Wachstum unmittelbar bei der periodenspezifischen Planung der künftigen finanziellen Überschüsse berücksichtigt. In der Phase der ewigen Rente wird dem Wachstum der künftigen finanziellen Überschüsse hingegen üblicherweise durch einen entsprechenden Wachstumsabschlag vom (steueradjustierten) Kapitalisierungszinssatz im Nenner des Bewertungskalküls Rechnung getragen.[239]

---

232 Vgl. DRUKARCZYK, J./SCHÜLER, A., Unternehmensbewertung, S. 40; MOXTER, A., Grundsätze ordnungsmäßiger Unternehmensbewertung, S. 158.

233 Vgl. zu diesem Aspekt ausführlich BALLWIESER, W., Unternehmensbewertung, S. 75-81; IDW (Hrsg.), WP Handbuch 2008, Bd. II, Rn. A 183.

234 Vgl. TSCHÖPEL, A., Risikoberücksichtigung, S. 39. Die Sicherheitsäquivalenz- und die Risikozuschlagsmethode führen c. p. bei geeigneter Wahl von Risikoabschlag bzw. Risikoprämie grundsätzlich zum gleichen Unternehmenswert. Vgl. KRUSCHWITZ, L., Risiko, S. 2409. Wie REESE zeigt, können sich indes aus den beiden Methoden unterschiedliche Rückkopplungen auf Komponenten des Kapitalisierungszinssatzes ergeben, sodass Sicherheitsäquivalenz- und Risikozuschlagsmethode nur in den Spezialfällen einer flachen Zinsstrukturkurve oder eines Betafaktors von Null zu identischen Ergebnissen führen. Vgl. REESE, R., Schätzung von Eigenkapitalkosten, S. 26.

235 Die Sicherheitsäquivalenzmethode ist für Zwecke dieser Arbeit insbesondere deshalb abzulehnen, da sie i. d. R. bei der Ermittlung objektivierter Unternehmenswerte nicht anwendbar ist. Vgl. hierzu BUSCH, K., Unternehmensbewertung von KMU, S. 168. Zur Sicherheitsäquivalenzmethode vgl. ausführlich TSCHÖPEL, A., Risikoberücksichtigung. Zur Vorziehenswürdigkeit der Risikozuschlagsmethode aus theoretischer Sicht vgl. exemplarisch BAETGE, J./KRAUSE, C., Berücksichtigung des Risikos, S. 435.

236 Vgl. MOXTER, A., Grundsätze ordnungsmäßiger Unternehmensbewertung, S. 155-158.

237 Vgl. in diesem Zusammenhang grundlegend zum Einfluss der Besteuerung auf Investitionsentscheidungen BORGMANN, M., Steuerarbitragestrategien, S. 63-67.

238 Vgl. WAGNER, W./JONAS, M./BALLWIESER, W./TSCHÖPEL, A., Weiterentwicklung von IDW S 1, S. 890 f. Der Grundsatz der Steueräquivalenz soll an dieser Stelle nicht weiter betrachtet werden. Klarstellend sei indes angemerkt, dass sich das Äquivalenzerfordernis in diesem Zusammenhang nur auf die grundsätzliche Besteuerung von Bewertungsobjekt und Alternativanlage bezieht, nicht aber auf die Höhe der Steuerlast. Vgl. hierzu ausführlich MOXTER, A., Grundsätze ordnungsmäßiger Unternehmensbewertung, S. 177 f.

239 Vgl. HFA DES IDW (Hrsg.), IDW S 1, Tz. 98; IDW (Hrsg.), WP Handbuch 2008, Bd. II, Rn. A 211. Die grundsätzliche Berücksichtigung des nachhaltigen Wachstums als Wachstumsabschlag vom Kapitalisierungszinssatz trägt wesentlich zur Komplexitätsreduktion des Bewertungskalküls i. S. einer finanzmathematischen Vereinfachung bei. Zum mathematischen Beweis vgl. HENSELMANN, K./WEILER, A., Restwertver-

Unter Einbezug von Wachstum stellt sich das Bewertungskalkül bei additiver Verknüpfung der Wertanteile von Detailplanungs- und Restwertzeitraum damit wie folgt dar:

$$UW = \sum_{t=1}^{T} \frac{FÜ_t^{nSt}}{(1+k_j^{nSt})^t} + \frac{FÜ_{T+1}^{nSt}}{(k_j^{nSt} - w)} \times \frac{1}{(1+k_j^{nSt})^T}$$

Formel 2-2: Bewertungskalkül gemäß IDW S 1 bei idealtypischer Phasendifferenzierung unter Einbezug von Wachstum[240]

Im folgenden Abschnitt soll nunmehr dargestellt werden, wie dieses Bewertungskalkül bei idealtypischer Phasendifferenzierung durch ausgewählte Verfahren der Unternehmensbewertung konkretisiert wird.[241]

23 Verfahren der Unternehmensbewertung

231. Überblick

Das Spektrum der Verfahren zur Unternehmensbewertung lässt sich grundsätzlich in drei Verfahrensgruppen systematisieren.[242] Konzeptionell sind Gesamtbewertungs-, Einzelbewertungs- und Mischverfahren zu unterscheiden:

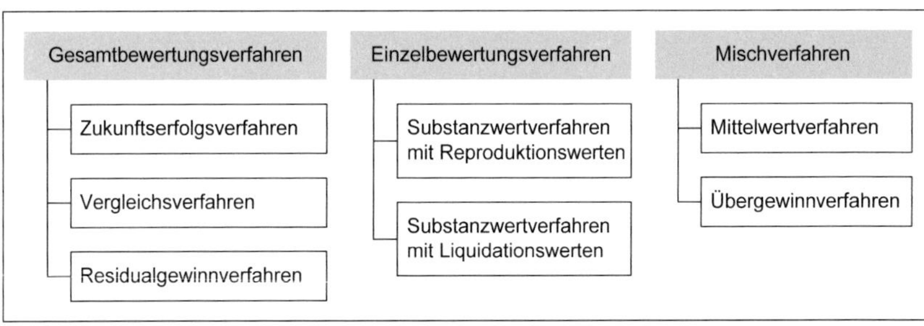

Abbildung 2-5: Systematischer Überblick über Bewertungsverfahren[243]

läufe, S. 354. Zur grundsätzlichen Notwendigkeit einer solchen Komplexitätsreduktion des Bewertungskalküls vgl. Abschn. 224.3.

240 Es gelten weiterhin die Annahmen einer unbegrenzten Lebensdauer des Unternehmens und des ausschließlichen Vorliegens von betriebsnotwendigem Vermögen. Zu den Basisannahmen vgl. auch Abschn. 213.

241 Dabei soll in Anlehnung an die grundlegenden Überlegungen des Wachstumsmodells von GORDON/SHAPIRO zunächst unterstellt werden, dass ein Wachstum der künftigen finanziellen Überschüsse durch einen Wachstumsabschlag im Nenner des Bewertungskalküls erfasst wird. Auf alternative Ansätze zur bewertungstechnischen Abbildung der einzelnen Wachstumskomponenten soll im späteren Verlauf dieser Arbeit im Detail eingegangen werden.

242 Vgl. MANDL, G./RABEL, K., Unternehmensbewertung, S. 29 f.; MANDL, G./RABEL, K., Zweckadäquate Auswahl, S. 352; SCHUMANN, J., Unternehmenswertorientierung, S. 13-15.

243 In Anlehnung an MANDL, G./RABEL, K., Unternehmensbewertung, S. 30; STELLBRINK, J., Restwert, S. 11; KOELEN, P., Investitionstheoretische Bewertungskalküle, S. 56. Abweichend von der in Abbildung 2-5 dargestellten Systematik gängiger Bewertungsverfahren klassifiziert BALLWIESER Vergleichsverfahren, welche

Unter Berücksichtigung des in IDW S 1 kodifizierten Grundsatzes der Bewertung der wirtschaftlichen Einheit[244] sind Einzelbewertungsverfahren[245] nicht Bestandteil der nachfolgend betrachteten Bewertungsverfahren. Da die Anwendung von Mischverfahren[246] als weitere Kategorie von Bewertungsmethoden[247] aufgrund konzeptioneller Schwächen von der herrschenden Meinung abgelehnt wird,[248] werden im Folgenden lediglich die für Zwecke dieser Untersuchung relevanten Gesamtbewertungsverfahren näher erläutert. Innerhalb dieser Gruppe von Bewertungsverfahren konzentrieren sich die nachfolgenden Erläuterungen in Anlehnung an die für Untersuchungszwecke maßgebliche Wertkonzeption auf solche Verfahren, die den Unternehmenswert als Zukunftserfolgswert ermitteln.

Im Zuge von **Gesamtbewertungsverfahren** wird das zu bewertende Unternehmen als zusammenhängende Bewertungseinheit betrachtet.[249] Die Gruppe der Gesamtbewertungsverfahren lässt sich weiter untergliedern in Zukunftserfolgs-, Vergleichs-[250] und Residualgewinnverfahren[251]. Wie bereits im Zuge der Abgrenzung des für Zwecke dieser Arbeit maßgeblichen Wertkonzepts erläutert,[252] ermitteln Zukunftserfolgsverfahren den Zukunftserfolgswert durch Berechnung des Barwerts der künftigen finanziellen Überschüsse des Unternehmens (Kapitalwertkalkül).[253] Als gängige und anerkannte Zukunftserfolgsverfahren haben sich das Er-

er unter Überschlagsrechnungen zusammenfasst, als eigenständige Kategorie. Vgl. BALLWIESER, W., Unternehmensbewertung, S. 8-10. Eine ähnliche Kategorisierung von Bewertungsverfahren nehmen DRUKARCZYK/SCHÜLER vor, indem sie Multiplikator-Ansätze als separate Kategorie von Bewertungsverfahren auffassen. Vgl. DRUKARCZYK, J./SCHÜLER, A., Unternehmensbewertung, S. 89. Da primärer Anwendungsbereich von Vergleichsverfahren die Bewertung von ganzen Unternehmen bzw. Unternehmensteilen ist, werden die zugehörigen Verfahren für Zwecke dieser Analyse als Unterkategorie den Gesamtbewertungsverfahren zugeordnet.

244 Vgl. Abschn. 222 zum Grundsatz der Bewertung der wirtschaftlichen Einheit.

245 Zum grundsätzlichen Vorgehen von Einzelbewertungsverfahren vgl. BALLWIESER, W., Unternehmensbewertung, S. 10. Zu einzelnen Varianten vgl. MANDL, G./RABEL, K., Unternehmensbewertung, S. 82-86.

246 Für einen ausführlichen Überblick alternativer Mischverfahren vgl. MOXTER, A., Grundsätze ordnungsmäßiger Unternehmensbewertung, S. 57-63; MANDL, G./RABEL, K., Unternehmensbewertung, S. 49-51. Konkret zum Übergewinnverfahren vgl. MANDL, G./WAGENHOFER, A., Übergewinnverfahren, S. 133.

247 Die Begriffe der Bewertungsmethode und des Bewertungsverfahrens werden im Folgenden synonym gebraucht. Für eine umfassende Bestimmung des Begriffs der Bewertungsmethode vgl. KIRSCH, H.-J., Equity-Methode, S. 11 f.

248 Die Ablehnung gründet sich dabei insbesondere auf die Schwächen des Substanzwertverfahrens als theoretisches Fundament von Mischverfahren. Vgl. BALLWIESER, W., Unternehmensbewertung, S. 10 sowie m. w. N. MOXTER, A., Grundsätze ordnungsmäßiger Unternehmensbewertung, S. 60-62.

249 Vgl. KUHNER, C./MALTRY, H., Unternehmensbewertung, S. 271.

250 Hinsichtlich der Eignung von Vergleichsverfahren zur Bestimmung objektivierter Unternehmenswerte ist kritisch anzumerken, dass diese auf zahlreichen Vereinfachungen beruhen. Insbesondere Vergleichs- bzw. Multiplikatorverfahren auf Basis von Erfahrungsschätzen erlauben allenfalls eine grobe Schätzung des Unternehmenswerts. Vgl. MANDL, G./RABEL, K., Unternehmensbewertung, S. 81. Nach herrschender Meinung wird den Vergleichsverfahren daher eine hinreichende theoretische Fundierung abgesprochen. Vgl. BALLWIESER, W., Unternehmensbewertung, S. 205 f.; MANDL, G./RABEL, K., Unternehmensbewertung, S. 273 f.; SCHUMANN, J., Unternehmenswertorientierung, S. 19. Es findet sich daher vielfach die Empfehlung, Vergleichsverfahren allenfalls für Plausibilitätskontrollen einzusetzen. Vgl. HFA DES IDW (Hrsg.), IDW S 1, Tz. 143.

251 Vgl. COENENBERG, A. G./SCHULTZE WOLFGANG, Unternehmensbewertung, S. 605 f.

252 Vgl. Abschn. 213 zur Wertkonzeption des Zukunftserfolgswerts.

253 Vgl. IDW (Hrsg.), WP Handbuch 2008, Bd. II, Rn. A 8 und Rn. A 10; MANDL, G./RABEL, K., Unternehmensbewertung, S. 31-42, SCHUMANN, J., Unternehmenswertorientierung, S. 13.

tragswert- und das DCF-Verfahren etabliert.[254] Die genannten Verfahren lassen sich in Abhängigkeit ihrer konkreten Konzeption weiter differenzieren.[255] Diese weitere Unterscheidung bestimmt sich nach der jeweiligen Vorgehensweise der Verfahren zur Ermittlung der zu kapitalisierenden finanziellen Überschüsse einerseits und des Kapitalisierungszinssatzes andererseits.[256] Hinsichtlich der zuletzt genannten Kapitalisierung der künftigen finanziellen Überschüsse lassen sich die verschiedenen Varianten der Zukunftserfolgsverfahren in eine Nettokapitalisierung und eine Bruttokapitalisierung kategorisieren.[257]

Bei einer **Nettokapitalisierung** der künftigen finanziellen Überschüsse wird der durch den Marktwert des Eigenkapitals determinierte Unternehmenswert in einem Schritt durch unmittelbare Kapitalisierung der den Eigenkapitalgebern zufließenden finanziellen Überschüsse ermittelt.[258] Um den Äquivalenzgrundsätzen[259] Rechnung zu tragen, sind die im Zähler angesetzten finanziellen Überschüsse zwingend mit einem Zinssatz zu kapitalisieren, der ausschließlich die Renditeforderung[260] der Eigenkapitalgeber widerspiegelt.[261] Zu den Verfahren, die auf einer solchen Nettokapitalisierung basieren, gehören das Ertragswertverfahren und das Flow to Equity-Verfahren als Ausprägung der DCF-Verfahren.[262]

Abweichend von derartigen Nettokapitalisierungsverfahren ermitteln Bruttokapitalisierungsverfahren den Unternehmenswert in zwei Schritten.[263] In einem ersten Schritt wird der Marktwert des Gesamtkapitals berechnet, um anschließend in einem zweiten Schritt den Marktwert des Fremdkapitals separat zu berechnen und diesen zur Bestimmung des Marktwerts des Eigenkapitals vom gesamten Marktwert des Unternehmens in Abzug zu bringen.[264] Zu den Verfahren, die eine **Bruttokapitalisierung** der künftigen finanziellen Überschüsse

---

254 Vgl. HFA DES IDW (Hrsg.), IDW S 1, Tz. 7; IDW (Hrsg.), WP Handbuch 2008, Bd. II, Rn. A 10; SIEPE, G./DÖRSCHELL, A./SCHULTE, J., IDW Standard, S. 953. Für eine empirische Studie zur Stellung dieser beiden wie auch weiterer Verfahren in der deutschen Bewertungspraxis im Allgemeinen vgl. FISCHER-WINKELMANN, W. F./BUSCH, K., Unternehmensbewertungsverfahren, Teil 1, S. 644-646. Zu Präferenzen der deutschen Bewertungspraxis für einzelne Verfahren bezogen auf die Bewertung von KMU im Speziellen vgl. FISCHER-WINKELMANN, W. F./BUSCH, K., Unternehmensbewertungsverfahren, Teil 2, S. 716-718.

255 Vgl. IDW (Hrsg.), WP Handbuch 2008, Bd. II, Rn. A 225; MANDL, G./RABEL, K., Unternehmensbewertung, S. 31-42.

256 Vgl. MANDL, G./RABEL, K., Unternehmensbewertung, S. 31-42; SCHULTZE, W., Unternehmensbewertung, S. 73. Zu den konzeptionellen Grundlagen zur Bestimmung der Zähler- und Nennergröße vgl. Abschn. 223 bzw. Abschn. 225.

257 Vgl. KOELEN, P., Investitionstheoretische Bewertungskalküle, S. 59.

258 Vgl. BAETGE, J./NIEMEYER, K./KÜMMEL, J./SCHULZ, R., DCF-Verfahren, S. 344.

259 Vgl. Abschn. 225 zu den Äquivalenzgrundsätzen.

260 Zum generellen Verständnis des Kapitalisierungszinssatzes als Renditeforderung der Kapitalgeber vgl. KRUSCHWITZ, L./LÖFFLER, A., DCF, S. 5.

261 Vgl. MANDL, G./RABEL, K., Unternehmensbewertung, S. 41; BAETGE, J./NIEMEYER, K./KÜMMEL, J./SCHULZ, R., DCF-Verfahren, S. 344.

262 MANDL, G./RABEL, K., Unternehmensbewertung, S. 40 f.; MATSCHKE, M. J./BRÖSEL, G., Unternehmensbewertung, S. 684 f.

263 Vgl. BALLWIESER, W., Unternehmensbewertung, S. 116; BAETGE, J./NIEMEYER, K./KÜMMEL, J./SCHULZ, R., DCF-Verfahren, S. 345.

264 Vgl. BALLWIESER, W., Unternehmensbewertung, S. 116; MATSCHKE, M. J./BRÖSEL, G., Unternehmensbewertung, S. 659.

vornehmen, zählen mit Ausnahme des Flow to Equity-Verfahrens die Varianten des DCF-Verfahrens.[265]

Nicht zuletzt aufgrund ihrer konzeptionellen Überlegenheit gegenüber alternativen Bewertungsverfahren werden im Folgenden Ertragswert- und DCF-Verfahren als vorherrschende Varianten der Zukunftserfolgsverfahren dezidiert dargestellt.[266]

232. Die Ermittlung des Unternehmenswerts im Ertragswertverfahren

232.1 Vorbemerkungen

Die Ertragswertkonzeption[267] basiert auf der Überlegung, dass der Wert eines Unternehmens durch den erzielbaren Nutzen determiniert wird. Der Gesamtnutzen setzt sich aus einer nichtfinanziellen und einer finanziellen Komponente zusammen. Ein nichtfinanzieller Nutzen kann durch Aspekte wie Prestige oder Macht begründet werden, wobei die nichtfinanzielle Nutzenkomponente mangels Quantifizierbarkeit keine Berücksichtigung im Ertragswertkalkül findet. Die finanzielle Komponente wird grundsätzlich durch die Erträge ausgedrückt, die dem Anteilseigner aus dem Besitz seiner Anteile zufließen. Das Ertragswertverfahren sucht mithin den Betrag, den der Anteilseigner mindestens aufbringen müsste, um bei alternativer Mittelverwendung „Erträge" in gleicher Höhe zu erzielen.[268] Der gesuchte Betrag ergibt sich durch Kapitalisierung[269] der künftig aus dem Unternehmen erwarteten Erträge.[270] Mathematisch entspricht der Ertragswert dem Barwert aller künftigen Erträge des Unternehmens.[271] Die Konkretisierung der Ertragsgröße als Wertmaßstab für die zu kapitalisierenden finanziellen Überschüsse erweist sich angesichts der Vielfalt gebräuchlicher Ertragsbegriffe als problematisch.[272] In Deutschland hat sich die in IDW S 1 normierte Ausprägung der Ertragswertmethode als dominierende Variante durchgesetzt.[273] Die folgenden Ausführungen konzentrieren sich daher auf die **Vorgehensweise des Ertragswertverfahrens nach IDW S 1** zur Bestimmung von Zähler und Nenner des Bewertungskalküls.

---

265 Vgl. BALLWIESER, W., Unternehmensbewertung; MATSCHKE, M. J./BRÖSEL, G., Unternehmensbewertung, S. 659. Die einzelnen Ausprägungen der Bruttokapitalisierungsverfahren unterscheiden sich ihrerseits durch das jeweilige Vorgehen zur Berücksichtigung der Steuerersparnis aus der Finanzierung mittels Aufnahme von Fremdkapital (sog. Tax Shield). Unter Vernachlässigung persönlicher Ertragsteuern der Unternehmenseigner vgl. hierzu BREALEY, R. A./MYERS, S. C./ALLEN, F., Corporate Finance, S. 497-500; DRUKARCZYK, J./SCHÜLER, A., Unternehmensbewertung, S. 119; HACHMEISTER, D., Unternehmenswertsteigerung, S. 97.

266 Zur Verbreitung der beiden Verfahren in der deutschen Bewertungspraxis vgl. PEEMÖLLER, V. H./BÖMELBURG, P./DENKMANN, A., Unternehmensbewertung, S. 742.

267 Zur grundlegenden Ertragswertkonzeption vgl. PEEMÖLLER, V. H./KUNOWSKI, S., Ertragswertverfahren nach IDW, S. 268-273.

268 Vgl. SIEBEN, G./ZAPF, B., Unternehmerische Entscheidungen, S. 19.

269 Der Ertragswert wird dabei grundsätzlich unter Anwendung einer Nettokapitalisierung ermittelt, indem der Wert des Eigenkapitals direkt durch Abstellen auf den Mittelfluss zwischen Unternehmen und Eigenkapitalgebern bestimmt wird. Vgl. BÖRSIG, C., Unternehmenswert, S. 84 f.; BALLWIESER, W., Unternehmensbewertung, S. 12.

270 Vgl. MANDL, G./RABEL, K., Unternehmensbewertung, S. 31.

271 Vgl. PEEMÖLLER, V. H./KUNOWSKI, S., Ertragswertverfahren nach IDW, S. 268.

272 Vgl. SCHULTZE, W., Unternehmensbewertung, S. 329. Für einen Katalog verschiedener Ertragsbegriffe vgl. statt vieler MANDL, G./RABEL, K., Unternehmensbewertung, S. 33.

273 Vgl. PEEMÖLLER, V. H./BÖMELBURG, P./DENKMANN, A., Unternehmensbewertung, S. 742.

232.2 Die Ermittlung der finanziellen Überschüsse

Das Ertragswertverfahren des IDW folgt dem Ansatz der **Nettokapitalisierung**, sodass als bewertungsrelevante finanzielle Überschüsse nur die den Eigenkapitalgebern zufließenden Zukunftserfolge in die Betrachtung einzubeziehen sind.[274] Hinsichtlich der zu kapitalisierenden Zukunftserfolge verweist IDW S 1 auf die Nettoeinnahmen der Unternehmenseigner.[275] Wesentliche Anhaltspunkte zu ihrer Ermittlung ergeben sich nach IDW S 1 unter Beachtung des allgemeinen Grundsatzes der Zahlungsstromorientierung[276] aus den Ansprüchen der Eigentümer auf Ausschüttung bzw. Entnahme der vom Unternehmen erwirtschafteten finanziellen Überschüsse. Diese Bruttoeinnahmen der Unternehmenseigner sind gegebenenfalls um Einlagen der Eigentümer zu reduzieren.[277] Wenngleich der Wert eines Unternehmens grundsätzlich durch die Fähigkeit des Unternehmens determiniert wird, in der Zukunft finanzielle Überschüsse zu generieren, sind nach IDW S 1 nur diejenigen finanziellen Überschüsse relevant, die als Nettoeinnahmen tatsächlich in den Verfügungsbereich der Unternehmenseigner gelangen (Zuflussprinzip).[278] Ausgangspunkt zur konkreten Bestimmung der verfügbaren Nettoeinnahmen als bewertungsrelevante finanzielle Überschüsse ist entweder die betriebliche Einnahmen- oder die Ertragsüberschussrechnung.[279] Die Wahl der **Ausgangsbasis zur Ermittlung der finanziellen Überschüsse** hat grundsätzlich keinen Einfluss auf den Unternehmenswert. Bei identischer Finanzierungsannahme führen Einnahmen- und Ertragsüberschussrechnung zum gleichen Ergebnis.[280]

Wird die Kapitalisierungsgröße anhand einer **Einnahmenüberschussrechnung**[281] bestimmt, gilt es zu beachten, dass de facto nicht sämtliche Einnahmenüberschüsse ausschüttungsfähig

---

274 Vgl. PEEMÖLLER, V. H./KUNOWSKI, S., Ertragswertverfahren nach IDW, S. 274; DRUKARCZYK, J./SCHÜLER, A., Unternehmensbewertung, S. 91.

275 Vgl. HFA DES IDW (Hrsg.), IDW S 1, Tz. 4; IDW (Hrsg.), WP Handbuch 2008, Bd. II, Rn. A 8.

276 Vgl. Abschn. 223 zum allgemeinen Grundsatz der Zahlungsstromorientierung.

277 Vgl. HFA DES IDW (Hrsg.), IDW S 1, Tz. 24; IDW (Hrsg.), WP Handbuch 2008, Bd. II, Rn. A 60.

278 Vgl. Abschn. 223 zum Zuflussprinzip nach IDW S 1.

279 Vgl. PEEMÖLLER, V. H./KUNOWSKI, S., Ertragswertverfahren nach IDW, S. 281; IDW (Hrsg.), WP Handbuch 2008, Bd. II, Rn. A 62.

280 Vgl. IDW (Hrsg.), WP Handbuch 2008, Bd. II, Rn. A 67. In der deutschen Bewertungslehre wird die Einnahmenüberschussrechnung erstmals durch BUSSE VON COLBE als Alternative zur bis dahin vorherrschenden Ertragsüberschussrechnung in Betracht gezogen. Vgl. BUSSE VON COLBE, W., Zukunftserfolg, S. 39-53. Die Frage der grundsätzlichen Substituierbarkeit von Einnahme- und Ertragsüberschussrechnung wird zudem von SIEBEN ausführlich untersucht. Vgl. SIEBEN, G., Unternehmenserfolg, S. 361-375. Die Substituierbarkeit der beiden Überschussrechnungen basiert auf dem sog. Lücke-Theorem, nach welchem in der Totalperiode die Summe aller Nettoentnahmen und die Summe aller Ertragsüberschüsse identisch sind. Vgl. LÜCKE, W., Investitionsrechnungen, S. 310-324. Voraussetzung hierfür ist zum einen die Einhaltung des sog. Kongruenzprinzips, nach welchem die Summe aller Periodenerfolge mit dem Totalerfolg des Unternehmens grundsätzlich übereinstimmt, und zum anderen die Berücksichtigung der Verzinsung des eingesetzten Kapitals. Vgl. KRUSCHWITZ, L., Investitionsrechnung, S. 173.

281 Als Synonym zur Einnahmenüberschussrechnung findet sich oftmals der Begriff der Entnahmenüberschussrechnung. Vgl. stellvertretend SCHILDBACH, T., Funktionenlehre, S. 27. Entgegen dieser Gleichsetzung handelt es sich nach MANDL/RABEL bei Entnahmeüberschüssen indes nicht um finanzielle Überschüsse i. S. v. Einnahmenüberschüssen. Vgl. MANDL, G./RABEL, K., Unternehmensbewertung, S. 116 f.; anderer Ansicht DRUKARCZYK, J./SCHÜLER, A., Unternehmensbewertung, S. 91.

sind.[282] Um die verfahrensunabhängige Nebenbedingung der Ausschüttungsfähigkeit adäquat zu berücksichtigen, sind die handelsrechtlichen Ertragsüberschüsse zusätzlich unter Beachtung der einschlägigen rechtsformspezifischen Vorschriften zu berechnen. Nur unter der Voraussetzung einer solchen ergänzenden Rechnung ist gewährleistet, dass an das handelsrechtliche Ergebnis anknüpfende Restriktionen bei der Ermittlung der bewertungsrelevanten Nettoeinnahmen der Unternehmenseigner hinreichend berücksichtigt werden.[283]

Die Nebenbedingung der Ausschüttungsfähigkeit der finanziellen Überschüsse gilt analog bei Anwendung einer **Ertragsüberschussrechnung.**[284] Um die Ausschüttungsfähigkeit sicherzustellen, bedarf es auch in diesem Fall einer Ergänzungsrechnung. So ist zusätzlich zur Ertragsüberschussrechnung eine detaillierte Finanzbedarfsrechnung erforderlich, um entweder die Ausschüttungsfähigkeit der finanziellen Überschüsse oder aber einen zusätzlichen Finanzbedarf feststellen zu können.[285] Da sich das Ergebnis der Finanzplanung als Finanzergebnis unmittelbar in der Ertragsüberschussrechnung niederschlägt, bestehen zwischen beiden Rechnungen Rückkopplungen, welche bei der Ermittlung der bewertungsrelevanten finanziellen Überschüsse zu berücksichtigen sind.[286]

Im Folgenden wird nun erläutert, wie der zugehörige Zinssatz zur Kapitalisierung der nach Maßgabe des Ertragswertverfahrens i. S. v. IDW S 1 ermittelten finanziellen Überschüsse abzuleiten ist.

232.3 Die Ermittlung des Kapitalisierungszinssatzes

Zur Kapitalisierung der im Zähler angesetzten finanziellen Überschüsse an die Eigenkapitalgeber ist i. S. der Äquivalenzgrundsätze nach MOXTER[287] ein Zinssatz anzusetzen, der ausschließlich die Renditeforderung der Eigenkapitalgeber repräsentiert.[288] Im Rahmen der Ermittlung eines objektivierten Unternehmenswerts gemäß IDW S 1 ist ein solcher Eigenkapitalkostensatz aus einer zur Investition in das Bewertungsobjekt adäquaten Alternativanlage

---

282 Vgl. PEEMÖLLER, V. H./KUNOWSKI, S., Ertragswertverfahren nach IDW, S. 281; SCHULTZE, W., Unternehmensbewertung, S. 333. Zur Ausschüttungsfähigkeit von Einnahmenüberschüssen i. S. v. IDW S 1 vgl. IDW (Hrsg.), WP Handbuch 2008, Bd. II, Rn. A 63; DRUKARCZYK, J./SCHÜLER, A., Unternehmensbewertung, S. 111.

283 Hinsichtlich zu beachtender handelsrechtlicher Restriktionen nennen PEEMÖLLER/KUNOWSKI exemplarisch die Dotierung gesetzlicher Rücklagen, den Ausgleich von Verlustvorträgen sowie die Gewinnansprüche von Minderheitsgesellschaftern. Vgl. PEEMÖLLER, V. H./KUNOWSKI, S., Ertragswertverfahren nach IDW, S. 281.

284 Bereits WILLIAMS weist darauf hin, dass Überschüsse i. S. einer Aufwands- und Ertragsrechnung nur dann für Zwecke der Ermittlung der bewertungsrelevanten finanziellen Überschüsse geeignet sind, wenn die entsprechenden Überschüsse Zahlungsüberschüssen äquivalent sind: „Earnings are only a means to an end, and the means should not be mistaken for the end. Therefore we must say that a stock derives its value from its dividends, not its earnings", WILLIAMS, J. B., Investment Value, S. 57 f.

285 Vgl. EIDEL, U., Moderne Verfahren, S. 32 f.

286 Vgl. SCHULTZE, W., Unternehmensbewertung, S. 333.

287 Vgl. Abschn. 225 zu den Äquivalenzgrundsätzen nach MOXTER.

288 Vgl. MANDL, G./RABEL, K., Unternehmensbewertung, S. 41; BAETGE, J./NIEMEYER, K./KÜMMEL, J./SCHULZ, R., DCF-Verfahren, S. 344.

abzuleiten.[289] Der Kapitalisierungszinssatz lässt sich somit als Zinssatz interpretieren, der die Opportunitätskosten der Investoren, die durch die Anlage in das Bewertungsobjekt auf alternative Investitionsmöglichkeiten verzichten, widerspiegelt.[290] Als Maßstäbe für entsprechende Alternativrenditen kommen insbesondere die Kapitalmarktrenditen für Unternehmensbeteiligungen (in Form eines Aktienportfolios) in Betracht.[291] Ausgangsgröße zur Bestimmung dieser Renditen ist ein risikoloser Basiszinssatz, welcher um einen von den Anteilseignern aufgrund der Übernahme unternehmerischen Risikos geforderten Risikozuschlag anzupassen ist.[292] Die Ableitung der Eigenkapitalkosten (ohne Wachstum) als Kapitalisierungssatz bei Anwendung eines Ertragswertverfahrens zur Ermittlung eines objektivierten Unternehmenswerts vollzieht sich damit grundsätzlich nach dem folgenden Schema gemäß Formel 2-3:

$$r_{EK} = r_f + MRP \times \beta_j$$

Formel 2-3: Kapitalisierungszinssatz im Ertragswertverfahren

Der **Basiszinssatz** repräsentiert ausschließlich den Zeitwert des Gelds und besitzt mithin die alleinige Aufgabe, die Rendite einer risikolosen Geldanlage abzubilden, welche in einem zweiten Schritt unter Berücksichtigung von Risikoaspekten anzupassen ist.[293] Ist die Ermittlung eines objektivierten Unternehmenswerts Gegenstand der Unternehmensbewertung, bemisst sich der Basiszinssatz nach dem landesüblichen Zinssatz für eine (quasi-)risikofreie Kapitalmarktanlage.[294] Eine solche Alternativinvestition kann dann als risikolos bezeichnet werden, wenn sie durch die Abwesenheit von Ausfall-, Termin- und Währungsrisiken gekennzeichnet ist.[295] Da die Eignung potenzieller Anlagen mithin an die Voraussetzung einer ausgezeichneten Bonität knüpft ist, wird zur Bestimmung des Basiszinssatzes üblicherweise auf die Renditen öffentlicher Anleihen zurückgegriffen.[296] Bei der Bestimmung des maßgeblichen Basiszinssatzes gilt es zu beachten, dass die Investition in das zu bewertende Unter-

---

289 Vgl. HFA DES IDW (Hrsg.), IDW S 1, Tz. 114; IDW (Hrsg.), WP Handbuch 2008, Bd. II, Rn. A 173; PEEMÖLLER, V. H., Grundsätze der Unternehmensbewertung, S. 1405.

290 Vgl. LAITENBERGER, J./BAHR, C., Bedeutung der Einkommensteuer, S. 703. Zur Abgrenzung der Rendite der Eigenkapitalgeber von jener der Fremdkapitalgeber vgl. BERENS, W./SCHMITTING, W./WÖHRMANN, A., Kapitaleinsatz, S. 1.

291 Vgl. HFA DES IDW (Hrsg.), IDW S 1, Tz. 115; IDW (Hrsg.), WP Handbuch 2008, Bd. II, Rn. A 174. Zu den in der Literatur vorgebrachten Kritikpunkten an der vormals in IDW S 1 kodifizierten Annahme einer risikolosen festverzinslichen Anlage als Alternativinvestition vgl. WAGNER, W./JONAS, M./BALLWIESER, W./TSCHÖPEL, A., Weiterentwicklung von IDW S 1, S. 891; LAITENBERGER, J./BAHR, C., Bedeutung der Einkommensteuer, S. 703; TSCHÖPEL, A., Risikoberücksichtigung, S. 245.

292 Vgl. HFA DES IDW (Hrsg.), IDW S 1, Tz. 115.

293 Vgl. PEEMÖLLER, V. H./KUNOWSKI, S., Ertragswertverfahren nach IDW, S. 307; BALLWIESER, W., Risikoloser Zins, S. 23. Zur Aufgabe des risikolosen Zinssatzes vgl. ausführlicher KÜMMEL, J., Fair Value-Ermittlung mit Barwertkalkülen, S. 174-177.

294 Vgl. HFA DES IDW (Hrsg.), IDW S 1, Tz. 116; MANDL, G./RABEL, K., Unternehmensbewertung, S. 133.

295 Vgl. BALLWIESER, W., Unternehmensbewertung, S. 83; WIDMANN, B./SCHIESZL, S./JEROMIN, A., Kapitalisierungszinssatz, S. 800.

296 Vgl. HFA DES IDW (Hrsg.), IDW S 1, Tz. 116; PEEMÖLLER, V. H./KUNOWSKI, S., Ertragswertverfahren nach IDW, S. 308. Zur Operationalisierung von Zins und Zinsstruktur vgl. WIESE, J., Komponenten des Zinsfußes, S. 8-13; KOELEN, P., Investitionstheoretische Bewertungskalküle, S. 141-146.

nehmen mit einer fristadäquaten Alternativinvestition zu vergleichen ist (Laufzeitäquivalenz).[297] Wird wie für Zwecke dieser Analyse von einer zeitlich unbegrenzten Lebensdauer des zu bewertenden Unternehmens ausgegangen,[298] müsste als Basiszinssatz grundsätzlich die am Bewertungsstichtag (Stichtagsäquivalenz) beobachtbare „Rendite aus einer Anlage in zeitlich nicht begrenzte Anleihen der öffentlichen Hand“ angesetzt werden.[299] In Ermangelung solcher Wertpapiere empfiehlt IDW S 1 den Basiszinssatz basierend auf aktuellen Zinsstrukturkurven und zeitlich darüber hinausgehenden Prognosen abzuleiten.[300] Eine Zinsstrukturkurve beschreibt die Gesamtheit aller Zinssätze von Nullkuponstaatsanleihen (Zerobonds), sog. spot rates,[301] für unterschiedliche Laufzeiten.[302] In methodischer Hinsicht spricht sich das IDW aus Gründen der Objektivierung und Vereinfachung für die Verwendung der von der Deutschen Bundesbank börsentäglich veröffentlichten Zinsstrukturkurven unter ergänzender Anwendung der NELSON/SIEGEL/SVENSSON-Methode[303] zur Schätzung der Zerobond-Zinssätze für einen Zeitraum von bis zu 30 Jahren aus.[304] Wenngleich der Grundsatz der Laufzeitäquivalenz damit grundsätzlich gewahrt scheint, ist einschränkend anzumerken, dass die Anwendung von Zinsstrukturkurven bei unendlicher Lebensdauer des Bewertungsobjekts auf einer vereinfachenden Annahme beruht. So wird bei Schätzung der Daten der Zinsstrukturkurve über einen Zeitraum von 30 Jahren hinaus davon ausgegangen, dass die Zinsstrukturkurve mit zunehmender Laufzeit immer flacher wird und schließlich gegen einen bestimmten Wert konvergiert.[305] Eine solche Annahme vermag das Problem nicht vollständig laufzeitäquivalenter Renditen von Staatsanleihen für Zwecke der Ermittlung von Zukunftserfolgswerten indes nicht abschließend zu lösen. Die aus Vereinfachungsgründen getroffene Prämisse stellt daher lediglich einen praktikablen Lösungsansatz unter Berücksichtigung der eingeschränkten Verfügbarkeit entsprechender Kapitalmarktdaten dar.[306]

297 Vgl. HFA DES IDW (Hrsg.), IDW S 1, Tz. 117.

298 Zur Annahme über die Lebensdauer des Unternehmens vgl. Abschn. 224.2.

299 HFA DES IDW (Hrsg.), IDW S 1, Tz. 117.

300 Vgl. HFA DES IDW (Hrsg.), IDW S 1, Tz. 117. Zum Problem der Laufzeitäquivalenz bei Annahme einer unendlichen Lebensdauer des Bewertungsobjekts vgl. BALLWIESER, W., Risikoloser Zins, S. 33; MUNKERT, M. J., Kapitalisierungszinssatz, S. 122 f. sowie mit Verweis auf die zugehörige Rechtsprechung METZ, V., Kapitalisierungszinssatz, S. 62; WÜSTEMANN, J., Basiszinssatz und Risikozuschlag, S. 2223-2226.

301 Vgl. WIESE, J./GAMPENRIEDER, P., Basiszins, S. 1723.

302 Vgl. KRUSCHWITZ, L./LÖFFLER, A., Kapitalkosten, S. 806.

303 Für eine nähere Erläuterung der Vorgehensweise dieser Methode zur Bestimmung des Basiszinssatzes vgl. ausführlich WIESE, J./GAMPENRIEDER, P., Basiszins, S. 444-446 sowie m. w. N. WIESE, J./GAMPENRIEDER, P., Basiszins, S. 1722-1726.

304 Vgl. PEEMÖLLER, V. H./KUNOWSKI, S., Ertragswertverfahren nach IDW, S. 310; BALLWIESER, W., Unternehmensbewertung, S. 86. Wesentlicher Vorteil der Verwendung von Anleihen mit Laufzeiten um 30 Jahre gegenüber Anleihen mit kürzeren Laufzeiten ist die in diesem Fall geringere Sensitivität des Unternehmenswerts auf Schätzfehler bei der Festsetzung der Anschlussverzinsung. Vgl. BALLWIESER, W., Unternehmensbewertung, S. 87. Hinsichtlich der Anwendbarkeit 30-jähriger Anleihen weist WIESE indes einschränkend darauf hin, dass die Verlässlichkeit der zugehörigen Zinsinformationen nur bei ausreichendem Handel der Anleihen gewährleistet ist. Vgl. WIESE, J., Komponenten des Zinsfußes, S. 9.

305 Vgl. WIESE, J./GAMPENRIEDER, P., Basiszins, S. 1723 f.

306 Ähnlich argumentiert KOELEN, indem er die Annahme einer konvergierenden Zinsstrukturkurve als Normierung interpretiert, welche das skizzierte Problem nicht laufzeitäquivalenter Renditen von Staatsanleihen behelfsweise löst. Vgl. KOELEN, P., Investitionstheoretische Bewertungskalküle, S. 146. Der FAUB hat auf dieses Problem mit einer klarstellenden Empfehlung reagiert, in welcher er sich dafür ausspricht, den Zero-

Um der Unsicherheit über die künftige Entwicklung der finanziellen Überschüsse hinreichend Rechnung zu tragen, ist der Basiszinssatz um einen **Risikozuschlag** zu erhöhen.[307] Dessen Zweck ist es, Risiken[308] abzugelten, denen die Eigenkapitalgeber infolge ihrer Investition in das zu bewertende Unternehmen ausgesetzt sind.[309] Ermitteln lässt sich der Risikozuschlag unter Berücksichtigung am Kapitalmarkt beobachtbarer Aktienrenditen. Eine solche marktorientierte Ermittlung des Risikozuschlags findet dabei unter Zuhilfenahme von Kapitalmarktpreisbildungsmodellen statt. Als Referenzmodell verweist IDW S 1 in diesem Kontext explizit auf das sog. CAPM[310] bzw. das Tax-CAPM[311].[312] Das CAPM fungiert als einperiodiges gleichgewichtsorientiertes Preisbildungsmodell für einen umfassend definierten Kapitalmarkt.[313] Das ursprünglich von SHARPE/LINTNER entwickelte Modell basiert auf der Annahme, dass die Marktteilnehmer ihr Verhalten erstens risikoorientiert an der Zielgröße Rendite und zweitens an den Grundsätzen der Portfolio Selection Theory[314] nach MARKOWITZ und TOBIN ausrichten. Anhand des CAPM lässt sich eine Aussage darüber treffen, wie sich die Renditeerwartungen für die risikobehaftete Alternativanlage im Kapitalmarktgleichgewicht

---

bond-Zinssatz mit einer Restlaufzeit von 30 Jahren als nachhaltigen Schätzwert für Laufzeiten von mehr als 30 Jahren anzusetzen. Vgl. IDW (Hrsg.), Basiszinssatz, S. 491. Eine rechentechnische Lösung des Problems wäre zwar grundsätzlich unter Zuhilfenahme des sog. Bootstrapping-Verfahrens denkbar, die vom FAUB angeregte Vorgehensweise stellt indes eine sachgerechte Normierung dar. Vgl. PEEMÖLLER, V. H./KUNOWSKI, S., Ertragswertverfahren nach IDW, S. 311; KOELEN, P., Investitionstheoretische Bewertungskalküle, S. 146.

307 Vgl. HFA DES IDW (Hrsg.), IDW S 1, Tz. 115.

308 Vgl. PEEMÖLLER, V. H./KUNOWSKI, S., Ertragswertverfahren nach IDW, S. 312 für eine Aufzählung abzugeltender Risiken.

309 Vgl. PEEMÖLLER, V. H./KUNOWSKI, S., Ertragswertverfahren nach IDW, S. 312.

310 Die Entwicklung des CAPM geht nahezu zeitgleich auf verschiedene amerikanische Wissenschaftler zurück. Vgl. hierzu als Primärquellen BLACK, F., Capital Market Equilibrium, S. 444-455; LINTNER, J., Security Prices, S. 587-615; LINTNER, J., Valuation of Risk Assets, S. 13-37; MOSSIN, J., Capital Asset Market, S. 768-783; SHARPE, W. F., Portfolio Analysis, S. 277-293; SHARPE, W. F., Capital Asset Prices, S. 425-442. Für eine kurze Erläuterung des CAPM vgl. FRANKE, G./HAX, H., Finanzwirtschaft, S. 354-361. Wenngleich das CAPM primär für Zwecke von DCF-Kalkülen konzipiert wurde, ist das Modell unter der Voraussetzung einer adäquaten Ermittlung der Risikogrößen auch im Rahmen des Ertragswertverfahrens anwendbar. Hierzu bedarf es zum einen einer Typisierung des Grads der Risikoaversion des Investors und zum anderen einer unternehmensspezifischen Anpassung der marktgestützt ermittelten Risikoprämie. Vgl. PEEMÖLLER, V. H./KUNOWSKI, S., Ertragswertverfahren nach IDW, S. 312 f.

311 Das von BRENNAN entwickelte Tax-CAPM berücksichtigt explizit die Wirkung persönlicher Ertragsteuern und stellt insofern eine Erweiterung das CAPM dar. Vgl. BRENNAN, M. J., Taxes, S. 417-427 sowie ebenfalls zum US-amerikanischen Steuersystem LITZENBERGER, R. H./RAMASWAMY, K., Personal Taxes and Dividends, S. 165-173. Die Übertragung des Tax-CAPM auf das deutsche Steuersystem (Nachsteuer-CAPM) geht auf WIESE zurück. Zum Nachsteuer-CAPM unter Berücksichtigung der Abgeltungsteuer vgl. WIESE, J., Unternehmensbewertung und Abgeltungssteuer, S. 368-375.

312 Vgl. HFA DES IDW (Hrsg.), IDW S 1, Tz. 118. Anstelle des Begriffes des Risikozuschlags spricht IDW S 1 in diesem Zusammenhang von einer Risikoprämie. Eine solche Begriffswahl ist indes irreführend, da die Marktrisikoprämie nur eine Komponente des Risikozuschlags darstellt. Auf die Marktrisikoprämie als Bestandteil des Risikozuschlags wird im Folgenden eingegangen. Auf eine Berücksichtigung persönlicher Ertragsteuern wird dabei verzichtet, sodass sich die folgenden Ausführungen auf das CAPM beschränken.

313 Vgl. DÖRSCHELL, A./FRANKEN, L./SCHULTE, J./BRÜTTING, C., CAPM-basierte Risikozuschläge, S. 1153; BALLWIESER, W., Unternehmensbewertung, S. 94.

314 Zur Portfolio Selection Theory vgl. MARKOWITZ, H. M., Portfolio Selection; TOBIN, J., Liquidity Preference, S. 65-86. Für eine Einführung in die Portfolio Selection Theory vgl. FRANKE, G./HAX, H., Finanzwirtschaft, S. 317-329.

bilden.[315] Der Risikozuschlag gemäß CAPM bemisst sich dabei nach dem Produkt aus dem Marktpreis des Risikos (Marktrisikoprämie[316]) und dem Betafaktor.[317]

Die **Marktrisikoprämie** entspricht der Differenz zwischen der Rendite des Marktportfolios und dem risikolosen Basiszinssatz.[318] Das Marktportfolio umfasst annahmegemäß sämtliche verfügbaren riskanten Kapitalanlagen.[319] Mangels Messbarkeit der Rendite eines solchen Gesamtmarktportfolios wird als Surrogat des Marktportfolios üblicherweise ein Aktienindex herangezogen.[320] Im Rahmen des CAPM wird zur Bestimmung der Marktrisikoprämie, d. h. der Überschussrendite gegenüber einer risikolosen Kapitalanlage, üblicherweise auf historische Daten zurückgegriffen.[321] Wenngleich unter Rückgriff auf historische Kapitalmarktdaten abgeleiteten Marktrisikoprämien oftmals ein hoher Grad an Objektivierung attestiert wird, lassen sich durch eine solche vergangenheitsorientierte Vorgehensweise nicht sämtliche Gestaltungsspielräume eliminieren.[322] Als Reaktion auf die bei der Bestimmung der Marktrisikoprämie bestehenden Ermessensspielräume findet sich in der Literatur daher oftmals die Empfehlung einer Normierung der Marktrisikoprämie.[323] Eine solche Normierung nimmt auch das IDW für Zwecke der Ermittlung objektivierter Unternehmenswerte vor.[324] Unter Berufung auf empirische Studien am deutschen Kapitalmarkt spricht sich das IDW unter Vernachlässigung der Auswirkungen der Unternehmensteuerreform 2008 für eine Bandbreite der Marktrisikoprämie vor persönlichen Ertragsteuern von 4,0 % bis 5,0 % aus.[325] Unter Berücksichtigung der Unternehmensteuerreform 2008 erhöht sich diese Bandbreite um ca. 0,5 %.[326]

Die Marktrisikoprämie vermag lediglich die von den konkreten Unternehmensverhältnissen unabhängige Überschussrendite einer Investition in Risiko behaftete Kapitalanlagen im Ver-

---

315 Vgl. DÖRSCHELL, A./FRANKEN, L./SCHULTE, J./BRÜTTING, C., CAPM-basierte Risikozuschläge, S. 1153.

316 Da die Effekte persönlicher Ertragsteuern an dieser Stelle von der Betrachtung ausgeschlossen sind, handelt es sich um eine Marktrisikoprämie vor persönlichen Ertragsteuern.

317 Vgl. exemplarisch BALLWIESER, W., Unternehmensbewertung, S. 93 f.; DRUKARCZYK, J./SCHÜLER, A., Unternehmensbewertung, S. 56.

318 Vgl. statt vieler KRUSCHWITZ, L./LÖFFLER, A., Kapitalkosten, S. 806.

319 Vgl. exemplarisch BAETGE, J./KRAUSE, C., Berücksichtigung des Risikos, S. 441.

320 Vgl. ROSS, S. A., CAPM, S. 892. Zur Auswahl eines adäquaten Aktienindex vgl. DAMODARAN, A., Valuation, S. 49.

321 Vgl. DAMODARAN, A., Corporate Finance. S. 171. Zu den Problemen bei der Verwendung von Vergangenheitsdaten zur Ableitung der Marktrisikoprämie vgl. KOELEN, P., Investitionstheoretische Bewertungskalküle, S. 149.

322 Die Beeinflussbarkeit der Marktrisikoprämie durch die Festsetzung der Länge der Messperiode bzw. der Renditeintervalle innerhalb der Messperiode sowie durch die Wahl des Aktienindex wird in zahlreichen empirischen Studien belegt. Für einen Überblick entsprechender Studien vgl. KOELEN, P., Investitionstheoretische Bewertungskalküle, S. 149 f.

323 Zu den Ermessensspielräumen bei Ableitung des Marktpreises des Risikos sowie für eine Abwägung der Vor- und Nachteile einer Normierung der Marktrisikoprämie vgl. ausführlich KOELEN, P., Investitionstheoretische Bewertungskalküle, S. 149-152.

324 Vgl. IDW (Hrsg.), WP Handbuch 2008, Bd. II, Rn. A 297-299.

325 Das IDW stützt seine Argumentation zur Normierung der Marktrisikoprämie insbesondere auf eine empirische Studie von STEHLE über die historischen Risikoprämien am deutschen Aktienmarkt. Vgl. hierzu STEHLE, R., Risikoprämie, S. 906-926.

326 Vgl. PEEMÖLLER, V. H./KUNOWSKI, S., Ertragswertverfahren nach IDW, S. 316.

gleich zu einer Anlage zum risikolosen Basiszinssatz zu erfassen.[327] Das spezifische Risiko des zu bewertenden Unternehmens wird hingegen durch den **Betafaktor** als Bestandteil des Risikozuschlags abgebildet.[328] Der Betafaktor ist bei der Ermittlung objektivierter Unternehmenswerte mithin von großer Bedeutung, da er die allgemeine Marktrisikoprämie entsprechend der konkreten Verhältnisse des zu bewertenden Unternehmens, einschließlich des unternehmensspezifischen Risikoumfangs, adjustiert.[329] Der Betafaktor berücksichtigt dabei ausschließlich das systematische Risiko,[330] welches sich nicht mehr durch Portfoliobildung diversifizieren lässt.[331] Nicht die Varianz der Renditen des zu bewertenden Unternehmens bestimmt somit das Risikomaß, sondern deren Kovarianz zur Rendite des Marktportfolios.[332] Anders ausgedrückt, bemisst sich der Betafaktor durch die Schwankungsbreite (Volatilität) der Rendite des Bewertungsobjekts bzw. eines Portfolios repräsentativer Anlagen, welche ins Verhältnis zur Volatilität der Rendite des Marktportfolios gesetzt wird.[333] Dem Betafaktor kann damit eine Indikatorwirkung hinsichtlich der erwarteten Renditeänderung des Bewertungsobjekts infolge einer Änderung der Rendite des Marktportfolios zugesprochen werden.[334] Hinsichtlich der Ableitung des Betafaktors postuliert das IDW eine zukunftsbezogene Schätzung. Dies schließt die derzeit in der Bewertungspraxis vorherrschende Vorgehensweise,[335] welche auf Vergangenheitswerte als Ausgangsgrößen zur Prognose des Betafaktors zurückgreift, nicht aus.[336] Grundsätzlich denkbar sind indes auch solche Verfahren, die die Parameter zur Ableitung des Betafaktors aus stärker zukunftsorientierten und ebenfalls am Kapitalmarkt beobachtbaren Daten und Schätzungen abzuleiten versuchen.[337] Sofern zur Prognose des Betafaktors auf historische Betafaktoren zurückgegriffen wird, sind diese um etwaige außergewöhnliche Umstände (wie z. B. Restrukturierungen, Übernahmeangebote) zu bereinigen sowie bezüglich künftiger Veränderungen (z. B. neue Produktschwerpunkte, Expansion in neue Märkte) bzw. erwarteter wesentlicher Veränderungen des Branchen- und Marktumfelds anzupassen.[338] Eine unmittelbare Schätzung des Betafaktors ist indes nur im Fall börsennotierter Unternehmen möglich, da die Ableitung des Betafaktors nach Maßgabe des

327 Vgl. KOELEN, P., Investitionstheoretische Bewertungskalküle, S. 152.

328 Vgl. IDW (Hrsg.), WP Handbuch 2008, Bd. II, Rn. A 192 und Rn. A 300; BALLWIESER, W., Unternehmensbewertung, S. 93.

329 Vgl. WOLLNY, C., Objektivierter Unternehmenswert, S. 309.

330 Vgl. DÖRSCHELL, A./FRANKEN, L./SCHULTE, J./BRÜTTING, C., CAPM-basierte Risikozuschläge, S. 1153.

331 Vgl. PERRIDON, L./STEINER, M., Finanzwirtschaft, S. 256; WOLLNY, C., Objektivierter Unternehmenswert, S. 309; KOLLER, T./GOEDHART, M./WESSELS, D., Valuation, S. 293; HIELSCHER, U., Investmentanalyse, S. 58.

332 Vgl. BALLWIESER, W., Unternehmensbewertung, S. 93; NOWAK, K., Marktorientierte Unternehmensbewertung, S. 72.

333 Vgl. HFA DES IDW (Hrsg.), IDW S 1; Tz. 121; IDW (Hrsg.), WP Handbuch 2008, Bd. II, Rn. A 192; MUNKERT, M. J., Kapitalisierungszinssatz, S. 226.

334 Vgl. WOLLNY, C., Objektivierter Unternehmenswert, S. 309.

335 Zur üblichen Vorgehensweise in der Praxis unter Rückgriff auf Vergangenheitswerte vgl. METZ, V., Kapitalisierungszinssatz, S. 206-209.

336 Vgl. IDW (Hrsg.), WP Handbuch 2008, Bd. II, Rn. A 301.

337 Vgl. DASKE, H./GEBHARDT, G./KLEIN, S., Expected Cost of Equity Capital, S. 2-36. Zu den zukunftsorientierten Schätzverfahren vgl. kritisch DASKE, H./WIESENBACH, K., Schätzung von Eigenkapitalkosten, S. 407-419; STEHLE, R., Risikoprämie, S. 918.

338 Vgl. IDW (Hrsg.), WP Handbuch 2008, Bd. II, Rn. A 304.

CAPM auf Kapitalmarktnotierungen basiert.[339] In Ermangelung einer Börsennotierung des zu bewertenden Unternehmens ist bei der Ableitung des Betafaktors auf historische Aktienrenditen börsennotierter Vergleichsunternehmen abzustellen. Das IDW empfiehlt den Rückgriff auf eine Peer Group von Vergleichsunternehmen indes nicht nur für den Fall einer nicht vorhandenen Börsennotierung des Bewertungsobjekts, sondern zu Vergleichszwecken auch bei Vorliegen einer solchen Notierung des zu bewertenden Unternehmens.[340] Der Einbezug von Vergleichsunternehmen eröffnet indes infolge der damit verbundenen Abgrenzungsproblematik[341] zusätzliche Ermessensspielräume, weshalb für Zwecke der Ermittlung objektivierter Unternehmenswerte eine genaue Analyse hinsichtlich der Verwendbarkeit der historischen Vergleichsdaten unverzichtbar ist.[342] Dies gilt auch im Hinblick auf die Kapitalstruktur der Vergleichsunternehmen. So berücksichtigen die unter Einbezug von Kapitalmarktdaten abgeleiteten Betafaktoren nicht nur die operativen, sondern auch die finanziellen Risiken der Vergleichsunternehmen.[343] Bestehen hingegen Abweichungen zwischen der Kapitalstruktur der Vergleichsunternehmen und jener des Bewertungsobjekts, erfordert dies eine Anpassung des Finanzierungsrisikos der Peer Group. Eine solche Modifikation findet in Theorie und Praxis üblicherweise unter Rückgriff auf die Annahmen des MODIGLIANI/MILLER-Theorems[344] statt. Unter Zuhilfenahme der folgenden Beziehung zwischen dem Betafaktor eines verschuldeten und dem eines unverschuldeten Unternehmens, wird zunächst in einem ersten Schritt das Finanzierungsrisiko der Peer Group vollständig aus dem Betafaktor eliminiert (sog. Unlevern):

$$\beta_v = \beta_u \times \left[1 + (1 - s) \times \frac{FK}{EK}\right]$$

Formel 2-4: Umrechnung von Betafaktoren zum Ausschluss des Finanzierungsrisikos[345]

---

339 Vgl. KOELEN, P., Investitionstheoretische Bewertungskalküle, S. 153 m. w. N. Die Ableitung des Betafaktors unterliegt dabei den gleichen Ermessensspielräumen wie die marktorientierte Ermittlung der Marktrisikoprämie. Vgl. hierzu die Ausführungen in Fn. 322.

340 Vgl. IDW (Hrsg.), WP Handbuch 2008, Bd. II, Rn. A 301. Gegenteiliger Ansicht sind PEEMÖLLER und KUNOWSKI, die gerade bei der Verwendung von Peer Group-Betas die Vergleichbarkeit von Bewertungsergebnissen in Frage stellen. Vgl. PEEMÖLLER, V. H./KUNOWSKI, S., Ertragswertverfahren nach IDW, S. 316.

341 Für eine Übersicht sog. Analogieansätze zur Abgrenzung der Peer Group vgl. KOELEN, P., Investitionstheoretische Bewertungskalküle, S. 154 f.

342 Vgl. PEEMÖLLER, V. H./KUNOWSKI, S., Ertragswertverfahren nach IDW, S. 316. Ergeben sich Abweichungen in der Kapitalstruktur von Bewertungsobjekt und Vergleichsunternehmen, sind diese durch Anpassungen des empirisch ermittelten historischen Betafaktors der Peer Group zu berücksichtigen. Vgl. IDW (Hrsg.), WP Handbuch 2008, Bd. II, Rn. A 340; BALLWIESER, W., Unternehmensbewertung, S. 134; DINSTUHL, V., Konzernbezogene Unternehmensbewertung, S. 241-244; METZ, V., Kapitalisierungszinssatz, S. 212. Die Modifikationen sind dabei üblicherweise auf Basis der Annahmen des MODIGLIANI/MILLER-Theorems vorzunehmen. Vgl. MODIGLIANI, F./MILLER, M. H., Cost of Capital, S. 261-297 sowie MODIGLIANI, F./MILLER, M. H., Corporate Income Taxes, S. 433-443.

343 Vgl. beispielhaft IDW (Hrsg.), WP Handbuch 2008, Bd. II, Rn. A 304 sowie DINSTUHL, V., Konzernbezogene Unternehmensbewertung, S. 241.

344 Vgl. hierzu grundlegend MODIGLIANI, F./MILLER, M. H., Cost of Capital sowie MODIGLIANI, F./MILLER, M. H., Corporate Income Taxes.

345 Vgl. hierzu exemplarisch BREALEY, R. A./MYERS, S. C./ALLEN, F., Corporate Finance, S. 482 f.; ROSS, S. A./WESTERFIELD, R. W./JAFFE, J. F., Corporate Finance, S. 329.

Durch Umstellen der Gleichung lässt sich der Betafaktor eines unverschuldeten Unternehmens ermitteln. Dieser spiegelt als einzige Risikokomponente das operative Risiko wider.[346] Dieser um das Finanzierungsrisiko der Peer Group bereinigte Betafaktor ist dann in einem zweiten Schritt an das unter Berücksichtigung der gesamtunternehmensspezifischen Finanzierungsverhältnisse bestimmte finanzwirtschaftliche Risiko des Bewertungsobjekts anzupassen (sog. Relevern).[347]

Im Folgenden wird darauf eingegangen, wie der Kapitalisierungszinssatz im Ertragswertverfahren nach IDW S 1 zum Einbezug von Wachstum zu modifizieren ist und welche Bedeutung dem zugehörigen Wachstumsabschlag im Rahmen des Ertragswertverfahrens zukommt.

232.4 Der Wachstumsabschlag im Ertragswertverfahren

Im Rahmen des Ertragswertverfahrens nach IDW S 1 ergibt sich der Unternehmenswert grundsätzlich aus dem Barwert der Nettoeinnahmen der Unternehmenseigner (Nettokapitalisierung).[348] Die Nettoeinnahmen werden durch die Ansprüche der Eigentümer auf Ausschüttung bzw. Entnahme der vom Unternehmen erwirtschafteten finanziellen Überschüsse determiniert, wobei etwaige Einlagen der Eigentümer in Abzug zu bringen sind.[349] Abstrahiert man von derartigen Einlagen sowie persönlichen Ertragsteuern auf Ebene der Unternehmenseigner, lassen sich die Nettoeinnahmen der Unternehmenseigner vereinfachend durch die Dividendenzahlungen des Unternehmens operationalisieren. Das aus diesen Überlegungen resultierende Bewertungskalkül entspricht dem Dividend Discount Model[350]. Verzichtet man zudem vereinfachend auf eine Phasendifferenzierung und geht vom Rentenfall aus, bestimmt sich der Unternehmenswert wie folgt:

$$UW = \frac{J\ddot{U}_{T+1} \times q}{r_{EK}} = \frac{D_{T+1}}{r_{EK}}$$

Formel 2-5: Dividend Discount Model im unendlichen Rentenfall ohne Wachstum[351]

[346] Vgl. KOELEN, P., Investitionstheoretische Bewertungskalküle, S. 159.

[347] Vgl. DINSTUHL, V., Konzernbezogene Unternehmensbewertung, S. 242; METZ, V., Kapitalisierungszinssatz, S. 212; WOLLNY, C., Objektivierter Unternehmenswert, S. 327-331. Zur Begründung der gesamtunternehmensspezifischen Perspektive bei der Bestimmung des bewertungsobjektspezifischen Finanzierungsrisikos vgl. PAPE, U., Wertorientierte Unternehmensführung, S. 205.

[348] Vgl. HFA DES IDW (Hrsg.), IDW S 1, Tz. 4; IDW (Hrsg.), WP Handbuch 2008, Bd. II, Rn. A 8.

[349] Vgl. HFA DES IDW (Hrsg.), IDW S 1, Tz. 24; IDW (Hrsg.), WP Handbuch 2008, Bd. II, Rn. A 60.

[350] Zum Dividend Discount Model vgl. grundlegend STOWE, J. D./ROBINSON, T. R./PINTO, J. E./MCLEAVEY, D. W., Equity Investments, S. 55-59; ERNST, D./SCHNEIDER, S./THIELEN, B., Unternehmensbewertungen, S. 143-149 sowie in Abschn. 224.5.

[351] Vgl. SCHWETZLER, B., Multiple-Bewertung, S. 79. Da das durch Formel 2-5 skizzierte Bewertungskalkül streng genommen nur in einer Welt ohne Inflation Gültigkeit besitzt, soll an dieser Stelle aus Gründen der Vereinfachung von möglichen Auswirkungen einer Änderung des allgemeinen Preisniveaus auf das Bewertungskalkül abstrahiert werden. Zu den Effekten von Inflation auf das klassische Rentenmodell ohne Wachstum vgl. BRADLEY, M. H./JARRELL, G. A., Expected Inflation, S. 68 f. Die Abbildung inflationsinduzierten Wachstums wird im späteren Verlauf der Arbeit ausführlich behandelt.

Wie bereits an anderer Stelle gezeigt, wird das Wachstum der künftigen finanziellen Überschüsse im Rentenfall bzw. bei Phasendifferenzierung in der Phase der ewigen Rente üblicherweise durch einen Abschlag vom Kapitalisierungszinssatz im Bewertungskalkül berücksichtigt.[352] Bei Einbezug von Wachstum stellt sich das Dividend Discount Model in Anlehnung an das an anderer Stelle diskutierte Wachstumsmodell nach GORDON/SHAPIRO[353] c. p. wie folgt dar:

$$UW = \frac{J\ddot{U}_{T+1} \times q}{r_{EK} - w_{EK}} = \frac{D_{T+1}}{r_{EK} - w_{EK}}$$

Formel 2-6: Berücksichtigung von Wachstum im Ertragswertverfahren am Beispiel des Dividend Discount Model

Ohne bereits auf die konkrete Herleitung des Wachstumsabschlags eingehen zu wollen,[354] deutet bereits die in Formel 2-6 skizzierte Abbildung von Wachstum im Ertragswertverfahren nach IDW S 1 am Beispiel des Dividend Discount Model daraufhin, dass das Wachstum der künftigen finanziellen Überschüsse nicht losgelöst von der zu kapitalisierenden Zählergröße im Bewertungskalkül berücksichtigt werden kann. Die bewertungstechnische Abbildung von Wachstum ist somit durchaus abhängig vom jeweiligen Bewertungsverfahren. Zur abschließenden Beantwortung dieser Fragestellung wird nachfolgend zunächst das DCF-Verfahren im Allgemeinen sowie die konkrete Abbildung von Wachstum im DCF-Kalkül im Speziellen vorgestellt. Daran anschließend werden Ertragswert- und DCF-Verfahren unter besonderer Berücksichtigung der jeweiligen Abbildung von Wachstum einander kritisch gegenüber gestellt, um Aussagen zu Größe und Bedeutung des Wachstumsabschlags ableiten zu können.

233. Die Ermittlung des Unternehmenswerts im DCF-Verfahren

233.1 Vorbemerkungen

In der deutschen Bewertungspraxis ist v. a. das Ertragsverfahren als Ausprägung der Zukunftserfolgsverfahren verbreitet.[355] Nicht erst infolge der zunehmenden Relevanz grenzüberschreitender Unternehmenstransaktionen sind indes auch die aus der anglo-amerikanischen Bewertungspraxis stammenden DCF-Verfahren verstärkt in den Fokus der deutschen Bewertungspraxis gerückt und werden nunmehr auch in den Verlautbarungen des IDW als grundsätzlich gleichberechtigte Alternative zum Ertragswertverfahren behandelt.[356] Die gleichran-

352 Zur grundlegenden Berücksichtigung von Wachstum im Bewertungskalkül im Allgemeinen bzw. in der Phase der ewigen Rente im Speziellen vgl. die Ausführungen in Abschn. 225.

353 Zum GORDON-Groth-Modell vgl. die Ausführungen in Abschn. 224.5.

354 Die in Formel 2-6 skizzierte bewertungstechnische Abbildung von Wachstum im Rahmen des Ertragswertverfahrens wird in Abschn. 42 vertiefend behandelt.

355 Vgl. BAETGE, J./NIEMEYER, K./KÜMMEL, J./SCHULZ, R., DCF-Verfahren, S. 342.

356 Vgl. HFA DES IDW (Hrsg.), IDW S 1, Tz. 7; IDW (Hrsg.), WP Handbuch 2008, Bd. II, Rn. A 10; HELBLING, C., DCF-Methode und Kapitalkostensatz, S. 158 f. Trotz der gleichrangigen Behandlung beider Verfahren in der Bewertungslehre ist es in der jüngsten Rechtsprechung hingegen unstrittig, dass bei grundsätzlicher Anerkennung der Methodenoffenheit die Ertragswertmethode vorrangig anzuwenden ist. Vgl. hierzu

gige Behandlung von Ertragswert- und DCF-Methode in IDW S 1 ist in theoretischer Hinsicht nicht zuletzt deshalb sachgerecht, da beide Methoden auf der Grundkonzeption des Kapitalwertkalküls basieren und somit unter der Voraussetzung gleicher Bewertungsannahmen zu ein und demselben Unternehmenswert führen.[357]

Sämtlichen Varianten der DCF-Methode ist gemein, dass sie den Unternehmenswert durch Kapitalisierung von Zahlungsströmen (Cashflows) ermitteln.[358] In Abhängigkeit des Vorgehens zur Kapitalisierung lassen sich die diversen DCF-Verfahren wie folgt kategorisieren:

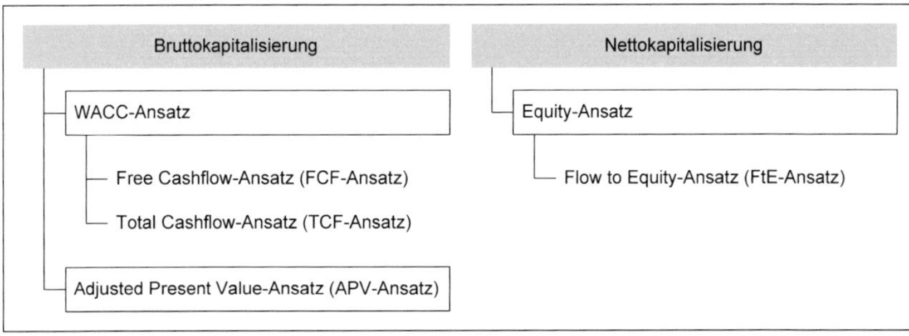

Abbildung 2-6: Systematischer Überblick der DCF-Verfahren[359]

Sowohl der FCF-Ansatz als auch der TCF-Ansatz als Ausprägungen des **WACC-Ansatzes** ermitteln den Unternehmenswert in zwei Schritten (Bruttokapitalisierung), indem sie zunächst den Marktwert des Gesamtkapitals berechnen und anschließend den Marktwert des Fremdkapitals in Abzug bringen, um so den Marktwert des Eigenkapitals zu bestimmen.[360] Den Verfahren ist zudem aufgrund der ihnen zugrunde liegenden Bruttokapitalisierung gemein, dass sie als Kapitalisierungszinssatz die gewogenen durchschnittlichen Kapitalkosten (Weighted Average Cost of Capital) heranziehen.[361] Ein wesentlicher Unterschied der Verfahren besteht indes in der Berücksichtigung der Steuerersparnis aus der Finanzierung mittels Aufnahme von Fremdkapital (sog. Tax Shield).[362]

---

m. w. N. WÜSTEMANN, J., BB-Rechtssprechungsreport 2007/08, S. 1499. Was die Bedeutung von DCF- und Ertragswertmethode in der Bewertungspraxis betrifft, ist hingegen nach Ansicht einzelner Autoren ein zunehmender Trend zugunsten der DCF-Methode zu erkennen. Vgl. hierzu exemplarisch HENSELMANN, K./BARTH, T., Übliche Bewertungsmethoden, S. 13.

357 Vgl. HFA DES IDW (Hrsg.), IDW S 1, Tz. 101; IDW (Hrsg.), WP Handbuch 2008, Bd. II, Rn. A 235; BAETGE, J./NIEMEYER, K./KÜMMEL, J./SCHULZ, R., DCF-Verfahren, S. 343; PERRIDON, L./STEINER, M., Finanzwirtschaft, S. 209; BALLWIESER, W., DCF-Verfahren, S. 82.

358 Vgl. BAETGE, J./NIEMEYER, K./KÜMMEL, J./SCHULZ, R., DCF-Verfahren, S. 343.

359 In Anlehnung an BAETGE, J./NIEMEYER, K./KÜMMEL, J./SCHULZ, R., DCF-Verfahren, S. 345. Vgl. hierzu auch IDW (Hrsg.), WP Handbuch 2008, Bd. II, Rn. A 337. Für eine Gegenüberstellung der Verfahren der Brutto- und Nettokapitalisierung vgl. Abschn. 231.

360 Vgl. BAETGE, J./NIEMEYER, K./KÜMMEL, J./SCHULZ, R., DCF-Verfahren, S. 344.

361 Vgl. BAETGE, J./NIEMEYER, K./KÜMMEL, J./SCHULZ, R., DCF-Verfahren, S. 349.

362 Während das Tax Shield beim TCF-Ansatz im Zuge der Abgrenzung der bewertungsrelevanten Cashflow berücksichtigt und folgerichtig bei der Ermittlung der gewogenen durchschnittlichen Kapitalkosten außer

Der **APV-Ansatz** ermittelt den Unternehmenswert ebenfalls durch Bruttokapitalisierung der Cashflows. Im Gegensatz zum FCF- und TCF-Ansatz wird der Marktwert des Gesamtkapitals indes komponentenweise berechnet.[363] Zunächst wird der Marktwert des Eigenkapitals eines als fiktiv unverschuldet angenommenen Unternehmens ermittelt.[364] Um die Auswirkungen der Aufnahme von Fremdkapital im Bewertungskalkül zur berücksichtigen, wird zum Marktwert des Eigenkapitals der Wertbeitrag der Fremdfinanzierung (sog. Kapitalstruktureffekt), welcher bei einem z. T. fremdfinanzierten, verglichen mit einem identischen, vollständig eigenfinanzierten Unternehmen entsteht, hinzuaddiert.[365]

Die einzige Variante der DCF-Verfahren, die den Unternehmenswert ähnlich wie das Ertragswertverfahren direkt durch Nettokapitalisierung der Cashflows ermittelt, ist der **Equity-Ansatz**.[366] Zur Berechnung des Marktwerts des Eigenkapitals werden direkt die in künftigen Perioden erwarteten Cashflows an die Unternehmenseigner mit deren risikoäquivalenter Renditeforderung kapitalisiert.[367] Zur Bestimmung der Cashflows an die Eigentümer wird der Total Cashflow einerseits um Zahlungsmittelabflüsse durch zu zahlende Fremdkapitalzinsen sowie geplante Fremdkapitaltilgungen gekürzt und andererseits um Zahlungsmittelzuflüsse aus der Fremdkapitalaufnahme erhöht.[368]

Die in der Bewertungspraxis am weitesten verbreitete Variante der DCF-Verfahren ist der FCF-Ansatz, weshalb das zugehörige Bewertungskalkül teilweise auch als „Lehrbuchformel" (sog. text book formula) bezeichnet wird.[369] Wenngleich im späteren Verlauf zur theoretischen Analyse der konzeptionellen Abbildung von Wachstum schwerpunktmäßig auf ein Ertragswertkalkül Bezug genommen werden soll, wird für Zwecke einer flankierenden Auseinandersetzung mit ausgewählten Fragen der konsistenten Überführbarkeit von DCF- und Ertragswertverfahren im Rahmen der folgenden Ausführungen der FCF-Ansatz aufgrund seiner herausragenden Stellung innerhalb der DCF-Verfahren erörtert.

Acht gelassen wird, verfährt der FCF-Ansatz genau umgekehrt. Die Abbildung des Tax Shield im Bewertungskalkül erfolgt in diesem Fall durch Minderung der Renditeforderung der Fremdkapitalgeber im Zuge der Berechnung der gewogenen durchschnittlichen Kapitalkosten. Vgl. BALLWIESER, W., Unternehmensbewertung, S. 117; MANDL, G./RABEL, K., Unternehmensbewertung, S. 365 zum TCF-Ansatz bzw. BAETGE, J./NIEMEYER, K./KÜMMEL, J./SCHULZ, R., DCF-Verfahren, S. 348 zum FCF-Ansatz.

363 Vgl. HFA DES IDW (Hrsg.), IDW S 1, Tz. 136.

364 Vgl. DAMODARAN, A., Valuation, S. 211.

365 Vgl. DRUKARCZYK, J./SCHÜLER, A., Unternehmensbewertung, S. 148 f.; STEINER, M./WALLMEIER, M., Unternehmensbewertung, S. 5. Zur Berechnung des Wertbeitrags der Fremdfinanzierung vgl. BAETGE, J./NIEMEYER, K./KÜMMEL, J./SCHULZ, R., DCF-Verfahren, S. 350.

366 Vgl. BAETGE, J./NIEMEYER, K./KÜMMEL, J./SCHULZ, R., DCF-Verfahren, S. 351.

367 Vgl. HFA DES IDW (Hrsg.), IDW S 1, Tz. 138. Zwar weist der Equity-Ansatz Parallelen zu dem in der deutschen Bewertungspraxis üblichen Ertragswertverfahren auf, indes können sich beide Verfahren in der Ermittlung des Kapitalisierungszinssatzes unterscheiden. Vgl. HFA DES IDW (Hrsg.), IDW S 1, Tz. 101; DRUKARCZYK, J./SCHÜLER, A., Unternehmensbewertung, S. 198 f. und S. 239; BALLWIESER, W., Unternehmensbewertung, S. 116; KUHNER, C./MALTRY, H., Unternehmensbewertung, S. 197; MANDL, G./RABEL, K., Unternehmensbewertung, S. 131 f.

368 Vgl. BAETGE, J./NIEMEYER, K./KÜMMEL, J./SCHULZ, R., DCF-Verfahren, S. 351.

369 Vgl. MANDL, G./RABEL, K., Unternehmensbewertung, S. 311.

233.2 Die Ermittlung der finanziellen Überschüsse

Der FCF-Ansatz als Variante der DCF-Methode ermittelt den Marktwert des Gesamtkapitals durch (Brutto-)Kapitalisierung der periodenspezifischen Free Cashflows mit den gewogenen durchschnittlichen Kapitalkosten.[370] Die Free Cashflows entsprechen grundsätzlich den operativen Einzahlungsüberschüssen unter der Annahme vollständiger Eigenfinanzierung[371].[372] In der Bewertungsliteratur existiert indes eine Vielzahl unterschiedlicher Definitionen des Free Cashflow.[373] Für Zwecke dieser Analyse soll analog zur Darstellung des Ertragswertverfahrens auch die Ermittlung der finanziellen Überschüsse im Rahmen des FCF-Ansatzes als Ausprägung der DCF-Methode unter Berücksichtigung der Konkretisierung des WACC-Ansatzes in IDW S 1 vollzogen werden. IDW S 1 geht von einer indirekten Ermittlung[374] des Free Cashflow aus.[375] Zu Erläuterungszwecken bietet es sich indes an, das Schema zur indirekten Ermittlung des Free Cashflow nach IDW S 1 weiter aufzugliedern. Hierzu soll insbesondere auf die Vorschläge von BAETGE/NIEMEYER/KÜMMEL/SCHULZ[376] und BALLWIESER[377] zur indirekten FCF-Ermittlung zurückgegriffen werden.[378] Erstere ermitteln den Free Cashflow grundsätzlich anhand des in Formel 2-7 skizzierten Schemas.[379]

Ausgangspunkt der indirekten Free Cashflow-Ermittlung in Formel 2-7 ist der **Gewinn vor Zinsen und Steuern**. Um sicherzustellen, dass die Kapitalstruktur des zu bewertenden Unternehmens keinen Einfluss auf den Free Cashflow hat und die Finanzierungsneutralität des Free Cashflow somit gewahrt ist, werden die für die Aufnahme von Fremdkapital zu zahlenden **Zinsen und ähnliche Aufwendungen** (wieder) zum Jahresergebnis hinzugerechnet.[380]

---

370 Vgl. BAETGE, J./NIEMEYER, K./KÜMMEL, J./SCHULZ, R., DCF-Verfahren, S. 357.

371 Die finanziellen Überschüsse stellen im DCF-Verfahren bei Bruttokapitalisierung grundsätzlich Cashflows des operativen Geschäfts bzw. solche an die Eigen- und Fremdkapitalgeber dar. Da die Cashflows des operativen Geschäfts indes nicht nur die Finanzierung tangiert werden, lassen sich die zu kapitalisierenden finanziellen Überschüsse auch als solche eines rein eigenfinanzierten Unternehmens interpretieren. Vgl. BALLWIESER, W., Unternehmensbewertung, S. 121; BALLWIESER, W., DCF-Verfahren, S. 84.

372 BALLWIESER, W., DCF-Verfahren, S. 86. Zur Abgrenzung von operativem Bereich und Finanzbereich vgl. PEEMÖLLER, V. H./KUNOWSKI, S., Ertragswertverfahren nach IDW, S. 353.

373 Abweichungen der im Schrifttum diskutierten Ansätze zur Ermittlung des Free Cashflow ergeben sich insbesondere hinsichtlich der Behandlung von Steuern, der Ausgangsgröße zur indirekten Ermittlung des Free Cashflow und des Umfangs des (Net) Working Capital. Für eine tabellarische Übersicht der im Schrifttum diskutierten Free Cashflow-Definitionen vgl. MATSCHKE, M. J./BRÖSEL, G., Unternehmensbewertung, S. 669-671.

374 Für eine exemplarische Darstellung der direkten Ermittlung vgl. MATSCHKE, M. J./BRÖSEL, G., Unternehmensbewertung, S. 671.

375 Zur indirekten Ermittlung des Free Cashflow nach IDW S 1 vgl. HFA DES IDW (Hrsg.), IDW S 1, Tz. 127; IDW (Hrsg.), WP Handbuch 2008, Bd. II, Rn. A 350.

376 Vgl. BAETGE, J./NIEMEYER, K./KÜMMEL, J./SCHULZ, R., DCF-Verfahren, S. 358.

377 Vgl. BALLWIESER, W., DCF-Verfahren, S. 86.

378 Beide Ansätze unterscheiden sich gegenüber der in IDW S 1 dargestellten Vorgehensweise allenfalls in der Reihenfolge der einzelnen Berechnungsschritte, führen indes grundsätzlich zum gleichen Ergebnis.

379 Der Darstellung nach BAETGE/NIEMEYER/KÜMMEL/SCHULZ wird an dieser Stelle Vorzug gegeben, da diese auch die für Zwecke der Free Cashflow-Ermittlung bedeutsame Abgrenzung von operativem Bereich und Finanzbereich berücksichtigt.

380 Vgl. MANDL, G./RABEL, K., Unternehmensbewertung, S. 358.

	Gewinn vor Zinsen und Steuern
+	Unternehmensteuern
=	**Jahresergebnis**
+	Zinsen und ähnliche Aufwendungen
+/-	Abschreibungen/Zuschreibungen
+/-	Zuführung zu/Inanspruchnahme von Rückstellungen
-/+	Zunahme/Abnahme aktivischer Rechnungsabgrenzungsposten
+/-	Zunahme/Abnahme passivischer Rechnungsabgrenzungsposten
-	Investitionen in immaterielle Vermögensgegenstände sowie das Sach- und Finanzanlagevermögen
-/+	Zunahme/Abnahme des Working Capital
=	**Operativer Einzahlungsüberschuss**
-	Unternehmensteuerersparnis aus anteiliger Fremdfinanzierung (Tax Shield)
=	**Free Cashflow**

Formel 2-7: Indirekte Ermittlung des Free Cashflow[381]

Mangels Zahlungswirksamkeit wird in gleicher Weise mit den aus der planmäßigen Verteilung der Anschaffungskosten der abnutzbaren Vermögensgegenstände des Anlagevermögens auf die Nutzungsdauer resultierenden **Abschreibungen** verfahren. Diese werden als auszahlungsloser Aufwand zum Jahresergebnis hinzuaddiert.[382]

Die Notwendigkeit zur Addition der Rückstellungszuführungen zum Gewinn vor Zinsen und Steuern ergibt sich aus der Tatsache, dass der durch die Rückstellungsbildung verursachte Aufwand erst in Folgeperioden Zahlungswirksamkeit erlangt. Bei Inanspruchnahme der **Rückstellung**[383] in einer künftigen Periode ist dieser zahlungswirksame Vorgang trotz Erfolgsneutralität bei der Ableitung des Free Cashflow als Auszahlung anzusetzen.[384]

Rechnungsabgrenzungsposten dienen der Periodisierung von Zahlungen und gewährleisten mithin eine periodengerechte Erfolgsermittlung.[385] Als aktivische Rechnungsabgrenzungspos-

381 In Anlehnung an BAETGE, J./NIEMEYER, K./KÜMMEL, J./SCHULZ, R., DCF-Verfahren, S. 358. Zur indirekten Ableitung des Free Cashflow vgl. auch BALLWIESER, W., DCF-Verfahren, S. 86; KOLLER, T./GOEDHART, M./WESSELS, D., Valuation, S. 178-180.

382 Vgl. KOLLER, T./GOEDHART, M./WESSELS, D., Valuation, S. 178.

383 Rückstellungen sind Passivposten für bestimmte Verpflichtungen, die zu künftigen Ausgaben führen und deren zugehöriger Aufwand der Verursachungsperiode zugerechnet werden muss. Die der Rückstellungsbildung zugrunde liegenden Verpflichtungen zeichnen sich durch ihre Ungewissheit aus. Vgl. SCHRUFF, L./BUSSE, J. S./HOFFMANN, T., Weiterentwicklung der Rechnungslegung, S. 817. Zum Begriff der Ungewissheit im Zusammenhang mit Objektivierungsmaßstäben vgl. HOMMEL, M., § 249 HGB, Rn. 39-53.

384 Vgl. BAETGE, J./NIEMEYER, K./KÜMMEL, J./SCHULZ, R., DCF-Verfahren, S. 358.

385 Vgl. BAETGE, J./KIRSCH, H.-J./THIELE, S., Bilanzen, S. 521; HÖMBERG, R./KÖNIG, M., § 250 HGB, Rn. 3 f. Zum Problem periodengerechter Erfolgsermittlung vgl. SCHMALENBACH, E., Dynamische Bilanz, S. 49-51.

ten sind nach § 250 Abs. 1 HGB Auszahlungen vor dem Abschlussstichtag auszuweisen, soweit sie Aufwand für eine bestimmte Zeit nach diesem Stichtag darstellen. Zunahmen (Abnahmen) aktivischer Rechnungsabgrenzungsposten sind folglich bei der Ermittlung des Free Cashflow zu subtrahieren (addieren). Als passivische Rechnungsabgrenzungsposten werden gemäß § 250 Abs. 2 HGB Einzahlungen vor dem Abschlussstichtag erfasst, soweit sie Ertrag für eine bestimmte Zeit nach diesem Stichtag darstellen. Zunahmen (Abnahmen) passivischer Rechnungsabgrenzungsposten sind demzufolge bei der Herleitung des Free Cashflow als erfolgsneutrale Einzahlungen (zahlungsunwirksamer Ertrag) zum Gewinn vor Zinsen und Steuern zu addieren (subtrahieren).[386]

Korrespondierend zur Erfassung von Abschreibungen als zahlungsunwirksamer Aufwand sind durch **Investitionen** bedingte Ausgaben in voller Höhe als Auszahlungen bei der Ermittlung des Free Cashflow anzusetzen.[387]

Zur Ermittlung des operativen Einzahlungsüberschusses wird das Jahresergebnis um **Veränderungen des Working Capital**[388] zwischen zwei aufeinanderfolgenden Bilanzstichtagen korrigiert.[389] Erhöht sich das Working Capital, entspricht dies einem Mittelabfluss. Umgekehrt wird eine Abnahme des Working Capital als Mittelzufluss aus dem operativen Bereich interpretiert.[390]

Da die **Unternehmensteuerersparnis aus anteiliger Fremdfinanzierung** (sog. Tax Shield) im Rahmen des FCF-Verfahrens nicht in der Zählergröße des Free Cashflow, sondern im Zuge der Ableitung der gewogenen durchschnittlichen Kapitalkosten berücksichtigt wird, ist der Wertbeitrag aus Fremdfinanzierung vom operativen Einzahlungsüberschuss zu subtrahieren.[391]

Im Folgenden wird erläutert, wie der Kapitalisierungszinssatz nach Maßgabe des FCF-Ansatzes als Ausprägung der DCF-Methode zu bestimmen ist.

233.3 Die Ermittlung des Kapitalisierungszinssatzes

Während im Ertragswertverfahren infolge der gewählten Nettokapitalisierung die Eigenkapitalkosten als Kapitalisierungszinssatz anzusetzen sind, werden beim FCF-Ansatz aufgrund seiner Zugehörigkeit zu den Verfahren der Bruttokapitalisierung die gewogenen durchschnittlichen Kapitalkosten (WACC) als Kapitalisierungssatz herangezogen. Der Kapitalisierungs-

---

386 Vgl. BAETGE, J./NIEMEYER, K./KÜMMEL, J./SCHULZ, R., DCF-Verfahren, S. 358 f.

387 Vgl. KOLLER, T./GOEDHART, M./WESSELS, D., Valuation, S. 178 f.

388 Nach der herrschenden Literaturmeinung entspricht das Working Capital der Differenz aus Umlaufvermögen bzw. kurzfristigem Vermögen und kurzfristigen Verbindlichkeiten. Vgl. IDW (Hrsg.), WP Handbuch 2008, Bd. II, Rn. A 354; BAETGE, J./KIRSCH, H.-J./THIELE, S., Bilanzanalyse, S. 270; BAETGE, J./NIEMEYER, K./KÜMMEL, J./SCHULZ, R., DCF-Verfahren, S. 359; BALLWIESER, W., DCF-Verfahren, S. 86; KOLLER, T./GOEDHART, M./WESSELS, D., Valuation, S. 243-245.

389 Vgl. BAETGE, J./NIEMEYER, K./KÜMMEL, J./SCHULZ, R., DCF-Verfahren, S. 359.

390 Vgl. IDW (Hrsg.), WP Handbuch 2008, Bd. II, Rn. A 354; BAETGE, J./NIEMEYER, K./KÜMMEL, J./SCHULZ, R., DCF-Verfahren, S. 359.

391 Zur Berücksichtigung des Tax Shield im FCF-Ansatz vgl. Abschn. 233.1.

zinssatz wird bei Anwendung des FCF-Ansatzes demnach grundsätzlich nach dem folgenden Schema abgeleitet:

$$WACC = r_{EK} \times \frac{EK}{GK} + r_{FK} \times (1 - s_{FK}) \times \frac{FK}{GK}$$

Formel 2-8: Kapitalisierungszinssatz im WACC-Ansatz[392]

Die gewogenen durchschnittlichen Kapitalkosten entsprechen danach grundsätzlich der Summe aus den gewichteten Eigen- und Fremdkapitalkosten (nach Steuern) des zu bewertenden Unternehmens. Die Eigen- und Fremdkapitalkosten werden dazu separat ermittelt und anschließend anhand des jeweiligen Anteils am Gesamtkapital des zu bewertenden Unternehmens zu Marktwerten gewichtet.[393]

Wie bereits für das Ertragswertverfahren geschildert, werden die **Eigenkapitalkosten eines verschuldeten Unternehmens** üblicherweise anhand von kapitalmarktorientierten Preisbildungsmodellen ermittelt.[394]

Der FCF-Ansatz beruht auf der Annahme vollständiger Eigenfinanzierung.[395] Kapitalisiert werden demnach eigenfinanzierte Free Cashflows, wobei auch in diesem Fall das Zuflussprinzip[396] zu beachten ist, sodass bei der Ermittlung der Free Cashflows Steuern abzuziehen sind.[397] In Ermangelung der Finanzierungsneutralität der Besteuerung gilt es folglich auch die **aus der steuerlichen Abzugsfähigkeit der Fremdkapitalzinsen resultierende Steuerersparnis** im Bewertungskalkül zu berücksichtigen.[398] Infolge der Annahme vollständiger Eigenfinanzierung der zu kapitalisierenden Free Cashflows sind die mit einer anteiligen Fremdfinanzierung verbundenen Steuervorteile (sog. Tax Shield) im Kapitalisierungszinssatz abzubilden.[399] Konkret wird das Tax Shield durch Korrektur des Fremdkapitalzinssatzes mit dem Faktor (1 - s_{FK}) berücksichtigt.[400]

392 Vgl. IDW (Hrsg.), WP Handbuch 2008, Bd. II, Rn. A 347. Vgl. Formel 2-3 zur Ableitung der Eigenkapitalkosten. Die Fremdkapitalkosten bestimmen sich nach dem vom Markt erwarteten Fremdkapitalzins.

393 Vgl. PEEMÖLLER, V. H., Grundsätze der Unternehmensbewertung, S. 1406.

394 Zur Ableitung der Eigenkapitalkosten eines verschuldeten Unternehmens anhand von Kapitalmarktpreisbildungsmodellen vgl. Abschn. 232.3. Das IDW verweist hinsichtlich der Berechnung der Eigenkapitalkosten ebenfalls auf die entsprechende Darstellung beim Ertragswertverfahren. Vgl. IDW (Hrsg.), WP Handbuch 2008, Bd. II, Rn. A 365.

395 Vgl. BAETGE, J./NIEMEYER, K./KÜMMEL, J./SCHULZ, R., DCF-Verfahren, S. 392.

396 Zum Zuflussprinzip vgl. die grundlegenden Ausführungen in Abschn. 223.

397 Zur Ermittlung der Free Cashflows vgl. Abschn. 233.2.

398 Vgl. IDW (Hrsg.), WP Handbuch 2008, Bd. II Rn. A 360.

399 Vgl. DRUKARCZYK, J./SCHÜLER, A., Unternehmensbewertung, S. 122.

400 Der Ansatz einer konstanten Fremdkapitalquote bzw. die Vorgabe eines deterministischen Verschuldungsgrads entspricht einer marktwertorientierten Finanzierungspolitik, die ihrerseits Steuervorteile aus anteiliger Fremdfinanzierung impliziert. Hierzu zeigen MILES/EZZELL, dass die Steuerersparnisse nur in der ersten Periode sicher, in den übrigen Perioden indes unsicher sind. Vgl. MILES, J. A./EZZELL, J. R., Weighted Average Cost of Capital, S. 719-729; LANGENKÄMPER, C., DCF-Methoden, S. 75-82. Zurückgehend auf einen alternativen Ansatz von HARRIS/PRINGLE wird hingegen üblicherweise vereinfachend angenommen, dass

Ein wesentliches Problem des WACC-Ansatzes besteht in der impliziten Annahme einer im Zeitablauf konstanten Zusammensetzung des Fremdkapitalbestands.[401] Wie Formel 2-8 verdeutlicht, lassen sich die gewogenen durchschnittlichen Kapitalkosten nur bei Kenntnis der Marktwerte von Eigen- und Fremdkapital ermitteln, welche ihrerseits wiederum von den gewogenen durchschnittlichen Kapitalkosten abhängen.[402] Zur Lösung dieses **Zirkularitätsproblems** findet sich im Schrifttum der Vorschlag, eine konstante (Ziel-)Kapitalstruktur zu unterstellen.[403] Ein solches Vorgehen wird indes nicht nur von Seiten des IDW mit dem Hinweis auf Ergebnisverzerrungen im Fall von Abweichungen zwischen Ziel- und Ist-Kapitalstruktur abgelehnt.[404] Die Annahme einer konstanten (Ziel-)Kapitalstruktur ist zudem problematisch, da sie impliziert, dass die Investitionsprojekte in jeder Periode gemäß der unterstellten Kapitalstruktur finanziert werden.[405] Das IDW spricht sich daher für eine iterative Berechnung von Gesamtkapitalwert und gewogenen durchschnittlichen Kapitalkosten aus, da ein solches Vorgehen auch den Spezialfall konstanter Kapitalstrukturen in der Detailplanungsphase abdeckt.[406]

Im Folgenden wird erörtert, wie der Kapitalisierungszinssatz im FCF-Ansatz nach IDW S 1 zur bewertungstechnischen Abbildung von Wachstum zu korrigieren ist und welche Relevanz dabei dem zugehörigen Wachstumsabschlag zukommt.

233.4 Der Wachstumsabschlag im DCF-Verfahren

Verzichtet man aus Gründen der Veranschaulichung zugunsten des einperiodigen Rentenfalls auf eine Phasendifferenzierung und lässt zudem die persönliche Ertragsteuerbelastung der Unternehmenseigner sowie die steuerliche Abzugsfähigkeit von Fremdkapital außer Acht, bestimmt sich der Wert eines Unternehmens nach Maßgabe des FCF-Ansatzes wie folgt:

---

die Steuerersparnisse in sämtlichen Perioden unsicher sind. Vgl. HARRIS, R. S./PRINGLE, J. J., Risk-Adjusted Discount Rates, S. 240.

401 Hintergrund dieser Prämisse ist, dass das Fremdkapital üblicherweise unterschiedliche Positionen mit jeweils abweichenden Kosten umfasst, was indes im Bewertungskalkül aus Vereinfachungsgründen durch die annahmegemäße Konstanz der Zusammensetzung des Fremdkapitalbestands vernachlässigt wird. Vgl. MANDL, G./RABEL, K., Unternehmensbewertung, S. 326.

402 Vgl. IDW (Hrsg.), WP Handbuch 2008, Bd. II, Rn. A 348; BAETGE, J./NIEMEYER, K./KÜMMEL, J./SCHULZ, R., DCF-Verfahren, S. 392.

403 Vgl. COPELAND, T./KOLLER, T./MURRIN, J., Unternehmenswert, S. 252-259.

404 Vgl. IDW (Hrsg.), WP Handbuch 2008, Bd. II, Rn. A 348; BAETGE, J./NIEMEYER, K./KÜMMEL, J./SCHULZ, R., DCF-Verfahren, S. 401 f.; BALLWIESER, W., Unternehmensbewertung, S. 151 f.; HACHMEISTER, D., Finanzierung, S. 266; KIRSCH, H.-J./KRAUSE, C., DCF-Methode, S. 793 und S. 804-809. Die Annahme einer konstanten Kapitalstruktur unter Berufung auf eine damit einhergehende Komplexitätsreduktion des Bewertungsmodells ist ebenfalls abzulehnen. Vgl. JONAS, M., DCF-Methode, S. 95.

405 Vgl. HACHMEISTER, D., Unternehmenswertsteigerung, S. 105-108.

406 Vgl. IDW (Hrsg.), WP Handbuch 2008, Bd. II, Rn. A 348 und Rn. A 360. Zur Lösung des Zirkularitätsproblems im Rahmen des FCF-Ansatzes vgl. BAETGE, J./NIEMEYER, K./KÜMMEL, J./SCHULZ, R., DCF-Verfahren, S. 391-395.

$$UW = \frac{FCF_{T+1}}{WACC}$$

Formel 2-9: FCF-Ansatz im unendlichen Rentenfall (ohne Wachstum)[407]

Lässt man ein Wachstum der Free Cashflows an die Unternehmenseigner zu und berücksichtigt dieses durch einen entsprechenden Abschlag von den gewogenen durchschnittlichen Kapitalkosten, stellt sich das Bewertungskalkül in Anlehnung an das an anderer Stelle diskutierte Wachstumsmodell nach GORDON/SHAPIRO[408] c. p. im unendlichen Rentenfall wie folgt dar:

$$UW = \frac{FCF_{T+1}}{WACC - w_{FCF}}$$

Formel 2-10: Berücksichtigung von Wachstum im Discounted Cashflow-Verfahren am Beispiel des FCF-Ansatzes

Die bislang in ihren Grundzügen isoliert dargestellte Abbildung von Wachstum im Ertragswert- und DCF-Verfahren wird im Folgenden aufgegriffen und die beiden Konzeptionen einander kritisch gegenübergestellt, um daraus Implikationen für die jeweilige Größe und Bedeutung des Wachstumsabschlags im Nenner des Bewertungskalküls ableiten zu können.

234. Zwischenfazit zur Abbildung von Wachstum in Zukunftserfolgsverfahren

Das Wachstum der künftigen finanziellen Überschüsse wird üblicherweise durch einen Abschlag vom Kapitalisierungszinssatz im Bewertungskalkül abgebildet. Die **Größe und Bedeutung des Wachstumsabschlags** werden dabei oft losgelöst vom zugrunde liegenden Bewertungsverfahren diskutiert. Eine solche Bezugnahme mag aus theoretischer Sicht obsolet erscheinen, da Ertragswert- und DCF-Verfahren bei konsistenten Bewertungsprämissen zum gleichen Unternehmenswert führen. Nicht zuletzt aufgrund bilanzpolitischer Ermessensspielräume fällt eine Überleitung zwischen Ertragswert- und DCF-Verfahren in der Bewertungspraxis indes oftmals ungleich schwerer. Um die in der Bewertungspraxis üblichen Wachstumsabschläge einer kritischen Beurteilung zugänglich zu machen, bedarf es daher der Berücksichtigung des jeweiligen Bewertungsverfahrens.[409]

---

407 Vgl. BALLWIESER, W., Unternehmensbewertung, S. 145. Da das durch Formel 2-9 skizzierte Bewertungskalkül streng genommen nur in einer Welt ohne Inflation Gültigkeit besitzt, soll an dieser Stelle aus Gründen der Vereinfachung von möglichen Auswirkungen einer Änderung des allgemeinen Preisniveaus auf das Bewertungskalkül abstrahiert werden. Zu den Effekten von Inflation auf das klassische Rentenmodell ohne Wachstum vgl. BRADLEY, M. H./JARRELL, G. A., Expected Inflation, S. 68 f. Die Abbildung preisbedingten Wachstums wird im späteren Verlauf der Arbeit ausführlich behandelt.

408 Zum GORDON-Groth-Modell vgl. die Ausführungen in Abschn. 224.5.

409 Auf das Problem der Überführbarkeit von DCF- und Ertragswertverfahren und besonderer Berücksichtigung der bewertungstechnischen Abbildung von Wachstum soll im späteren Verlauf dieser Arbeit vertiefend eingegangen werden. Vgl. hierzu Abschn. 423.235.

Indes sprechen sehr wohl auch theoretische Aspekte gegen eine verfahrensübergreifende Diskussion des Wachstumsabschlags. Um dies zu veranschaulichen, sei nochmals auf die bei der Ableitung des Kapitalisierungszinssatzes zu beachtenden Äquivalenzgrundsätze[410] hingewiesen. Konkret soll durch den Ansatz des Wachstumsabschlags im Nenner die Äquivalenz von Bewertungs- und Vergleichsobjekt hinsichtlich der Breite der künftigen finanziellen Überschüsse im Zähler hergestellt werden.[411] Infolge der konzeptionellen Unterschiede zwischen Brutto- und Nettokapitalisierung der künftigen finanziellen Überschüsse können sich indes zwischen der jeweils gewählten Variante von DCF- und Ertragswertverfahren Unterschiede in der jeweiligen Zählergröße ergeben.[412] In Abhängigkeit von der Finanzierungsstruktur des Bewertungsobjekts unterscheidet sich daher der auf die Eigenkapitalkosten bezogene Wachstumsabschlag im Ertragswertverfahren von dem auf die gewogenen durchschnittlichen Kapitalkosten bezogenen Wachstumsabschlag im DCF-Verfahren. Für einen einheitlichen Wachstumsabschlag in den Bewertungskalkülen des DCF- und Ertragswertverfahrens ist daher der aus der Finanzierungsstruktur des zu bewertenden Unternehmens resultierende Unterschied bei der Abbildung von Wachstum explizit zu berücksichtigen.[413] Dies impliziert, dass der Wachstumsabschlag im Nenner niemals losgelöst von der zu kapitalisierenden Größe im Zähler des Bewertungskalküls betrachtet werden sollte. Diese **Abhängigkeit des Wachstumsabschlags von der zu kapitalisierenden Zählergröße** wird indes oftmals vernachlässigt. Am Beispiel des unendlichen Rentenmodells lässt sich zeigen, welch enger Bezug zwischen der Zähler- und Nennergröße des Bewertungskalküls bei der Abbildung von Wachstum existiert. Aufgrund dieses Zusammenhangs ergeben sich aus den bestehenden Problembereichen und Ermessensspielräumen hinsichtlich der Ermittlung der Zählergröße zumindest mittelbare Konsequenzen für die Abbildung von Wachstum als Abschlag vom Kapitalisierungszinssatz.[414]

Die **Konkretisierung des Ertragswertverfahrens durch IDW S 1** verstärkt die Abhängigkeit des Wachstumsabschlags von der zu kapitalisierenden Zählergröße zusätzlich in zweifacher Hinsicht. Die Interdependenz zwischen Zähler- und Nennergröße verstärkt sich zum einen im Zuge der **Phasendifferenzierung**[415] des Bewertungskalküls in IDW S 1. Wenngleich sich die Diskussion zur Abbildung von Wachstum im Bewertungskalkül regelmäßig auf den Wachstumsabschlag in der Phase der ewigen Rente beschränkt, darf nicht außer Acht gelassen werden, dass ein Wachstum der künftigen finanziellen Überschüsse auch bereits im Detailplanungszeitraum im Zähler des Bewertungskalküls zu berücksichtigen ist.[416] Da der

---

410 Zu den Äquivalenzgrundsätzen nach MOXTER vgl. die Ausführungen in Abschn. 225.

411 Die Breite der künftigen finanziellen Überschüsse wird zudem durch ihre Besteuerung beeinflusst. Vgl. WAGNER, W./JONAS, M./BALLWIESER, W./TSCHÖPEL, A., Weiterentwicklung von IDW S 1, S. 890 f.

412 Zur Abgrenzung von Brutto- und Nettokapitalisierung vgl. Abschn. 231.

413 Die für einen einheitlichen Wachstumsabschlag notwendigen Anpassungen werden im späteren Verlauf der Arbeit im Zuge der Erörterung verschiedener Vorschläge zur Konkretisierung der Abbildung von Wachstum in der Restwertphase thematisiert. Vgl. hierzu Abschn. 522.31.

414 Zu Problemen bei der Ermittlung der künftigen finanziellen Überschüsse vgl. Abschn. 232.2 für das Ertragswert- bzw. Abschn. 233.2 für das DCF-Verfahren.

415 Vgl. Abschn. 224.3 zur grundsätzlichen Notwendigkeit einer Phasendifferenzierung.

416 Vgl. Abschn. 225 zu den Grundzügen der phasenbezogenen Abbildung von Wachstum.

Wachstumsabschlag für die Phase der ewigen Rente nicht losgelöst von dem im Detailplanungszeitraum prognostizierten Wachstum der künftigen finanziellen Überschüsse ermittelt werden kann, besteht somit zwischen den verschiedenen Phasen des Bewertungsmodells ein zwingendes Konsistenzerfordernis. Zum anderen wird die Dependenz des Wachstumsabschlags von der Zählergröße durch die **konkrete Abbildung einzelner Wachstumskomponenten** in IDW S 1 verstärkt.[417] Wie im Zuge der folgenden Detailanalyse der konkreten Abbildung von Wachstum nach IDW S 1 zu zeigen sein wird, kann sich entgegen der bisherigen Annahme ein Wachstum der künftigen finanziellen Überschüsse auch in der Rentenphase im Zähler des Bewertungskalküls niederschlagen.

Als Zwischenfazit sei an dieser Stelle festgehalten, dass sowohl aus praktischen als auch theoretischen Beweggründen eine **verfahrensspezifische Diskussion** des Wachstums von Unternehmen geboten ist. So wenig wie es nach MOXTER „den schlechthin richtigen Unternehmenswert" gibt,[418] existiert ebenso wenig der eine Wachstumsabschlag. Die Größe und Bedeutung des Wachstumsabschlags sind stets abhängig von der Zählergröße des Bewertungskalküls und damit gleichsam von dem im konkreten Bewertungsfall angewendeten Bewertungsverfahren.

Die genannten Aspekte verdeutlichen die **Notwendigkeit einer detaillierten Auseinandersetzung mit der Abbildung von Wachstum nach IDW S 1**, welche sich v. a. mit den folgenden Fragestellungen auseinanderzusetzen hat:

- Inwieweit trägt das Bewertungskalkül nach IDW S 1 der aus einer Phasendifferenzierung resultierenden Konsistenzanforderung hinreichend Rechnung?
- Wie finden die durch IDW S 1 zugelassenen Komponenten des Wachstums von Unternehmen konkret im Bewertungskalkül Berücksichtigung?
- Welche Möglichkeiten bestehen gegebenenfalls zur Fortentwicklung des Bewertungskalküls i. S. einer stärkeren Objektivierung?

Um eine kritische Beurteilung des in IDW S 1 kodifizierten Status quo sowie möglicher Ansätze zur Erweiterung und Konkretisierung des Bewertungskalküls nach IDW S 1 zu ermöglichen, werden im Folgenden Grundsätze ordnungsmäßiger Durchführung und Erläuterung von Unternehmensbewertungen unter besonderer Berücksichtigung des Wachstums von Unternehmen als entsprechende Beurteilungskriterien herausgearbeitet.

---

[417] Zu den Wachstumskomponenten nach IDW S 1 vgl. grundlegend Abschn. 211.

[418] Vgl. MOXTER, A., Grundsätze ordnungsmäßiger Unternehmensbewertung, S. 6

24 Zweckbezogene Ableitung von Grundsätzen ordnungsmäßiger Durchführung und Erläuterung von Unternehmensbewertungen unter besonderer Berücksichtigung des Wachstums von Unternehmen

241. Vorbemerkungen

Bereits im Kontext mit allgemeinen Grundsätzen[419] zur Ermittlung von Unternehmenswerten findet sich der Hinweis, dass eine wesentliche Funktion von Grundsatzsystemen der Unternehmensbewertung die Anleitung zu zweckentsprechender Unternehmensbewertung ist.[420] Dies legt nahe, dass die Ableitung von Grundsätzen gemäß dem Zweckadäquanzprinzip[421] nach MOXTER zweckbezogen und problemorientiert vorzunehmen ist. Eine allgemeingültige und damit zugleich zweckunabhängige Formulierung von Bewertungsgrundsätzen scheitert an der Heterogenität möglicher Bewertungsanlässe und -zwecke.[422] Unter der Zielsetzung, die Objektivierung und Transparenz der Berücksichtigung wachsender finanzieller Überschüsse im Bewertungskalkül und -gutachten nach IDW S 1 kritisch zu würdigen, konzentrieren sich die folgenden Grundsätze auf den **Problembereich der Berücksichtigung wachsender finanzieller Überschüsse** in der Unternehmensbewertung.

Um sowohl dem konkreten Untersuchungsziel als auch dem generellen Anspruch an ein System von Bewertungsgrundsätzen gerecht werden zu können, ein nachvollziehbares und vorhersehbares Bewertungsschema zu gewährleisten, setzen die Grundsätze an zwei Ebenen an, nämlich der bewertungs- und der berichtstechnischen Abbildung von Wachstum. Eine solche Zweiteilung in Bewertungs- und Berichtsebene erscheint dabei v. a. aufgrund der auf beiden Ebenen gleichermaßen bestehenden Ermessensspielräume geboten.[423] Während die ausgewählten **Grundsätze ordnungsmäßiger Durchführung (GoD)** von Unternehmensbewertungen als Reaktion auf identifizierte Ermessensspielräume hinsichtlich der Abbildung von Wachstum auf Bewertungsebene die diesbezügliche Objektivierung des Bewertungskalküls sicherstellen sollen, dienen die **Grundsätze ordnungsmäßiger Erläuterung (GoE)** von Unternehmensbewertungen der Transparenz der Berichterstattung im zugehörigen Bewertungsgutachten.

Die GoD und die GoE werden im weiteren Verlauf der Arbeit herangezogen, um zum einen den Status quo der Bewertung und Berichterstattung nach IDW S 1 sowie zum anderen alternative Ansätze hinsichtlich der Abbildung von Wachstum auf Bewertungs- und Berichtsebene

---

419 Die allgemeinen Grundsätze zur Ermittlung von Unternehmenswerten, die bei der Bewertung und Erläuterung gleichermaßen zu beachten sind, sind nicht expliziter Bestandteil der Grundsätze ordnungsmäßiger Durchführung und Erläuterung von Unternehmensbewertungen. Während die allgemeinen Grundsätze quasi als Basisanforderungen an Unternehmensbewertungen im Allgemeinen zu verstehen sind, sind die Grundsätze ordnungsmäßiger Durchführung und Erläuterung der Abbildung von Wachstum im Speziellen gewidmet.

420 Vgl. hierzu die Ausführungen in Abschn. 222.

421 Zum Zweckadäquanzprinzip vgl. MOXTER, A., Grundsätze ordnungsmäßiger Unternehmensbewertung, S. 5-8.

422 Vgl. MATSCHKE, M. J./BRÖSEL, G., Unternehmensbewertung, S. 743; POOTEN, H., GoB aus Käufersicht, S. 1 f.

423 Vgl. KOELEN, P., Investitionstheoretische Bewertungskalküle, S. 76 f.

kritisch zu würdigen. Will man mögliche Ansätze zur Modifikation des gegenwärtig vorherrschenden 2-Phasenmodells in ein Rahmenkonzept einbetten, sollte zum Zweck einer umfassenden Analyse auch eine alternative Phasendifferenzierung in Betracht gezogen werden. Die nachfolgend dargestellten Grundsätze greifen daher die im Schrifttum von Kritikern mehrphasiger Bewertungsmodelle geführte **Kosten-Nutzen-Abwägung** auf, wonach Bewertungsmodelle mit einer Differenzierung in mehr als zwei Phasen den zusätzlichen Nutzen hinsichtlich Objektivierung und Transparenz des Bewertungskalküls auf Kosten einer nicht vertretbaren Komplexität erkaufen würden.[424] Unter Einbezug der nachfolgend erläuterten Grundsätze ergeben sich demnach folgende Spannungsverhältnisse auf der Bewertungs- und Berichtsebene:

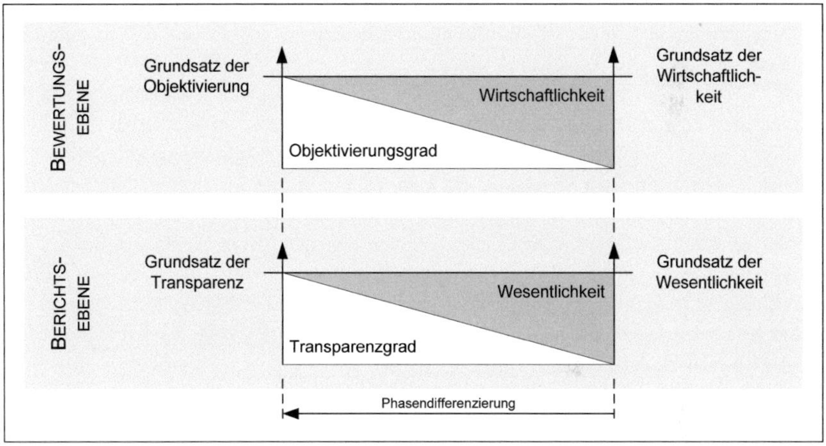

Abbildung 2-7: Das Spannungsverhältnis innerhalb der GoD und GoE

Wie Abbildung 2-7 verdeutlichen soll, geht die durch eine differenziertere Phaseneinteilung gestärkte Objektivierung des Bewertungskalküls infolge der damit tendenziell einhergehenden Komplexitätssteigerung erwartungsgemäß zulasten der Wirtschaftlichkeit des Bewertungsmodells. Ebenso lässt sich zwar auf Berichtsebene durch eine Ausweitung bzw. Konkretisierung der Berichterstattung ein höherer Transparenzgrad erreichen, gleichwohl muss gewährleistet sein, dass die im Bewertungsgutachten vermittelten Informationen wesentlicher Natur sind.

Inwiefern die in der Literatur geäußerten Vorbehalte gegenüber einer stärkeren Phasendifferenzierung gerechtfertigt sind und welches Phasenmodell das skizzierte Spannungsverhältnis bestmöglich zu lösen vermag, soll im späteren Verlauf der Arbeit anhand der Grundsätze ordnungsmäßiger Durchführung und Erläuterung von Unternehmensbewertungen diskutiert werden.

---

[424] Vgl. Abschn. 224.5 zur Diskussion verschiedener Phasenmodelle im Schrifttum.

242. Grundsätze ordnungsmäßiger Durchführung von Unternehmensbewertungen

Im weiteren Verlauf der Arbeit ist zu untersuchen, inwieweit die bewertungstechnische Abbildung von Wachstum durch IDW S 1 hinreichend objektiviert oder ermessensbehaftet ist. Um die Untersuchungsergebnisse wie auch darauf aufbauende Verbesserungsvorschläge kritisch würdigen zu können, bedarf es entsprechender Beurteilungskriterien. Um dem einleitend genannten Untersuchungsziel auf Bewertungsebene Rechnung tragen zu können, ist daher ein **Grundsatz der Objektivierung als wesentliches Beurteilungskriterium** abzuleiten.

Wenngleich die grundsätzliche Notwendigkeit zur Objektivierung[425] des Bewertungskalküls durch das IDW unzweifelhaft anerkannt und im Konzept des objektivierten Unternehmenswerts zum Ausdruck gebracht wird,[426] zeigt sich in zahlreichen Grundsatzsystemen ein gewisses Vakuum hinsichtlich des Objektivierungserfordernisses,[427] welches nicht allein durch bestehende Ansätze zur Typisierung einzelner Bewertungsparameter geschlossen werden kann.[428] Ein explizit formulierter Grundsatz der Objektivierung findet sich hingegen in den Grundsätzen ordnungsmäßiger Bewertung nach KOELEN. Dieser spricht sich für Objektivierungen auf Ebene der Bewertung aus, um bestehende Ermessensspielräume einschränken zu können.[429] Der Begriff der Objektivierung kann dabei mit dem an anderer Stelle erörterten Verständnis intersubjektiver Nachprüfbarkeit gleichgesetzt werden,[430] wonach die Unabhängigkeit der künftigen finanziellen Überschüsse von rein subjektiven Merkmalen und Gestaltungsmöglichkeiten einzelner Unternehmenseigner im Vordergrund steht.[431] KOELEN führt in Anlehnung an MOXTER aus, dass zur Objektivierung des Bewertungskalküls sowohl an der Prognose der künftigen finanziellen Überschüsse als auch der Ableitung des Kapitalisierungszinssatzes anzusetzen ist.[432]

Überträgt man die allgemeinen Überlegungen zum Grundsatz der Objektivierung auf den konkreten Problembereich der Abbildung von Wachstum, bedeutet dies, dass zur Gewährleistung intersubjektiver Nachprüfbarkeit sowohl die zu kapitalisierenden Zählergrößen, d. h. die künftigen finanziellen Überschüsse des Detailplanungszeitraums sowie insbesondere die als nachhaltig angenommenen finanziellen Überschüsse des Restwertzeitraums, als auch der

---

425 Für eine Erläuterung des Begriffes der Objektivierung vgl. Abschn. 212.

426 Zum objektivierten Unternehmenswert i. S. v. IDW S 1 vgl. IDW (Hrsg.), WP Handbuch 2008, Bd. II, Rn. A 27.

427 Weder in den Grundsätzen funktionsgemäßer Unternehmensbewertung nach MATSCHKE/BRÖSEL noch in den Grundsätzen ordnungsmäßiger Unternehmensbewertung nach POOTEN findet sich ein expliziter Grundsatz der Objektivierung. Vgl. MATSCHKE, M. J./BRÖSEL, G., Unternehmensbewertung, S. 762; POOTEN, H., GoB aus Käufersicht, S. 111. MOXTER qualifiziert Objektivierung unter Berufung auf die ökonomische Theorie als Nebenbedingung des primären Ziels der Objektivität. Wenngleich auch MOXTER somit auf einen explizit der Objektivierung gewidmeten Grundsatz verzichtet, weist er indes darauf hin, dass die Nebenbedingung in Abhängigkeit des Bewertungszwecks eine unterschiedliche Gewichtung erfahren kann. Vgl. MOXTER, A., Grundsätze ordnungsmäßiger Unternehmensbewertung, S. 38.

428 Zur Abgrenzung von Objektivierung und Typisierung vgl. Fn. 58 in Abschn. 212.

429 Vgl. KOELEN, P., Investitionstheoretische Bewertungskalküle, S. 90-94.

430 Vgl. Abschn. 212 zu dem dieser Arbeit zugrunde liegenden Objektivierungsverständnis.

431 Vgl. IDW (Hrsg.), WP Handbuch 2008, Bd. II, Rn. A 76 f.

432 Vgl. KOELEN, P., Investitionstheoretische Bewertungskalküle, S. 90 und S. 94 unter Verweis auf MOXTER, A., Grundsätze ordnungsmäßiger Unternehmensbewertung, S. 33.

Wachstumsabschlag vom Kapitalisierungszinssatz im Nenner zu objektivieren sind. Es sei indes daran erinnert, dass jedweder Objektivierung anhand von Vergangenheitsdaten durch der den dominierenden Bewertungsverfahren inhärenten Zukunftsorientierung zwangsläufig Grenzen gesetzt sind.[433] Der zukunftsbezogenen Betrachtungsweise von Bewertungsverfahren wird in Grundsatzsystemen üblicherweise durch den Grundsatz der Zukunftsorientierung Rechnung getragen.[434] Demnach können vergangenheitsorientierte Informationen für Zwecke der Unternehmensbewertung allenfalls als Ausgangsbasis für die Schätzung künftiger Entwicklungen oder zur Plausibilisierung von Prognosen herangezogen werden.[435] Wie stark die Prognose der künftigen Entwicklung an die Ergebnisse der vergangenen Entwicklung gebunden ist, hängt davon ab, welche Bedeutung dem Objektivierungserfordernis beigemessen wird. Je ausgeprägter das Objektivierungserfordernis ist, desto stärker ist die Bindung der Prognosen an die Ergebnisse der Vergangenheit.[436]

Um neben der Objektivierung der Abbildung von Wachstum im Bewertungskalkül zugleich die Praktikabilität des Bewertungskalküls zu gewährleisten, wird dem Grundsatz der Objektivierung der **Grundsatz der Wirtschaftlichkeit als Nebenbedingung** bzw. Korrektiv gegenüber gestellt. So geht die – im Rahmen dieser Analyse bezogen auf die Abbildung von Wachstum angestrebte – Stärkung der Objektivierung bzw. Verbesserung der Realitätsnähe des Bewertungskalküls oftmals mit einer Steigerung der Komplexität des selbigen einher.[437] Die Inkaufnahme einer gesteigerten Komplexität lässt sich indes nur dann ökonomisch rechtfertigen, wenn die aus der Komplexitätssteigerung resultierenden Kosten den zusätzlichen Erkenntnisgewinn nicht übersteigen.[438] Bei den angesprochenen Kosten handelt es sich nicht zuletzt um solche der Informationsbeschaffung,[439] wobei diese v. a. aus einer stärkeren Differenzierung des Bewertungsmodells hinsichtlich einzelner Modellparameter resultieren können.[440] Allgemein soll der Grundsatz der Wirtschaftlichkeit sicherstellen, dass hinsichtlich der künftigen Entwicklung des zu bewertenden Unternehmens nicht alle denkbaren Szenarien in die Bewertung einbezogen werden,[441] sondern nur insoweit, wie unter Berücksichtigung der

---

433 Vgl. Abschn. 212 zum Konflikt zwischen Objektivität und ökonomischer Brauchbarkeit im Allgemeinen bzw. Abschn. 224.3 zum Spannungsverhältnis zwischen konzeptioneller Richtigkeit und Genauigkeit des Bewertungskalküls im Speziellen.

434 Vgl. POOTEN, H., GoB aus Käufersicht, S. 114-116; MOXTER, A., Grundsätze ordnungsmäßiger Unternehmensbewertung, S. 116-121; MÜNSTERMANN, H., Wert und Bewertung, S. 20 f.; SCHMALENBACH, E., Schätztechnik, S. 1.

435 Vgl. IDW (Hrsg.), WP Handbuch 2008, Bd. II, Rn. A 147; HÜLSMANN, C., Gesellschafterabfindung, S. 452.

436 Vgl. MOXTER, A., Grundsätze ordnungsmäßiger Unternehmensbewertung, S. 119. Vgl. hierzu auch Abbildung 2-2 in Abschn. 212 zum Zielkonflikt zwischen Objektivität und ökonomischer Brauchbarkeit.

437 Vgl. Abschn. 224.5 zu unterschiedlichen Phasenmodellen.

438 Vgl. BAETGE, J./KIRSCH, H.-J./THIELE, S., Bilanzen, S. 121.

439 Die Kosten der Informationsbeschaffung sind nicht zu verwechseln mit dem Begriff der Informationskosten. Sie stellen vielmehr nur eine Komponente der gesamten Informationskosten dar. Zu den verschiedenen Bestandteilen von Informationskosten vgl. m. w. N. KOELEN, P., Investitionstheoretische Bewertungskalküle, S. 110.

440 Vgl. HENSELMANN, K./WEILER, A., Restwertverläufe, S. 354. Zusätzliche Differenzierungen des Bewertungsmodells sind unter Einbezug der Sensitivität des Unternehmenswerts auf die jeweilige Modellvariable abzuwägen.

441 Vgl. KOELEN, P., Investitionstheoretische Bewertungskalküle, S. 75.

zusätzlichen Kosten ein positiver Informationsnutzen verbleibt.[442] Da die Kosten und Nutzen der Informationsbeschaffung oftmals erst im Rahmen einer ex post-Betrachtung einer Quantifizierung zugänglich sind, sollte ex ante zumindest dafür Sorge getragen werden, dass alle für den Informationsadressaten bedeutsam erscheinenden Informationen mit nachvollziehbarem Einfluss auf die Höhe des Unternehmenswerts in dessen Berechnung einbezogen werden.[443] Ausgangspunkt für die Entscheidung über zusätzliche Aktivitäten zur Informationsbeschaffung sollte eine sachgerechte und intersubjektiv nachprüfbare Analyse des Informationsbedarfs für den konkreten Bewertungsfall sein.[444]

Für das konkrete Problem der Abbildung von Wachstum im Bewertungskalkül ist der Grundsatz der Wirtschaftlichkeit insbesondere im Zusammenhang mit der Frage der Phaseneinteilung des Bewertungsmodells relevant.

243. Grundsätze ordnungsmäßiger Erläuterung von Unternehmensbewertungen

Bereits im Zusammenhang mit den allgemeinen Grundsätzen zur Ermittlung von Unternehmenswerten findet sich der Hinweis auf das Postulat der Nachvollziehbarkeit der Bewertungsansätze.[445] Angesichts der Vielzahl wertbeeinflussender Faktoren verlangt IDW S 1, im Bewertungsgutachten kenntlich zu machen, welche wesentlichen Annahmen in die Wertermittlung eingeflossen sind.[446] Zwar verweist IDW S 1 in diesem Kontext auf den Grundsatz der Klarheit der Berichterstattung, nach dem eine verständliche, eindeutige und problemorientierte Darlegung berichtspflichtiger Sachverhalte im Bewertungsgutachten geboten ist.[447] Darüber hinaus gehende Konkretisierungen, wann der Grundsatz der Nachvollziehbarkeit der Bewertungsansätze erfüllt ist, bleibt IDW S 1 hingegen schuldig.[448] Zudem ist der Begriff der Nachvollziehbarkeit in IDW S 1 insofern irreführend gewählt, als dass nach dem Wortlaut von IDW S 1 lediglich deutlich zu machen ist, auf welchen wesentlichen Annahmen der ermittelte Unternehmenswert beruht.[449] Hinweise auf Erläuterungen der wesentlichen Annahmen ergeben sich erst im Zuge der Interpretation des Begriffs der intersubjektiven Nachprüfbarkeit durch das IDW, wonach es einem sachkundigen Dritten möglich sein muss, das Bewertungsergebnis nachzuvollziehen und die Werteffekte der getroffenen Annahmen

---

442 Um diesem Postulat gerecht zu werden, dürfen Aktivitäten zur Informationsgewinnung nur vorgenommen werden, bis sich Grenznutzen und Grenzkosten entsprechen, d. h. der Grenznutzen den Wert Null annimmt. Vgl. POOTEN, H., GoB aus Käufersicht, S. 143.

443 Vgl. POOTEN, H., GoB aus Käufersicht, S. 144.

444 Zu Methoden der Informationsbedarfsanalyse vgl. ausführlich BERTHEL, J., Informationsbedarf, Sp. 879-885. Zum Begriff der intersubjektiven Nachprüfbarkeit vgl. Abschn. 212.

445 Zu allgemeinen Grundsätzen zur Ermittlung von Unternehmenswerten vgl. Abschn. 222.

446 Vgl. HFA DES IDW (Hrsg.), IDW S 1, Tz. 66.

447 Zum Grundsatz der Klarheit der Berichterstattung vgl. IDW (Hrsg.), WP Handbuch 2006, Bd. I, Rn. Q 60.

448 Der Grundsatz der Nachvollziehbarkeit der Berichterstattung wird lediglich dahingehend konkretisiert, dass eine verständliche Sprache zu wählen sowie auf mehrdeutige Formulierungen zu verzichten ist. Vgl. IDW (Hrsg.), WP Handbuch 2008, Bd. II, Rn. A 141.

449 Vgl. HFA DES IDW (Hrsg.), IDW S 1, Tz. 66 f.

abzuschätzen.[450] Aufgrund der bestehenden Unklarheiten im Zusammenhang mit dem Grundsatz der Nachvollziehbarkeit i. S. v. IDW S 1 bedarf es daher alternativer Maßstäbe zur kritischen Würdigung der Abbildung von Wachstum auf Berichtsebene.[451] Zur begrifflichen Abgrenzung soll das in IDW S 1 unter dem Begriff der Nachvollziehbarkeit kodifizierte Postulat der Kenntlichmachung wesentlicher Annahmen im Folgenden durch den **Grundsatz der Transparenz als wesentliches Beurteilungskriterium** erfasst werden.[452] Mithin erfordert der Transparenzgrundsatz, dass das Bewertungsgutachten sowohl die wesentlichen Annahmen als auch die aus den Annahmen resultierenden Effekte auf den Unternehmenswert wiedergibt.[453] In Anlehnung an die Grundsätze ordnungsmäßiger Erläuterung nach KOELEN soll der Grundsatz der Transparenz durch weitere ihm untergeordnete Grundsätze konkretisiert und ergänzt werden.

Der **Grundsatz der Klarheit** verlangt prägnante, verständliche und übersichtliche Angaben im Bewertungsgutachten, was in der Konsequenz einen mehrwertigen und damit irreführenden Berichtsinhalt ausschließt.[454] Nach dem **Grundsatz der Ausgewogenheit** ist über positive (Chancen) und negative Sachverhalte (Risiken) gleichermaßen im Bewertungsgutachten Bericht zu erstatten.[455] Demnach sind Informationen über negative Sachverhalte und Entwicklungen in gleicher Weise darzustellen und zu gewichten wie Informationen über positive Sachverhalte und Entwicklungen.[456] Aggregierte Größen besitzen im Fall der Unwissenheit über ihr Zustandekommen lediglich einen geringen Informationswert.[457] Der **Grundsatz der Informationszerlegung** fordert daher eine disaggregierte Darstellung verdichteter Informationen, um transparent zu machen, aus welchen wesentlichen Komponenten sich die aggregier-

---

450 Je nach Komplexität der Bewertungsaufgabe und Adressatenkreis des Bewertungsgutachtens ist es grundsätzlich zulässig, Erläuterungen zumindest teilweise in einen separaten Anhang auszulagern. Vgl. IDW (Hrsg.), WP Handbuch 2008, Bd. II, Rn. A 141.

451 Zu bestehenden Unklarheiten im Zusammenhang mit dem Grundsatz der Nachvollziehbarkeit i. S. v. IDW S 1 vgl. auch MATSCHKE, M. J./BRÖSEL, G., Unternehmensbewertung, S. 745.

452 Als alternative Bezeichnungen finden sich im Schrifttum zudem der Grundsatz der Richtigkeit oder der Grundsatz der intersubjektiven Nachprüfbarkeit, die ihrerseits inhaltliche Ähnlichkeiten zu dem hier definierten Grundsatz der Transparenz aufweisen. Vgl. BAETGE, J./SOLMECKE, H., Value Reporting, S. 20; HEPERS, L., Entscheidungsnützlichkeit, S. 117-121. Ebenfalls Anwendung findet der Grundsatz der Transparenz bei DOHRN, M., Entscheidungsrelevanz, S. 82-84; SCHEELE, A., Strategieorientierte Lageberichterstattung, S. 29 f.; KOELEN, P., Investitionstheoretische Bewertungskalküle, S. 96.

453 Vgl. KOELEN, P., Investitionstheoretische Bewertungskalküle, S. 96-99.

454 Vgl. BAETGE, J./FISCHER, T. R./PASKERT, D., Lagebericht, S. 19; BAETGE, J./SOLMECKE, H., Value Reporting, S. 20; BALLWIESER, W., Informations-GoB, S. 118; HEUMANN, R., Value Reporting, S. 70; MOXTER, A., Fundamentalgrundsätze, S. 93. Zum Grundsatz der Klarheit vgl. ausführlich KOELEN, P., Investitionstheoretische Bewertungskalküle, S. 99-102.

455 Chancen und Risiken sind demnach als gegensätzliche Begriffe zu interpretieren, die eine positive bzw. negative Abweichung von der voraussichtlichen Entwicklung beschreiben. Vgl. KIRSCH, H.-J./NIMWEGEN, S., Lagebericht, Rn. 32.

456 Vgl. ARBEITSKREIS "EXTERNE UNTERNEHMENSRECHNUNG" DER SCHMALENBACH-GESELLSCHAFT FÜR BETRIEBSWIRTSCHAFT E. V., Value Reporting, S. 2340; BAETGE, J./SOLMECKE, H., Value Reporting, S. 22; BRINKMANN, J., Zweckadäquanz, S. 45 sowie im Kontext der handelsrechtlichen Lageberichterstattung KIRSCH, H.-J./KÖHRMANN, H., Lageberichterstattung, Rn. 32. Zum Grundsatz der Ausgewogenheit vgl. KOELEN, P., Investitionstheoretische Bewertungskalküle, S. 102-104.

457 Vgl. BRINKMANN, J., Zweckadäquanz, S. 47.

ten Größen zusammensetzen.[458] Während die Grundsätze der Klarheit und Ausgewogenheit v. a. Maßstäbe setzen, wie über verschiedene Sachverhalte im Bewertungsgutachten Bericht zu erstatten ist, ist der Grundsatz der Informationszerlegung vorrangig der Frage gewidmet, über welche Sachverhalte bzw. auf welcher Ebene über bestimmte Sachverhalte zu berichten ist. Im Hinblick auf die Abbildung von Wachstum im Bewertungsgutachten ist der Grundsatz der Informationszerlegung dabei von besonderer Bedeutung, da auch hier die Frage im Vordergrund steht, über welche wachstumsrelevanten Sachverhalte im Bewertungsgutachten Bericht erstattet werden sollte.

Der so konkretisierte bzw. ergänzte Grundsatz der Transparenz ist nunmehr i. S. des zugrunde gelegten Kosten-Nutzen-Kalküls unter Berücksichtigung von Wirtschaftlichkeitsaspekten einzuschränken. Eine Einschränkung erfährt der Grundsatz der Transparenz durch den bereits angesprochenen Grundsatz der Wirtschaftlichkeit.[459] Ebenso wie die Informationsbeschaffung für Zwecke der Bewertung muss auch die Informationsvermittlung im Rahmen der Berichterstattung dem Gebot der Wirtschaftlichkeit Rechnung tragen.[460] Aus Anlass der eingeschränkten Quantifizierbarkeit von Kosten und Nutzen der Informationsvermittlung findet sich im Schrifttum wiederholt der Vorschlag, den Grundsatz der Wirtschaftlichkeit für Erläuterungszwecke durch den **Grundsatz der Wesentlichkeit als Nebenbedingung** zu ersetzen, um die Diskussion somit von einer quantitativen auf eine qualitative Ebene zu verlagern.[461] Nach dem handelsrechtlichen Grundsatz der Wesentlichkeit müssen durch das Bewertungsgutachten nur die wesentlichen Informationen vermittelt werden.[462] Die Wesentlichkeit einer Information wird dabei aus der Perspektive des Abschlussadressaten beurteilt.[463] Infolge des abweichenden Adressatenkreises lässt sich der handelsrechtliche Grundsatz der Wesentlichkeit indes nicht unreflektiert auf das Bewertungsgutachten nach IDW S 1 übertragen. Problematisch erweist sich in diesem Zusammenhang, dass IDW S 1 trotz wiederholter Verwendung keine Definition des Begriffs der Wesentlichkeit enthält. Indes konkretisiert das IDW seine

458 Vgl. BALLWIESER, W., Informations-GoB, S. 119; BRINKMANN, J., Zweckadäquanz, S. 47; DOHRN, M., Entscheidungsrelevanz, S. 83 sowie zum Grundsatz der Informationszerlegung KOELEN, P., Investitionstheoretische Bewertungskalküle, S. 105-107.

459 Zum Grundsatz der Wirtschaftlichkeit vgl. die Ausführungen in Abschn. 242.

460 Vgl. ARBEITSKREIS "EXTERNE UNTERNEHMENSRECHNUNG" DER SCHMALENBACH-GESELLSCHAFT FÜR BETRIEBSWIRTSCHAFT E. V., Value Reporting, S. 2337; HEUMANN, R., Value Reporting, S. 74; KIRSCH, H.-J./KÖHRMANN, H., Lageberichterstattung, Rn. 36.

461 Vgl. BAETGE, J./FISCHER, T. R./PASKERT, D., Lagebericht, S. 22; BAETGE, J./KIRSCH, H.-J., Grundsätze ordnungsmäßiger Buchführung, Rn. 73-75; HEUMANN, R., Value Reporting, S. 75 sowie KÜMMEL, J., Fair Value-Ermittlung mit Barwertkalkülen, S. 118. Zum Problem der Quantifizierbarkeit des Informationsnutzens vgl. BAETGE, J./KIRSCH, H.-J./THIELE, S., Bilanzen, S. 121. Unter Einbezug der gesamten Informationskosten werden die Aspekte der Wirtschaftlichkeit und Wesentlichkeit z. T. zu einem Grundsatz der Wirtschaftlichkeit und Wesentlichkeit zusammengefasst. Vgl. KIRSCH, H.-J./KÖHRMANN, H., Lageberichterstattung, Rn. 36. Zur Abgrenzung von Bewertungs- und Berichtsebene bietet es sich indes für Zwecke dieser Analyse an, den Grundsatz der Wesentlichkeit gesondert zu thematisieren. Um dem zugrunde gelegten Kosten-Nutzen-Kalkül stärker Rechnung tragen zu können, wird der Grundsatz der Wesentlichkeit in Anlehnung an den Grundsatz des angemessenen Umfangs der Erläuterung nach KOELEN als eigenständiger Grundsatz behandelt. Zum Grundsatz des angemessenen Umfangs der Erläuterung vgl. KOELEN, P., Investitionstheoretische Bewertungskalküle, S. 107-111.

462 Vgl. BAETGE, J./FISCHER, T. R./PASKERT, D., Lagebericht, S. 22.

463 Vgl. LEFFSON, U., GoB, S. 183.

Forderung, die wesentlichen Annahmen kenntlich zu machen, durch eine Auflistung verschiedener Einflussfaktoren bzw. Sachverhalte, welche von „wesentlicher Bedeutung für das Bewertungsergebnis [sind] und daher Gegenstand der Berichterstattung“[464] sein sollten. Wenngleich nicht explizit auf die der Bewertung zugrunde liegenden Wachstumsannahmen Bezug genommen wird, dürfte diesbezüglich analog gelten, dass nur über solche wachstumsrelevanten Sachverhalte Bericht zu erstatten ist, von denen ein wesentlicher Werteffekt ausgeht. Es bleibt daher festzuhalten, dass der Grundsatz der Wesentlichkeit in Anlehnung an IDW S 1 dahingehend zu interpretieren ist, dass nur über solche Sachverhalte zu berichten ist, die für das Bewertungsergebnis von wesentlicher Bedeutung sind.

Die vorstehend erläuterten Grundlagen der Unternehmensbewertung lassen folgendes **Zwischenfazit** zu: Zum einen resultiert das konzeptionelle Problem der Abbildung von Wachstum aus der Unsicherheit künftiger finanzieller Überschüsse. Da sich künftige Entwicklungen somit nicht bis in die Unendlichkeit detailliert abbilden lassen, ist eine gewisse Vergröberung der Prognose der künftigen finanziellen Überschüsse zwangsläufig unvermeidbar. Die Abbildung von Wachstum in der Unternehmensbewertung verlangt mithin eine Abwägung zwischen konzeptioneller Richtigkeit und Praktikabilität des Bewertungskalküls. Zum anderen zeigt sich bei näherem Vergleich der einzelnen Bewertungsverfahren, dass die Abbildung von Wachstum im Kontext des jeweils gewählten Bewertungsverfahrens zu führen ist. Die Notwendigkeit einer solchen verfahrensbezogenen Auseinandersetzung resultiert dabei aus den konzeptionellen Unterschieden zwischen Brutto- und Nettokapitalisierung sowie den damit eingehenden Abweichungen hinsichtlich der zu kapitalisierenden finanziellen Überschüsse im Zähler bzw. dem Kapitalisierungszinssatz im Nenner des Bewertungskalküls.

Aufbauend auf den für die Abbildung von Wachstum relevanten Grundlagen der Unternehmensbewertung wird nunmehr im Folgenden die Vorgehensweise der Bewertungspraxis, Bewertungsjudikatur und empirischen Forschung zur Quantifizierung des Wachstums von Unternehmen einer kritischen Analyse unterzogen.

---

[464] IDW (Hrsg.), WP Handbuch 2008, Bd. II, Rn. A 142.

3 Quantitative Analyse des Wachstums von Unternehmen

31 Vorbemerkungen

Aufbauend auf der bislang überwiegend qualitativ geführten Diskussion zu Größe und Bedeutung des Wachstumsabschlags soll das Wachstum von Unternehmen nunmehr i. S. einer ganzheitlichen Analyse quantitativ untersucht werden. Die quantitative Analyse gliedert sich dabei in drei Schritte: Im ersten Analyseschritt (Abschn. 32) wird zunächst die generelle Bedeutung des Wachstumsabschlags für den Unternehmenswert verdeutlicht. Im zweiten Schritt wird die Quantifizierung des Wachstums von Unternehmen durch die Bewertungspraxis (Abschn. 331), die Bewertungsjudikatur (Abschn. 332) und die empirische Forschung zur Unternehmensbewertung (Abschn. 333) analysiert.[465] Die im zweiten Analyseschritt gewonnenen Erkenntnisse fließen schließlich im dritten Schritt in eine eigene empirische Analyse ein (Abschn. 34).

32 Die Bedeutung des Wachstumsabschlags für den Unternehmenswert

Legt man dem Bewertungskalkül entsprechend der bislang dominierenden Vorgehensweise in der Bewertungspraxis eine Differenzierung des Bewertungszeitraums in eine Detailplanungs- und eine Restwertphase zugrunde, belegen zahlreiche Studien einen z. T. enormen Wertanteil des Restwerts am gesamten Unternehmenswert.[466] In Extremfällen kann der Anteil des Restwerts über 90,0 % betragen.[467] Dabei wird der auf den Restwertzeitraum entfallende Wertanteil in erster Linie durch die Länge des Detailplanungszeitraums und den Kapitalisierungszinssatz maßgeblich beeinflusst.[468]

Wenngleich die **Abgrenzung des Detailplanungszeitraums** keinen unmittelbaren Einfluss auf den Unternehmenswert hat,[469] verschärft sie infolge ihres Einflusses auf den Restwert mittelbar die Problematik der Objektivierung des Bewertungskalküls. Ursächlich für diese Problemverschärfung ist die Tatsache, dass sich der Restwert auf eine Reihe pauschaler An-

---

465 Die Analyse konzentriert sich aus zwei wesentlichen Gründen auf in Deutschland ansässige Unternehmen. Zum einen soll mit dieser Eingrenzung dem Anwendungsbereich von IDW S 1 als maßgeblichem Standard aus Sicht der deutschen Bewertungspraxis entsprochen werden. Zum anderen ist eine solche Abgrenzung auch für Zwecke der empirischen Analyse von Wachstumsabschlägen in der Rechtsprechung geboten, da sich der Anwendungsbereich der einbezogenen gerichtlichen Verfahren i. S. v. § 1 SpruchG auf solche Unternehmen beschränkt, die dem deutschen Aktien- und Umwandlungsrecht unterliegen.

466 Entsprechende Ergebnisse finden sich beispielsweise bei KOLLER, T./GOEDHART, M./WESSELS, D., Valuation, S. 271 f.; ALBRECHT, T., Endwertermittlung, S. 733; CHERIDITO, Y./SCHNELLER, T., Residualwert, S. 736; FRÜHLING, V., Barwertmodell, S. 743.

467 Diese Größenordnung für den Restwertanteil wird ebenfalls durch eine empirische Studie von BAUSCH und PAPE bestätigt, welche den Restwertanteil von Unternehmen des DAX 30 branchenspezifisch approximieren. Vgl. BAUSCH, A./PAPE, U., Ermittlung von Restwerten, S. 475 f. Für den Fall anfänglich negativer finanzieller Überschüsse kann der Restwert sogar mehr als 100 % des gesamten Unternehmenswerts betragen. Vgl. MEITNER, M., Zahlungsüberschusswachstumsraten, S. 6; HENSELMANN, K., Restwert, S. 152.

468 Vgl. IDW (Hrsg.), WP Handbuch 2008, Bd. II, Rn. A 161; HENSELMANN, K., Restwert, S. 151. Zur Abhängigkeit des Restwerts von der Länge des Detailplanungszeitraums vgl. SEPPELFRICKE, P., Aktien- und Unternehmensbewertung, S. 85 f.

469 Vgl. hierzu die Ausführungen in Abschn. 224.4.

nahmen[470] gründet.[471] Angesichts der somit ermessensbehafteten Bestimmung des Restwerts ist dieser bei idealtypischer Phasendifferenzierung nur bedingt einer Objektivierung zugänglich, weshalb vereinzelt von der „Black Box"[472] der ewigen Rente die Rede ist. Wenngleich die quantitative Bedeutung der finanziellen Überschüsse des Restwertzeitraums durch ihre Kapitalisierung teilweise kompensiert wird,[473] sollte der Abgrenzung der Detailplanungsphase bei zweiphasiger Differenzierung des Bewertungs- und Prognosezeitraums besondere Aufmerksamkeit geschenkt werden, da sich der Anteil des Restwerts mit zunehmender Länge des Detailplanungszeitraums verringert.[474] Da einer möglichen Verlängerung des Detailplanungszeitraums aufgrund der angesprochenen Unsicherheit künftiger Entwicklungen indes Grenzen gesetzt sind,[475] werden im späteren Verlauf dieser Arbeit Möglichkeiten zur Objektivierung des Bewertungskalküls bei alternativer Phasendifferenzierung diskutiert.

Ein weiterer wesentlicher Bestimmungsfaktor des Restwerts ist der Kapitalisierungszinssatz im Nenner des Bewertungskalküls. Nimmt man den bereits risikoadjustierten Kapitalisierungszinssatz als gegeben an, verlagert sich die Diskussion auf den **Wachstumsabschlag als weiteren wesentlichen Bestimmungsfaktor** des Unternehmenswerts.[476] Die Bedeutung des Wachstumsabschlags für den Unternehmenswert wird im Schrifttum insbesondere für die angesprochenen Extremfälle betont, in denen ein sehr hoher Anteil des gesamten Unternehmenswerts auf den Restwertzeitraum entfällt.[477] Die Sensitivität des Unternehmenswerts hinsichtlich des angesetzten Wachstumsabschlags soll anhand einer beispielhaften Sensitivitätsanalyse veranschaulicht werden. Um den Werteffekt des Wachstumsabschlags isoliert betrachten zu können, basiert die folgende Beispielrechnung auf dem unendlichen Rentenfall unter der Annahme eines Kapitalisierungszinssatzes von 10,0 %. Aus Gründen der Vereinfachung werden zudem vollständige Eigenfinanzierung unterstellt und sogleich steuerliche Einflüsse negiert. Geht man von einem nachhaltigen finanziellen Überschuss in Höhe von 10 GE aus, zeigt sich folgender Zusammenhang zwischen Wachstumsabschlag und Unternehmenswert:

[470] Die wachstumsrelevanten Annahmen von IDW S 1 werden in Abschn. 422 diskutiert.

[471] Vgl. HFA DES IDW (Hrsg.), IDW S 1, Tz. 76.

[472] CREUTZMANN, A./ESSLER, W./HENSELMANN, K./KNIEST, W., Rechtsprechung, S. 113.

[473] Vgl. hierzu IDW (Hrsg.), WP Handbuch 2008, Bd. II, Rn. A 161 sowie Abschn. 224.3.

[474] Vgl. ALBRECHT, T., Endwertermittlung, S. 733; CHERIDITO, Y./SCHNELLER, T., Residualwert, S. 736; FRÜHLING, V., Barwertmodell, S. 743.

[475] Einen limitierenden Faktor stellt insbesondere die verfügbare Datenbasis dar. Vgl. hierzu HAYN, M., Bewertung junger Unternehmen, S. 275 sowie die Ausführungen in Abschn. 224.4. Zur Verlängerung des Detailplanungszeitraums vgl. kritisch WOLLNY, C., Objektivierter Unternehmenswert, S. 174.

[476] Zur Eigenschaft des Wachstumsabschlags als wesentlicher Einflussfaktor des Restwerts vgl. BERGER, K./KNOLL, L., Objektivierte Unternehmensbewertung, S. 9; DÖRSCHELL, A./FRANKEN, L./SCHULTE, J., Kapitalisierungszinssatz, S. 241 sowie BAETGE, J./NIEMEYER, K./KÜMMEL, J./SCHULZ, R., DCF-Verfahren, S. 437.

[477] Vgl. MANDL, G./RABEL, K., Unternehmensbewertung, S. 155 f.; HAYN, M., Bewertung junger Unternehmen, S. 275. SCHWETZLER verweist exemplarisch auf Unternehmen der Technologiebranche. Vgl. SCHWETZLER, B., Einfluß von Wachstum, S. 1.

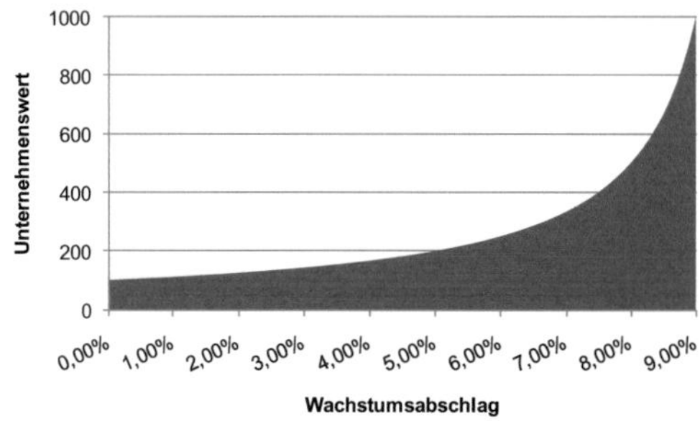

Abbildung 3-1: Der Werteffekt des Wachstumsabschlags auf den Unternehmenswert

Wenngleich die Sensitivität des Unternehmenswerts auf Änderungen des Wachstumsabschlags bei geringen Prozentsätzen weniger evident ist, steigt der Einfluss des Wachstumsabschlags auf den Unternehmenswert mit zunehmenden Prozentsätzen überproportional an und besitzt gerade im Intervall von 6,0 % bis 9,0 % einen deutlichen Hebeleffekt. Der dargestellte Werteffekt des Wachstumsabschlags wird daher im Folgenden zum Anlass für eine tiefer gehende, quantitative Analyse genommen, welche die Quantifizierung des Wachstumsabschlags durch die Bewertungspraxis und -judikatur einerseits sowie das empirisch belegte Wachstum von Unternehmen andererseits einander vergleichend gegenüberstellt.

33 Die Quantifizierung von Wachstumsabschlägen in der Bewertungspraxis, Bewertungsjudikatur und empirischen Forschung

331. Wachstumsabschläge in der Bewertungspraxis

Angesichts der eingeschränkten öffentlichen Verfügbarkeit von Bewertungsgutachten fällt eine abschließende Einschätzung zur Quantifizierung von Wachstumsabschlägen im deutschen Bewertungsumfeld grundsätzlich schwer.[478] Diskussionen unter Beteiligung von Ange-

[478] Vgl. STEHLE, R., Risikoprämie, S. 908. Eine entsprechende Pflicht zur Veröffentlichung ist lediglich nach § 327c Abs. 3 Nr. 4 AktG im aktienrechtlichen Squeeze Out-Verfahren für den Bericht über die Prüfung der Angemessenheit der Barabfindung durch einen sachverständigen Gutachter vorgesehen. Die Berichtspflicht selbst ergibt sich dabei aus § 327c Abs. 2 S. 3 AktG, wonach die Squeeze Out-Prüfung unter Verweis auf § 293e AktG schriftlich zu dokumentieren ist. Zu Form und Aufbau des Prüfungsberichts vgl. JAKOBI, M., Squeeze-out, S. 161-163. Zudem ist der „herausdrängende" Hauptaktionär nach § 327c Abs. 2 S. 1 AktG selbst zu einem schriftlichen Bericht gegenüber den Minderheitsaktionären verpflichtet, in dem er die Voraussetzungen der Aktienübertragung darzulegen sowie seinerseits die durch den sachverständigen Gutachter geprüfte Angemessenheit der Barabfindung zu erläutern und zu begründen hat. Zum Inhalt des Berichts des Hauptaktionärs vgl. GAMPENRIEDER, P., Squeeze-out, S. 39 f. Die Verfügbarkeit des Berichts des Hauptaktionärs sowie des Prüfungsberichts kann nach § 327c Abs. 5 AktG auch durch Bereitstellung des Berichts auf der Internetseite der Gesellschaft sicher gestellt werden. Indes müssen die von der Auslagepflicht nach § 327c Abs. 3 Nr. 3 und Nr. 4 AktG betroffenen Berichte nur für einen begrenzten Zeitraum zugänglich sein, was ihre Verfügbarkeit deutlich einschränkt. In Ermangelung einer ausdrücklichen Prüfungspflicht der Angemessenheit der Barabfindung bestehen für das übernahmerechtliche Squeeze Out-Verfahren weitaus weniger umfassende Berichtspflichten. Vgl. hierzu ausführlich JAKOBI, M., Squeeze-out, S. 241-244.

hörigen des Berufsstands deuten indes darauf hin, dass sich innerhalb der Bewertungspraxis ein Wachstumsabschlag von 1,0 % als „tradierte Annahme“ bzw. i. S. eines Basiswerts als Ausgangspunkt für weitere unternehmensspezifische Überlegungen etabliert hat.[479]

Eine ähnliche Vermutung legt eine empirische Untersuchung von SCHÜLER und LAMPENIUS zu Wachstumsannahmen in der Unternehmensbewertung nahe. Anhand einer Auswertung von insgesamt 134 Bewertungsgutachten aus dem Zeitraum 1985 bis 2003 kommen sie zu dem Ergebnis, dass in der Mehrheit der betrachteten Fälle ein Wachstumsabschlag von 1,0 % angesetzt wird. Konkret ergeben sich aus 125 der zur Verfügung stehenden Bewertungsgutachten explizite Hinweise auf die Höhe des angesetzten Wachstumsabschlags.[480] In 40,8 % der einbezogenen Fälle bzw. in 51 Gutachten findet sich dabei die angesprochene Annahme eines einprozentigen Wachstumsabschlags. Im Durchschnitt beträgt der angesetzte Wachstumsabschlag 0,65 %.[481] Die Bandbreite der beobachteten Wachstumsabschläge reicht von einem Minimalwert in Höhe von 0,0 % bis zu einem Maximalwert von 2,6 %.[482] Dies deckt sich zugleich mit der von Seiten des IDW langjährig vertretenen Auffassung, wonach grundsätzlich ein Spektrum möglicher Wachstumsabschläge von 0,0 % bis 2,5 % als angemessen erscheint.[483]

Die Erkenntnisse aus der Studie von SCHÜLER/LAMPENIUS bestätigen zugleich die Ergebnisse einer vergleichbaren empirischen Analyse von MUNKERT für die Jahre 1986 bis 2003. Für eine Stichprobe, bestehend aus insgesamt 171 Unternehmen, ermittelt MUNKERT einen arithmetischen Mittelwert der einbezogenen Wachstumsabschläge von 0,69 %.[484] Die Bandbreite der einbezogenen Wachstumsabschläge weicht mit einem Maximalwert von 3,25 % bei identischem Minimalwert von 0,0 % ebenfalls nur geringfügig von der Spannweite der Wachstumsabschläge in der Untersuchung von SCHÜLER und LAMPENIUS ab.[485] Wie MUNKERT

[479] Vgl. CREUTZMANN, A./ESSLER, W./HENSELMANN, K./KNIEST, W., Rechtsprechung, S. 83.

[480] Dies umfasst angabegemäß auch den expliziten Verzicht auf den Ansatz eines Wachstumsabschlags. Vgl. SCHÜLER, A./LAMPENIUS, N., Wachstumsannahmen, S. 243 sowie in gekürzter Fassung SCHÜLER, A./LAMPENIUS, N., Bewertungspraxis, S. 125.

[481] Vgl. SCHÜLER, A./LAMPENIUS, N., Wachstumsannahmen, S. 243.

[482] Vgl. SCHÜLER, A./LAMPENIUS, N., Bewertungspraxis, S. 125; MUNKERT, M. J., Kapitalisierungszinssatz, S. 364.

[483] Vgl. IDW (Hrsg.), WP Handbuch 2008, Bd. II, Rn. A 215, wobei die Bandbreite lediglich das Spektrum inflationsbedingter Wachstumsabschläge und somit nicht alle potenziellen Wachstumsquellen widerspiegelt. Vgl. Abschn. 211 zu möglichen Wachstumsquellen.

[484] MUNKERT unterscheidet in seiner Untersuchung zwischen der Bewertung beherrschter und herrschender Unternehmen. Der durchschnittliche Mittelwert im Fall der 139 in die Stichprobe einbezogenen beherrschten Unternehmen beträgt 0,70 %. Für die 32 betrachteten herrschenden Unternehmen ergibt sich ein arithmetischer Mittelwert von 0,65 %. Vgl. MUNKERT, M. J., Kapitalisierungszinssatz, S. 361.

[485] Die angegebene Bandbreite der Wachstumsabschläge vernachlässigt zur Vereinfachung die von MUNKERT vorgenommene Trennung in beherrschte und herrschende Unternehmen. Während die Spannweite der Wachstumsabschläge aller Unternehmen der Stichprobe gleichermaßen für die beherrschten Unternehmen gilt, ist die Bandbreite infolge eines deutlich geringeren Maximalwerts von 1,0 % für die Wachstumsabschläge der herrschenden Unternehmen mit 1,0 % deutlich geringer. Vgl. MUNKERT, M. J., Kapitalisierungszinssatz, S. 361.

selbst zutreffend anmerkt, liegen „die Wachstumsabschläge trotz stark unterschiedlicher Wachstumsperspektiven der Unternehmen [...] in einer engen Bandbreite [...]"[486].

Setzt man sich flankierend mit der wachstumsbezogenen Berichterstattung der Bewertungspraxis auseinander, spiegelt auch die damit angesprochene Gutachtenpraxis die Komplexität der Abbildung von Wachstum wieder. Übereinstimmend mit den Erkenntnissen von SCHÜLER/LAMPENIUS, wonach üblicherweise nur drei bis fünf Zeilen des Bewertungsgutachtens der Begründung des angesetzten Wachstumsabschlags gewidmet sind,[487] kritisiert MUNKERT diesbezüglich die unzureichende Transparenz in der Bewertungspraxis hinsichtlich der Festlegung von Wachstumsabschlägen. Zugleich bemängelt er die in der Mehrzahl der Fälle wenig systematische bzw. pauschale Abbildung von Wachstum. Die überwiegende Vernachlässigung unternehmensspezifischer Besonderheiten führt in diesem Zusammenhang darauf zurück, dass sich derartige Spezifika des Bewertungsobjekts oftmals nur schwierig bzw. anhand komplexer Verfahren ermitteln lassen.[488]

Zusammenfassend zeigen die ausgewählten empirischen Ergebnisse, dass die Wachstumsabschläge in der deutschen Bewertungspraxis innerhalb der bisher vom IDW vorgeschlagenen Bandbreite weitgehend einheitlich quantifiziert werden. Wenngleich es bereits aufgrund der Weite der empfohlenen Bandbreite wenig überrascht, dass die Bewertungspraxis der Empfehlung des IDW zur Quantifizierung des Wachstumsabschlags weitgehend Folge leistet bzw. sich zur Begründung auf diese beruft, sei klarstellend angemerkt, dass der Wachstumsabschlag unter Berücksichtigung der konkreten Wachstumsperspektiven des Bewertungsobjekts grundsätzlich unternehmensindividuell festzulegen ist.[489] Zur Höhe des Wachstumsabschlags lassen sich demnach keine allgemeingültigen Aussagen treffen,[490] weshalb die Angemessenheit von Wachstumsabschlägen üblicherweise unter Berücksichtigung üblicher Bandbreiten beurteilt wird. Da die bisher vom IDW empfohlene Bandbreite zur Bemessung des Wachstumsabschlags nicht das gesamte Spektrum möglicher Wachstumskomponenten abdeckt, sondern ausschließlich das nominale Wachstum der künftigen finanziellen Überschüsse umfasst, mag es trotz der Größe der empfohlenen Spannweite auf den ersten Blick durchaus verwundern, wie selten die Bewertungspraxis von der Empfehlung des IDW abweicht. Die im deutschen Bewertungsumfeld beobachtbaren Wachstumsabschläge werfen somit zwei Fragen auf:

- Inwieweit lässt sich die in der deutschen Bewertungspraxis anzutreffende Bandbreite üblicher Wachstumsabschläge bei ausgewogener Betrachtung aller Wachstumskomponenten inhaltlich begründen und

---

486 MUNKERT, M. J., Kapitalisierungszinssatz, S. 362.

487 Vgl. SCHÜLER, A./LAMPENIUS, N., Wachstumsannahmen, S. 243.

488 Vgl. MUNKERT, M. J., Kapitalisierungszinssatz, S. 364. In der Bewertungspraxis wird die Überprüfung der zugrunde gelegten Wachstumsannahmen regelmäßig durch bloßen Verweis auf die Entwicklung vergleichbarer Unternehmen vorgenommen. Vgl. CHERIDITO, Y./SCHNELLER, T., Discounts und Premia, S. 416.

489 Vgl. WOLLNY, C., Objektivierter Unternehmenswert, S. 348; SEPPELFRICKE, P., Aktien- und Unternehmensbewertung, S. 88; STELLBRINK, J., Restwert, S. 129 f.; MUNKERT, M. J., Kapitalisierungszinssatz, S. 364.

490 Vgl. SCHULZ, R., Größenabhängige Risikoanpassungen, S. 44.

- inwiefern spiegelt diese Bandbreite bei Einbezug sämtlicher Wachstumskomponenten das tatsächliche bzw. historische Wachstum zutreffend wider?

Diesen Fragen wird daher im weiteren Verlauf der Arbeit nachgegangen. Wenngleich das Wachstum der künftigen finanziellen Überschüsse grundsätzlich unternehmensspezifisch im Bewertungskalkül zu berücksichtigen ist, können sich hinsichtlich der zuerst genannten Frage nach der inhaltlichen Begründung der in der Bewertungspraxis beobachtbaren Wachstumsabschläge möglicherweise Anhaltspunkte aus der Quantifizierung von Wachstumsabschlägen im Rahmen von Spruchstellenverfahren ergeben. Nachfolgend wird daher untersucht, in welcher Höhe Wachstumsabschläge üblicherweise gerichtlich festgelegt werden.

332. Wachstumsabschläge in der Bewertungsjudikatur

Der Wachstumsabschlag als wesentliche Größe zur Abbildung von Wachstum wird nicht nur im Schrifttum kontrovers diskutiert. Aufgrund seiner Bedeutung für den Unternehmenswert stellt er ebenso häufig einen zentralen Diskussionspunkt im Rahmen von Spruchstellenverfahren dar. Bei Spruchstellenverfahren handelt es sich um eine Ausprägung der gesetzlichen, vertraglichen bzw. gesellschaftsrechtlichen Anlässe zur Durchführung einer Unternehmensbewertung.[491] Übergeordnetes Ziel von Spruchstellenverfahren ist der Schutz der Gesellschafter des Unternehmens.[492] Diese Schutzfunktion umfasst zum einen den Schutz der Minderheitsgesellschafter vor einer Begünstigung des Mehrheitsgesellschafters durch gesellschaftsrechtliche Strukturmaßnahmen. Zum anderen soll der Mehrheitsgesellschafter vor einer Blockade gesellschaftsrechtlicher Strukturmaßnahmen durch die Minderheitsgesellschafter geschützt werden.[493] Häufige Ursache für die Eröffnung eines Spruchstellenverfahrens ist die Notwendigkeit zur Ermittlung einer angemessenen (Bar-)Abfindung der Minderheitsaktionäre auf Basis eines objektivierten Unternehmenswerts im Zuge eines Squeeze Out-Verfahrens. Der Begriff des Squeeze Out bezeichnet dabei ein gerichtliches Verfahren, bei dem der Mehrheitsgesellschafter die Minderheitsgesellschafter gegen ihren Willen aus der Gesellschaft hinausdrängt, um alleiniger Aktionär zu werden.[494]

---

491 Spruchstellenverfahren stellen einen für Zwecke dieser Arbeit als maßgeblich erachteten Bewertungsanlässe dar. Zu den relevanten Anlässen zur Durchführung einer Unternehmensbewertung vgl. Abschn. 214.

492 Vgl. MUNKERT, M. J., Kapitalisierungszinssatz, S. 8.

493 Zur Schutzfunktion sowie zum Ablauf eines Spruchstellenverfahrens vgl. MUNKERT, M. J., Kapitalisierungszinssatz, S. 8-47. Wenngleich der Einsatz von neutralen Gutachtern als gerichtlich bestellte Sachverständige allgemein üblich ist, sei klarstellend angemerkt, dass hinsichtlich der Bemessung einer angemessenen Abfindung sowohl die Festlegung der maßgeblichen rechtlichen Faktoren als auch die Feststellung des Unternehmenswerts dem Gericht obliegen. Vgl. OLG Stuttgart v. 26.10.2006, 20 W 14/05, S. 113. Bewertungen aus Anlass gesellschaftsrechtlicher, gesetzlicher oder vertraglicher Vereinbarungen sind mithin grundsätzlich richterliche Aufgabe. Vgl. PAULSEN, A.-J., Unternehmensbewertung und Rechtsprechung, S. S109. Nicht zuletzt aus diesem Grund ist die für Zwecke der quantitativen Analyse vorgenommene Trennung zwischen der Festlegung von Wachstumsabschlägen durch die Bewertungspraxis einerseits und die Bewertungsjudikatur andererseits trotz mittelbarer Beteiligung von Angehörigen des Berufsstands an Spruchstellenverfahren inhaltlich begründet.

494 Zum Begriff des Squeeze Out vgl. RÖßLER, G. J., Squeeze Out, S. 17. Grundvoraussetzung zum Ausschluss der Minderheitsaktionäre ist nach § 327a Abs. 1 S. 1 AktG, dass sich mindestens 95 % des Grundkapitals der Gesellschaft im Besitz des Mehrheitsaktionärs befinden. Vgl. GAMPENRIEDER, P., Squeeze-out, S. 23.

Empirische Untersuchungen zu gerichtlich festgelegten Wachstumsabschlägen bestätigen, dass – korrespondierend zur Quantifizierung von Wachstumsabschlägen durch die Bewertungspraxis – auch die in der Bewertungsjudikatur verwendeten Wachstumsabschläge weitgehend mit der vom IDW als angemessen erachteten Bandbreite von 0,0 % bis 2,5 % übereinstimmen. Beispielsweise ermittelt RATHAUSKY auf Basis einer empirischen Studie zu 133 Squeeze Out-Verfahren der Jahre 2002 bis 2004 eine Wertbandbreite gerichtlich festgelegter Wachstumsabschläge von 0,50 % bis 3,25 % bei einem arithmetischen Mittelwert von 0,85 %.[495] Ebenso untersucht MUNKERT in seiner bereits angesprochenen Untersuchung die in abgeschlossenen Spruchstellenverfahren angesetzten Wachstumsabschläge für die Jahre 1986 bis 2003. Mit einem Minimalwert von 0,0 % und einem Maximalwert von 2,6 % zeigt sich dabei für die insgesamt 46 untersuchten Fälle ebenfalls eine vergleichbare Spannweite der Wachstumsabschläge.[496] Eine weitere empirische Auswertung von Bewertungsgutachten anlässlich von Spruchstellenverfahren stammt von HACHMEISTER/KÜHNLE/LAMPENIUS. In der 117 Gutachten der Jahre 2002 bis 2008 umfassenden Stichprobe beträgt der Wachstumsabschlag in einer Bandbreite von 0,0 % bis 3,25 % durchschnittlich 0,83 %.[497] Wenngleich die empirischen Ergebnisse grundsätzlich eine größere Schwankungsbreite der Wachstumsabschläge in der Bewertungsjudikatur gegenüber der Bewertungspraxis anzeigen,[498] stimmen die resultierenden Wertbandbreiten weitgehend überein.[499]

Ein Erklärungsansatz für die zu beobachtende Konformität zwischen den Wachstumsabschlägen der Bewertungspraxis und -judikatur findet sich in der häufig von richterlicher Seite ausgesprochenen Empfehlung für IDW S 1 als maßgeblichen Bewertungsstandard. Es verbleibt indes weiter die Frage nach dem Ursprung der in Bewertungspraxis und -judikatur übereinstimmend anzutreffenden Bandbreiten der in beiden Sphären üblichen Wachstumsabschläge. Während auf Basis der aus der Empirie gewonnenen Erkenntnisse hinsichtlich der gängigen Bewertungspraxis zur Festlegung von Wachstumsabschlägen allenfalls der Verdacht einer „tradierten" Annahme geäußert werden kann, werden die Wachstumsabschläge in der Rechtsprechung häufig durch konkrete Bezugnahme auf die übliche Praxis in Spruchstellenverfahren begründet.[500] Angesichts der gebotenen unternehmensindividuellen Festlegung von

495 Vgl. RATHAUSKY, U., Squeeze-out, S. 144 f.

496 Das arithmetische Mittel der Wachstumsabschläge im Zuge der Bewertung beherrschter Unternehmen beträgt bei 33 betrachteten Fällen 1,25 %. Der durchschnittliche Wachstumsabschlag im Fall der Bewertung herrschender Unternehmen beläuft sich bei 13 einbezogenen Verfahren auf 1,37 %. Vgl. MUNKERT, M. J., Kapitalisierungszinssatz, S. 367. Bei Vernachlässigung der Beherrschungsverhältnisse entspricht dies einem arithmetischen Mittel der insgesamt 46 Spruchstellenverfahren von 1,28 %.

497 Vgl. HACHMEISTER, D./KÜHNLE, B./LAMPENIUS, N., Squeeze-Out-Fälle, S. 1245.

498 Vgl. MUNKERT, M. J., Kapitalisierungszinssatz, S. 367.

499 Zu einer gegenteiligen Schlussfolgerung kommt JONAS, der auf Basis empirischer Befunde signifikante Anhebungen der vorab durch neutrale Gutachter ermittelten Unternehmenswerte durch die zuständigen Gerichte feststellt. Indes weist JONAS darauf hin, dass aus den empirischen Ergebnissen nicht zwingend auf eine systematische Fehlbewertung geschlossen werden kann. Als mögliche Erklärung führt JONAS die asymmetrische Berücksichtigung von Schätzunsicherheiten an. Vgl. JONAS, M., Methodenkonsistenz, S. 842 f.

500 Vgl. LG Frankfurt a. M. v. 19.12.1995, 3-03 O 162/88, S. 189; LG München I v. 03.12.1998, 5 HKO 14889/92, S. 476; OLG Celle v. 31.07.1998, 9 W 128/97, S. 130. Der Verdacht einer „tradierten" Annahme lässt sich indes auch bezogen auf die Bewertungsjudikatur nicht vollends entkräften. So führt das OLG Frankfurt in seiner Entscheidung vom 09.02.2010 (5 W 38/09) an, dass ein gerichtlich festgelegter

Wachstumsabschlägen ist diese in der Bewertungsjudikatur anzutreffende Vorgehensweise aus theoretischer Sicht kritikwürdig.

Ein solcher Verweis innerhalb der Rechtsprechung auf die Festlegung von Wachstumsabschlägen in vergleichbaren Fällen verstößt zwar offenkundig gegen das implizite Gebot der unternehmensspezifischen Quantifizierung von Wachstumsabschlägen.[501] Gleichwohl ist es denkbar und vereinzelt auch durch die Empirie bestätigt,[502] dass in der Bewertungspraxis angesetzte Wachstumsabschläge ihrerseits durch Verweis auf die in der Bewertungsjudikatur anerkannte Wertbandbreite begründet werden. Es ließe sich daher provokativ die Frage nach einem möglichen „voraus eilenden Gehorsam" seitens der Bewertungspraxis gegenüber der Bewertungsjudikatur stellen. Der vereinzelt in der Literatur geäußerte Vorwurf einer vermeintlich „tradierten" Annahme zur Größenordnung des Wachstumsabschlags seitens der Bewertungspraxis lässt sich indes auf Basis der vorliegenden Informationen nicht abschließend bestätigen. Für weitere Anhaltspunkte zur Beurteilung der Angemessenheit der in Bewertungspraxis und -judikatur üblichen Wachstumsabschläge, bedarf es daher einer Auseinandersetzung mit der empirischen Forschung zum Wachstum von Unternehmen.

333. Wachstumsabschläge in der empirischen Forschung

333.1 Vorbemerkungen

Um zu klären, inwieweit die in der Bewertungspraxis und -judikatur üblichen Wachstumsabschläge der Unternehmensrealität gerecht werden und somit in ihrer Größenordnung das tatsächliche Wachstum von Unternehmen zutreffend widerspiegeln, sollte man sich nochmals Sinn und Zweck des Wachstumsabschlags vergegenwärtigen. Wie bereits erläutert, stellt der Wachstumsabschlag die wesentliche Variable zur modelltechnischen Abbildung von Wachstum dar. Konkret wird ihm die Aufgabe zu Teil, die Äquivalenz von Zähler und Nenner des Bewertungskalküls hinsichtlich der implizierten Breite der künftigen finanziellen Überschüsse zu gewährleisten.[503] Der Wachstumsabschlag im Nenner fungiert mithin als Maßstab für das implizierte Wachstum der zu kapitalisierenden finanziellen Überschüsse im Zähler des Bewertungskalküls. Um beurteilen zu können, ob die in der Bewertungspraxis und Bewertungsjudikatur gängigen Wachstumsabschläge angemessen sind, empfiehlt es sich daher, das historische Wachstum der finanziellen Überschüsse als wesentlichen Anhaltspunkt für die Quantifizierung des Wachstumsabschlags empirisch zu untersuchen.

Angesichts der Fokussierung der theoretischen Auseinandersetzung auf das für die deutsche Bewertungspraxis maßgebliche Bewertungskalkül nach IDW S 1 bietet es sich an, die Diskussion empirischer Befunde grundsätzlich auf solche Studien zu beschränken, die vorrangig

---

Wachstumsabschlag von 1,0 % eine in der Rechtsprechung gängige und insofern nicht zu beanstandende Prämisse darstelle. Vgl. hierzu WÜSTEMANN, J., BB-Rechtsprechungsreport 2009/10, S. 1720.

501 Vgl. in diesem Kontext zur Abhängigkeit des Wachstumsabschlags von der individuellen Situation des zu bewertenden Unternehmens DÖRSCHELL, A./FRANKEN, L./SCHULTE, J., Kapitalisierungszinssatz, S. 242.

502 Vgl. SCHÜLER, A./LAMPENIUS, N., Wachstumsannahmen, S. 243.

503 Zur grundsätzlichen Abbildung von Wachstum im Bewertungskalkül vgl. Abschn. 225.

das Wachstum deutscher Unternehmen untersuchen.[504] Die im Folgenden diskutierten Studien lassen sich dabei in erster Linie anhand der ihnen zugrunde liegenden Datenbasis in Studien auf der Grundlage von Daten der volkswirtschaftlichen Gesamtrechnung bzw. in Studien auf Basis von Jahresabschluss- und Kapitalmarktdaten differenzieren.

333.2 Studien zum Wachstum von Unternehmen auf Basis von Daten der volkswirtschaftlichen Gesamtrechnung

Studien zur Unternehmensbewertung, die auf Daten der volkswirtschaftlichen Gesamtrechnung[505] basieren, liegt üblicherweise eine sog. **Aggregatsbetrachtung** zugrunde. Eine solche Betrachtungsweise geht von der volkswirtschaftlichen Gesamtrechnung als Gesamtheit sämtlicher Wirtschaftseinheiten aus und versucht, aus gesamtwirtschaftlichen Trends Implikationen für das Gewinnwachstum von Unternehmen als Komponenten dieses Aggregats abzuleiten.[506] Das BIP zu Marktpreisen als wesentliches Ergebnis der volkswirtschaftlichen Gesamtrechnung ergibt sich demnach durch Aggregation der einzelnen Komponenten seiner Entstehung (Entstehungsrechnung). Will man indes den Anteil der Unternehmensgewinne am BIP identifizieren, stellt sich die Frage nach der Verteilung des BIP auf die eingesetzten Produktionsfaktoren (Verteilungsrechnung).[507] Wie die in Formel 3-1 abgebildete Gleichung der Verteilungsrechnung verdeutlicht, sind die Unternehmensgewinne wie die übrigen Zinsen (Vermögenseinkommen aus dem Einsatz des Produktionsfaktors Kapital) und Löhne (Arbeitnehmerentgelt aus dem Einsatz des Produktionsfaktors Arbeit) Bestandteil des Volkseinkommens[508] als Summe aller Erwerbs- und Vermögenseinkommen:

$$\text{BIP} = \underbrace{\text{Unternehmensgewinne} + \text{Zinsen} + \text{Löhne}}_{\text{Volkseinkommen}} + \text{Abschreibungen} + \text{indirekte Steuern} - \text{Subventionen}$$

Formel 3-1: Das BIP als Ergebnis der volkswirtschaftlichen Gesamtrechnung[509]

Ausgehend von der dargestellten Bestimmungsgleichung des BIP abstrahieren Aggregatsbetrachtungen von etwaigen Änderungen der übrigen Komponenten des BIP und unterstellen für

---

504 Dies schließt indes nicht aus, dass auch empirische Studien, die über die Abgrenzung des Untersuchungsgegenstands hinausgehen, in die Argumentation einbezogen werden, sofern sich aus ihnen Anhaltspunkte zur Beantwortung der untersuchten Fragestellungen ergeben.

505 Zum Problem der Aggregation vgl. BOFINGER, P., Volkswirtschaftslehre, S. 316; FRENKEL, M./JOHN, K. D., Volkswirtschaftliche Gesamtrechnung, S. 42.

506 Vgl. KNOLL, L./LOBE, S./TARTLER, T., Langfristiges Ergebniswachstum, S. 12.

507 Alternativ zur angebotsseitigen Berechnung anhand der Entstehungsrechnung lässt sich das BIP auch nachfrageseitig über die Verwendungsrechnung ermitteln. Zur Entstehungs-, Verwendungs- und Verteilungsrechnung des BIP vgl. STATISTISCHES BUNDESAMT, Statistisches Jahrbuch 2008, S. 616 sowie diese erläuternd BOFINGER, P., Volkswirtschaftslehre, S. 317-324; BRÜMMERHOFF, D., Volkswirtschaftliche Gesamtrechnungen, S. 56-75.

508 Für eine genaue Definition des Volkseinkommens vgl. STATISTISCHES BUNDESAMT, Statistisches Jahrbuch 2008, S. 616.

509 Vgl. BOFINGER, P., Volkswirtschaftslehre, S. 318. Die dargestellte Gleichung der Verteilungsrechnung zu Marktpreisen vernachlässigt aus Gründen der Vereinfachung den Saldo der Primäreinkommen mit der übrigen Welt (Inlandskonzept).

das langfristige Wachstum der Unternehmensgewinne c. p. eine hohe Korrelation mit der Entwicklung des Bruttoinlandsprodukts.[510]

Wie KNOLL/LOBE/TARTLER anmerken, lässt sich i. S. einer solchen Aggregatsbetrachtung beispielsweise anhand der **Jahrbücher des Statistischen Bundesamts** für die Jahre 1960 bis 1993 ein jährliches Wachstum der Gewinne von Kapitalgesellschaften von 5,9 % bzw. für den Zeitraum von 1993 bis 2006 von 8,1 % ermitteln.[511] Bei Verknüpfung der beiden Zeitreihen ergibt sich ein geometrisches Mittel des Gewinnwachstums p. a. von 6,5 % für den Zeitraum von 46 Jahren.[512]

Eine viel zitierte Quelle volkswirtschaftlicher Aggregatsbetrachtungen sind die **statistischen Veröffentlichungen der Deutschen Bundesbank**.[513] In diesem Zusammenhang sind v. a. die Statistischen Sonderveröffentlichungen Nr. 5 zu nennen, in welchen für unterschiedliche Zeiträume hochgerechnete Angaben für Jahresabschlüsse deutscher Unternehmen veröffentlicht werden. In Abhängigkeit des betrachteten Untersuchungszeitraums sind dabei wesentliche Änderungen des Datenmaterials zu berücksichtigen. Für den Zeitraum 1971 bis einschließlich 1996 (frühere Datenbasis) basieren die einbezogenen Jahresabschlusszahlen auf Bilanzen und Erfolgsrechnungen, die den Zweiganstalten der Landeszentralbanken zur Sicherstellung der Rediskontfähigkeit von Wechselgeschäften eingereicht wurden.[514] Berechnungsgrundlage für die Jahre ab 1997 (neuere Datenbasis) ist der Jahresabschlussdatenpool der Deutschen Bundesbank. In diesem werden die bei der Bundesbank und einigen Instituten der Kredit- und Versicherungswirtschaft verfügbaren Jahresabschlüsse im Rahmen einer freiwilligen Vereinbarung zusammengeführt und statistisch ausgewertet.[515] Die Daten der Deutschen Bundesbank liegen u. a. einer empirischen Studie von WIDMANN/SCHIESZL/JEROMIN zum Gewinnwachstum deutscher Unternehmen zugrunde. Auf Basis der Statistischen Sonderveröffentli-

---

510 Vgl. KNOLL, L./LOBE, S./TARTLER, T., Langfristiges Ergebniswachstum, S. 12.

511 Die Unternehmensgewinne ergeben sich nach der Definition des Statistischen Bundesamts aus den Betriebsüberschüssen zzgl. empfangener Vermögenseinkommen und abzgl. geleisteter Vermögenseinkommen (ohne Ausschüttungen und Entnahmen). Vgl. STATISTISCHES BUNDESAMT, Statistisches Jahrbuch 2008, S. 640.

512 Die Zahlen basieren dabei aussagegemäß bis zum Jahr 1993 auf kumulierten Gewinnen von juristischen Personen bzw. von Kapitalgesellschaften für den Zeitraum ab 1993. Vgl. KNOLL, L./LOBE, S./TARTLER, T., Langfristiges Ergebniswachstum, S. 14.

513 Für eine Übersicht weiterer Quellen der amtlichen Statistik vgl. WINKER, P., Empirische Wirtschaftsforschung, S. 18-21.

514 Vgl. DEUTSCHE BUNDESBANK, Jahresabschlüsse westdeutscher Unternehmen 1971 bis 1996, S. 7; DEUTSCHE BUNDESBANK, Jahresabschlüsse deutscher Unternehmen von 1994 bis 2003, S. 5 f.

515 Vgl. DEUTSCHE BUNDESBANK, Jahresabschlüsse deutscher Unternehmen von 1994 bis 2003, S. 6. Während das Problem der älteren Datenbasis hinsichtlich der Unterrepräsentation einzelner Wirtschaftszweige in der neueren Datenbasis z. T. abgeschwächt wird, sind auch in der neueren Datenbasis größere Unternehmen weiterhin deutlich überproportional vertreten. Vgl. DEUTSCHE BUNDESBANK, Jahresabschlüsse deutscher Unternehmen von 1994 bis 2003, S. 7. In der älteren Datenbasis der Jahre 1971 bis 1997 sind insbesondere solche Wirtschaftszweige unterrepräsentiert, in denen Wechselgeschäfte geringere bis keine Relevanz besitzen. In methodischer Hinsicht ist an der älteren Datenbasis zudem zu kritisieren, dass bis zum Jahr 1994 die Daten z. T. nur alle zwei Jahre erhoben wurden und somit eine Fortschreibung anhand von Informationen aus anderen Statistiken erforderlich ist. Vgl. DEUTSCHE BUNDESBANK, Jahresabschlüsse westdeutscher Unternehmen 1971 bis 1996, S. 9.

chung Nr. 5 für den Zeitraum 1971 bis 1994 ermitteln sie im ersten Schritt eine durchschnittliche jährliche Wachstumsrate[516] der Jahresüberschüsse deutscher Unternehmen[517] von 1,7 %. Im zweiten Schritt beziehen sie ergänzend die entsprechenden Monatsberichte der Deutschen Bundesbank in ihre Untersuchung ein und errechnen auf diesem Wege eine nur marginal geringere durchschnittliche Wachstumsrate von 1,4 % p. a.[518] Ähnlich gehen KNOLL/SEDLACEK vor, indem sie grundsätzlich von der Statistischen Sonderveröffentlichung Nr. 5 für die Jahre 1994 bis 2003 ausgehen, indes lediglich die neuere Datenbasis ab 1997 einbeziehen und anhand dieser unter Ergänzung aktualisierter Zahlen für die Jahre 2004 bis 2006 branchenübergreifend ein durchschnittliches jährliches Wachstum der Unternehmensgewinne im Zeitraum 1997 bis 2006 von 6,0 % vor Steuern bzw. 6,5 % nach Steuern ableiten.[519]

Da Unternehmensbilanzen als wichtigste Datenquelle zur Berechnung der volkswirtschaftlichen Gesamtrechnung herangezogen werden,[520] erscheint es intuitiv nachvollziehbar, von einem Wirkungszusammenhang zwischen der langfristigen Entwicklung von BIP und Unternehmensgewinnen auszugehen. Wenngleich eine grundsätzliche Indikatorfunktion des BIP an dieser Stelle keineswegs bestritten werden soll, wird nachfolgend zumindest auf bestehende Limitationen und notwendige Relativierungen von Aggregatsbetrachtungen hingewiesen.[521]

Notwendige Einschränkungen von Aggregatsbetrachtungen ergeben sich insbesondere in methodischer Hinsicht. Anhand der in Formel 3-1 dargestellten Bestimmungsgleichung des BIP lässt sich leicht verdeutlichen, welch **restriktiven Annahmen** Aggregatsbetrachtungen unterliegen, um die Wachstumsrate des BIP überhaupt als approximativen Maßstab für den Wachstumsabschlag in der ewigen Rente heranziehen zu können. Wie bereits angedeutet, kann eine hohe Korrelation zwischen Unternehmensgewinnen und BIP demnach nur unterstellt werden, sofern weder Verschiebungen zwischen den Komponenten des Volkseinkommens noch überproportionale Veränderungen der zwischen Volkseinkommen und BIP stehenden Größen eintreten.[522] Hinsichtlich des Zusammenhangs zwischen dem Gewinnwachstum von Unterneh-

---

516 Der Begriff der Wachstumsrate wird im Rahmen dieser Arbeit nicht gleichgesetzt mit dem Begriff des Wachstumsabschlags. Während die Wachstumsrate als genereller Maßstab für das Wachstum einer konkreten Bezugsgröße herangezogen wird, bezieht sich der Wachstumsabschlag auf die konkrete Variable im Bewertungskalkül zur Berücksichtigung von Wachstum.

517 Nicht enthalten in der Stichprobe sind Unternehmen aus der „New Economy" sowie dem Finanzdienstleistungsbereich. Vgl. hierzu WIDMANN, B./SCHIESZL, S./JEROMIN, A., Kapitalisierungszinssatz, S. 809.

518 Vgl. WIDMANN, B./SCHIESZL, S./JEROMIN, A., Kapitalisierungszinssatz, S. 808 f. STELLBRINK kommt anhand des gleichen Vorgehens zu übereinstimmenden Ergebnissen. Vgl. STELLBRINK, J., Restwert, S. 125.

519 Vgl. KNOLL, L./SEDLACEK, C., Gewinnwachstum börsennotierter Unternehmen, S. 135. Die Daten der Statistischen Sonderveröffentlichung Nr. 5 einschließlich der Angaben für den Zeitraum der Jahre 2004 bis 2006 sind abrufbar unter: http://www.bundesbank.de/statistik/statistik_wirtschaftsdaten_tabellen.php, wobei die Zahlen des Jahres 2006 lediglich eine Schätzung darstellen.

520 Zum Zusammenhang zwischen Unternehmensbilanzen und BIP vgl. SAMUELSON, P. A./NORDHAUS, W. D., Volkswirtschaftslehre, S. 606.

521 Auf eine konkrete Interpretation der dargelegten Ergebnisse unter Einbezug beobachtbarer Konjunkturzyklen wird dabei verzichtet. Eine solche Interpretation unter Berücksichtigung zugehöriger Konjunkturzyklen findet sich u. a. bei WIDMANN/SCHIESZL/JEROMIN. Vgl. hierzu WIDMANN, B./SCHIESZL, S./JEROMIN, A., Kapitalisierungszinssatz, S. 809.

522 Vgl. KNOLL, L./LOBE, S./TARTLER, T., Langfristiges Ergebniswachstum, S. 12.

men und dem Wachstum der Gesamtwirtschaft merkt beispielsweise die EZB einschränkend an, dass die Einnahmequellen von Unternehmen nur bis zu einem gewissen Grad die Zusammensetzung des BIP widerspiegeln.[523] Ein weit verbreitetes Problem der Auswertung von Zeitreihen auf Basis von Daten der volkswirtschaftlichen Gesamtrechnung ist überdies die mit einem solchen Vorgehen einhergehende Gefahr der Überrepräsentation „(über-)lebender" Unternehmen (sog. **Survivorship Bias**[524]). In die volkswirtschaftliche Gesamtrechnung einer Periode gehen nur im jeweiligen Zeitraum bilanzierende Unternehmen ein.[525] Unternehmen, die zwischenzeitlich in die Insolvenz gegangen sind, sind hingegen nicht Bestandteil. Diese werden somit sukzessiv, d. h. nach Einstellung der Unternehmenstätigkeit von der Betrachtung ausgeschlossen. WIDMANN/SCHIESZL/JEROMIN weisen hinsichtlich dieser Problematik daher auf Ergebnis verzerrende Effekte hin, welche aus dem Fehlen negativer Ergebnisbeiträge von aus dem Markt ausgeschiedenen Unternehmen resultieren. Zur Korrektur dieser Verzerrung ist der Wachstumsabschlag ihrer Ansicht nach um eine sog. Konkursprämie zu reduzieren.[526] Weitere Verzerrungen können sich aus der **nicht abschließenden Abgrenzung des einbezogenen Datenmaterials** ergeben. Durch Zu- und Abgänge der in die Auswertung einbezogenen Unternehmen unterliegt die Datenbasis vielmehr periodischen Veränderungen.[527]

Wenngleich sich das Wachstum der Unternehmensgewinne gegenüber dem Wachstum des nominalen BIP[528] als deutlich volatiler erweist,[529] kann unter Einbezug der genannten Restriktionen zumindest von einem langfristig ähnlichen Trend zwischen dem Gewinnwachstum von Unternehmen und dem Wachstum des nominalen BIP ausgegangen werden. Angesichts der zu beachtenden Limitationen kann die Wachstumsrate des BIP indes nur ein erster, wenn auch aus Objektivierungsgesichtspunkten wertvoller, Anhaltspunkt zur Plausibilisierung eines unternehmensindividuell ermittelten Wachstumsabschlags sein.

333.3 Studien zum Wachstum von Unternehmen auf Basis von Jahresabschluss- und Kapitalmarktdaten

Neben den vorstehend thematisierten Studien auf Basis von Daten der amtlichen Statistik finden sich in der empirischen Forschung zur Unternehmensbewertung zudem Untersuchungen, die das Wachstum von Unternehmen anhand ausgewählter Jahresabschluss- und Kapitalmarktdaten untersuchen.

---

523 Abweichungen zwischen den beiden Messgrößen können sich aussagegemäß v. a. aus Unterschieden in der Rechnungslegung und firmenspezifischen Maßnahmen ergeben. Vgl. EUROPÄISCHE ZENTRALBANK, Monatsbericht September 2007, S. 47 f.

524 Zum Problem des Survivorship Bias vgl. STUDENMUND, A. H., Econometrics, S. 549 f. sowie STOCK, J. H./WATSON, M. W., Econometrics, S. 323.

525 Vgl. STATISTISCHES BUNDESAMT, Statistisches Jahrbuch 2008, S. 616.

526 Vgl. WIDMANN, B./SCHIESZL, S./JEROMIN, A., Kapitalisierungszinssatz, S. 809.

527 Dieser Kritikpunkt trifft gleichermaßen auf die Daten des Statistischen Bundesamts zu. Vgl. HANSEN, H./KNOLL, L., Dividenden börsennotierter Aktiengesellschaften, S. 258.

528 Das nominale BIP umfasst die Produktion von Waren und Dienstleistungen bewertet zu laufenden Preisen. Vgl. MANKIW, N. G./TAYLOR, M. P., Volkswirtschaftslehre, S. 573.

529 Vgl. EUROPÄISCHE ZENTRALBANK, Monatsbericht September 2007, S. 49.

Verschiedene Studien zum Gewinnwachstum von Unternehmen gehen auf ALBRECHT zurück. Während primärer Untersuchungsgegenstand der Studien von ALBRECHT sog. Mean Reversion-Effekte[530] des Kurs-Gewinn-Verhältnisses am deutschen Aktienmarkt sind, wird im Zuge der zugehörigen Auswertungen anhand eines mittelbaren Verfahrens auch das Gewinnwachstum der einbezogenen Unternehmen bestimmt. Konkret wird unter Zuhilfenahme des Aktien- bzw. Indexkurses und des zugehörigen Kurs-Gewinn-Verhältnisses ein implizites Gewinnwachstum ermittelt. Entsprechend dieses Vorgehens wird für weitgehend deckungsgleiche Untersuchungszeiträume (1974 bis Mitte 2002 bzw. Anfang 1974 bis Ende 2003) ein geometrisches Mittel des DAX-Gewinnwachstums von 6,5 %[531] bzw. 6,8%[532] ermittelt, welches nachfolgend unter der Annahme eines konstanten Kurs-Gewinn-Verhältnisses zur Projektion künftiger Kurs- und Gewinnsteigerungen herangezogen wird. Wenngleich die Ergebnisse von ALBRECHT/KANTAR/XIAO trotz des abweichenden Untersuchungsziels durchaus Anhaltspunkte zur Plausibilisierung des Wachstums von Unternehmen im Allgemeinen liefern, erscheint es fraglich, inwiefern aus dem **Gewinnwachstum eines Aktienindex** Rückschlüsse zur Quantifizierung des Wachstumsabschlags im konkreten Bewertungsfall gezogen werden können, sofern das zu bewertende Unternehmen nicht im zugrunde gelegten Aktienindex notiert ist.

Das Wachstum von Unternehmen ist zudem Gegenstand diverser empirischer Arbeiten von KNOLL. In einer Studie aus dem Jahre 2005 untersucht KNOLL gemeinsam mit HANSEN die Entwicklung der Dividendenausschüttung sämtlicher börsennotierten Aktiengesellschaften in Deutschland seit Einführung des körperschaftsteuerlichen Anrechnungsverfahrens im Jahr 1977. Die Behandlung des **Wachstums von Dividenden** als schwerpunktmäßigen Untersuchungsgegenstand begründen sie u. a. mit einer geringeren Volatilität im Vergleich zu Jahresüberschüssen. Zudem folgern sie, dass aufgrund der Finanzierung von Dividenden aus Gewinnen langfristig eine Korrelation zwischen Dividenden und Gewinnwachstum unterstellt werden könne.[533] Indes weisen sie selbst einschränkend darauf hin, dass angesichts der Kom-

---

530 Der Effekt der sog. Mean Reversion beschreibt die Tendenz von Wertentwicklungen, nach einer temporären Abweichung vom Mittelwert langfristig wieder zu diesem zurückzukehren. Vgl. ALBRECHT, P./KANTAR, C./XIAO, Y., Mean Reversion-Effekte beim DAX, S. 14; ALBRECHT, P./KANTAR, C., Mean Reversion, S. 223-245; ALBRECHT, P./KANTAR, C./XIAO, Y., Mean Reversion Effekte; FAMA, E. F./FRENCH, K. R., Stock Prices, S. 246-273.

531 Vgl. ALBRECHT, P./KANTAR, C., Mean Reversion, S. 241.

532 Vgl. ALBRECHT, P./KANTAR, C./XIAO, Y., Mean Reversion-Effekte beim DAX, S. 16 sowie ALBRECHT, P./KANTAR, C./XIAO, Y., Mean Reversion Effekte, S. 14.

533 Einschränkend weisen sie darauf hin, dass bei kurzfristiger Betrachtung auch Änderungen der Ausschüttungsquote bedeutsam sind. Vgl. HANSEN, H./KNOLL, L., Dividenden börsennotierter Aktiengesellschaften, S. 260 f. sowie KNOLL, L./LOBE, S./TARTLER, T., Langfristiges Ergebniswachstum, S. 16. HANSEN/KNOLL verweisen in diesem Zusammenhang auf eine empirische Untersuchung von FAMA/FRENCH, nach welcher das Dividendenwachstum gegenüber der durchschnittlichen Aktienrendite und dem Gewinnwachstum für Zwecke der Festlegung der Risikoprämie eine größere Prognosegenauigkeit besitzt. Indes vernachlässigen HANSEN/KNOLL den Hinweis von FAMA/FRENCH hinsichtlich zu berücksichtigender Verzerrungen, welche unter gewissen Umständen im Fall des Dividendenwachstums größer sind als bei Heranziehen des Gewinnwachstums. FAMA/FRENCH treffen insofern nur dahingehend eine abschließende Aussage, dass sowohl Dividenden- als auch Gewinnwachstum gegenüber der durchschnittlichen Aktienrendite für Zwecke der

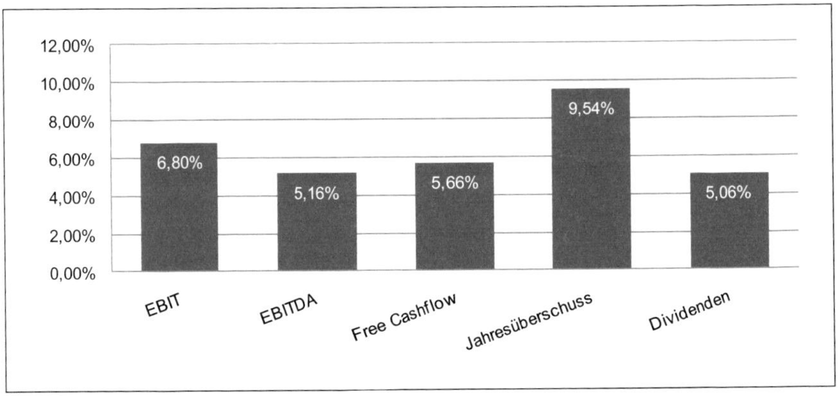

Abbildung 3-4: Branchenübergreifende Wachstumsraten auf Basis normalisierter Basis- und Endwerte

Es zeigt sich, dass die beiden Ansätze zur Berechnung von Wachstumsraten unter Berücksichtigung mathematischer Restriktionen[589] zu geringfügigen – wenngleich in Anbetracht der Bedeutung des Wachstumsabschlags[590] für den Unternehmenswert zu nicht vernachlässigbaren – Abweichungen im isolierten Vergleich der einzelnen Gewinngrößen führen. Bedeutsamer ist indes die Erkenntnis, dass die Wahl für eine der beiden Vorgehensweisen offenbar keinen verzerrenden Einfluss auf das Verhältnis der Wachstumsraten der untersuchten Gewinngrößen zueinander hat und somit nicht zu widersprüchlichen Ergebnissen führt.

Auf Basis der erzielten Ergebnisse lässt sich nunmehr anhand einer vergleichenden Betrachtung verdeutlichen, welche Konsequenzen sich aus der Wahl des Wachstumsmaßstabs ergeben können. Für die bisher vorliegenden Studien scheitert ein solcher Vergleich hingegen an den abweichenden Untersuchungszeiträumen und Datenbeständen.[591] Die empirisch ermittelten Wachstumsraten liegen auf Basis der tatsächlichen Basis- und Endwerte zwischen 4,3 % und 10,7 % bei einer Standardabweichung von 2,3 %. Für die normalisieren Basis- und Endwerte zeigt sich eine nur unwesentlich geringere Spannweite der ermittelten Wachstumsraten von 5,1 % bis 9,5 % bei einer Standardabweichung von 1,9 %. Um mögliche Konsequenzen dieser Bandbreiten für den Unternehmenswert zu veranschaulichen, sei auf das Ausgangsbeispiel zur Bedeutung des Wachstumsabschlags hingewiesen.[592] Unter den dargestellten Prämissen führt bereits eine Erhöhung des Wachstumsabschlags von 1,0 % auf 2,0 % zu einer

[589] Zu mathematischen Restriktionen der Compound Annual Growth Rate vgl. Abschn. 343.3.

[590] Zum Einfluss des Wachstumsabschlags auf den Unternehmenswert vgl. Abschn. 32.

[591] Ein Überblick empirischer Studien zum Gewinnwachstum deutscher Unternehmen findet sich in Abschn. 333.

[592] In diesem Zusammenhang ist abermals die dringende Klarstellung geboten, dass auf Basis der Erkenntnisse der empirischen Untersuchungen kein abschließendes Urteil zur Quantifizierung von Wachstumsabschlägen getroffen werden kann und soll, sondern vielmehr eine Argumentationsbasis für die nachfolgende theoretische Analyse geschaffen werden soll. Zur grundsätzlichen Ausrichtung der empirischen Untersuchung und dem zugrunde liegenden Untersuchungszweck vgl. die entsprechenden Vorbemerkungen in Abschn. 341.

Erhöhung des Unternehmenswerts um 12,5 %.[593] Allein auf die Untergrenze der Wachstumsraten auf Basis tatsächlicher Basis- und Endwerte von 4,3 % bezogen, würde eine solche Erhöhung um einen Prozentpunkt zu einer Wertsteigerung von 21,3 % führen.

Um beurteilen zu können, inwieweit die branchenübergreifenden Wachstumsraten durch branchenspezifische Wachstumstrends beeinflusst werden, wird im folgenden Abschnitt eine Branchenbetrachtung vorgenommen.

344.2 Die Ergebnisse zum branchenbezogenen Wachstum

Wenngleich empirische Studien zum Wachstum von Unternehmen grundsätzlich wichtige Anhaltspunkte zur Plausibilisierung liefern können, sind branchenübergreifende Analysen für konkrete Bewertungsfälle nur sehr eingeschränkt aussagekräftig, da sie branchenindividuelle Entwicklungen nicht transparent darzustellen vermögen. Um bezogen auf ein einzelnes Bewertungsobjekt das für Plausibilisierungszwecke notwendige Mindestmaß an Vergleichbarkeit zu gewährleisten, müsste die Gruppe der jeweils einbezogenen Unternehmen – analog zur Abgrenzung einer Peer Group[594] – möglichst genau auf das zu bewertende Unternehmen zugeschnitten sein. Da die empirische Analyse indes nicht auf ein einzelnes Unternehmen ausgerichtet ist, sondern von einer Vielzahl unterschiedlicher Unternehmen ausgeht, bedarf es einer entsprechenden Kategorisierung der Betrachtungsobjekte. Aufgrund branchenspezifischer Wachstumstrends ist daher analog zur Prognose der künftigen finanziellen Überschüsse eine **Analyse auf Ebene einzelner Wirtschaftszweige** geboten.[595] Da sich auf Ebene der branchenübergreifenden Analyse des Wachstums von Unternehmen zeigen lässt, dass die Wahl zwischen der Verwendung tatsächlicher oder normalisierter Basis- und Endwerte offenbar nur geringfügigen Einfluss auf die Untersuchungsergebnisse hat, werden an dieser Stelle nur die auf Basis tatsächlicher Basis- und Endwerte erzielten Ergebnisse zum branchenbezogenen Wachstum von Unternehmen vorgestellt.[596]

Ähnlich wie bei branchenübergreifender Betrachtung ergibt sich auch auf Ebene der einzelnen Wirtschaftszweige ein **heterogenes Bild der verschiedenen Wachstumsmaßstäbe**.[597] Dabei zeigt sich, dass auf Basis der vorliegenden Befunde v. a. Unternehmen aus dem Bereich Gesundheitswesen sowie Versorgungs-, Technologie- und Telekommunikationsunternehmen für das starke Wachstum der Jahresüberschüsse deutscher Unternehmen im Zeitraum 1998 bis

[593] Die zugehörige Beispielrechnung ist Bestandteil von Abschn. 32.

[594] Zur Problematik der sachgerechten Abgrenzung einer Peer Group vgl. Abschn. 522.33.

[595] Zur Berücksichtigung von Branchenanalysen für Zwecke der Prognose der künftigen finanziellen Überschüsse vgl. Abschn. 224.1. In diesem Zusammenhang lässt sich bereits deshalb eine Parallele zwischen der Prognose der künftigen finanziellen Überschüsse und der Ermittlung des Wachstumsabschlags ziehen, da Letzterer die Aufgabe hat, die Äquivalenz von Bewertungsobjekt und Alternativanlage hinsichtlich der Breite der künftigen finanziellen Überschüsse zu gewährleisten. Vgl. diesbezüglich die Ausführungen in Abschn. 225. Zur Bedeutung von Branchenanalysen für die Unternehmensbewertung im Allgemeinen vgl. HABBEL, M./KRAUSE, J./OLLMANN, M., Relevanz von Branchenanalysen, S. 9-19.

[596] Eine entsprechende Darstellung der Untersuchungsergebnisse zu branchenspezifischen Wachstumsraten auf Basis normalisierter Basis- und Endwerte findet sich in Anhang 4.

[597] Eine ausführliche Darstellung der Untersuchungsergebnisse zu branchenspezifischen Wachstumsraten auf Basis tatsächlicher Basis- und Endwerte ist Anhang 5 zu entnehmen.

2008 verantwortlich sind. Die eingeschränkte Aussagekraft branchenübergreifender Untersuchungen lässt sich anhand eines Vergleichs des Jahresüberschusswachstums von Unternehmen aus den Bereichen Gesundheitswesen und Verbraucherservice leicht veranschaulichen. Während die Jahresüberschüsse von Unternehmen aus dem Bereich Gesundheitswesen durchschnittlich um 20,7 % p. a. gewachsen sind, erzielten Unternehmen des Wirtschaftszweigs Verbrauchsgüter im gleichen Zeitraum lediglich ein durchschnittliches Wachstum von jährlich 5,3 %. Bei branchenübergreifender Betrachtung sind die Jahresüberschüsse deutscher Unternehmen im Zeitraum 1998 bis 2008 hingegen um 10,7 % p. a. gewachsen – eine Wachstumsrate, die weder das Wachstum von Unternehmen aus dem Bereich Gesundheitswesen noch solcher aus dem Wirtschaftszweig Verbrauchsgüter zutreffend widerspiegelt. Wenngleich für beide Branchen argumentiert werden kann, dass die über- bzw. unterdurchschnittlichen Wachstumsraten angesichts des geringen Anteils der beiden Branchen an der gesamten Datenbasis möglicherweise durch Extremwerte verzerrt sind, wird die branchenübergreifende Wachstumsrate der Jahresüberschüsse von 10,7 % ebenso wenig dem empirisch ermittelten Wachstum des zahlenmäßig größten Wirtschaftszweigs der Industrieunternehmen von durchschnittlich 7,6 % p. a. gerecht.[598]

Die empirischen Befunde zum branchenbezogenen Wachstum scheinen mithin die Vermutung zu bestätigen, dass branchenübergreifende Untersuchungen für die Quantifizierung des Wachstumsabschlags in der ewigen Rente nur eingeschränkte Aussagekraft besitzen. Die aus den empirischen Ergebnissen gezogenen Schlussfolgerungen sind indes ihrerseits nur dann aussagekräftig, sofern sie als verzerrungsfrei und robust, d. h. als stabil gegenüber alternativen Modellspezifikationen,[599] angesehen werden können. Nachfolgend sollen die empirischen Ergebnisse daher anhand verschiedenster Ansätze auf ihre Robustheit hin überprüft werden.

345. Die Prüfung der Ergebnisse auf Robustheit

345.1 Die Auswirkungen einer modifizierten Datenbasis

Setzt man sich mit vorliegenden Studien zum Wachstum von Unternehmen kritisch auseinander, ist darauf hinzuweisen, dass die jeweils erzielten Ergebnisse durch das Fehlen oder die unterproportionale Vertretung aus dem Markt ausgeschiedener Unternehmen in der Datenbasis verzerrt sein können.[600] Wenngleich bereits mit der in Anlehnung an FAMA/FRENCH gewählten Vorgehensweise zur Abgrenzung der Datenbasis[601] ein Beitrag zur weitgehenden Vermeidung eines Survivorship Bias geleistet wird, werden nunmehr zusätzlich solche Unternehmen, die als inaktiv[602] einzustufen sind, aus der ursprünglichen Datenbasis herausgefiltert,

[598] Zum Anteil einzelner Branchen an der gesamten Datenbasis vgl. Abschn. 343.2.

[599] Vgl. SACHS, L./HEDDERICH, J., Angewandte Statistik, S. 280. Zur Robustheit und ökonomischen Signifikanz empirischer Studien am Beispiel der Prognostizierbarkeit von Aktienrenditen vgl. PESARAN, H. M./TIMMERMANN, A., Predictability of Stock Returns, S. 1201-1228.

[600] Zum Problem des Survivorship Bias vgl. die kritischen Anmerkungen in Abschn. 333.2 zu empirischen Studien anhand von Daten der volkswirtschaftlichen Gesamtrechnung bzw. in Abschn. 333.3 zu solchen auf Basis von Jahresabschluss- und Kapitalmarktdaten.

[601] Zur Abgrenzung der Datenbasis vgl. die Ausführungen in Abschn. 343.1.

[602] Eine Gesellschaft gilt als inaktiv, wenn sich diese in Auflösung bzw. Liquidation befindet.

um beurteilen zu können, inwieweit die erhobenen Daten durch einen überproportionalen Anteil aktiver Unternehmen positiv verzerrt sind. Ziel dieses Vorgehens ist es, die Sensitivität der Ergebnisse auf den Einbezug inaktiver Gesellschaften transparent darzustellen. Bevor der Werteffekt einer solchen alternativen Abgrenzung der Datenbasis auf die Untersuchungsergebnisse quantitativ analysiert wird, werden zunächst die entsprechenden Auswirkungen auf die Zusammensetzung der Datenbasis qualitativ gewürdigt.

Im vorliegenden Fall lassen sich auf Basis der verfügbaren Informationen 23 Unternehmen als inaktiv klassifizieren. Schließt man diese von der Vorauswahl betrachteter Unternehmen aus, umfasst die vorläufige Datenbasis anstatt ursprünglich 366 Unternehmen nunmehr 343 Unternehmen. Wendet man auf diese modifizierte Datenbasis die Kriterien zur Endauswahl[603] einzubeziehender Unternehmen an, enthält die finale Datenbasis unter Ausschluss inaktiver Gesellschaften nur noch 320 anstatt ursprünglich 341 Unternehmen. Nach dieser Modifikation der Datenbasis stellt sich erneut die Frage, wie sich der Kreis der untersuchten Unternehmen hinsichtlich ihrer Branchenzugehörigkeit zusammensetzt. Wendet man zur Beantwortung dieser Frage die für Zwecke dieser Analyse gewählte ICB-Systematik auf die modifizierte Datenbasis ausschließlich aktiver Unternehmen an, zeigt sich folgende **Zusammensetzung der Datenbasis hinsichtlich der Branchenzugehörigkeit** der einbezogenen Unternehmen:

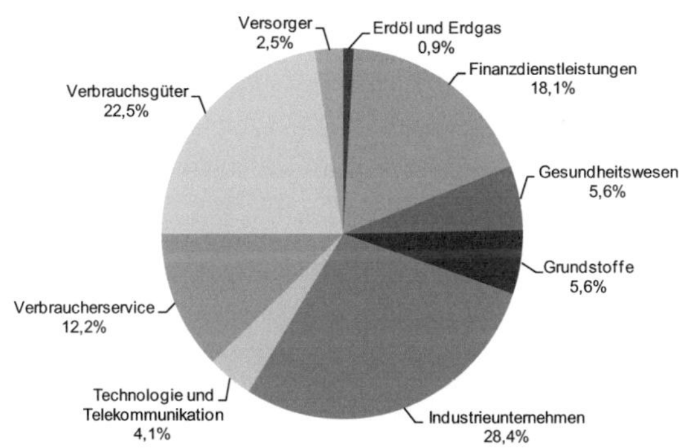

Abbildung 3-5: Die Zusammensetzung der modifizierten Datenbasis unter Ausschluss inaktiver Unternehmen

Nach Identifikation der inaktiven Unternehmen innerhalb der ursprünglichen Datenbasis lassen sich die beiden Datengrundlagen hinsichtlich der Branchenzugehörigkeit der jeweils einbezogenen Unternehmen gegenüberstellen. Abbildung 3-6 verdeutlicht, dass sich aus der

603 Zu den Selektionskriterien im Rahmen der Endauswahl vgl. Abschn. 343.1.

nachträglichen Berücksichtigung inaktiver Unternehmen nur geringfügige Änderungen hinsichtlich des relativen Anteils der einzelnen Branchen an der Datenbasis ergeben:[604]

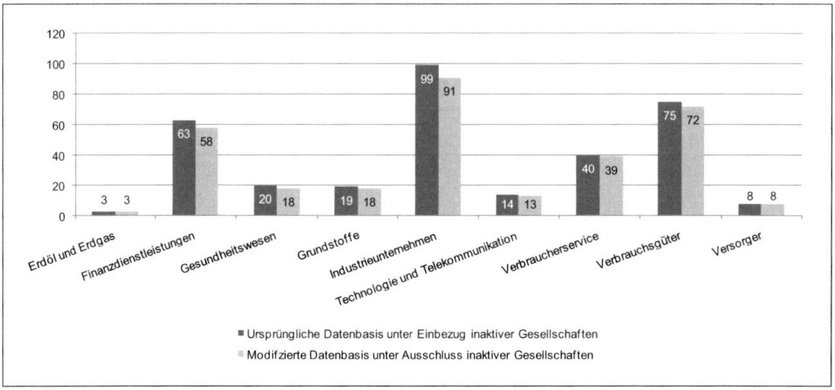

Abbildung 3-6: Auswirkungen der alternativen Abgrenzung der Datenbasis auf ihre Zusammensetzung[605]

Bezogen auf die nach Anwendung aller Selektionskriterien verbleibenden Branchen ergeben sich die deutlichsten Veränderungen für Industrieunternehmen (Ausschluss von acht inaktiven Unternehmen) und Unternehmen der Verbrauchsgüterbranche (Ausschluss von drei inaktiven Unternehmen). Weniger entscheidend als die absoluten Änderungen sind die relativen Veränderungen in Prozent der ursprünglichen Anzahl an Unternehmen einer Branche. Diesbezüglich wirkt sich der Ausschluss inaktiver Gesellschaften mit einer Abnahme um 10,0 % am stärksten auf die Branche Gesundheitswesen aus. Wesentliche Änderungen ergeben sich zudem hinsichtlich einbezogener Industrie- (Abnahme um 8,1 %) sowie Technologie- und Telekommunikationsunternehmen (Abnahme um 7,1 %).

Es verbleibt die Frage, wie sich die alternative Abgrenzung der Datenbasis auf die Untersuchungsergebnisse auswirkt. Reagieren diese sensibel auf den Ausschluss inaktiver Unternehmen, ist dies als Anzeichen für eine hinreichende Berücksichtigung solcher Unternehmen in der ursprünglichen Datenbasis und damit gegen die Existenz eines Survivorship Bias zu werten. Abbildung 3-7 veranschaulicht die Effekte anhand eines exemplarischen Vergleichs der branchenübergreifenden Wachstumsraten für den Fall tatsächlicher Basis- und Endwerte:[606]

---

604 Die ursprüngliche Zusammensetzung der Datenbasis findet sich in Abschn. 343.2.

605 Die Branchen Erdöl und Erdgas sowie Finanzdienstleistungen sind lediglich nachrichtlich angegeben. Unternehmen beider Branchen sind nicht Bestandteil der Ermittlung branchenübergreifender bzw. branchenspezifischer Wachstumsraten. Vgl. Abschn. 343.1.

606 Auf eine Sensibilitätsanalyse der Wachstumsraten auf die Verwendung normalisierter Basis- und Endwerte wird aufgrund der bereits an anderer Stelle erbrachten Falsifikation eines wesentlichen Werteffekts verzichtet. Vgl. hierzu die Anmerkungen in Abschn. 344.1.

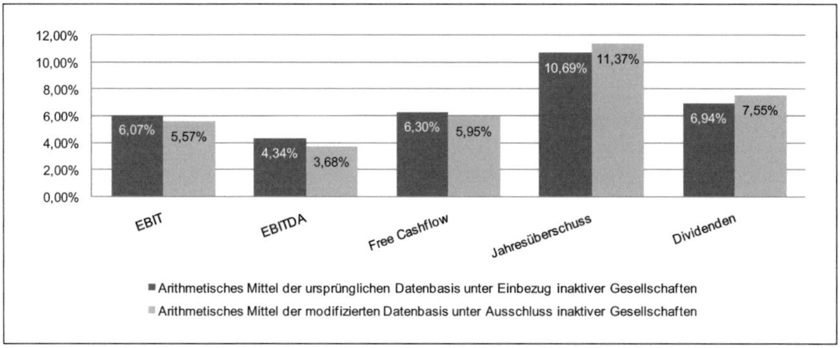

Abbildung 3-7: Auswirkungen der alternativen Abgrenzung der Datenbasis auf die branchenübergreifenden Wachstumsraten der Untersuchungsgrößen

Aus dem Ausschluss inaktiver Unternehmen aus der ursprünglichen Datenbasis erwächst ein nicht zu vernachlässigender Werteffekt. Demnach lassen die ausgewählten Untersuchungsergebnisse durchaus eine gewisse **Sensitivität auf die Modifikation der Datenbasis** erkennen. Die festzustellende Schwankungsbreite zwischen 0,4 % und 0,7 % deutet darauf hin, dass die ursprünglich einbezogenen inaktiven Unternehmen eine nicht unwesentliche Wirkung auf die Untersuchungsergebnisse entfalten, obwohl sie nur einen relativ geringen Anteil an der originären Datenbasis einnehmen.[607] Diese Erkenntnis lässt sich als Anhaltspunkt dafür werten, dass die Untersuchungsergebnisse nicht infolge einer unzureichenden Berücksichtigung inaktiver Unternehmen i. S. eines Survivorship positiv verzerrt sind.[608]

Gleichwohl lässt sich die Gefahr einer solchen Überschätzung der Untersuchungsergebnisse wohl kaum vollständig ausschließen.[609] Das Problem des Survivorship Bias stellt daher letztendlich eine nicht zu negierende Limitation empirischer Analysen dar. Allerdings rechtfertigt diese Einsicht entgegen der Argumentation vergleichbarer Studien in keinster Weise die unreflektierte Hinnahme dieser Limitation als unlösbares Problem. Mit der in Anlehnung an FAMA/FRENCH gewählten Vorgehensweise zur Abgrenzung der Datenbasis[610] und der zusätzlich vergleichenden Betrachtung der beiden Datengrundlagen wird im Unterschied zu bisherigen empirischen Studien nicht nur der Versuch unternommen, verzerrende Einflüsse der einbezogenen inaktiven Unternehmen auf die Untersuchungsergebnisse bei der Datenauswertung zu minimieren, sondern zugleich den verbleibenden Werteffekt im Rahmen gegebener Möglichkeiten transparent darzustellen.

---

607 Der prozentuale Anteil der als inaktiv einzustufenden Unternehmen beträgt 5,6 %.

608 Da es mithin an einem begründeten Verdacht für das Vorliegen eines Survivorship Bias fehlt, erscheint eine Sensitivitätsanalyse der branchenspezifischen Wachstumsraten obsolet.

609 Um eine solche Verzerrung weitgehend ausschließen zu können, wäre ein noch größerer Anteil inaktiver Unternehmen an der Datenbasis geboten, was indes an der Verfügbarkeit der notwendigen Daten scheitert.

610 Zur Abgrenzung der Datenbasis vgl. die Ausführungen in Abschn. 343.1.

345.2 Die Behandlung von Extremwerten

Neben der bereits thematisierten Problematik eines möglichen Survivorship bzw. Ex-Post-Selection Bias der Untersuchungsergebnisse können Extremwerte in den Basis- und Endjahren des Untersuchungszeitraums für weitere Verzerrungen verantwortlich sein.[611] Dies ergibt sich aus der Konzeption der errechneten Compound Annual Growth Rates als geometrisches Mittel.[612]

Unterliegen die Untersuchungsergebnisse starken Schwankungen, legt dies demnach die Vermutung nahe, dass die Ergebnisse gegebenenfalls durch den Einfluss von statistischen Ausreißern verzerrt sein könnten.[613] Wenngleich derartige Werteinflüsse bei Verwendung normalisierter Basis- und Endwerte weitgehend reduziert werden,[614] vermag die bisherige Vorgehensweise zur Auswertung der Datenbasis auf Basis tatsächlicher Basis- und Endwerte Verzerrungen bedingt durch sog. Ausreißer nicht vollständig auszuschließen. Sowohl die branchenübergreifenden als auch die branchenbezogenen Wachstumsraten ergeben sich bislang als arithmetisches Mittel der jeweiligen unternehmensspezifischen Compound Annual Growth Rates.[615] Eine vertiefende Auseinandersetzung mit verzerrenden Werteinflüssen extremer Werte ist nicht zuletzt deshalb geboten, da das zur Verdichtung der unternehmensspezifischen Wachstumsraten herangezogene arithmetische Mittel im Vergleich zu anderen Mittelwerten eine besondere Sensitivität gegenüber Ausreißern aufweist.[616] Um die auf Basis von tatsächlichen Basis- und Endwerten erzielten Untersuchungsergebnisse auf Robustheit gegenüber Extremwerten zu prüfen, werden nachfolgend alternative Ansätze zur Mittelwertbildung angewendet.

Als robuste Mittelwerte gelten das α-gestutzte Mittel (sog. Trimmen) und das α-winsorisierte Mittel (sog. Winsorizing), wobei im vorliegenden Fall entsprechend der üblichen Vorgehensweise jeweils ein α von 10,0 % gewählt wird.[617] Das **10,0 %-gestutzte bzw. getrimmte arithmetische Mittel** ($\alpha = 0{,}1$) erhält man, indem man die unternehmensspezifischen Compound Annual Growth Rates zunächst der Größe nach sortiert, anschließend auf beiden Seiten der Datenreihe 10,0 % der Daten verwirft und schließlich das arithmetische Mittel für die verbleibenden Werte bildet. Vereinfacht gesprochen wird die untersuchte Datenreihe somit an beiden Enden „gestutzt", um mögliche Extremwerte von der Betrachtung auszuschließen.[618]

611 Zum bestmöglichen Umgang mit der Problematik eines eventuellen Survivorship bzw. Ex-Post-Selection Bias vgl. Abschn. 345.1.

612 Zur Konzeption der Compound Annual Growth Rate vgl. Abschn. 343.3.

613 Vgl. KNEZ, P. J./READY, M. J., Robustness, S. 1364.

614 Bei Normalisierung der Basis- und Endwerte durch die Verwendung von Jahresdurchschnittswerten zur Berechnung der Compound Annual Growth Rate findet bereits vorab eine Glättung der einbezogenen Ergebnisse statt. Zudem kann davon ausgegangen werden, dass sich bei Ermittlung des Basis- und Endwerts als 5-Jahresdurchschnitt positive und negative Ausreißer gegenseitig nivellieren. Auf die Darstellung von Robustheitstests für die Ergebnisse auf Basis normalisierter Basis- und Endwerte wird daher verzichtet.

615 Zur grundsätzlichen Vorgehensweise zur Auswertung der Datenbasis vgl. Abschn. 343.3.

616 Vgl. FAHRMEIR, L./KÜNSTLER, R./PIGEOT, I./TUTZ, G., Statistik, S. 55.

617 Vgl. SACHS, L./HEDDERICH, J., Angewandte Statistik, S. 75.

618 Vgl. CLEFF, T., Deskriptive Statistik, S. 42.

Demgegenüber ist das winsorisierte arithmetische Mittel insofern konzeptionell überzeugender, da zur Handhabung von Extremwerten keine Daten von der Betrachtung ausgeschlossen werden, sondern es wird dem als extrem eingestuften Anteil der Daten ein standardisierter Wert zugewiesen. Rechentechnisch kann die Standardisierung der Extremwerte durch vorherige Ermittlung des 10,0 %- bzw. 90,0 %-Quantils vorgenommen werden, um die beiden Quantile anschließend als Unter- bzw. Obergrenze der einzubeziehenden Werte ansetzen zu können. Das **10,0 %-winsorisierte arithmetische Mittel** ergibt sich demnach, indem man die Daten wiederum der Größe nach in eine Reihenfolge bringt, daraufhin auf jeder Seite **10,0 %** der Daten durch den nächstgelegen Wert der restlichen, nicht als extrem eingestuften, Daten substituiert und anschließend aus sämtlichen Daten das arithmetische Mittel bildet.[619]

Wendet man beide Verfahren zur Modifikation des arithmetischen Mittels i. S. einer Bereinigung um Verzerrungen ausgelöst durch statistische Ausreißer auf die Datenreihe an, zeigt sich für die branchenübergreifenden Wachstumsraten auf Basis tatsächlicher Basis- und Endwerte folgendes Bild:

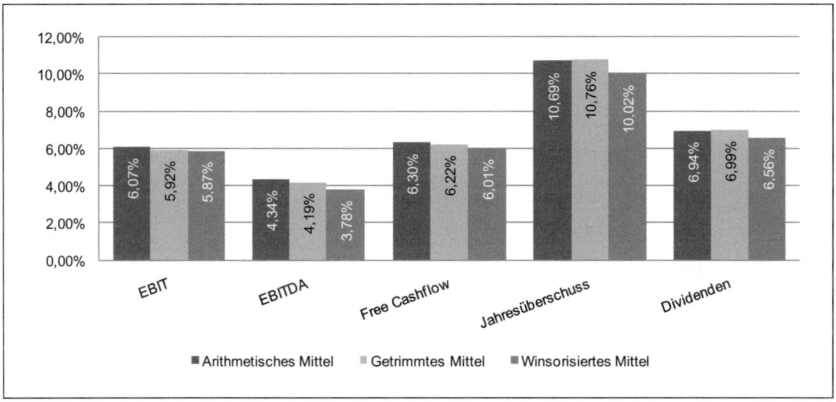

Abbildung 3-8: Branchenübergreifende Wachstumsraten auf Basis tatsächlicher Basis- und Endwerte unter Zuhilfenahme robuster Mittelwerte[620]

Abbildung 3-8 veranschaulicht, dass sich weder für das α-gestutzte noch für das α-winsorisierte Mittel wesentliche Abweichungen zum arithmetischen Mittel in seiner Ursprungsform als Maß zur Verdichtung der einzelnen unternehmensspezifischen Wachstumsraten ergeben. Es lässt sich somit abschließend konstatieren, dass sich auch unter Berücksichti-

619 Vgl. SACHS, L./HEDDERICH, J., Angewandte Statistik, S. 75. Zur Anwendung des Winsorizing-Verfahrens als üblicher Ansatz zur Berücksichtigung des Einflusses von Extremwerten vgl. OBERDÖRSTER, T., Finanzberichterstattung, S. 219.

620 Eine entsprechende Abbildung zu branchenübergreifenden Wachstumsraten auf Basis normalisierter Basis- und Endwerte ist nachrichtlich in Anhang 6 dargestellt.

gung robuster Mittelwerte keinerlei Hinweise auf etwaige Verzerrungen der Untersuchungsergebnisse durch den Einbezug von Extremwerten ableiten lassen.[621]

345.3 Die Auswirkungen eines verlängerten Untersuchungszeitraums

Bereits im Zuge der Darstellung des grundsätzlichen Aufbaus der empirischen Analyse zeigt sich das Spannungsverhältnis zwischen der Länge des Untersuchungszeitraums und der Größe der Datenbasis.[622] Will man die Gefahr eines möglichen Small Sample Bias weitgehend ausschließen, ohne die Repräsentativität der Ergebnisse infolge eines zu kurzen Untersuchungszeitraums zu gefährden, ist die Länge des Untersuchungszeitraums sensibel anzupassen. Stellt man die Gefahr eines Small Sample Bias in den Vordergrund, ist der Notwendigkeit eines angemessenen Umfangs der Datenbasis ein vergleichweise stärkeres Gewicht beizumessen als dem Erfordernis einer angemessenen Länge des Untersuchungszeitraums. Der bisher relativ großzügig gewählte Umfang der Datenbasis wirkt sich in der Konsequenz restriktiv auf die Länge des Untersuchungszeitraums aus. Um die empirischen Ergebnisse auf Robustheit zu prüfen, wird nunmehr in umgekehrter Weise verfahren. Die ursprünglich zur Vermeidung eines Small Sample Bias in Kauf genommene Beschränkung des Untersuchungszeitraums auf ein hinreichendes Zeitintervall wird dahingehend aufgegeben, dass nunmehr der Untersuchungszeitraum so weit verlängert wird, wie es das Erfordernis eines hinreichenden Umfangs der Datenbasis zulässt.[623]

Ausgehend von der ursprünglichen Datenbasis, d. h. inklusive inaktiver Gesellschaften, lässt sich der Untersuchungszeitraum **maximal um vier Jahre** verlängern. Will man den Untersuchungszeitraum für alle Untersuchungsgrößen gleichermaßen ausdehnen, um weiterhin die grundsätzliche Vergleichbarkeit der verschiedenen Wachstumsmaßstäbe zu gewährleisten, steht einer Verlängerung um mehr als vier Jahre die uneinheitliche Verfügbarkeit notwendiger Daten entgegen. Wie bereits im Zuge der Abgrenzung der ursprünglichen Datenbasis festgestellt, erweist sich dabei insbesondere der Free Cashflow als limitierender Faktor.[624] Bei einer Verlängerung des betrachteten Zeitintervalls um vier Jahre ergeben sich auf Basis der tatsächlichen Basis- und Endwerte die folgenden branchenübergreifenden Wachstumsraten:[625]

---

[621] Dieses Fazit lässt sich gleichermaßen auf die branchenspezifischen Wachstumsraten übertragen. Die zugehörigen Abbildungen mit einem Vergleich der verschiedenen Mittelwerte sind Anhang 7 bis Anhang 16 zu entnehmen.

[622] Zum Aufbau der empirischen Analyse vgl. Abschn. 342.

[623] Dieses Vorgehen bietet sich auch deshalb an, da die Gefahr eines Small Sample Bias nicht allein aus einem zu geringen Umfang der Datenbasis bzw. einer zu geringen Anzahl an Beobachtungswerten erwächst, sondern auch durch die Länge des Untersuchungszeitraums determiniert wird. Vgl. Nelson, C. R./Kim, M. J., Predictable Stock Returns, S. 660.

[624] Zur Abgrenzung der ursprünglichen Datenbasis vgl. die Ausführungen in Abschn. 343.1.

[625] Die entsprechenden Wachstumsraten für den Fall normalisierter Basis- und Endwerte sind nachrichtlich Anhang 17 zu entnehmen.

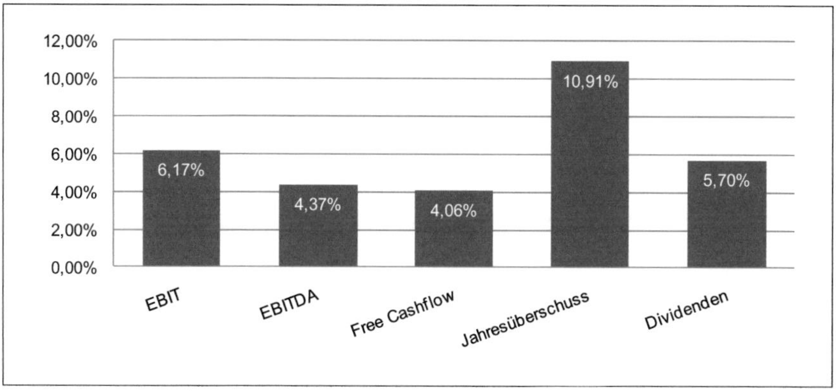

Abbildung 3-9: Branchenübergreifende Wachstumsraten auf Basis tatsächlicher Basis- und Endwerte im Zeitraum 1994 bis 2008

Anhand der in Abbildung 3-10 dargestellten Abweichungsanalyse lässt sich veranschaulichen, dass sich die ursprünglich ermittelten branchenübergreifenden Wachstumsraten nur vereinzelt als robust gegenüber einer Verlängerung des betrachteten Zeitintervalls erweisen.[626]

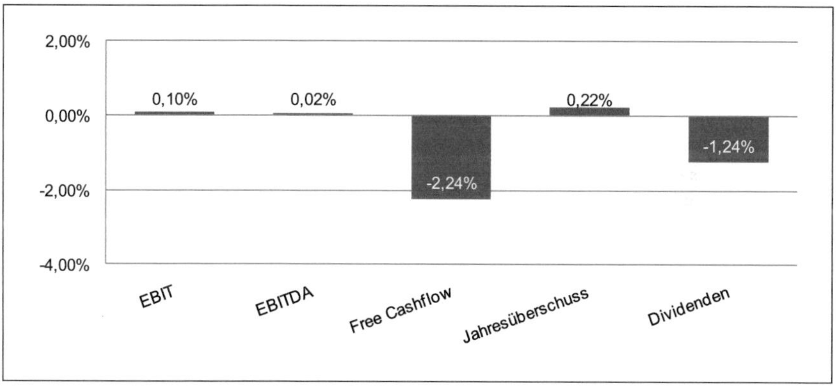

Abbildung 3-10: Abweichungsanalyse zu den Auswirkungen einer Verlängerung des Untersuchungszeitraums um vier Jahre

Während die branchenübergreifenden Wachstumsraten von EBIT, EBITDA und Jahresüberschuss für die Jahre 1994 bis 2008 nur marginal von den ursprünglichen Resultaten für den Zeitraum 1998 bis 2008 abweichen, ergeben sich für das branchenübergreifende Wachstum

[626] Die Heterogenität der Ergebnisse in diesem Untersuchungspunkt kann als Ausdruck der zeitlichen Abgrenzungsproblematik empirischer Studien interpretiert werden. Diesbezüglich weist SCHULZ zutreffender Weise darauf hin, dass sich ein repräsentativer Untersuchungszeitraum für in die Zukunft gerichtete Fragestellungen nicht objektiv abgrenzen lässt. Vgl. SCHULZ, R., Größenabhängige Risikoanpassungen, S. 138.

von Free Cashflow und Dividenden weitaus größere Differenzen.[627] Die Verlängerung des Untersuchungszeitraums offenbart mithin, dass die Ergebnisse der empirischen Analyse entgegen der überwiegenden Erkenntnisse aus den bisherigen Robustheitstests z. T. durchaus sensibel auf alternative Modellspezifikationen reagieren. Welche Konsequenzen sich daraus für die Aussagefähigkeit der empirischen Befunde ergeben, wird im folgenden Abschnitt im Zuge einer kritischen Würdigung der Untersuchungsergebnisse erörtert.

346. Kritische Würdigung der Untersuchungsergebnisse

Um eine Einordnung bereits vorliegender empirischer Befunde zu ermöglichen, gilt es zunächst die Ergebnisse der eigenen empirischen Analyse unter Berücksichtigung der aus den Robustheitstests gewonnenen Erkenntnisse kritisch zu würdigen und gegebenenfalls durch relativierende Anmerkungen zu ergänzen.

Mittels der alternativen Herangehensweise zur Abgrenzung der Datenbasis lässt sich zeigen, dass die Häufigkeit des Problems eines möglichen **Survivorship Bias** der Untersuchungsergebnisse entgegen der Argumentation anderer Studien nicht die unreflektierte Hinnahme dieser Problematik als grundsätzliche Limitation empirischer Untersuchungen rechtfertigt. Auf Basis der beziehbaren Informationen zu inaktiven Unternehmen lässt sich der entsprechende Werteinfluss zumindest innerhalb bestehender Grenzen der Datenverfügbarkeit approximativ darstellen. Potenzielle Verzerrungen infolge der Überrepräsentation aus dem Markt ausgeschiedener Unternehmen lassen sich zudem durch restriktive Selektionskriterien im Zuge der Abgrenzung der Datenbasis minimieren.[628]

Ebenso lässt sich der verzerrende Einfluss extremer Werte durch den **Einbezug robuster Mittelwerte** auf ein Minimum reduzieren. Es bietet sich daher an, die unternehmensspezifischen Wachstumsraten nicht allein auf Basis des arithmetischen Mittels in seiner Ursprungsform zu branchenübergreifenden bzw. branchenbezogenen Wachstumsraten zu verdichten, sondern zusätzlich die Verfahren der **Trimmung** und des **Winsorizing** anzuwenden.[629]

Die Auswirkungen eines ausgedehnten Untersuchungszeitraums stellen sich weitaus heterogener dar. Wenngleich sich für das EBIT, das EBITDA und den Jahresüberschuss aus einer **Verlängerung des Untersuchungszeitraums** nicht zu vernachlässigende Werteffekte erge-

---

627 Angesichts der Sensitivität des Unternehmenswerts auf Änderungen des Wachstumsabschlags sind indes auch die für EBIT, EBITDA und Jahresüberschuss festzustellenden Abweichungen bewertungstechnisch nicht zu vernachlässigen. Zur Bedeutung des Wachstumsabschlags vgl. die zugehörige Beispielrechnung in Abschn. 32. Während die Veränderung der branchenübergreifenden Wachstumsrate des Free Cashflow auf eine deutliche Abnahme der zugrunde liegenden Datenbasis von ursprünglich 107 auf lediglich sieben Unternehmen bei verlängertem Untersuchungszeitraum zurückzuführen ist, lässt sich die auffällige Veränderung des Dividendenwachstums als Indiz für eine durchaus politische Entscheidungsfindung im Vorfeld der Festlegung von Dividenden interpretieren. Zur grundsätzlichen Eignung von Dividenden als Wachstumsmaßstab vgl. Abschn. 333.3.

628 Vgl. diesbezüglich die Anmerkungen in Abschn. 343.1 zum Ansatz von FAMA/FRENCH als Reaktion auf einen möglichen Survivorship bzw. Ex-Post-Selection Bias.

629 Zur Berechnung des gestutzten bzw. getrimmten sowie des winsorisierten arithmetischen Mittels vgl. die Ausführungen in Abschn. 345.2.

ben, stellen die resultierenden Abweichungen die grundsätzliche Eignung der genannten Untersuchungsgrößen als Maßstäbe zur Quantifizierung des Wachstums von Unternehmen nicht in Frage. Als weitaus volatiler im Zeitablauf erweist sich hingegen das historische Dividendenwachstum von Unternehmen. Da die auf Basis der Dividendenentwicklung ermittelten Wachstumsraten äußerst sensibel auf die Verlängerung des Untersuchungszeitraums reagieren, ist die grundsätzliche Eignung von Dividenden als Bezugsgröße zur Quantifizierung des Wachstums von Unternehmen kritisch zu hinterfragen. Eine abschließende Beurteilung der Eignung des Free Cashflow als Wachstumsmaßstab scheitert hingegen an der unzureichenden Datenbasis, welche die Aussagekraft der zugehörigen Wachstumsraten stark einschränkt.[630]

Unter Berücksichtigung der dargestellten Relativierungen lassen sich aus den Untersuchungsergebnissen die folgenden Implikationen ableiten. Angesichts der festgestellten Sensitivität gegenüber alternativen Modellspezifikationen erscheint zum einen die **Verwendung der historischen Entwicklung von Dividenden als Wachstumsmaßstab diskussionswürdig**. Dabei erweist sich insbesondere die starke Schwankungsanfälligkeit des Dividendenwachstums im Zeitablauf als problematisch.[631] Die festgestellte Volatilität erfordert einen entsprechend langen Untersuchungszeitraum, welcher angesichts der z. T. eingeschränkten Datenverfügbarkeit allenfalls bei isolierter Betrachtung des Dividendenwachstums erreicht werden kann.[632] Ebenso ist zu hinterfragen, inwieweit die Anwendung des Dividendenwachstums als Wachstumsmaßstab zu beobachtende Präferenzen der Bewertungspraxis für üblicherweise im Bewertungskalkül verwendete Kapitalisierungsgrößen zutreffend widerspiegelt. Da auf Basis bereits vorliegender empirischer Befunde eine eindeutige Tendenz zur überwiegenden Verwendung des gegebenenfalls modifizierten Jahresüberschusses bzw. des an die Erfordernisse des jeweiligen Bewertungsverfahrens angepassten Cashflow als zu kapitalisierende Gewinngröße zu erkennen ist,[633] ist diese Frage wohl zu verneinen. Schließlich steht auch die grundsätzliche Eignung von Dividenden als Wachstumsmaßstab in Frage. Im Gegensatz zu den übrigen Untersuchungsgrößen entstehen Dividenden nicht allein aus der Geschäftstätigkeit von Unternehmen. Nach § 174 Abs. 2 AktG ist ihre Entstehung in rechtlicher Hinsicht an einen entsprechenden Beschluss der Hauptversammlung über die Verwendung des Bilanzge-

---

630 Es bietet sich daher an, wie im vorliegenden Fall das EBITDA als approximativen Wachstumsmaßstab auf zahlungsstromorientierter Basis heranzuziehen.

631 Zudem weisen HANSEN/KNOLL im Rahmen einer empirischen Studie zum Dividendenwachstum börsennotierter Unternehmen in Deutschland selbst auf weitere Limitationen hin. Vgl. HANSEN, H./KNOLL, L., Dividenden börsennotierter Aktiengesellschaften, S. 260.

632 Eine solche Betrachtung kann im Rahmen dieser Arbeit aufgrund des zugrunde liegenden Untersuchungsdesigns, welches eine vergleichende Betrachtung verschiedener Wachstumsmaßstäbe vorsieht, nicht geleistet werden. Vgl. Abschn. 343.1 zum Problem der eingeschränkten Datenverfügbarkeit sowie zu daraus resultierenden Konsequenzen für die Wahl des Untersuchungszeitraums und Abschn. 345.3 zum Umgang mit dieser Problematik.

633 Für eine empirische Studie zu den in der Bewertungspraxis üblichen Kapitalisierungsgrößen vgl. FISCHER-WINKELMANN, W. F./BUSCH, K., Unternehmensbewertungsverfahren, Teil 1, S. 648. Bezogen auf Bezugsgrößen von Multiplikatorverfahren leiten HENSELMANN/BARTH aus empirischen Befunden eine deutliche Dominanz von EBIT, EBITDA und Jahresüberschuss ab, während Dividenden nach ihren Erkenntnissen kaum von Bedeutung sind. Vgl. HENSELMANN, K./BARTH, T., Übliche Bewertungsmethoden, S. 12.

winns geknüpft.[634] Zwar bestehen in Deutschland klare gesetzliche Vorgaben zur Bemessung der Dividendenhöhe, indes führt ein positiver Bilanzgewinn nicht zwangsläufig zur Ausschüttung einer Dividende.[635] In der Konsequenz sollte daher zur Messung des Wachstums von Unternehmen vorrangig auf unmittelbare Gewinngrößen abgestellt werden. Zum anderen ist auf Basis der erzielten Untersuchungsergebnisse eine **ausschließlich branchenübergreifende Betrachtung des Wachstums kritisch** zu sehen, da eine solche Perspektive branchenspezifische Wachstumstrends vernachlässigt und mithin keinen Anspruch auf Allgemeingültigkeit erheben kann. Wenngleich branchenübergreifende Untersuchungen nicht zu vernachlässigende Tendenzaussagen zu einzelnen Problembereichen zulassen und somit in Abhängigkeit des jeweiligen Untersuchungsziels als wichtige Argumentationshilfe dienen können, sollten sie für Zwecke tiefer gehender Fragestellungen stets um branchenspezifische Analysen ergänzt werden.

Ausgehend von der an dieser Stelle isoliert vorgenommenen kritischen Würdigung der Untersuchungsergebnisse werden diese im Folgenden den in Bewertungspraxis und Bewertungsjudikatur beobachtbaren Wachstumsabschlägen gegenüberstellt. Aufbauend auf einem kritischen Vergleich wird ein Zwischenfazit zur Quantifizierung des Wachstums von Unternehmen gezogen.

35 Zwischenfazit zur Quantifizierung von Wachstumsabschlägen

Wesentliche Anlässe zur Durchführung einer empirischen Untersuchung sind zum einen der von Teilen des Schrifttums geäußerte Vorwurf, wonach die in der Bewertungspraxis beobachtbaren und sich in der Bewertungsjudikatur widerspiegelnden Wachstumsabschläge eine „tradierte Annahme" darstellen,[636] und zum anderen die eingeschränkte Vergleichbarkeit vorliegender Studien zum Wachstum von Unternehmen. Die Motivation der Analyse ist es mithin, der Frage nachzugehen, ob die in **Bewertungspraxis und -judikatur** anzutreffenden Wachstumsabschläge das **tatsächliche Wachstum von Unternehmen zutreffend abbilden**.

Stellt man die aus der empirischen Analyse abgeleiteten Wachstumsraten den in der Bewertungspraxis und Bewertungsjudikatur beobachtbaren Wachstumsabschlägen zur Beantwortung der Ausgangsfrage vergleichend gegenüber, zeigt sich eine **deutliche Diskrepanz der Wertbandbreiten**. Demnach erscheinen die in der Bewertungsjudikatur und der Bewertungspraxis beobachtbaren Wachstumsabschläge inkonsistent zu den empirischen Befunden. Da die

---

[634] Zur rechtlichen Entstehung vgl. BAETGE, J./KIRSCH, H.-J./THIELE, S., Bilanzen, S. 321.

[635] Überdies ist die Ausschüttung einer Dividende auch bei Vorliegen eines Jahresfehlbetrags möglich, wenn dieser z. B. durch einen Gewinnvortrag aus dem Vorjahr kompensiert und letztlich in der Ergebnisverwendungsrechnung ein positiver Bilanzgewinn ausgewiesen wird. Zur Ergebnisverwendungsrechnung nach HGB und IFRS vgl. COENENBERG, A. G./HALLER, A./SCHULTZE, W., Jahresabschluss, S. 577-579. Als Ausgangsbasis zur Dividendenberechnung dient grundsätzlich der HGB-Einzelabschluss. Hierbei stellt sich die Problematik der Berücksichtigung etwaiger Gewinne aus Beteiligungen an assoziierten Unternehmen. Vgl. POTT, C./VÖGTLE, M., Aktienrückkauf, S. 558. Zur Konsolidierung assoziierter Unternehmen im Konzernabschluss unter Anwendung der Equity-Methode gem. § 311 Abs. 1 HGB vgl. umfassend KIRSCH, H.-J., Equity-Methode, S. 25-31.

[636] Zum Vorwurf einer „tradierte Annahmen" vgl. die Anmerkungen in Abschn. 331.

empirisch ermittelten Wachstumsraten für sämtliche der herangezogenen Wachstumsmaßstäbe oberhalb der in der Bewertungspraxis vorherrschenden und auch seitens der Bewertungsjudikatur akzeptierten Wertbandbreite liegen,[637] liegt die Vermutung nahe, dass das Wachstum deutscher Unternehmen – vorbehaltlich einer in allen Fällen vollständigen bzw. übereinstimmenden Betrachtung möglicher Wachstumskomponenten – offenbar deutlich höher ist als weithin angenommen.[638]

Aufgrund dargestellter **Limitationen empirischer Studien** vermögen die erzielten Untersuchungsergebnisse den angesprochenen Vorwurf einer „tradierten Annahme“ nicht abschließend zu bestätigen.[639] Ohne die grundsätzliche Brauchbarkeit empirischer Studien in Frage stellen zu wollen, muss angemerkt werden, dass diese infolge der eingeschränkten Verfügbarkeit notwendiger Daten nur einen begrenzten Zeitraum in der Vergangenheit abdecken können. In der Konsequenz fällt es daher grundsätzlich schwer, anhand empirischer Studien zum Wachstum von Unternehmen allgemeingültige Implikationen für ein bis in alle Ewigkeit gerichtetes Bewertungskalkül abzuleiten. Der unmittelbaren und vollumfänglichen Anwendung empirischer Erkenntnisse auf einen konkreten Bewertungsfall steht zudem das grundsätzliche Gebot der unternehmensindividuellen Ermittlung des Wachstumsabschlags entgegen.[640] Gleichwohl sollte die Bedeutung **empirischer Studien als Argumentationshilfe** zur Plausibilisierung und theoretischen Auseinandersetzung mit relevanten Teilfragen nicht verkannt, sondern gegebenenfalls lediglich in Abhängigkeit ihres Detaillierungsgrads relativiert werden.[641]

Unter Berücksichtigung der vorgetragenen Relativierungen nähren die Ergebnisse der empirischen Untersuchung die Vermutung, dass das **Wachstum von Unternehmen gegenwärtig nur unzureichend im Zuge ihrer Bewertung abgebildet** wird. Nicht nur die Bandbreite der empirisch ermittelten Wachstumsraten untereinander, sondern gleichsam die festgestellte Diskrepanz gegenüber den in der Bewertungspraxis und Bewertungsjudikatur beobachtbaren Wachstumsabschlägen verdeutlichen angesichts der Bedeutung des Wachstumsabschlags für den Unternehmenswert die **Notwendigkeit einer umfassenden Analyse** hinsichtlich der Abbildung von Wachstum im Bewertungskalkül und -gutachten nach IDW S 1.[642] Ziel einer solchen theoretischen Analyse ist es mithin, zu klären, inwieweit die Konzeption von IDW S 1 zur bewertungstechnischen Abbildung von Wachstum als zentraler Maßstab für die Quantifi-

---

637 Zur Quantifizierung von Wachstumsabschlägen in der Bewertungspraxis und der Bewertungsjudikatur vgl. Abschn. 331 bzw. Abschn. 332.

638 Eine mögliche Erklärung für die Diskrepanz zwischen den Wachstumsabschlägen der Bewertungspraxis und -judikatur einerseits bzw. der empirischen Forschung andererseits ist die bei der Quantifizierung von Wachstumsabschlägen in der Bewertungspraxis und -judikatur festzustellende Beschränkung auf das preisbedingte Wachstum von Unternehmen anführen. Die konkrete Abbildung einzelner Wachstumskomponenten wird im späteren Verlauf dieser Arbeit in Abschn. 42 ausführlich thematisiert.

639 Zur Handhabung möglicher Verzerrungen der Untersuchungsergebnisse vgl. Abschn. 345.

640 Zur Eigenschaft Wachstumsabschlags als einzelfallspezifische Größe vgl. Abschn. 331.

641 Mit dem Detaillierungsgrad ist die Unterscheidung in branchenübergreifende bzw. branchenspezifische Analysen angesprochen.

642 Zur Veranschaulichung der grundsätzlichen Bedeutung des Wachstumsabschlags für den Unternehmenswert vgl. die Beispielrechnung in Abschn. 32.

zierung von Wachstumsabschlägen durch die Bewertungspraxis und Bewertungsjudikatur mit den empirischen Befunden korrespondiert bzw. mit diesen vereinbar ist.

Aufbauend auf der bisherigen Analyse des Wachstumsabschlags als aggregierte Größe zur Abbildung von Wachstum im Bewertungskalkül, werden im Folgenden im Zuge einer **theoretisch geprägten Auseinandersetzung** einzelne Wachstumsannahmen und -komponenten ausführlich diskutiert,[643] um darauf aufbauend mögliche Anknüpfungspunkte zur Stärkung der Objektivierung und Transparenz der Abbildung von Wachstum identifizieren zu können.

[643] In diesem Kontext werden zudem mögliche zeitliche und sachlogische Grenzen des Wachstums von Unternehmen diskutiert, um auf diesem Wege die im Zuge der empirischen Untersuchungen gewonnenen Erkenntnisse aus theoretischer Sicht auf Plausibilität zu prüfen.

4 Kritische Analyse der Abbildung von Wachstum gemäß IDW S 1

41 Überblick über die bisherige Entwicklung der Abbildung von Wachstum

Die erstmalige Kodifizierung von Grundsätzen zur Durchführung von Unternehmensbewertungen durch das IDW geht auf das Jahr 1983 zurück.[644] Die ursprüngliche Verlautbarung HFA 2/1983 wurde in den Folgejahren u. a. anlässlich diverser Änderungen der steuerlichen Rahmenbedingungen sukzessiv überarbeitet und zum heutigen IDW S 1 weiterentwickelt.[645] Wesentliche Änderungen betreffen

- die Aufgabe der Vollausschüttungshypothese,
- den Ausschluss risikoloser Staatsanleihen als Alternativanlage,
- die Konkretisierung der Festlegung des Basiszinssatzes mittels der sog. Svensson-Methode[646],
- die Integration von Kapitalmarktdaten zur Ableitung des Kapitalisierungszinssatzes im Allgemeinen bzw. des Risikozuschlags im Speziellen sowie
- Klarstellungen bezüglich der verschiedenen Bewertungsanlässe und der damit verbundenen Typisierungen.[647]

Betrachtet man die Entwicklung der Grundsätze zur Durchführung von Unternehmensbewertungen im Hinblick auf die Abbildung von Wachstum, fällt auf, dass sich zusätzlich die dem Bewertungskalkül zugrunde liegende **Phasendifferenzierung im Zeitablauf wesentlich geändert** hat. Entgegen der vormals in der Verlautbarung HFA 2/1983 geltenden Einteilung des Prognosezeitraums in drei Phasen,[648] geht IDW S 1 nicht erst in der aktuellen Fassung von einem zweiphasigen Bewertungskalkül aus.[649]

Die nähere Betrachtung der Entwicklung von IDW S 1 im Zeitablauf führt i. S. einer Problemstellung zu der Frage, auf welche Argumente sich die **Abkehr vom früher gebräuchlichen 3-Phasenmodell** gründen lässt. Eine Auseinandersetzung mit dieser Frage ist insbesondere deshalb geboten, da in der jüngeren Bewertungsliteratur vereinzelt eine Rückkehr zum vorherigen 3-Phasenmodell gefordert wird und mithin die bereits im Zuge der Überarbeitung von HFA 2/1983 hin zu IDW S 1 i. d. F. 2000 geführte Diskussion abermals an Aktualität gewinnt.[650]

---

644 Vgl. ausführlich HFA DES IDW (Hrsg.), HFA 2/1983, S. 468-480.

645 Für einen historischen Abriss der einschlägigen Verlautbarungen des IDW vgl. WAGNER, W., Unternehmensbewertung, S. I.

646 Zur Svensson-Methode vgl. die grundlegenden Anmerkungen in Abschn. 232.3.

647 Vgl. ROHDE, C., Unternehmensbewertung, S. S123 f.

648 Zur Erläuterung der einzelnen Phasen vgl. HFA DES IDW (Hrsg.), HFA 2/1983, S. 471. Zur idealtypischen Phasendifferenzierung nach IDW S 1 vgl. Abbildung 2-3 in Abschn. 224.3.

649 Zur Abkehr vom vormals üblichen 3-Phasenmodell im Zuge der Überarbeitung von HFA 2/1983 vgl. SIEPE, G./DÖRSCHELL, A./SCHULTE, J., IDW Standard, S. 947.

650 Zu möglichen Argumenten für eine Rückkehr zum 3-Phasenmodell vgl. exemplarisch WOLLNY, C., Objektivierter Unternehmenswert, S. 175.

Zur abschließenden Beurteilung der durch IDW S 1 suggerierten Vorteilhaftigkeit des 2-Phasenmodells als idealtypische Phasendifferenzierung wird im Folgenden die Abbildung von Wachstum im Bewertungskalkül nach IDW S 1 ausführlich aus theoretischer Sicht analysiert. Primäres Ziel dieser theoretischen Auseinandersetzung ist eine kritische Analyse der **Gewährleistung von Objektivierung und Transparenz** im Bewertungskalkül (Abschn. 42) bzw. -gutachten (Abschn. 43) nach IDW S 1 bei der Abbildung von Wachstum. Während in Abschn. 42 erläutert wird, wie Wachstumskomponenten und -grenzen phasenbezogen im Bewertungskalkül zu berücksichtigen sind (bewertungstechnische Abbildung), setzt sich Abschn. 43 mit der Frage auseinander, wie im Bewertungsgutachten über die Abbildung von Wachstum Bericht zu erstatten ist (berichtstechnische Abbildung) Zudem wird erörtert, ob die empirisch beobachtbaren Wachstumsraten im Widerspruch zu den üblichen Wachstumsannahmen i. S. v. IDW S 1 stehen oder entgegen der im Rahmen der quantitativen Analyse des Wachstums von Unternehmen thematisierten Vorwürfe von Teilen des Schrifttums mit diesen vereinbar sind.

42 Die Abbildung von Wachstum im Bewertungskalkül nach IDW S 1

421. Das Phasenkonzept zur Strukturierung des Bewertungskalküls

Will man die Abbildung von Wachstum nach IDW S 1 näher analysieren, bietet es sich aus didaktischen Gründen an, das zugrunde liegende Bewertungskalkül weiter zu zerlegen. Hierbei stellt sich die Frage, welche Perspektive zur Strukturierung des Bewertungskalküls eingenommen werden sollte.

Wie bereits im Zuge der konzeptionellen Grundlagen dieser Arbeit erläutert, erfolgt die **Berücksichtigung von Wachstum nach IDW S 1** grundsätzlich **differenziert in Abhängigkeit der jeweiligen Bewertungsphase**.[651] Während bei der nach IDW S 1 idealtypischen Phasendifferenzierung in der Detailplanungsphase ein etwaiges Wachstum unmittelbar im Zuge der Prognose der künftigen finanziellen Überschüsse der einzelnen Planjahre abgebildet wird, wird ein solches Wachstum der künftigen finanziellen Überschüsse in der Phase der ewigen Rente grundsätzlich durch einen Wachstumsabschlag vom (risiko- und steueradjustierten) Kapitalisierungszinssatz im Nenner des Bewertungskalküls erfasst.

Es erscheint daher naheliegend, analog zur grundsätzlichen Konzeption von IDW S 1 auch für Analysezwecke eine phasenbezogene Perspektive einzunehmen. Eine ausschließlich phasenorientierte Betrachtungsweise würde indes zu kurz greifen. Daher ist i. S. einer umfassenden Analyse des Bewertungskalküls zusätzlich eine **differenzierte Betrachtung von Zähler und Nenner innerhalb der einzelnen Phasen erforderlich**. Die bisherigen Ausführungen zur grundsätzlichen Berücksichtigung von Wachstum beschränken sich auf den Fall, in welchem die Zählergröße primär bei der Abbildung von Wachstum in der Detailplanungsphase angesprochen wird und der Wachstumsabschlag im Nenner des Bewertungskalküls ausgehend von

[651] Zu den Grundlagen der Abbildung von Wachstum im Bewertungskalkül vgl. Abschn. 225.

den Überlegungen des Wachstumsmodell nach GORDON/SHAPIRO[652] sogleich den zentralen Parameter zur Abbildung wachsender finanzieller Überschüsse in der Phase der ewigen Rente darstellt. Indes stellt es IDW S 1 dem Bewertenden grundsätzlich frei, bestimmte Wachstumskomponenten entgegen des bisher aus Vereinfachungsgründen gewählten Ansatzes entweder im Zähler oder Nenner des Bewertungskalküls zu erfassen. Demnach können nachhaltige Wachstumseffekte der Phase der ewigen Rente abweichend von der bislang getroffenen Annahme bewertungstechnisch nicht nur durch einen sämtliche Wachstumskomponenten umfassenden Abschlag vom Kapitalisierungszinssatz berücksichtigt,[653] sondern z. T. fiktiv den bewertungsrelevanten finanziellen Überschüssen im Zähler des Bewertungskalküls zugerechnet werden.[654]

Im Anschluss werden zunächst wesentliche – für die Abbildung von Wachstum relevante – Annahmen von IDW S 1 kritisch diskutiert, um danach die Wachstumskomponenten i. S. v. IDW S 1 isoliert zu erläutern und anschließend ihr Zusammenspiel im Bewertungskalkül ausführlich zu analysieren.[655]

422. Diskussion wachstumsrelevanter Annahmen der Phasenmethode gemäß IDW S 1

422.1 Vorbemerkungen

Bereits die grundlegenden Ausführungen zur Phasenmethode enthalten den Hinweis, dass sich bei Unterteilung des Bewertungszeitraums in zwei Phasen zwangsläufig ein Horizont für die Zukunftsbetrachtung ergibt, jenseits dessen die **Planung der künftigen finanziellen Überschüsse** und damit die bewertungstechnische Abbildung von Wachstum nicht mehr detailliert, sondern nur noch **auf Basis pauschaler Annahmen** möglich ist.[656] Im Wesentlichen betrifft dies die dem Bewertungskalkül nach IDW S 1 zugrunde liegenden Annahmen zur

- Ausschüttung der finanziellen Überschüsse (Ausschüttungsannahme[657]),
- Wiederanlage thesaurierter Beträge (Wiederanlageprämisse[658]) sowie zum
- Verhältnis von Abschreibungen und Investitionen (Reinvestitionsrate[659]).

Die Notwendigkeit zum Rückgriff auf „globale[n] Annahmen"[660] ist dabei Folge des konzeptionellen Problems[661] der Unsicherheit künftiger Entwicklungen und somit v. a. für den (Restwert-)Zeitraum jenseits der Detailplanungsphase evident. Die nach IDW S 1 für Fragen

---

652 Zum Wachstumsmodell nach GORDON/SHAPIRO als Referenzmodell zur phasenbezogenen Abbildung wachsender finanzieller Überschüsse vgl. Abschn. 224.5.
653 Vgl. IDW (Hrsg.), WP Handbuch 2008, Bd. II, Rn. A 211.
654 Vgl. IDW (Hrsg.), WP Handbuch 2008, Bd. II, Rn. A 322.
655 Für einen kurzen Überblick der Wachstumskomponenten gem. IDW S 1 vgl. Abschn. 211.
656 Die zugehörigen Anmerkungen zur Phasenmethode sind Gegenstand von Abschn. 224.3.
657 Vgl. HFA DES IDW (Hrsg.), IDW S 1, Tz. 35.
658 Vgl. HFA DES IDW (Hrsg.), IDW S 1, Tz. 37.
659 Vgl. IDW (Hrsg.), WP Handbuch 2008, Bd. II, Rn. A 265.
660 HFA DES IDW (Hrsg.), IDW S 1, Tz. 76 [eingefügt durch den Verfasser].
661 Zum dem aus der Unsicherheit künftiger Entwicklungen resultierenden konzeptionellen Problem der Abbildung von Wachstum vgl. Abschn. 224.3.

der bewertungstechnischen Abbildung von Wachstum zu treffenden Prämissen sind indes nicht allein für den **Restwertzeitraum** relevant. Neben expliziten Annahmen zum Wachstum der künftigen finanziellen Überschüsse innerhalb der Phase der ewigen Rente, geht das Bewertungskalkül nach IDW S 1 ebenso von (impliziten) Annahmen aus, welche vorrangig den **Übergang der beiden Phasen** und damit den Eintritt in den Restwertzeitraum betreffen. Letztere tangieren in erster Linie die Ableitung des nachhaltigen finanziellen Überschusses. Wenngleich der Wachstumsabschlag von wesentlicher Bedeutung für den Unternehmenswert im Allgemeinen bzw. den Restwert im Speziellen ist,[662] ist die Ermittlung des zu kapitalisierenden nachhaltigen finanziellen Überschusses dabei ebenso wertrelevant wie die Ableitung des Wachstumsabschlags als Korrekturgröße des Kapitalisierungszinssatzes. Die Bedeutung des nachhaltigen finanziellen Überschusses wird indes allzu oft verkannt, weshalb dieser Problembereich im Schrifttum vergleichsweise wenig Beachtung findet.[663]

Die wachstumsrelevanten Annahmen des Bewertungskalküls nach IDW S 1 werden daher im Folgenden nicht nur im Hinblick auf ihre Bedeutung für die Abbildung einzelner Wachstumskomponenten im Restwertzeitraum, sondern gleichfalls vor dem Hintergrund eines annahmegemäß harmonischen Übergangs zwischen Detailplanungs- und Restwertzeitraum erörtert.

422.2 Die Ausschüttungsannahme

Wertrelevanz besitzen nach IDW S 1 grundsätzlich nur diejenigen finanziellen Überschüsse, über welche die Anteilseigner frei verfügen können.[664] Die Verfügbarkeit der finanziellen Überschüsse wird maßgeblich durch die Entscheidung zugunsten einer der beiden alternativen Verwendungsmöglichkeiten Ausschüttung und Thesaurierung beeinflusst, wobei die Entscheidung unter Einbezug realitätsnaher Annahmen zu treffen ist.[665] Zur Bedeutung einer solchen Ausschüttungsentscheidung merken PERRIDON/STEINER an, dass jegliche Ausschüttungs- bzw. Dividendenpolitik auf einer Abwägung zwischen Selbstfinanzierung durch Gewinneinbehalt und Gewinnausschüttung bei anschließender Emission neuer Aktien beruht.[666] Demnach besteht zwischen Ausschüttungs- und Thesaurierungsquote folgender enger Zusammenhang:

---

662 Zur Bedeutung des Wachstumsabschlags für den Unternehmenswert vgl. Abschn. 32.

663 Zu Recht weist daher HENSELMANN darauf hin, dass der Restwert als Ganzes ein eher „stiefmütterliches Dasein fristet". Vgl. HENSELMANN, K., Restwert, S. 151.

664 Vgl. HFA DES IDW (Hrsg.), IDW S 1, Tz. 25; IDW (Hrsg.), WP Handbuch 2008, Bd. II, Rn. A 60. Vgl. in diesem Zusammenhang auch die grundlegenden Ausführungen in Abschn. 223 zur Abgrenzung der bewertungsrelevanten finanziellen Überschüsse.

665 Vgl. IDW (Hrsg.), WP Handbuch 2008, Bd. II, Rn. A 86. Das IDW weist in diesem Kontext darauf hin, dass das erstmals von MODIGLIANI/MILLER formulierte Irrelevanztheorem der Ausschüttungspolitik und der Kapitalstruktur auf den Prämissen eines vollkommenen Kapitalmarkts beruht, die in der Realität üblicherweise nicht erfüllt sind. Vgl. LÖHR, D., Ausschüttungspolitik und Vollausschüttungshypothese, S. 528 f. Zu den Basisannahmen des Irrelevanztheorems vgl. MILLER, M. H./MODIGLIANI, F., Dividend Policy, S. 412.

666 Vgl. PERRIDON, L./STEINER, M., Finanzwirtschaft, S. 514.

$$q = 1 - \tau$$

Formel 4-1: Zusammenhang zwischen Ausschüttungs- und Thesaurierungsquote[667]

Im Zuge der Entscheidungsfindung sind dabei v. a. Annahmen zur Ausschüttungs- bzw. Thesaurierungsquote zu treffen.[668] Nach IDW S 1 ist bei der Ermittlung eines objektivierten Unternehmenswerts i. S. einer solchen Ausschüttungsannahme davon auszugehen, dass (nur) diejenigen finanziellen Überschüsse ausgeschüttet werden, die unter Beachtung des zum Bewertungsstichtag dokumentierten Unternehmenskonzepts und rechtlicher Restriktionen (z. B. Bilanzgewinn, ausschüttungsfähiges Jahresergebnis) zur Ausschüttung zur Verfügung stehen.[669] Es gilt somit grundsätzlich die **Maßgeblichkeit des Unternehmenskonzepts**.[670]

Bei idealtypischer Phasendifferenzierung sind die finanziellen Überschüsse in der **Detailplanungsphase** daher auf der Basis des individuellen Unternehmenskonzepts und unter Berücksichtigung der bisherigen und geplanten Ausschüttungspolitik[671], der Eigenkapitalausstattung sowie der steuerlichen Rahmenbedingungen auf **laufende Ausschüttungen** und Thesaurierungen aufzuteilen. Für den Fall, dass aus dem dokumentierten Unternehmenskonzept keine konkrete Verwendung der thesaurierten Beträge hervorgeht, verlangt IDW S 1 ferner eine sachgerechte Prämisse zur Mittelverwendung hinsichtlich der Wertbeiträge aus Thesaurierung.[672] Zum Zweck der Komplexitätsreduktion des Bewertungskalküls bietet es sich in diesem Zusammenhang als eine mögliche Vorgehensweise an, die thesaurierten Beträge fiktiv den Anteilseignern zuzurechnen.[673]

Das grundsätzlich maßgebliche Unternehmenskonzept bzw. die interne Planungsrechnung des zu bewertenden Unternehmens ist indes üblicherweise nur für einen mittelfristigen Zeitraum quantifiziert,[674] sodass es für den über die Detailplanungsphase hinausgehenden Bewertungshorizont (**Restwertphase**) i. d. R. erforderlich ist, auf die angesprochene Annahme in Form einer **typisierten Ausschüttung** zurückzugreifen. Wenngleich der aktuelle Wortlaut dieser Ausschüttungsannahme nach IDW S 1 nur geringfügig gegenüber früheren Fassungen differiert, ergeben sich deutliche Unterschiede hinsichtlich des implizierten Umfangs der Aus-

---

667 Hierbei gilt $0 < q < 1$. Vgl. WIESE, J., Steuerinduziertes Wachstum, S. 6; WIESE, J., Neue steuerliche Rahmenbedingungen, S. 11. Zu weiteren Formen der Ausschüttungspolitik vgl. KRUSCHWITZ, L./LÖFFLER, A., DCF, S. 119-127.

668 Vgl. IDW (Hrsg.), WP Handbuch 2008, Bd. II, Rn. A 87.

669 Vgl. HFA DES IDW (Hrsg.), IDW S 1, Tz. 35.

670 Vgl. IDW (Hrsg.), WP Handbuch 2008, Bd. II, Rn. A 91.

671 Unter dem Begriff der Ausschüttungspolitik wird im Folgenden die Entscheidung zwischen den beiden Handlungsalternativen Ausschüttung und Thesaurierung verstanden. Vgl. hierzu GRÖGER, H.-C., Ausschüttungsquote und Unternehmensrendite, S. 674.

672 Vgl. HFA DES IDW (Hrsg.), IDW S 1, Tz. 36; WAGNER, W./JONAS, M./BALLWIESER, W./TSCHÖPEL, A., Unternehmensbewertung, S. 1009. Beispielhafte Verwendungsmöglichkeiten thesaurierter Beträge werden in Abschn. 223 genannt.

673 Vgl. IDW (Hrsg.), WP Handbuch 2008, Bd. II, Rn. A 92.

674 Vgl. IDW (Hrsg.), WP Handbuch 2008, Bd. II, Rn. A 92. Zur Problematik der Verfügbarkeit interner Planungsrechnungen vgl. die Ausführungen in Abschn. 224.3.

schüttungsbeträge. Aufgrund der Inkonsistenz der ehemals in IDW S 1 kodifizierten und äußerst kontrovers diskutierten Vollausschüttungshypothese[675] gegenüber dem am Kapitalmarkt beobachtbaren Ausschüttungsverhalten,[676] ist nun zur Gewährleistung der Verfügbarkeitsäquivalenz[677] der finanziellen Überschüsse aus dem Bewertungsobjekt mit jenen aus der Alternativanlage das am Kapitalmarkt beobachtbare Ausschüttungsverhalten der Alternativanlage in die Festlegung einer (typisierten) Ausschüttungsquote einzubeziehen.[678] IDW S 1 unterstellt somit grundsätzlich bei der Ermittlung objektivierter Unternehmenswerte, dass zwischen der Ausschüttungspolitik von Bewertungsobjekt und Alternativanlage Äquivalenz besteht, sofern sich aus etwaigen Besonderheiten der Branche, der Kapitalstruktur oder der rechtlichen Rahmenbedingungen keine Anhaltspunkte gegen die Angemessenheit einer solchen Annahme ergeben.[679]

Als **Begründung für die Annahme der Ausschüttungsäquivalenz** lässt sich ein einfaches rationales Kalkül anführen. Demnach ist davon auszugehen, dass langfristig kein Unternehmen in der Lage sein dürfte, dauerhaft mittels eines gegenüber der Alternativanlage abweichenden Ausschüttungsverhaltens Wert zu generieren. Bestünde eine solche Gelegenheit zur nachhaltigen Wertschaffung, würde diese langfristig von der Alternativanlage adaptiert werden.[680] Die in IDW S 1 postulierte Ausschüttungsäquivalenz ergibt sich zudem nicht zuletzt aus den Anforderungen an die Bestimmung von objektivierten Unternehmenswerten. Vor dem Hintergrund des Objektivierungsgedankens steigert der Einbezug von Branchen- und Marktanalysen im Zuge der Ableitung der Ausschüttungsquote die intersubjektive Nachprüfbarkeit des Bewertungskalküls.[681]

Zudem ist auch in der Restwertphase mangels interner Planzahlen eine Annahme zur Verwendung der thesaurierten Beträge erforderlich. Aufgrund seiner Bedeutsamkeit für die bewertungstechnische Abbildung einzelner Wachstumskomponenten wird dieser Aspekt im folgenden Abschnitt gesondert behandelt.

---

675 Vgl. HFA DES IDW (Hrsg.), IDW S 1 i. d. F. 2000, Tz. 44. Zur Diskussion der ehemals geltenden Vollausschüttungshypothese vgl. BEYER, S./GAAR, A., Neufassung des IDW S 1, S. 243; WAGNER, W./JONAS, M./BALLWIESER, W./TSCHÖPEL, A., Weiterentwicklung von IDW S 1, S. 894; LAITENBERGER, J./TSCHÖPEL, A., Vollausschüttung, S. 1357.

676 Vgl. WAGNER, W./JONAS, M./BALLWIESER, W./TSCHÖPEL, A., Weiterentwicklung von IDW S 1, S. 895. Die Abkehr von der Vollausschüttungsfiktion ist auch auf die geänderten steuerlichen Rahmenbedingungen zurückzuführen. Vgl. LAITENBERGER, J./TSCHÖPEL, A., Vollausschüttung, S. 1358.

677 Zum Grundsatz der Verfügbarkeitsäquivalenz vgl. BALLWIESER, W./LEUTHIER, R., Betriebswirtschaftliche Steuerberatung, Teil 2, S. 608. MOXTER spricht in diesem Zusammenhang vom sog. Steueräquivalenzprinzip. Vgl. MOXTER, A., Grundsätze ordnungsmäßiger Unternehmensbewertung, S. 177-180. Zu maßgeblichen Äquivalenzgrundsätzen im Allgemeinen vgl. zudem die grundlegenden Anmerkungen in Abschn. 225.

678 Vgl. BEYER, S./GAAR, A., Neufassung des IDW S 1, S. 243. Für eine empirische Untersuchung zum Ausschüttungsverhalten deutscher Aktiengesellschaften in den Jahren 2000 bis 2004 vgl. JONAS, M., Ausschüttungsverhalten und Betafaktor, S. 482-484.

679 Vgl. HFA DES IDW (Hrsg.), IDW S 1, Tz. 37.

680 Zur theoretischen Legitimation der Annahme der Ausschüttungsäquivalenz vgl. JONAS, M., Ausschüttungsverhalten und Betafaktor, S. 481.

681 Vgl. WAGNER, W./JONAS, M./BALLWIESER, W./TSCHÖPEL, A., Unternehmensbewertung, S. 1009.

422.3 Die kapitalwertneutrale Wiederanlageprämisse

Wie bereits im vorherigen Abschnitt erörtert, ergibt sich bereits für die Detailplanungsphase die Notwendigkeit einer sachgerechten **Prämisse zur Verwendung der thesaurierten Beträge**, sofern aus dem Unternehmenskonzept keine konkreten Angaben zur Mittelverwendung hervorgehen. Da das Unternehmenskonzept im Regelfall nur für einen überschaubaren Zeitraum hinreichend konkretisiert sein dürfte,[682] ist für den Restwertzeitraum zwangsläufig eine sachgerechte Annahme zur Verwendung der Wertbeiträge aus der Thesaurierung zu treffen. IDW S 1 unterstellt dabei eine kapitalwertneutrale Wiederanlage thesaurierter Beträge für den über den Detailplanungszeitraum hinausgehenden Bewertungshorizont.[683] Dies impliziert, dass das zu bewertende Unternehmen annahmegemäß langfristig exakt eine Rendite in Höhe der Kapitalkosten (vor persönlichen Steuern) bzw. der Alternativrendite (vor persönlichen Steuern) erwirtschaftet.[684]

Zumindest für die Phase der ewigen Rente lässt sich zur **Legitimation der kapitalwertneutralen Wiederanlageprämisse** auf die Wettbewerbstheorie[685] verweisen, nach der Unternehmen auf operativer Ebene bei langfristiger Betrachtung gerade die Kapitalkosten erwirtschaften.[686] Zur weiteren Begründung können zudem die bereits angesprochenen Anforderungen an die Ermittlung objektivierter Unternehmenswerte sowie der Going Concern-Prämisse herangezogen werden. Demnach erscheint weder die Annahme einer nachhaltigen Rendite oberhalb der Kapitalkosten (sog. Überrendite) noch der nachhaltigen Vernichtung von Shareholder Value infolge der Erwirtschaftung einer Rendite unterhalb der Kapitalkosten (sog. Unterrendite) ökonomisch plausibel.[687] Hinsichtlich der grundsätzlich denkbaren Handlungsalternative, die Thesaurierungsbeträge in risikolose, d. h. zum Basiszinssatz verzinste Wertpapiere anzulegen, merken LAITENBERGER und TSCHÖPEL an, dass eine solche Vorgehensweise zum einen i. S. der Maximierung des Unternehmenswerts wenig realistisch wäre und zum anderen eine Veränderung der Risikostruktur des zu bewertenden Unternehmens bedeuten würde.[688]

Inwiefern die Annahme der Kapitalwertneutralität thesaurierter Beträge sowohl in der Detailplanungsphase bei fehlender plausibel geplanter Ausschüttungspolitik als auch unmittelbar

---

682 Vgl. IDW (Hrsg.), WP Handbuch 2008, Bd. II, Rn. A 92.

683 Vgl. HFA DES IDW (Hrsg.), IDW S 1, Tz. 37.

684 Vgl. BRADLEY, M. H./JARRELL, G. A., Expected Inflation, S. 66; WAGNER, W./JONAS, M./BALLWIESER, W./TSCHÖPEL, A., Weiterentwicklung von IDW S 1, S. 895.

685 Zum Ursprung der Wettbewerbstheorie im Allgemeinen sowie zur Veranschaulichung des Phänomens zunehmender Wettbewerbsintensität bei Vorliegen von Übergewinnen im Speziellen vgl. SCHUMPETER, J. A., Theorie der wirtschaftlichen Entwicklung, S. 209-212. Für einen Überblick relevanter neoklassischer Ansätze vgl. LIPCZYNSKI, J./WILSON, J. O. S./GODDARD, J., Industrial Organization, S. 4-16.

686 Vgl. CHERIDITO, Y./SCHNELLER, T., Residualwert, S. 737. Der geschilderte Standardfall schließt indes nicht aus, dass gewisse Wettbewerbssituationen durchaus langfristige Über- oder Unterrenditen zulassen. Vgl. MEITNER, M., Terminal Value Modell, S. 10. Empirische Studien zur Existenz langfristig fortbestehender Über- oder Untergewinne beschränken sich weitgehend auf Beobachtungen zum US-amerikanischen Kapitalmarkt. Vgl. exemplarisch KENGELBACH, J./LE GRAND, H./ROOS, A., Abnormal Returns, S. 11-14.

687 Vgl. WAGNER, W./JONAS, M./BALLWIESER, W./TSCHÖPEL, A., Unternehmensbewertung, S. 1009.

688 Vgl. LAITENBERGER, J./TSCHÖPEL, A., Vollausschüttung, S. 1362.

bei Eintritt in die Restwertphase tatsächlich unterstellt werden kann, ist im weiteren Verlauf dieser Arbeit zu diskutieren. Dabei ist v. a. zu klären, inwieweit die Annahme der Kapitalwertneutralität etwaige Konvergenzprozesse i. S. einer Annäherung der Rendite an die Kapitalkosten vernachlässigt bzw. ob derartige Konvergenzprozesse und der damit verbundene Übergang der Bewertungsphasen auf anderem Wege realititätsnäher erfasst werden können.

422.4 Die Annahme der Wertidentität von Abschreibungen und Investitionen

Der objektivierte Unternehmenswert bestimmt sich nach der zum Bewertungsstichtag vorhandenen Ertragskraft.[689] Die einer Bewertung zugängliche Ertragskraft ergibt sich dabei aus solchen Maßnahmen, die zum Bewertungsstichtag entweder bereits eingeleitet oder aber zumindest hinreichend konkretisiert sind.[690] Diese aus der grundsätzlichen Maßgeblichkeit[691] des – üblicherweise für den Zeitraum der Detailplanungsphase – dokumentierten Unternehmenskonzepts abgeleitete Restriktion schließt im Umkehrschluss die Berücksichtigung zum Bewertungsstichtag noch nicht hinreichend konkretisierter Maßnahmen aus.[692]

Um der Maßgeblichkeit des dokumentierten Unternehmenskonzepts hinreichend Rechnung zu tragen, muss die Investitionsplanung des **Detailplanungszeitraums** eine Differenzierung zwischen Erweiterungsinvestitionen sowie Ersatz- und Rationalisierungsinvestitionen zulassen.[693] Eine solche Unterscheidung ist insbesondere deshalb geboten, da der Tatbestand der hinreichenden Konkretisierung oftmals bei Erweiterungsinvestitionen aus Anlass strukturverändernder Maßnahmen nicht erfüllt ist.[694] Im Zuge der Plausibilitätsprüfung der Investitionsplanung ist daher darauf zu achten, dass sich geplante und zugleich hinreichend konkretisierte Ausweitungen des Geschäftsbetriebs in den Erweiterungsinvestitionen niederschlagen.[695] Nach entsprechender Plausibilisierung lassen sich dann die Abschreibungen der Detailplanungsphase unter Berücksichtigung der Abschreibungen auf bereits vorhandenes Anlagevermögen und der bilanziellen Nutzungsdauern bestimmen.[696] Da in die Berechnung der Abschreibung somit neben den jährlichen Ersatzinvestitionen zum Zweck der Substanzerhaltung[697] grundsätzlich auch hinreichend konkretisierte Erweiterungsinvestitionen einfließen,

689 Entsprechend dieses Maßstabs wird das „Unternehmen, wie es steht und liegt" bewertet. Vgl. PEEMÖLLER, V. H., Wert und Werttheorien, S. 4. Zur Abgrenzung der bewertungsrelevanten finanziellen Überschüsse als Resultat der vorhandenen Ertragskraft vgl. die grundlegenden Anmerkungen in Abschn. 223.

690 Das Erfordernis hinreichender Konkretisierung bzw. erfolgter Einleitung wird auch in der Rechtsprechung betont. Vgl. WÜSTEMANN, J., BB-Rechtsprechungsreport 2008/09, S. 1520.

691 Zur Maßgeblichkeit des dokumentierten Unternehmenskonzepts vgl. Abschn. 422.2.

692 Vgl. HFA DES IDW (Hrsg.), IDW S 1, Tz. 32.

693 Vgl. IDW (Hrsg.), WP Handbuch 2008, Bd. II, Rn. A 261; PEEMÖLLER, V. H./KUNOWSKI, S., Ertragswertverfahren nach IDW, S. 321. Als Ersatzinvestition ist i. S. leistungsgleicher Substanzerhaltung der Erwerb von Anlagen zu charakterisieren, mit dem die Produktionsmenge mengenmäßig konstant gehalten wird. Vgl. MEITNER, M., Terminal Value, S. 518.

694 Vgl. HFA DES IDW (Hrsg.), IDW S 1, Tz. 32 sowie IDW (Hrsg.), WP Handbuch 2008, Bd. II, Rn. A 115.

695 Vgl. IDW (Hrsg.), WP Handbuch 2008, Bd. II, Rn. A 261.

696 Vgl. IDW (Hrsg.), WP Handbuch 2008, Bd. II, Rn. A 261.

697 Vgl. HAX, K., Substanzerhaltung, S. 7.

kann es selbst unter Vernachlässigung etwaiger Änderungen des Preisniveaus zu einem Anstieg des jährlichen Abschreibungsbetrags im Zeitablauf kommen.[698]

Im **Restwertzeitraum** scheidet die explizite Berücksichtigung von Erweiterungs- und Rationalisierungsinvestitionen hingegen aus, da ein durch derartige Investitionstätigkeiten induziertes reales Wachstum[699] nach IDW S 1 implizit bzw. pauschal durch den Wachstumsabschlag vom Kapitalisierungszinssatz abgebildet wird.[700] Um indes auch in der Phase der ewigen Rente die Erhaltung der zum Ende der Detailplanungsphase geplanten Anlagensubstanz zu gewährleisten, werden die nachhaltigen jährlichen Ausgaben für Ersatzinvestitionen im Restwertzeitraum anhand einer sog. Reinvestitionsrate[701] bewertungstechnisch abgebildet.[702] Die Reinvestitionsrate wird in der herrschenden Bewertungspraxis implizit auch zur Bestimmung der Abschreibungen in der Phase der ewigen Rente herangezogen, indem üblicherweise Ersatzinvestitionen und Abschreibungen einander gleichgesetzt werden.[703] Ein solches Vorgehen unterstellt, dass die Kapitalstruktur des zu bewertenden Unternehmens (bereits) zum Ende des Detailplanungszeitraums einen eingeschwungenen Zustand erreicht hat und auch in der Folgezeit auf diesem konstanten Niveau verharrt.[704]

Die Annahme der Wertidentität von Abschreibungen und (Ersatz-)Investitionen im Restwertzeitraum setzt indes voraus, dass sich bilanzielle Abschreibungen und jährliche Reinvestitionsrate bereits im Detailplanungszeitraum in vergleichbarer Höhe entwickelt haben.[705] Ist dies nicht der Fall und daher auch nach Ende des Detailplanungszeitraums eine Änderung der Kapitalstruktur angezeigt, ist bei voraussichtlich wesentlichem Werteffekt[706] eine längere Überleitung nötig, um Abschreibungen und Investitionen in einen **fiktiv konstruierten Gleichgewichts- bzw. Beharrungszustand** zu überführen.[707] In einem zweiphasigen Bewertungskalkül, das einen harmonischen Übergang zwischen Detailplanungs- und Restwertzeitraum unterstellt, erfordert dies zusätzliche Nebenrechnungen zur langfristigen Modellierung

698 Vgl. PEEMÖLLER, V. H./KUNOWSKI, S., Ertragswertverfahren nach IDW, S. 321.

699 Die Wachstumskomponente des realen, d. h. mengen- und strukturbedingten Wachstums wird nachfolgend in Abschn. 423.12 umfassend erläutert.

700 Vgl. IDW (Hrsg.), WP Handbuch 2008, Bd. II, Rn. A 262. Der Ausschluss einer expliziten Berücksichtigung von Erweiterungsinvestitionen ist indes nicht gleichbedeutend mit dem faktischen Unterlassen von derartigen Investitionen zur Kapazitätsausweitung. Diesbezüglich wird vielmehr angenommen, dass die Erweiterungsinvestitionen eine Rendite in Höhe der Kapitalkosten erzielen und somit wertneutral sind. Vgl. MOSER, U., Behandlung der Reinvestitionen, S. 18. Vgl. hierzu sowie zur pauschalen Berücksichtigung von Erweiterungsinvestitionen im Zuge der Ermittlung des Wertanteils der ewigen Rente KOLLER, T./GOEDHART, M./WESSELS, D., Valuation, S. 271-289.

701 Zur Ableitung der Reinvestitionsrate vgl. IDW (Hrsg.), WP Handbuch 2008, Bd. II, Rn. A 263; PEEMÖLLER, V. H./KUNOWSKI, S., Ertragswertverfahren nach IDW, S. 322 f.; MEITNER, M., Terminal Value, S. 519.

702 Vgl. IDW (Hrsg.), WP Handbuch 2008, Bd. II, Rn. A 262.

703 Vgl. HACHMEISTER, D./WIESE, J., Zinsfuß, S. 64 sowie BRADLEY, M. H./JARRELL, G. A., Expected Inflation, S. 69.

704 Zur Annahme einer konstanten Kapitalstruktur vgl. STELLBRINK, J., Restwert, S. 208-224.

705 Vgl. IDW (Hrsg.), WP Handbuch 2008, Bd. II, Rn. A 265.

706 Zur Größenordnung des Werteffekts der annahmegemäßen Wertidentität von Abschreibungen und Investitionen vgl. CHERIDITO, Y./SCHNELLER, T., Residualwert, S. 737.

707 Vgl. Abschn. 423.231 zum eingeschwungenen Zustand als Anwendungsvoraussetzung der Formel der ewigen Rente.

der Investitions- und Abschreibungsreihen.[708] Im Verhältnis von Abschreibungen und Investitionen wird mithin deutlich, dass die durch das bewertungstechnische Konstrukt des eingeschwungenen Zustands erzielte Komplexitätsreduktion zwangsläufig mit gewissen Ungenauigkeiten verbunden ist,[709] die in einem zweiphasigen Bewertungskalkül nur durch entsprechende Ergänzungsrechnungen kompensiert werden können.

Zudem lassen sich die Abschreibungen nur dann als Funktion der Ersatzinvestitionen abbilden, wenn eine **Reihe restriktiver Anwendungsvoraussetzungen** erfüllt ist. Insbesondere dürfen weder die Vermögensgegenstände des Sachanlagevermögens eine heterogene Alters- und Anschaffungskostenstruktur aufweisen noch Investitionszyklen vorliegen.[710] Überdies ist eine solche Annahme streng genommen nur bei Vernachlässigung möglicher Steigerungen der Inflationsrate zulässig.[711] Da sich die Abschreibungen rechnungslegungsbedingt an den Investitionen orientieren, führt ein Anstieg des Preisniveaus dazu, dass die Investitionen die Abschreibungen übersteigen.[712] Geht man davon aus, dass sich die künftig zu erwartenden Inflationsraten von den in der Vergangenheit beobachteten Preissteigerungsraten unterscheiden, ist ein eingeschwungener Zustand des Unternehmens im Allgemeinen bzw. ein stabiles Verhältnis von Abschreibungen und Investitionen im Speziellen nicht bereits bei Eintritt in die Restwertphase zu erwarten.[713]

Auf Basis der vorherigen Ausführungen lässt sich zeigen, dass es hinsichtlich einzelner Annahmen der Phasenmethode nach IDW S 1 durchaus diskussionswürdig erscheint, ob der durch sie suggerierte harmonische Übergang der Bewertungsphasen tatsächlich konform ist zur Unternehmensrealität. Es sei mithin in Frage gestellt, dass bereits unmittelbar bei Eintritt in den Restwertzeitraum vom Erreichen eines eingeschwungenen Zustands des zu bewertenden Unternehmens ausgegangen werden kann. Da sich aus den aufgeworfenen Fragestellungen wiederum Konsequenzen hinsichtlich der bewertungstechnischen Abbildung einzelner

708 Vgl. IDW (Hrsg.), WP Handbuch 2008, Bd. II, Rn. A 265.

709 Vgl. Abschn. 224.3 zu dem hiermit angesprochenen Spannungsverhältnis zwischen theoretischer Fundierung bzw. konzeptioneller Richtigkeit einerseits und Komplexitätsreduktion bzw. Praktikabilität andererseits.

710 Für einen umfassenden Katalog der zugrunde liegenden Annahmen vgl. MEITNER, M., Terminal Value, S. 510 f. Zur besonderen Problematik der Berücksichtigung von Investitionszyklen vgl. HENSELMANN, K., Restwert, S. 154 f.

711 Zum Problem einer heterogenen Alters- und Anschaffungskostenstruktur bei gleichzeitiger Berücksichtigung von Inflation vgl. MEITNER, M., Modellkonsistenz, Teil 2, S. 6 f.

712 Vgl. MEITNER, M., Terminal Value, S. 510; MEITNER, M., Inflation, S. 254 sowie HENSELMANN, K., Restwert, S. 153. Aus diesem Grund ist auch die umgekehrte Verwendung der Abschreibungen als approximativer Maßstab für die Ersatzinvestitionen abzulehnen. Vgl. MEITNER, M., Terminal Value, S. 518. Einem solchen Vorgehen steht zudem entgegen, dass vorrangig Investitionen und nicht Abschreibungen zu prognostizieren sind. Vgl. IDW (Hrsg.), WP Handbuch 2008, Bd. II, Rn. A 259; BALLWIESER, W., Unternehmensbewertung, S. 33 f.; HACHMEISTER, D./WIESE, J., Zinsfuß, S. 64.

713 Vgl. MEITNER, M., Terminal Value, S. 511; HENSELMANN, K., Restwert, S. 153. Ein harmonischer Übergang zwischen der Detailplanungsphase und der Phase der ewigen Rente wird zusätzlich durch die gebotene Berücksichtigung von Altabschreibungen erschwert. Diese beruhen auf im Detailplanungszeitraum getätigte Investitionen in Vermögensgegenstände des Sachanlagevermögens, welche im letzten Detailplanungsjahr noch nicht vollständig abgeschrieben sind. Vgl. HENSELMANN, K., Restwert, S. 153.

Wachstumskomponenten ergeben, werden diese im Folgenden über das grundsätzliche Wachstumsverständnis[714] dieser Arbeit hinaus gesondert diskutiert.

423. Diskussion der Wachstumskomponenten gemäß IDW S 1

423.1 Die Wachstumskomponenten im Einzelnen

423.11 Nominales Wachstum aus Änderungen des Preisniveaus

Die Veränderungen der relevanten finanziellen Überschüsse aus dem zu bewertenden Unternehmen werden durch eine Reihe unterschiedlicher Faktoren determiniert.[715] Als einen möglichen Einflussfaktor nennt IDW S 1 **Änderungen des Preisniveaus.**[716] Wenngleich künftige Geldwertänderungen infolge einer allgemeinen Inflation[717] exogener Natur sind und somit außerhalb des Einflussbereichs des zu bewertenden Unternehmens liegen,[718] sind sie unzweifelhaft in die Bewertung einzubeziehen. Dabei gilt es zu beachten, dass von etwaigen Änderungen des Preisniveaus nicht nur die Kaufkraft und die Höhe der künftig entziehbaren finanziellen Überschüsse des zu bewertenden Unternehmens betroffen sind, sondern gleichsam auch die Kaufkraft der finanziellen Überschüsse aus der alternativen Anlagemöglichkeit am Kapitalmarkt.[719] Die Investition in das zu bewertende Unternehmen und die Investition in die alternative Anlagemöglichkeit am Kapitalmarkt müssen indes auch unter Berücksichtigung inflationärer Effekte weiterhin konsistent miteinander vergleichbar sein.[720] Diese Konsistenzanforderung verlangt es, dass die finanziellen Überschüsse beider Alternativen zur Wahrung der **Kaufkraftäquivalenz**[721] die „gleiche Kaufkraftdimension widerspiegeln“[722]. Bewertungstechnisch kann dem Erfordernis der Kaufkraftäquivalenz gleichermaßen durch eine Nominal- oder eine Realrechnung entsprochen werden.[723] Entsprechend dem Homogenitätsprinzip nach MOXTER sind als finanzielle Überschüsse und Kapitalisierungszinssatz in der Nominalrechnung einheitlich nominale Größen, in der Realrechnung hingegen durchgängig reale Größen zu veranschlagen.[724] Während nominale Größen das Preisniveau der künftigen Bewertungsperioden abbilden, spiegeln reale Größen das Preisniveau am jeweiligen Bewertungsstichtag wider.[725] Wenngleich Nominal- und Realrechnung bei konsistenter Anwendung zu gleichen

---

714 Zum grundlegenden Wachstumsverständnis dieser Arbeit vgl. Abschn. 211.

715 Zur Berücksichtigung von Risiko und Steuern als weitere Determinanten vgl. Abschn. 225.

716 Für den Begriff des nominalen Wachstums, der im Rahmen dieser Arbeit zur Abgrenzung gegenüber realen Wachstumseffekten benutzt wird, finden sich im Schrifttum die synonym verwendeten Bezeichnungen des preis- bzw. inflationsbedingten Wachstums. Vgl. exemplarisch IDW (Hrsg.), WP Handbuch 2008, Bd. II, Rn. A 207 und Rn. A 221.

717 Unter Inflation sei eine einheitliche Preissteigerungsrate auf Vermögenswerte, Zinssätze sowie Kosten- und Erlöspositionen verstanden. Vgl. MEITNER, M., Terminal Value, S. 499.

718 Vgl. BAETGE, J./NIEMEYER, K./KÜMMEL, J./SCHULZ, R., DCF-Verfahren, S. 432.

719 Vgl. MANDL, G./RABEL, K., Unternehmensbewertung, S. 190.

720 Vgl. BAETGE, J./NIEMEYER, K./KÜMMEL, J./SCHULZ, R., DCF-Verfahren, S. 433.

721 Zum Kaufkraftäquivalenzprinzip vgl. BALLWIESER, W./LEUTHIER, R., Betriebswirtschaftliche Steuerberatung, Teil 2, S. 608 f. Zu den Äquivalenzgrundsätzen vgl. Abschn. 225.

722 BAETGE, J./NIEMEYER, K./KÜMMEL, J./SCHULZ, R., DCF-Verfahren, S. 433.

723 Vgl. IDW (Hrsg.), WP Handbuch 2008, Bd. II, Rn. A 209.

724 Vgl. BAETGE, J./NIEMEYER, K./KÜMMEL, J./SCHULZ, R., DCF-Verfahren, S. 433. Zum Homogenitätsprinzip vgl. MOXTER, A., Grundsätze ordnungsmäßiger Unternehmensbewertung, S. 185-192.

725 Vgl. BAETGE, J./NIEMEYER, K./KÜMMEL, J./SCHULZ, R., DCF-Verfahren, S. 433.

Ergebnissen führen und die Entscheidung für eine der beiden Alternativen somit grundsätzlich im Ermessen des Bewertenden liegt,[726] empfiehlt sich die Anwendung einer **Nominalrechnung**. Diese ist u. a. deshalb vorziehenswürdig, da der landesübliche risikofreie Basiszinssatz, der im Zuge der Ermittlung eines objektivierten Unternehmenswerts als Ausgangspunkt zur Ableitung des Kapitalisierungszinssatzes herangezogen wird, bereits eine Geldentwertungsprämie enthält und insofern per se eine Nominalgröße darstellt.[727]

Wenngleich Änderungen des allgemeinen Preisniveaus nicht durch das Bewertungsobjekt beeinflusst werden können, wird das Management des zu bewertenden Unternehmens gewillt sein, etwaige Preissteigerungen auf den Beschaffungsmärkten durch Preiserhöhungen auf den Absatzmärkten zu kompensieren. Bei der Abschätzung künftiger Preisänderungen kann die **Inflationsrate** indes **nur einen ersten Anhaltspunkt für die Prognose** des künftigen nominalen Wachstums der finanziellen Überschüsse darstellen. Ursächlich für diese Einschränkung ist die Tatsache, dass Preisänderungen, denen das zu bewertende Unternehmen auf Beschaffungsmärken ausgesetzt ist, zum einen von der Inflationsrate abweichen und zum anderen entgegen der üblichen Annahme für verschiedene Produktionsfaktoren unterschiedliche Ausmaße annehmen können. Des Weiteren gilt es zu berücksichtigen, dass beschaffungsseitige Preissteigerungen nicht zwangsläufig an die (End-)Konsumenten weitergereicht werden können. Infolgedessen ist zur der Frage der Überwälzbarkeit von Preissteigerungen im konkreten Bewertungsfall eine Annahme darüber zu treffen, ob und in welcher Höhe Preissteigerungen gegebenenfalls an die (End-)Konsumenten weiter belastet werden können.[728]

Um indes überhaupt eine Annahme zur Überwälzbarkeit von Inflation treffen zu können, ist vorab zu erörtern, welcher Referenzmaßstab grundsätzlich zur **Bestimmung der bewertungsrelevanten Preissteigerungsrate** heranzuziehen ist. Hinsichtlich der Frage, welche konkrete Größe für die Festlegung der Preissteigerungsrate als maßgeblich zu erachten ist, findet sich in IDW S 1 lediglich der allgemeine Hinweis, dass infolge des Spektrums verschiedener Wachstumskomponenten die erwartete Geldentwertungsrate als intuitiv naheliegender Referenzmaßstab nur ein Indikator zur Prognose des nominalen Wachstums der künftigen finanziellen Überschüsse sein kann.[729] Eine weitergehende Konkretisierung hinsichtlich dieses Aspekts ist hingegen nicht Gegenstand von IDW S 1. Wenngleich die Frage der Überwälzbarkeit von Inflation in der Literatur intensiv diskutiert wird,[730] wird die Frage der für Bewertungszwecke relevanten Preissteigerungsrate offenbar als weniger kritisch erachtet und daher nur vereinzelt thematisiert. Die Diskussion im Schrifttum gibt daher insofern Anlass zu

[726] Vgl. BALLWIESER, W., Unternehmensbewertung, S. 89; MANDL, G./RABEL, K., Unternehmensbewertung, S. 192; MOXTER, A., Grundsätze ordnungsmäßiger Unternehmensbewertung, S. 192.

[727] Vgl. HFA DES IDW (Hrsg.), IDW S 1, Tz. 94. Zum Basiszinssatz vgl. Abschn. 232.3.

[728] Vgl. HFA DES IDW (Hrsg.), IDW S 1, Tz. 96. Die Frage der Überwälzbarkeit von Inflation wird ausführlich in Abschn. 424.21 diskutiert.

[729] Vgl. HFA DES IDW (Hrsg.), IDW S 1, Tz. 96.

[730] Vgl. MEITNER, M., Terminal Value, S. 514; KNOLL, L./LOBE, S./TARTLER, T., Langfristiges Ergebniswachstum, S. 13; SCHÜLER, A./LAMPENIUS, N., Wachstumsannahmen, S. 237; WAGNER, W./JONAS, M./BALLWIESER, W./TSCHÖPEL, A., Unternehmensbewertung, S. 1020; WIDMANN, B./SCHIESZL, S./JEROMIN, A., Kapitalisierungszinssatz, S. 809.

Kritik, als dass sich die zugehörige Auseinandersetzung weitgehend auf die Verwendung makroökonomischer Daten als Argumentationshilfe für die Frage der Überwälzbarkeit von Inflation beschränkt.[731]

Ein alleiniges Abstellen auf die makroökonomische Preisentwicklung verkennt indes einen weiteren wesentlichen Einflussfaktor auf die bewertungsrelevante Preissteigerungsrate. Demzufolge gilt es bei der Ableitung der Preissteigerungsrate über die gesamtwirtschaftliche (Preis-)Entwicklung hinaus auch den technischen Fortschritt und daraus resultierende Effizienzsteigerungen zu berücksichtigen.[732] Die beiden konstituierenden **Bestandteile der relevanten Preissteigerungsrate** – allgemeiner Preisanstieg und technologischer Fortschritt – entfalten dabei eine grundsätzlich gegenläufige Wirkung. Demnach ist die relevante Preissteigerungsrate umso höher, je größer die allgemeine Preissteigerung ausfällt und je geringer der technische Fortschritt ist. Ist der technologische Fortschritt indes sehr hoch, sind grundsätzlich auch negative relevante Preissteigerungsraten denkbar.[733]

Angesichts dieser Wirkungszusammenhänge stellt sich zudem die Frage, inwieweit die für die Gesamtwirtschaft festzustellende Entwicklung des allgemeinen Preisniveaus die unternehmensspezifischen Verhältnisse im konkreten Bewertungsfall zutreffend widerspiegelt und daher als repräsentativ für das zu bewertende Unternehmen bzw. den relevanten Markt betrachtet werden kann.[734] Zieht man beispielsweise den vom Statistischen Bundesamt veröffentlichten saisonbereinigten Verbraucherpreisindex als Inflationsmaßstab heran,[735] zeigt sich in der nachfolgenden Abbildung 4-1, welch starke Schwankungen sich in Abhängigkeit des zugrunde gelegten Maßstabs ergeben können. Bei der Bemessung der bewertungsobjektspezifischen Preissteigerungsrate sollten daher auch branchenspezifische Trends, die von der gesamtwirtschaftlichen Entwicklung abweichen können, zwingend einbezogen werden, um sicherzustellen, dass die Festlegung der bewertungsrelevanten Teuerungsrate auch im Branchendurchschnitt als angemessen erachtet werden kann.[736]

---

731 Entsprechende Argumentationen finden sich bei WIDMANN, B./SCHIESZL, S./JEROMIN, A., Kapitalisierungszinssatz, S. 808-810 sowie STELLBRINK, J., Restwert, S. 125-127.

732 Vgl. TSCHÖPEL, A./WIESE, J./WILLERSHAUSEN, T., Unternehmensbewertung und Wachstum, Teil 1, S. 351.

733 Ein solcher Fall ist nicht gleichbedeutend mit einer realen Schrumpfung des Unternehmens. In einer solchen Konstellation sind lediglich geringere Investitionen zur Sicherstellung leistungsgleicher Substanzerhaltung notwendig, worauf im späteren Verlauf der Arbeit ausführlich eingegangen wird. Zur Ableitung der relevanten Preissteigerungsrate vgl. MEITNER, M., Terminal Value, S. 514 f. sowie MEITNER, M., Inflation, S. 254.

734 Zur Problematik im Zusammenhang mit der Verwendung solcher branchenübergreifender Daten für empirische Zwecke vgl. die Anmerkungen in Abschn. 344.2.

735 Zu entsprechenden Preisindizes auf Monatsbasis vgl. STATISTISCHES BUNDESAMT, Verbaucherpreisindizes, S. 15-19. Die zugehörigen Durchschnittswerte auf Jahresbasis sind ihrerseits abrufbar unter: http://www.destatis.de/jetspeed/portal/cms/Sites/destatis/Internet/DE/Content/Statistiken/Zeitreihen/WirtschaftAktuell/Basisdaten/Content100/vpi101a,templateId=renderPrint.psml.

736 Vgl. TSCHÖPEL, A./WIESE, J./WILLERSHAUSEN, T., Unternehmensbewertung und Wachstum, Teil 1, S. 351.

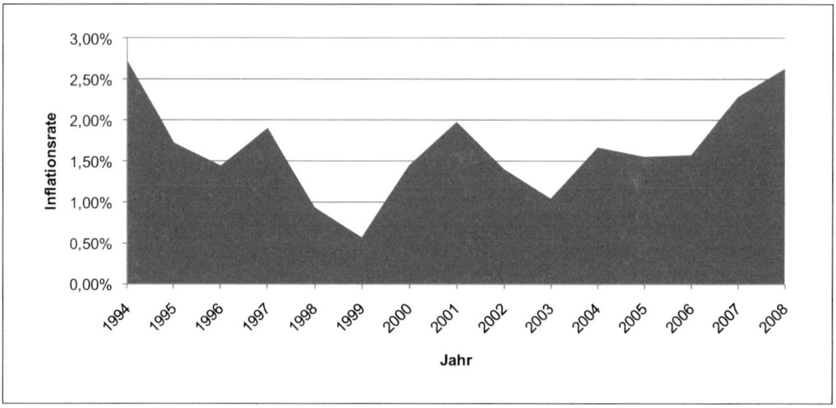

Abbildung 4-1: Entwicklung des saisonbereinigten Verbraucherpreisindex der Jahre 1994 bis 2008

Somit ist festzuhalten, dass die **Verwendung einer unternehmensspezifischen Preissteigerungsrate** entgegen der vormals im Schrifttum vertretenen Ansicht nicht nur in solchen **Einzelfällen** geboten ist, in denen eine dauerhaft abweichende Entwicklung der Beschaffungspreise von der gesamtwirtschaftlichen Entwicklung zu beobachten ist. Vielmehr sollte die bewertungsobjektspezifische Bemessung der effektiven Teuerungsrate den idealtypischen Regelfall darstellen.[737]

423.12 Reales Wachstum aus Mengen- und Strukturveränderungen

Ein Wachstum der künftigen finanziellen Überschüsse i. S. v. IDW S 1 kann sich nicht nur nominal aus Änderungen des allgemeinen Preisniveaus, sondern darüber hinaus aus einer realen positiven Entwicklung leistungswirtschaftlicher Erfolgsfaktoren ergeben.[738] Als Ursachen für derartige **Mengen- und Strukturveränderungen** lassen sich beispielhaft Ausweitungen bzw. Einbrüche der Absatzmenge sowie Kosteneinsparungen anführen.[739] Die Realisation von Einsparpotenzialen auf der Kostenseite stellt nach Auffassung des IDW somit keine eigenständige Wachstumskomponente dar,[740] sondern ist vielmehr unter realen Wachstumseffekten zu subsumieren. Als mögliche Ursachen für ein Wachstum der Absatzvolumina führt BEYER exemplarisch ein rein regionales Wachstum sowie ein laterales Wachstum durch Expansion der Geschäftsaktivitäten in neue Märkte an. Ein Mengenwachstum kann zudem in der erfolgreichen Implementierung einer Verdrängungsstrategie gegenüber Konkurrenten begründet sein. Hierbei stellt sich indes stets die Frage der Nachhaltigkeit eines solchen Mengenwachs-

[737] Vgl. TSCHÖPEL, A./WIESE, J./WILLERSHAUSEN, T., Unternehmensbewertung und Wachstum, Teil 1, S. 350. Zur früheren Ansicht vgl. ALBRECHT, T., Endwertermittlung, S. 734.

[738] Vgl. IDW (Hrsg.), WP Handbuch 2008, Bd. II, Rn. A 207; BUSCH, K., Unternehmensbewertung von KMU, S. 236; MUNKERT, M. J., Kapitalisierungszinssatz, S. 336.

[739] Vgl. HFA DES IDW (Hrsg.), IDW S 1, Tz. 95.

[740] Eine solche Position vertritt beispielsweise BEYER, der Maßnahmen der Kostenreduktion als eigenständige Wachstumsquelle behandelt. Vgl. BEYER, S., Wachstum, S. 257.

tums. Die Beantwortung dieser Fragestellung erfordert dabei eine dezidierte Analyse der Aufnahmekapazität sowie der Wettbewerbssituation des relevanten Markts.[741]

423.13 Thesaurierungsbedingtes Wachstum

Selbst wenn kein nominales oder reales Wachstum der künftigen finanziellen Überschüsse vorliegt, können diese über die bislang behandelten Wachstumskomponenten hinaus allein aus Thesaurierungen wachsen. Ein solches thesaurierungsbedingtes Wachstum kann realisiert werden, indem **nicht ausgeschüttete Mittel im Unternehmen wieder angelegt** werden.[742] Unterstellt man, dass die infolge der Thesaurierung im Unternehmen verbleibenden Mittel so investiert werden, dass die erzielte Rendite dem Kapitalisierungszinssatz vor Berücksichtigung der auf Unternehmensebene anfallenden Steuern und somit der Rendite der Alternativanlage entspricht,[743] hat die Thesaurierung direkt lediglich eine werterhaltende bzw. wertneutrale Wirkung.[744] Indes wirkt die Thesaurierung indirekt durchaus wertbeeinflussend. Da andernfalls, d. h. bei sofortiger Ausschüttung, unmittelbar zu versteuernde Dividenden durch die Thesaurierung in erst später zu versteuernde Dividenden aus der Anlage und Verzinsung der thesaurierten Beträge zum Kapitalisierungszinssatz transformiert werden,[745] stellt sich ein sog. **Steuerstundungseffekt ein**, welcher seinerseits werterhöhend wirkt.[746] Ausgelöst durch die Wiederanlage nicht ausgeschütteter Mittel zum Kapitalisierungszinssatz wachsen die künftigen finanziellen Überschüssen somit thesaurierungsbedingt.[747]

Aufbauend auf die im Rahmen einer isolierten Betrachtung erarbeitete Begründung und Erläuterung der einzelnen Wachstumskomponenten, wird im Folgenden kritisch analysiert, wie ihr konkretes Zusammenspiel im Bewertungskalkül gemäß IDW S 1 abzubilden ist. Dabei wird insbesondere auf die im aktuellen Schrifttum aufgeworfene Frage eingegangen, inwieweit gewisse Wachstumskomponenten mit den grundlegenden Wachstumsannahmen nach IDW S 1 vereinbar sind.

---

741 Eine Mischform von Preis- und Mengenwachstum ist die Steigerung des Umsatzes als Produkt aus Preis und Menge, welche auf das Angebot eines höherwertigen Produkts bzw. einer höherwertigen Dienstleistung oder den Zuwachs von Funktionalitäten des Produkts bzw. der Dienstleistung zurückzuführen sein kann. Vgl. BEYER, S., Wachstum, S. 257.

742 Vgl. IDW (Hrsg.), WP Handbuch 2008, Bd. II, Rn. A 221; WAGNER, W./JONAS, M./BALLWIESER, W./TSCHÖPEL, A., Weiterentwicklung von IDW S 1, S. 894 f.

743 Vgl. Abschn. 422.3 zur kapitalwertneutralen Wiederanlageprämisse nach IDW S 1.

744 Vgl. GAMPENRIEDER, P., Unternehmensbewertung, S. 574. Alternativ kommt z. B. die Tilgung von Fremdkapital in Betracht. In diesem Fall gilt es allerdings, die damit einhergehende Veränderung der Kapitalstruktur bei der Ableitung der Eigenkapitalkosten zu berücksichtigen. Wertauswirkungen ergeben sich auch in einem solchen Szenario allein aus der Veränderung des Steuervorteils durch die Fremdfinanzierung (sog. Tax Shield). Vgl. WAGNER, W./JONAS, M./BALLWIESER, W./TSCHÖPEL, A., Weiterentwicklung von IDW S 1, S. 895. Vgl. Abschn. 233.1 zur Berücksichtigung des Tax Shield im DCF-Kalkül im Allgemeinen bzw. Abschn. 233.3 zur Abbildung im FCF-Ansatz als konkrete Ausprägung im Speziellen.

745 Vgl. KNOLL, L., Objektivierter Unternehmenswert, S. 174; AUERBACH, A. J., Taxation, S. 920.

746 Vgl. WAGNER, W./JONAS, M./BALLWIESER, W./TSCHÖPEL, A., Weiterentwicklung von IDW S 1, S. 895; GAMPENRIEDER, P., Unternehmensbewertung, S. 574.

747 Vgl. IDW (Hrsg.), WP Handbuch 2008, Bd. II, Rn. A 221.

423.2 Die phasenbezogene Abbildung der Wachstumskomponenten im Bewertungskalkül

423.21 Vorbemerkungen

Bereits aus der Darstellung der grundlegenden Abbildung von Wachstum in Zukunftserfolgswertverfahren geht hervor, dass aus verschiedenen Gründen eine **verfahrensspezifische Diskussion** des Wachstums von Unternehmen angebracht ist.[748] Entgegen der oftmals losgelöst vom jeweiligen Bewertungsverfahren geführten Diskussion zur Frage der angemessenen Quantifizierung von Wachstumsabschlägen wird die theoretische Auseinandersetzung unter Bezugnahme auf ein konkretes Bewertungsverfahren i. S. v. IDW S 1 vorgenommen werden.

Nicht allein aufgrund der nach wie vor z. B. in Spruchstellenverfahren festzustellenden praktischen Dominanz des Ertragswertverfahrens[749] soll dieses als maßgebliches Bewertungsverfahren für die folgenden Ausführungen herangezogen werden. Die **Beschränkung auf das Ertragswertverfahren nach IDW S 1** gründet sich v. a. auf didaktische Überlegungen. Wenngleich sich das Wachstum von Unternehmen, wie bereits mehrfach ausgeführt,[750] nicht allein im Nenner des Bewertungskalküls widerspiegelt, kommt dem Wachstumsabschlag im Nenner dennoch eine besonders (wert-)relevante Bedeutung zu. Die gewählte Vorgehensweise bietet dabei im Hinblick auf die nachfolgende Analyse den Vorteil, dass für die Abbildung von Wachstum im Bewertungskalkül weniger bedeutsame Parameter wie Fremdkapitalzins und Kapitalstruktur beim Ertragswertverfahren aufgrund der zugrunde liegenden Nettokapitalisierung[751] nicht im Nenner berücksichtigt werden.[752] Die bereits angesprochene Dominanz des Ertragswertverfahrens im deutschen Bewertungsumfeld kommt zugleich in der deutschen Bewertungslehre und -theorie zum Ausdruck. So liegt auch den zur Veranschaulichung der bewertungstechnischen Abbildung von Wachstum konzipierten Anwendungsbeispielen des Schrifttums vielfach ein Ertragswertverfahren zugrunde.[753] Der erwähnten Dominanz des Er-

---

748 Vgl. in diesem Zusammenhang insbesondere die kritischen Anmerkungen zur grundlegenden Abbildung von Wachstum in Zukunftserfolgswertverfahren in Abschn. 234.

749 Zur empirisch belegbaren Präferenz der Bewertungspraxis für das Ertragswertverfahren im Allgemeinen vgl. FISCHER-WINKELMANN, W. F./BUSCH, K., Unternehmensbewertungsverfahren, Teil 1, S. 644-646. Zur Dominanz des Ertragswertverfahrens in Spruchstellenverfahren im Speziellen vgl. WÜSTEMANN, J., BB-Rechtsprechungsreport 2008/09, S. 1518.

750 Vgl. Abschn. 234 zur Abbildung von Wachstum in Zukunftserfolgsverfahren im Allgemeinen und Abschn. 421 zur Abbildung im Phasenkonzept nach IDW S 1 im Speziellen.

751 Zur Nettokapitalisierung vgl. die grundlegenden Anmerkungen in Abschn. 231.

752 Vgl. KOELEN, P., Investitionstheoretische Bewertungskalküle, S. 61. Abstrahiert man von möglichen Abweichungen zwischen dem Ertragswertverfahren gem. IDW S 1 und dem Flow to Equity-Ansatz, welche sich bei Anwendung der Ertragswertmethode als subjektives Grenzpreiskalkül bei der Ableitung des Kapitalisierungszinssatzes einstellen können, gelten die folgenden Ausführungen unter dem hier gewählten Fokus auf die Ermittlung eines objektivierten Unternehmenswerts grundsätzlich analog für den Flow to Equity-Ansatz. Vgl. BAETGE, J./NIEMEYER, K./KÜMMEL, J./SCHULZ, R., DCF-Verfahren, S. 352.

753 Eine viel zitierte Beispielrechnung zur Abbildung von Wachstum i. S. v. findet sich im relevanten Abschn. A des WP-Handbuchs. Vgl. hierzu IDW (Hrsg.), WP Handbuch 2008, Bd. II, Rn. A 310-336. Die Beispielrechnung im WP-Handbuch aufgreifend WAGNER, W./JONAS, M./BALLWIESER, W./TSCHÖPEL, A., Unternehmensbewertung, S. 1020-1022; BEYER, S./GAAR, A., Neufassung des IDW S 1, S. 247-251; WAGNER, W./JONAS, M./BALLWIESER, W./TSCHÖPEL, A., Weiterentwicklung von IDW S 1, S. 898.

tragswertverfahrens folgend steht dieses daher im weiteren Verlauf dieser Arbeit im Zentrum der Betrachtung.

423.22 Die Abbildung der Wachstumskomponenten in der Detailplanungsphase

423.221. Die Abbildung nominalen und realen Wachstums in der Detailplanungsphase

Im Detailplanungszeitraum wird ein etwaiges Wachstum unmittelbar im Zuge der periodenspezifischen Planung der künftigen finanziellen Überschüsse und demzufolge in der zu kapitalisierenden Zählergröße erfasst.[754] Die detailliert geplanten künftigen finanziellen Überschüsse dieser näheren Phase sind daher lediglich mit einem risiko- und steueradjustierten nominalen Kapitalisierungszinssatz zu diskontieren.[755] Abstrahiert man vereinfachend von der Möglichkeit thesaurierungsbedingten Wachstums, indem man fiktiv die **Vollausschüttung** der künftigen finanziellen Überschüsse unterstellt, wachsen diese nur preis- oder mengenbedingt.

Vernachlässigt man mögliche Rationalisierungs- bzw. Erfahrungskurveneffekte,[756] schlägt sich ein **reales Wachstum** der künftigen finanziellen Überschüsse in einem entsprechenden Mengenwachstum auf der Kostenseite nieder, da eine Steigerung der Absatzmenge erwartungsgemäß eine Ausweitung der Beschaffungsmenge erfordert.[757] Ein ähnlicher Wirkungszusammenhang lässt sich auch für die Preiskomponente und damit für ein **nominales Wachstum** der künftigen finanziellen Überschüsse unterstellen. Da in der Detailplanungsphase Absatz- und Beschaffungsmengen einerseits sowie Absatz- und Beschaffungspreise andererseits üblicherweise differenziert geplant werden,[758] lassen sich nominale und reale Wachstumseffekte unter **Zuhilfenahme eines einfachen Preis-Mengen-Konstrukts** auf Basis der Detailplanung bewertungstechnisch abbilden.[759]

Das in Tabelle 4-1 dargestellte Beispiel zur kostenseitigen Abbildung nominalen und realen Wachstums in der Detailplanungsphase zeigt die einfache Handhabbarkeit der Abbildung beider Wachstumskomponenten auf der **Kostenseite** im Detailplanungszeitraum:

---

754 Vgl. HFA DES IDW (Hrsg.), IDW S 1, Tz. 97.

755 Vgl. HFA DES IDW (Hrsg.), IDW S 1, Tz. 98.

756 Der grundsätzlich denkbare Fall eines durch Kosteneinsparungen induzierten Wachstums wird nicht weiter vertieft, da im Regelfall nicht von der Nachhaltigkeit einer solchen Ergebnisverbesserung ausgegangen werden kann. Vgl. BEYER, S., Wachstum, S. 257. Zum Erfahrungskurvenkonzept vgl. BEA, F. X./HAAS, J., Strategisches Management, S. 132-136.

757 Von einem realen Wachstum in Folge von Kapazitätserweiterungen wird an dieser Stelle in Anlehnung an IDW S 1 abstrahiert. Vgl. HFA DES IDW (Hrsg.), IDW S 1, Tz. 94-96.

758 Im Folgenden wird vereinfachend angenommen, dass im Zuge der Herstellung bzw. Verarbeitung keine weiteren Kosten anfallen, wenngleich sich die nachfolgenden Überlegungen grundsätzlich auch auf andere Kostenarten anwenden lassen.

759 Vgl. WOLLNY, C., Objektivierter Unternehmenswert, S. 348 f.; KÖSTER, A., Nachhaltige Preis- und Mengendifferenzierung, S. 832 f. In der in Tabelle 4-1 dargestellten Beispielrechnung wird vereinfachend ein konstantes Preis- und Mengenwachstum unterstellt.

		Ist 0	Planjahr 1	Planjahr 2	Planjahr 3
Inland	**Rohstoff A**				
	Beschaffungsmenge	200,00	203,00	206,05	209,14
	Mengenänderung in %		*1,50%*	*1,50%*	*1,50%*
	Beschaffungspreis je ME	120.000,00	121.500,00	123.018,75	124.556,48
	Preisänderung in %		*1,25%*	*1,25%*	*1,25%*
	Kosten	24.000.000,00	25.347.398,34	26.049.204,44	26.770.441,78
Ausland	**Rohstoff B**				
	Beschaffungsmenge	100,00	98,00	96,04	94,12
	Mengenänderung in %		*-2,00%*	*-2,00%*	*-2,00%*
	Beschaffungspreis je ME	85.000,00	84.150,00	83.308,50	82.475,42
	Preisänderung in %		*-1,00%*	*-1,00%*	*-1,00%*
	Kosten	8.500.000,00	8.000.948,34	7.762.520,08	7.531.196,98
Gesamtkosten		**32.500.000,00**	**33.348.346,68**	**33.811.724,51**	**34.301.638,76**

Tabelle 4-1: Beispiel zur kostenseitigen Abbildung nominalen und realen Wachstums in der Detailplanungsphase[760]

Geht man von der Wirksamkeit der angesprochenen Kausalzusammenhänge aus, lässt sich das in Tabelle 4-1 dargestellte Vorgehen zur bewertungstechnischen Abbildung von nominalem und realem Wachstum auf der Kostenseite analog auf die **Erlösseite** übertragen. Abstrahiert man von weiteren Kosten- und Erlöskomponenten, wird der periodenspezifische Unternehmensgewinn allein durch Preis- und Mengenänderungen auf der Absatz- bzw. Beschaffungsseite determiniert:

$$G_t = M_t^A \times P_t^A - M_t^B \times P_t^B$$

Formel 4-2: Gewinnermittlung bei differenzierter Preis-Mengen-Betrachtung

Unterstellt man zugleich vereinfachend, dass die Absatzmenge und Beschaffungsmenge übereinstimmen, stellt sich die Gewinnermittlung wie folgt dar:

$$G_t = M_t \times (P_t^A - P_t^B) \text{ mit } M_t = M_t^A = M_t^B$$

Formel 4-3: Gewinnermittlung bei übereinstimmender Absatz- und Beschaffungsmenge

Änderungen des Gewinns lassen sich demnach in dieser vereinfachten, aber zur Veranschaulichung der bewertungstechnischen Abbildung nominalen und realen Wachstums in der De-

760 Auf Basis eines solchen Preis-Mengen-Konstrukts lassen sich nicht nur länderspezifisch differenzierte Preis- und Mengenentwicklungen innerhalb eines Beschaffungsmarkts, sondern gleichfalls Wechselkurseffekte bei länderübergreifenden Beschaffungsaktivitäten erfassen. Vom Vorliegen derartiger Wechselkurseffekte wird indes im weiteren Verlauf abstrahiert.

tailplanungsphase ausreichenden Modellwelt auf eine Mengen- (erster Term) und eine Preiskomponente (zweiter Term) zurückführen:[761]

$$\Delta G_t = \Delta M_t \times (P_t^A - P_t^B) + M_t \times (\Delta P_t^A - \Delta P_t^B)$$

Formel 4-4: Preis- und Mengeneffekte als Determinanten des Unternehmensgewinns

Im Ergebnis stellt daher weniger die grundsätzliche Berücksichtigung der beiden Wachstumskomponenten eine Herausforderung dar, sondern vielmehr die **Plausibilisierung der zugrunde liegenden Planungsprämissen**. Sofern sich im Detailplanungszeitraum ein Anstieg der Beschaffungspreise abzeichnet, ist insbesondere zu prüfen, inwieweit von der Überwälzbarkeit eines solchen kostenseitigen Preisanstiegs auf die Erlösseite ausgegangen werden kann. Wenngleich die Frage der Überwälzbarkeit infolge der expliziten Planung von Kosten- und Erlösseite in der Detailplanungsphase hier tendenziell weniger im Fokus der Überlegungen steht,[762] sollte diesem Aspekt bei der Plausibilisierung der Detailplanung angesichts der Notwendigkeit einer darauf aufbauenden und zugleich konsistenten Annahme für den Restwertzeitraum besondere Aufmerksamkeit gewidmet werden.[763]

423.222. Die Abbildung thesaurierungsbedingten Wachstums in der Detailplanungsphase

Die im vorherigen Abschnitt zur Vereinfachung gewählte Vollausschüttungshypothese wird nunmehr aufgehoben. Im Folgenden wird davon ausgegangen, dass die finanziellen Überschüsse nicht mehr in voller Höhe ausgeschüttet werden. In einem solchen Szenario ist für die Wiederanlage der thesaurierten Beträge eine Annahme hinsichtlich ihrer Verwendung geboten.[764] Für die thesaurierten Beträge wird nachfolgend eine **kapitalwertneutrale Wiederanlage** unterstellt.

Im Bewertungskalkül nach IDW S 1 wird die Kapitalwertneutralität reinvestierter thesaurierter Mittel durch ihre annahmegemäße **(Wieder-)Anlage zum Kapitalisierungszinssatz**[765] erreicht. Die kapitalwertneutrale Wiederanlagerendite zur Bestimmung des Ergebnisses aus

761 Vgl. WIDMANN, B./SCHIESZL, S./JEROMIN, A., Kapitalisierungszinssatz, S. 808.

762 Die Frage der Überwälzbarkeit von Inflation soll daher erst im späteren Verlauf der Arbeit ausführlich diskutiert werden. Vgl. hierzu Abschn. 424.21.

763 Eine kritische Prüfung der Prämissen der Detailplanungsphase ist geboten, da die Detailplanung unter gleichzeitiger Zuhilfenahme pauschaler Annahmen die Ausgangsbasis zur langfristigen Extrapolation von Trendentwicklungen im Restwertzeitraum darstellt. Vgl. hierzu HFA DES IDW (Hrsg.), IDW S 1, Tz. 78.

764 Vgl. IDW (Hrsg.), WP Handbuch 2008, Bd. II, Rn. A 86-89.

765 Es handelt sich dabei um den Kapitalisierungszinssatz vor Unternehmensteuern und vor persönlichen Steuern der Anteilseigner. Vgl. IDW (Hrsg.), WP Handbuch 2008, Bd. II, Rn. A 313; WAGNER, W./JONAS, M./BALLWIESER, W./TSCHÖPEL, A., Weiterentwicklung von IDW S 1, S. 895; GAMPENRIEDER, P., Unternehmensbewertung, S. 574.

der Thesaurierung ergibt sich unter Berücksichtigung der nach der Unternehmensteuerreform 2008 geltenden Steuersätze als:[766]

$$r_w = \frac{r_j^{vSt}}{(1 - s_{gew} - s_{kst})}$$

Formel 4-5: Kapitalwertneutrale Wiederanlagerendite[767]

Bezieht man die Besteuerung von Veräußerungsgewinnen zunächst grundsätzlich in die (Formel-)Betrachtung ein, sind die **Eigenkapitalkosten vor persönlicher Einkommensteuer** (Bruttorendite der Eigenkapitalgeber) im Zähler der Bestimmungsformel der kapitalwertneutralen Wiederanlagerendite wie folgt definiert:

$$r_j^{vSt} = \frac{r_j^{nSt}}{(1 - q \times s_{abg} - (1-q) \times s_{eff}^{k})}$$

Formel 4-6: Eigenkapitalkosten vor persönlicher Einkommensteuer[768]

Die **Eigenkapitalkosten nach persönlicher Einkommensteuer** (Nettorendite der Eigenkapitalgeber) lassen sich bei fiktiv vollständiger Eigenfinanzierung im Abgeltungsteuersystem unter Zuhilfenahme des Tax-CAPM[769] wie folgt berechnen:

$$r_j^{nSt} = r_f \times (1 - s_{abg}) + ß_j \times MRP^{nSt} \text{ wobei gilt}$$
$$MRP^{nSt} = r_m^{vSt} - k_m \times s_{eff}^{k} - d_m \times s_{abg} - r_f \times (1 - s_{abg}) \text{ mit}$$
$$r_m^{vSt} = k_m + d_m$$

Formel 4-7: Eigenkapitalkosten nach persönlicher Einkommensteuer auf Basis des Tax-CAPM im Abgeltungsteuersystem[770]

---

766 Da es sich bei der Bruttorendite der Eigenkapitalgeber um die Eigenkapitalkosten vor persönlichen Steuern, aber nach Unternehmensteuern handelt, ist der Einfluss Letzterer bei der Ermittlung der kapitalwertneutralen Wiederanlagerendite entsprechend zu eliminieren.

767 Vgl. IDW (Hrsg.), WP Handbuch 2008, Bd. II, Rn. A 330. Formel 4-5 berücksichtigt bereits den Wegfall der Abzugsfähigkeit der Gewerbesteuer als Betriebsausgabe sowohl für Personenunternehmen als auch für Kapitalgesellschaften im Zuge der Unternehmensteuerreform 2008. Vgl. BLUM, A., APV-Ansatz, S. 456 f.; WEGENER, W., Objektivierter Unternehmenswert, S. 937. Aus Gründen der Vereinfachung wird im Folgenden analog der Vorgehensweise im WP-Handbuch auf den Ansatz des Solidaritätszuschlags verzichtet.

768 Vgl. IDW (Hrsg.), WP Handbuch 2008, Bd. II, Rn. A 332.

769 Zum Tax-CAPM vgl. die grundlegenden Anmerkungen in Abschn. 232.3.

770 Vgl. DÖRSCHELL, A./FRANKEN, L./SCHULTE, J., Kapitalisierungszinssatz, S. 29-38. Zur Ermittlung der Marktrisikoprämie im Abgeltungsteuersystem gem. Tax-CAPM vgl. ebenso ZEIDLER, G. W./SCHÖNIGER, S./TSCHÖPEL, A., Unternehmensteuerreform, S. 283.

Ist die kapitalwertneutrale Wiederanlagerendite bei **Annahme vollständiger Eigenfinanzierung**[771] bekannt, ergeben sich die Wertbeiträge aus Thesaurierung durch die Verzinsung der kumulierten Thesaurierungsbeträge zu Beginn jedes Detailplanungsjahres in Höhe der kapitalwertneutralen Wiederanlagerendite:[772]

		Planjahr 1	**Planjahr 2**	**Planjahr 3**
Ergebnis vSt		100,0	100,0	100,0
Ergebnis aus Thesaurierung	*12,6%*		4,9	10,1
Gesamtergebnis vSt		100,0	104,9	110,1
GewSt	*14,0%*	-14,0	-14,7	-15,4
KSt	*15,0%*	-15,0	-15,7	-16,5
Ausschüttbares Ergebnis		71,0	74,5	78,2
Thesaurierung laufendes Jahr	*55,0%*	39,1	41,0	43,0
Thesaurierung kumuliert zum Jahresende		39,1	80,0	123,0
Ausschüttung Anteilseigner	*45,0%*	32,0	33,5	35,2
Typisierte ESt	*25,0%*	-8,0	-8,4	-8,8
Nettozuflüsse an die Anteilseigner		**24,0**	**25,1**	**26,4**
Thesaurierungsbedingtes Wachstum			*4,9%*	*4,9%*

Tabelle 4-2: Beispiel zur Abbildung thesaurierungsbedingten Wachstums in der Detailplanungsphase[773]

Das Beispiel in Tabelle 4-2 verdeutlicht, dass die Nettozuflüsse an die Anteilseigner allein durch die Transformation sofort zu versteuernder Dividenden (bei Vollausschüttung) in später zu versteuernde Dividenden aus der Anlage und Verzinsung der anteiligen Thesaurierungsbeträge zur kapitalwertneutralen Wiederanlagerendite (im vorliegenden Fall um 4,9 % p. a.) thesaurierungsbedingt wachsen.[774]

423.23 Die Abbildung der Wachstumskomponenten in der Restwertphase

423.231. Der Gleichgewichtszustand als Anwendungsvoraussetzung für die Formel der ewigen Rente

Bei der zur Berechnung des Restwerts üblicherweise angewendeten Formel der ewigen Rente befindet sich das zu bewertende Unternehmen definitionsgemäß in einem Gleichgewichts-

771 Bei teilweiser Fremdfinanzierung gilt es zusätzlich die Effekte der Kapitalstruktur auf die Renditeforderungen der Eigenkapitalgeber zu beachten. Vgl. IDW (Hrsg.), WP Handbuch 2008, Bd. II, Rn. A 304-306.

772 Annahmegemäß entsprechen die kumulierten Thesaurierungsbeträge zu Jahresbeginn den kumulierten Thesaurierungsbeträgen am Ende des Vorjahres.

773 Vgl. IDW (Hrsg.), WP Handbuch 2008, Bd. II, Rn. A 334. Zur isolierten Betrachtung des thesaurierungsbedingten Wachstums wird an dieser Stelle von preis- und mengenbedingtem Wachstum abstrahiert. Ebenso wird an dieser Stelle aus Gründen der Veranschaulichung auf den Einbezug der Effekte aus der Veräußerungsgewinnbesteuerung verzichtet. Demnach sei unterstellt, dass keine effektive Veräußerungsgewinnbesteuerung anfällt, d. h. bezogen auf Formel 4-6 beträgt der effektive Steuersatz auf Veräußerungsgewinne annahmegemäß Null. Zu weiteren der Beispielrechnung zugrunde liegenden Annahmen vgl. IDW (Hrsg.), WP Handbuch 2008, Bd. II, Rn. A 311 und Rn. A 326 f.

774 Vgl. GAMPENRIEDER, P., Unternehmensbewertung, S. 574.

oder Beharrungszustand.[775] Als problematisch erweist sich hierbei das weitgehend **uneinheitliche Verständnis eines solchen eingeschwungenen Zustands**.[776] Es erscheint daher eine Konkretisierung bzw. bezogen auf bestehende Erklärungsansätze[777] eine entsprechende Klarstellung geboten.

Das dem Bewertungskalkül im Restwertzeitraum zugrunde liegende Konzept der ewigen Rente lässt sich nicht nur in seiner Grundform unter der Annahme eines Nullwachstums, sondern entsprechend der Erweiterung des Wachstumsmodells nach GORDON/SHAPIRO auch für den Fall eines positiven Wachstums der finanziellen Überschüsse anwenden.[778] Demnach gilt es zu klären, in welcher der beiden genannten Ausprägungen das ewige Rentenmodell anzuwenden ist. Es bedarf daher der Klarstellung, dass das **Erreichen** des Stadiums **eines eingeschwungenen Zustands ein weiteres Wachstum** der künftigen finanziellen Überschüsse **grundsätzlich nicht ausschließt**.[779] Nach IDW S 1 ist daher sinngemäß im ersten Schritt zu prüfen, ob (bereits) nach Abschluss der Detailplanungsphase davon ausgegangen werden kann, dass sich das zu bewertende Unternehmen unmittelbar in einem eingeschwungen Zustand ohne weiteres Wachstum (Gleichgewichts- oder Beharrungszustand i. e. S.) befindet oder aber über das Ende der Detailplanungsphase hinaus ein weiteres Wachstum der künftigen finanziellen Überschüsse (Gleichgewichts- oder Beharrungszustand i. w. S.) zu erwarten ist.[780]

Zur Beurteilung der Frage, wann ein solcher Gleichgewichts- oder Beharrungszustand i. w. S. als erreicht gilt, nimmt IDW S 1 weder durch die Angabe entsprechender Beurteilungskriterien noch in anderer Form Stellung. Im Schrifttum wird ein solcher Zustand häufig durch eine **konstante Kapitalrendite** charakterisiert.[781] Angesichts der vergleichsweise seltenen Behandlung dieses Problembereichs in der Literatur fällt es hierbei indes schwer von einer herr-

---

775 Vgl. MEITNER, M., Terminal Value, S. 496 f.; WALLMEIER, M., Steady State, S. 153; STELLBRINK, J., Restwert, S. 51 sowie KOLLER, T./GOEDHART, M./WESSELS, D., Valuation, S. 230. Die im Schrifttum viel diskutierte Anwendung der Rentenformel stellt eine starke, aber aus Gründen der Komplexitätsreduktion und Wesentlichkeit wohl vertretbare Vereinfachung dar. Zur Kritik an der Formel der ewigen Rente vgl. ausführlich FRÜHLING, V., Ewige Rente, S. 200-203 sowie FRÜHLING, V., Barwertmodell, S. 741-746.

776 Während in IDW S 1 von einem Gleichgewichts- oder Beharrungszustand die Rede ist, findet sich im Schrifttum auch die Bezeichnung des eingeschwungenen Zustands zur Beschreibung eines solchen Stadiums. Der anglo-amerikanischen Literatur entnommen ist der auch im deutschen Schrifttum geläufige Begriff des Steady State. Die verschiedenen Bezeichnungen sind indes inhaltlich deckungsgleich und werden daher im Folgenden synonym verwendet.

777 Zum grundsätzlichen Verständnis des sog. Gleichgewichts- oder Beharrungszustands als allgemeine Anwendungsvoraussetzung der ewigen Rentenformel – losgelöst von der konkreten Bewertungskonzeption in IDW S 1 – vgl. Abschn. 224.4.

778 Zu den verschiedenen Ausprägungen des ewigen Rentenmodells vgl. Abschn. 224.5.

779 Der Wortlaut von IDW S 1 erweckt in diesem Zusammenhang fälschlicherweise den Eindruck, dass es sich bei dem Erreichen eines eingeschwungenen Zustands und der Möglichkeit eines weiteren Wachstums der künftigen finanziellen Überschüsse nach Ende der Detailplanungsphase um zwei sich gegenseitig ausschließende Alternativen handelt. Vgl. hierzu HFA DES IDW (Hrsg.), IDW S 1, Tz. 78.

780 Vgl. HFA DES IDW (Hrsg.), IDW S 1, Tz. 78.

781 Vgl. DÖRSCHELL, A./FRANKEN, L./SCHULTE, J., Kapitalisierungszinssatz, S. 244. Zu weiteren in der Literatur diskutierten grundlegenden Charakteristika eines solchen eingeschwungenen Zustands vgl. die Anmerkungen in Abschn. 224.4.

schenden Meinung zu sprechen. Zwar lässt sich konstatieren, dass das nachhaltige Wachstum der künftigen finanziellen Überschüsse in der Konstellation einer konstanten Kapitalrendite grundsätzlich abhängig von der Veränderung des investierten Kapitals ist, gleichwohl erlaubt das Kriterium der konstanten Kapitalrendite nur schwerlich eine Antwort auf die Frage, ab welchem Zeitpunkt das Erreichen eines idealtypischen Gleichgewichts- oder Beharrungszustand i. w. S als bewertungstechnisches Konstrukt gerechtfertigterweise fiktiv unterstellt werden kann.[782] Wie bereits im Zuge der Abgrenzung der Detailplanungsphase thematisiert, zeigt sich in diesem Kontext ein gewisses Dilemma. Ein entsprechendes Urteil ist streng genommen nur bei Kenntnis der Zahlungsströme jenseits der Detailplanungsphase möglich.[783]

Als Reaktion auf das skizzierte Zirkularitätsproblem wird üblicherweise unterstellt, dass sich ein Gleichgewichts- oder Beharrungszustand i. e. S., also ohne weiteres Wachstum der künftigen finanziellen Überschüsse, hingegen auch nach Ablauf der Detailplanungsphase noch nicht eingestellt hat, sondern auf Basis der verfügbaren Informationen weiterhin von einer jährlichen Veränderung der finanziellen Überschüsse auszugehen ist (Gleichgewichts- oder Beharrungszustand i. w. S.). In diesem Fall gilt es gemäß IDW S 1 im zweiten Schritt zu untersuchen, ob die entsprechende Veränderung durch „eine als konstant oder mit konstanter Rate wachsend angesetzte Größe“[784] in finanzmathematischer Hinsicht angemessen abgebildet werden kann.[785] In Abschn. A des WP-Handbuchs wird der zitierte Wortlaut von IDW S 1 dahingehend konkretisiert, dass etwaige Veränderungen der künftigen finanziellen Überschüsse gegebenenfalls durch eine **konstante Wachstumsrate** abgebildet werden können.[786] Wie bereits angedeutet, steht das Erreichen eines eingeschwungenen Zustands daher nicht im Widerspruch zu der Annahme eines nachhaltigen Wachstums über das Ende der Detailplanungsphase hinaus, sondern bedeutet lediglich, dass die entsprechenden Veränderungen der künftigen finanziellen Überschüsse IDW S 1 zufolge grundsätzlich durch einen konstanten Abschlag vom Kapitalisierungszinssatz abgebildet werden können.[787]

Nachfolgend wird nunmehr kritisch untersucht, wie die Wachstumskomponenten im Fall einer als nachhaltig konstant unterstellten Wachstumsrate der künftigen finanziellen Überschüsse in der Restwertphase des Bewertungskalküls nach IDW S 1 mit der Formel der ewigen Rente abzubilden sind.

---

[782] Für ein erläuterndes Anwendungsbeispiel zu dem geschilderten Sachverhalt vgl. DÖRSCHELL, A./FRANKEN, L./SCHULTE, J., Kapitalisierungszinssatz, S. 244.

[783] Vgl. hierzu die Anmerkungen zum Zirkularitätsproblem bei der Abgrenzung der Detailplanungsphase auf Basis des Gleichgewichts- oder Beharrungszustands in Abschn. 224.4. Die Frage der Definition bzw. des genauen zeitlichen Eintritts des Gleichgewichts- bzw. Beharrungszustands gilt daher seitens des Schrifttums als nicht abschließend beantwortet. Vgl. DÖRSCHELL, A./FRANKEN, L./SCHULTE, J., Kapitalisierungszinssatz, S. 244.

[784] HFA DES IDW (Hrsg.), IDW S 1, Tz. 78.

[785] Vgl. BALLWIESER, W., Unternehmensbewertung, S. 60.

[786] Vgl. IDW (Hrsg.), WP Handbuch 2008, Bd. II, Rn. A 159.

[787] Vgl. STELLBRINK, J., Restwert, S. 51.

423.232. Die Abbildung nominalen Wachstums in der Restwertphase

Ausgehend von der idealtypischen Differenzierung gemäß IDW S 1 in zwei Bewertungsphasen ergibt sich der Restwert grundsätzlich als **Rentenbarwert** auf Basis der Formel der ewigen Rente.[788] Wie im vorherigen Abschnitt ausgeführt, trifft IDW S 1 dabei die implizite Annahme, dass – sofern auch nach Ende des Detailplanungszeitraums von einer jährlichen Änderung der künftigen finanziellen Überschüsse auszugehen ist – die sich ändernden finanziellen Überschüsse üblicherweise durch einen konstanten Abschlag vom Kapitalisierungszinssatz angemessen repräsentiert werden können. Nach herrschender Literaturmeinung ist die Realisierung eines solchen als nachhaltig unterstellten Wachstumspotenzials indes grundsätzlich abhängig von der Durchführung entsprechender Investitionsmaßnahmen.[789] Die künftigen finanziellen Überschüsse sind somit durch den notwendigen Kapitaleinsatz hinreichend mit Substanz zu unterlegen. Ist diese Voraussetzung hingegen nicht erfüllt, ist im Umkehrschluss bereits aus rationalen Erwägungen der Ansatz eines nachhaltigen Wachstumsabschlags nicht gerechtfertigt. Bezogen auf die Ermittlung des Wertanteils der ewigen Rente bedeutet dies, dass dieser grundsätzlich mittels **Anwendung des klassischen Rentenmodells** ohne Wachstum, d. h. durch bloße Kapitalisierung des nachhaltigen finanziellen Überschusses, zu bestimmen wäre.[790] Indes trifft diese intuitive Schlussfolgerung nur in einem **Szenario ohne Inflation** zu, also bei Vernachlässigung etwaiger Änderung des allgemeinen Preisniveaus.

Bezieht man hingegen die Auswirkungen von Preisänderungen in das Bewertungskalkül ein und lässt somit ein nominales Wachstum der künftigen finanziellen Überschüsse zu, wächst ein Unternehmen grundsätzlich auch dann, wenn es keine – über den Ersatz des ökonomischen Werteverzehrs hinausgehenden – Erweiterungsinvestitionen tätigt. Zurückgehend auf einen Ansatz von BRADLEY/JARRELL lässt sich indes zeigen,[791] dass sich ein Wachstum der künftigen finanziellen Überschüsse in einem **Szenario mit Inflation**[792] nicht nur aus Erweiterungsinvestitionen ergeben, sondern **zusätzlich durch einen inflationsinduzierten Anstieg des Nominalwerts des investierten Kapitals** begründet werden kann. Unter der Annahme einer real konstanten Rendite auf das investierte Kapital sowie der Kompensation abgeschriebener Vermögensgegenstände durch entsprechende Ersatzinvestitionen wachsen demnach nicht nur die nominalen finanziellen Überschüsse inflationsbedingt (Zahlungsstromkompo-

---

788 Zum Bewertungskalkül nach IDW S 1 bei idealtypischer Phasendifferenzierung vgl. IDW (Hrsg.), WP Handbuch 2008, Bd. II, Rn. A 177-179.

789 Vgl. BRADLEY, M. H./JARRELL, G. A., Expected Inflation, S. 67. Zur Realisierung von Wachstumspotenzialen vgl. die grundlegenden Anmerkungen in Abschn. 211.

790 Zur klassischen Rentenformel ohne Wachstum vgl. Formel 2-5 für das Dividend Discount Model als Ausgangsform des Ertragswertverfahrens bzw. Formel 2-9 für den FCF-Ansatz als Ausprägung des DCF-Verfahrens.

791 Für eine kurze Einführung in die von BRADLEY/JARRELL behandelte Problematik vgl. ARZAC, E. R., Valuation, S. 18.

792 In Anlehnung an die bisherigen Anmerkungen zum nominalen Wachstum sowie in Übereinstimmung zu den Ausführungen von BRADLEY/JARRELL wird Inflation i. S. einer allgemeinen Preissteigerung als proportionaler Anstieg aller Zinssätze und Preise sämtlicher Güter und Dienstleistungen verstanden. Vgl. BRADLEY, M. H./JARRELL, G. A., Expected Inflation, S. 67. Zum nominalem Wachstum als grundsätzliche Wachstumskomponente vgl. Abschn. 423.11.

nente), sondern auch das ursprüngliche investierte Kapital (Kapitalkomponente).[793] MEITNER, der die Überlegungen von BRADLEY/JARRELL auf das Bewertungskalkül nach IDW S 1 anwendet,[794] führt hinsichtlich der Kapitalkomponente des nominalen Wachstums zutreffend aus, dass durch den inflationsinduzierten Anstieg des Nominalwerts des investierten Kapitals (nominale Substanzmehrung[795]) die Konstanz des realen Werts des investierten Kapitals sichergestellt wird (reale Substanzerhaltung[796]). Bei annahmegemäßem Verzicht auf jegliche Erweiterungsinvestitionen wird durch den Einbezug von Inflation somit für den **Erhalt der realen Leistungsfähigkeit** des Unternehmens Sorge getragen.[797]

Analog zu den Überlegungen von BRADLEY/JARREL liegt den Ausführungen von MEITNER eine zahlungsstromorientierte Betrachtungsweise zugrunde. Bei der Abgrenzung der bewertungsrelevanten Zahlungsströme gilt nach IDW S 1 das Zuflussprinzip.[798] Die vorstehenden Anmerkungen kommen daher nicht ohne eine implizite Ausschüttungsannahme aus, wobei im vorliegenden Fall entsprechend der Ausführungen von MEITNER grundsätzlich von einer intertemporal konstanten Thesaurierungsquote auszugehen ist.[799] Bereits in der Notwendigkeit einer solchen Ausschüttungsannahme lässt sich eine **enge Verknüpfung zwischen nominalem und thesaurierungsbedingtem Wachstum** erkennen. Während im folgenden Abschnitt zunächst auf das reale Wachstum als weitere Komponente des herkömmlichen Wachstums von Unternehmen eingegangen wird, ist im Anschluss daran die bewertungstechnische Abbildung des thesaurierungsbedingten Wachstums und darauf aufbauend das Zusammenspiel von nominalem und thesaurierungsbedingtem Wachstum in der Restwertphase zu behandeln.

423.233. Die Abbildung realen Wachstums in der Restwertphase

Die künftigen finanziellen Überschüsse können nicht nur nominal bedingt durch Änderungen des allgemeinen Preisniveaus, sondern grundsätzlich auch infolge einer **realen positiven Entwicklung leistungswirtschaftlicher Erfolgsfaktoren** wachsen.[800] Indes stellt sich die Frage, inwieweit die Annahme nachhaltigen realen Wachstums konsistent zu den wachstumsrelevanten Prämissen von IDW S 1 im Allgemeinen bzw. dem bewertungstechnischen Kon-

---

793 Die Ausführungen von BRADLEY/JARRELL beschränken sich dabei nicht nur auf den geschilderten Fall, dass das zu bewertende Unternehmen keine Investitionen tätigt. Die entsprechenden Überlegungen lassen sich vielmehr auch auf den gleichermaßen durch das klassische Rentenmodell unzureichend erfassten Fall übertragen, dass das Unternehmen annahmegemäß nur Investitionen mit einem Nettobarwert gleich Null durch führt. Vgl. BRADLEY, M. H./JARRELL, G. A., Expected Inflation, S. 66.

794 Zur Übertragung der Überlegungen von BRADLEY/JARRELL auf das Bewertungskalkül nach IDW S 1 vgl. MEITNER, M., Inflation, S. 251-254.

795 Zur nominalen Substanzerhaltung vgl. MEITNER, M., Value Driver Model, S. 10-12.

796 Zur realen Substanzerhaltung vgl. MEITNER, M., Value Driver Model, S. 13-16.

797 Indem MEITNER von eventuellen Verwerfungen infolge von Anpassungsverzögerungen bzw. differierenden Inflationsraten abstrahiert, unterstellt er implizit die vollständige Überwälzbarkeit von Inflation. Unterstellt man zusätzlich Mengengleichheit, steigen c. p. sowohl Beschaffungs- als auch Absatzpreise gleichermaßen in Höhe der Inflationsrate an, sodass im Ergebnis auch die finanziellen Überschüsse exakt mit der Inflationsrate wachsen. Vgl. MEITNER, M., Inflation, S. 250.

798 Zum Zuflussprinzip i. S. v. IDW S 1 vgl. die grundlegenden Anmerkungen in Abschn. 223.

799 Vgl. MEITNER, M., Inflation, S. 252.

800 Zur Erläuterung realen Wachstums i. S. v. IDW S 1 vgl. Abschn. 423.12.

strukt eines eingeschwungenen Zustands des Bewertungsobjekts in der Restwertphase im Speziellen ist.

Während die **Ausführungen des IDW** den Ansatz mengen- und strukturbedingten Wachstums grundsätzlich auch für den Restwertzeitraum zulassen,[801] abstrahieren die wenigen operativen Handlungshinweise zur bewertungstechnischen Abbildung von Wachstum vom Vorliegen mengen- bzw. strukturbedingten Wachstums:[802] Wenngleich die Frage einer möglichen Berücksichtigung realen Wachstums auch für den Wachstumsabschlag in der Phase der ewigen Rente grundsätzlich bejaht wird, widmet das IDW dieser Wachstumskomponente in seinen Erläuterungen vergleichsweise wenig Aufmerksamkeit.[803] Die Vorgaben zur bewertungstechnischen Abbildung von Wachstum im Allgemeinen bzw. zur Quantifizierung des Wachstumsabschlags im Speziellen beschränken sich auf das vielfach diskutierte Beispiel zur Anwendung des Ertragswertverfahrens im WP-Handbuch.[804] Zudem liegt den entsprechenden Kommentierungen wie auch der angesprochenen Beispielrechnung selbst teilweise eine undifferenzierte Betrachtungsweise der verschiedenen Wachstumskomponenten zugrunde. Durch die fallweise Zusammenfassung von inflations- und mengenbedingtem Wachstum in einem aggregierten Wachstumsabschlag bei gleichzeitig schwerpunktmäßiger Behandlung inflationsbedingten Wachstums stellt sich die Frage, inwieweit bei einem solchen Vorgehen die Quantifizierung realen Wachstums hinreichend theoretisch fundiert ist.[805] Wenngleich sich ein vereinfachendes Vorgehen z. T. durch die damit einhergehende Komplexitätsreduktion legitimieren lässt, ist angesichts des bestehenden Diskussionsschwerpunkts auf Fragen der bewertungstechnischen Abbildung nominalen Wachstums eine verstärkte Thematisierung realen Wachstums geboten.[806] Obwohl sich aus Änderungen der Preiskomponente erwar-

---

801 Vgl. IDW (Hrsg.), WP Handbuch 2008, Bd. II, Rn. A 217.

802 Die entsprechenden Ausführungen basieren überwiegend auf der Annahme leistungsgleicher Substanzerhaltung und damit konstanten Produktionsmengen. Vgl. exemplarisch IDW (Hrsg.), WP Handbuch 2008, Bd. II, Rn. A 327.

803 Zwar greift das IDW reales und thesaurierungsbedingtes Wachstum ebenfalls im Zuge seiner Erläuterungen zur Quantifizierung des Wachstumsabschlags auf, indes stehen die entsprechenden Ausführungen unter dem expliziten Fokus preisbedingten Wachstums. Vgl. hierzu IDW (Hrsg.), WP Handbuch 2008, Bd. II, Rn. A 207.

804 Zur Diskussion der Beispielrechnung im Schrifttum vgl. BEYER, S., Wachstum, S. 257-267; SCHWETZLER, B., Nebeneinander, S. 2-6; SCHWETZLER, B., Halbeinkünfteverfahren, S. 609-613; WIESE, J., Wachstum und Ausschüttungsannahmen, S. 617-623. Das Beispiel zur Anwendung des Ertragswertverfahrens wird in verschiedenen Beiträgen aufgegriffen, welche die jeweils überarbeiteten Fassungen von IDW S 1 flankierend erläutern. Diese Beiträge sind mithin ebenfalls wesentlicher Gegenstand der Diskussion in der Literatur. Vgl. hierzu insbesondere WAGNER, W./JONAS, M./BALLWIESER, W./TSCHÖPEL, A., Unternehmensbewertung, S. 1005-1028 sowie WAGNER, W./JONAS, M./BALLWIESER, W./TSCHÖPEL, A., Weiterentwicklung von IDW S 1, S. 889-898.

805 In der Beispielrechnung werden nominales und reales bzw. inflations- und mengenbedingtes Wachstum entweder zu einer nachhaltigen Wachstumskomponente zusammengefasst oder aber es werden beide Wachstumskomponenten gleichermaßen annahmegemäß von der Betrachtung ausgeschlossen. Vgl. hierzu IDW (Hrsg.), WP Handbuch 2008, Bd. II, Rn. A 323 und Rn. A 327. Hinsichtlich der konkreten Erfassung realen Wachstums im Bewertungskalkül nach IDW S 1 kann daher auf die entsprechenden Ausführungen zur bewertungstechnischen Abbildung nominalen Wachstums in Abschn. 423.232 verwiesen werden.

806 Bezüglich der Überwälzungsproblematik vgl. Abschn. 423.11 zur Erläuterung nominalen Wachstums. Die Frage der Überwälzbarkeit von Inflation wird in der nachfolgenden Diskussion möglicher Wachstumsgrenzen in Abschn. 424.21 vertiefend aufgegriffen.

tungsgemäß Rückkopplungen auf die Mengenkomponente ergeben und beide Wachstumskomponenten infolgedessen nicht losgelöst voneinander diskutiert werden sollten,[807] wäre eine stärkere Bezugnahme auf die Abbildung realen Wachstums i. S. einer ausgewogenen Analyse aller Wachstumskomponenten zu empfehlen.[808]

Setzt man sich losgelöst von IDW S 1 mit der **konzeptionellen Zulässigkeit realen Wachstums** in der Phase der ewigen Rente auseinander, stellt sich zunächst die Frage der **Vereinbarkeit mit der Wertkonzeption des objektivierten Unternehmenswerts**. Da sich der objektivierte Unternehmenswert aus der zum Bewertungsstichtag vorliegenden Ertragskraft des zu bewertenden Unternehmens in unverändertem Konzept ergibt,[809] darf ein etwaiges reales Wachstum nur insoweit berücksichtigt werden, wie sich dieses nicht auf eine entsprechende Änderung des Unternehmenskonzepts gründet.[810] Bezogen auf die im konkreten Bewertungsfall vorliegende Ertragskraft hat der Bewertende etwaige Mengenanpassungen auf Basis der zum Ende des Detailplanungszeitraums bestehenden Kapitalausstattung sowie der damit verbundenen Unternehmenssubstanz in Form vorhandener Kapazitäten zu beurteilen.[811] Über diese einfallbezogene (Kapazitäts-)Analyse hinaus ist zu prüfen, ob die **Vereinbarkeit mit der Annahme eines Gleichgewichts- bzw. Beharrungszustands** gewährleistet ist.[812] Legt man ein solches Kriterium des Erreichens eines eingeschwungenen Zustands zugrunde, ist der Einbezug realen Wachstums nur dann zulässig, wenn nach Ende des Detailplanungszeitraums grundsätzlich weiterhin ein generelles Wachstum der finanziellen Überschüsse zu erwarten ist (Gleichgewichts- bzw. Beharrungszustands i. w. S.). Ist hingegen auf Basis der zum Bewertungsstichtag vorliegenden Information davon auszugehen,[813] dass nach Ablauf der Detailplanungsphase ein weiteres Wachstum der künftigen finanziellen Überschüsse nicht zu erwarten ist (Gleichgewichts- bzw. Beharrungszustands i. e. S.), schließt dies zwangsläufig auch den Ansatz realen Wachstums aus. Erscheint die Annahme realen Wachstums auf Basis der bislang angeführten Kriterien grundsätzlich zulässig, ist zu klären, wie lange in zeitlicher Hinsicht ein solches reales Wachstum erwartungsgemäß aufrecht erhalten werden kann. Hiermit ist die Frage der **Vereinbarkeit mit etwaigen Grenzen des nachhaltigen Wachstums** von Unternehmen angesprochen. Sollte die zur Beantwortung dieser Frage notwendige und daher

807 Vgl. WÜSTEMANN, J., BB-Rechtsprechungsreport 2009/10, S. 1719.

808 Zum Zusammenspiel der Preis- und Mengenkomponente vgl. KÖSTER, A., Nachhaltige Preis- und Mengendifferenzierung, S. 830-835; WIDMANN, B./SCHIESZL, S./JEROMIN, A., Kapitalisierungszinssatz, S. 808.

809 Zur Konzeption des objektivierten Unternehmenswerts sowie zu weiteren Basisannahmen i. S. v. IDW S 1 vgl. Abschn. 213.

810 Zu denken ist hierbei z. B. an eine strategische Neuausrichtung des Bewertungsobjekts. Zu alternativen Unternehmensstrategien wie Wachstums-, Stabilisierungs- und Desinvestitionsstrategien vgl. BEA, F. X./HAAS, J., Strategisches Management, S. 170-184.

811 Vgl. IDW (Hrsg.), WP Handbuch 2008, Bd. II, Rn. A 217. Bei der geforderten Einschätzung, inwieweit die zum Ende des Detailplanungszeitraums erreichte Kapazitätsauslastung ein weiteres reales Wachstum zulässt, gilt es gem. der Wurzeltheorie zu beachten, dass der Aufbau zusätzlicher Kapazitäten bereits vor dem Bewertungsstichtag hinreichend konkretisiert gewesen sein muss. Vgl. Fn. 110 in Abschn. 222 zur Wurzeltheorie.

812 Zur Konkretisierung eines solchen eingeschwungenen Zustands vgl. Abschn. 423.231.

813 Zum hiermit angesprochenen Stichtagsprinzip sowie weiteren allgemeinen Grundsätzen zur Ermittlung von Unternehmenswerten vgl. Abschn. 222.

im späteren Verlauf dieser Arbeit zu führende Diskussion möglicher Wachstumsgrenzen ergeben, dass die Berücksichtigung realen Wachstums im Bewertungskalkül durch einen konstanten Wachstumsabschlag nicht gerechtfertigt ist, ist darauf aufbauend zu untersuchen, welche alternativen Möglichkeiten zur bewertungstechnischen Abbildung eines (zeitlich) begrenzten realen Wachstums bestehen.[814]

423.234. Die Abbildung thesaurierungsbedingten Wachstums in der Restwertphase

Bei annahmegemäß kapitalwertneutraler Wiederanlage thesaurierter Beträge stellt sich ein steuerinduziertes Wachstum der künftigen finanziellen Überschüsse ein.[815] Entsprechend der ursprünglichen Überlegungen des Wachstumsmodells nach GORDON/SHAPIRO[816] und den Ausführungen in dieser Arbeit zur grundsätzlichen Abbildung von Wachstum lässt sich dieses in konzeptioneller Hinsicht durch einen thesaurierungsbedingten Wachstumsabschlag vom Kapitalisierungszinssatz im Nenner des Bewertungskalküls berücksichtigen.[817] Entgegen dieser **theoretischen Konzeption** der bewertungstechnischen Abbildung von Wachstum wird das thesaurierungsbedingte Wachstum in der Bewertungspraxis hingegen vereinfachend den Eigenkapitalgebern fiktiv zugerechnet und als separater Wertbeitrag aus Thesaurierung in der Zählergröße des Bewertungskalküls erfasst.[818] Das thesaurierungsbedingte Wachstum kann demnach grundsätzlich alternativ **im Nenner oder im Zähler des Bewertungskalküls** erfasst werden.

Die vorstehend skizzierten **alternativen Konzeptionen** zur bewertungstechnischen Abbildung thesaurierungsbedingten Wachstums sollen anhand einer Beispielrechnung **veranschaulicht und kritisch diskutiert** werden. Zum Zweck einer isolierten Betrachtung der konkreten Abbildung thesaurierungsbedingten Wachstums im Bewertungskalkül nach IDW S 1 wird dabei von einem herkömmlichen Wachstum der künftigen finanziellen Überschüsse abstrahiert. Stattdessen werden Thesaurierungen als ausschließliche Wachstumsquelle unterstellt. Ferner wird aus Gründen der Vereinfachung von einer Besteuerung anfallender Veräußerungsgewinne abstrahiert. Das Beispiel geht dabei von den Prämissen des bereits für Zwecke der Veranschaulichung der bewertungstechnischen Abbildung thesaurierungsbedingten Wachstums in der Detailplanungsphase konzipierten Beispiels aus und ergänzt diese Ausgangsbasis nunmehr um eine Phase der ewigen Rente. Die nachfolgende Tabelle 4-3 legt die

---

814 Aufgrund ihrer bedeutsamen Funktion als Plausibilitätsmaßstab und Argumentationshilfe bei der Quantifizierung des Wachstums(-abschlags) werden mögliche Grenzen des nachhaltigen Wachstums von Unternehmen im Anschluss an die kritische Analyse der Abbildung von Wachstum in IDW S 1 gesondert behandelt. Vgl. hierzu ausführlich Abschn. 424.

815 Zu dem durch Thesaurierungen ausgelösten Steuerstundungseffekt als Ursache eines Wachstums der künftigen finanziellen Überschüsse vgl. ausführlich Abschn. 423.13.

816 Zum Wachstumsmodell nach GORDON/SHAPIRO als Referenzmodell zur phasenbezogenen Abbildung wachsender finanzieller Überschüsse vgl. Abschn. 224.5.

817 Vgl. für das ehemals geltende Halbeinkünfteverfahren IDW (Hrsg.), WP Handbuch 2008, Bd. II, Rn. A 310-322 bzw. für das nach Verabschiedung der Unternehmensteuerreform 2008 geltende Abgeltungsteuersytem IDW (Hrsg.), WP Handbuch 2008, Bd. II, Rn. A 326-336.

818 Vgl. IDW (Hrsg.), WP Handbuch 2008, Bd. II, Rn. A 321 f.; WAGNER, W./JONAS, M./BALLWIESER, W./TSCHÖPEL, A., Unternehmensbewertung, S. 1012 sowie WAGNER, W./JONAS, M./BALLWIESER, W./TSCHÖPEL, A., Weiterentwicklung von IDW S 1, S. 897 f.

Ausgangsbasis zur bewertungstechnischen Abbildung thesaurierungsbedingten Wachstum in der Phase der ewigen Rente dar:

		Planjahr 1	Planjahr 2	Planjahr 3	Ewige Rente
Ergebnis vSt		100,0	100,0	100,0	100,0
Ergebnis aus Thesaurierung	*12,6%*		4,9	10,1	15,5
Gesamtergebnis vSt		100,0	104,9	110,1	115,5
GewSt	*14,0%*	-14,0	-14,7	-15,4	-16,2
KSt	*15,0%*	-15,0	-15,7	-16,5	-17,3
Ausschüttbares Ergebnis		71,0	74,5	78,2	82,0
Thesaurierung laufendes Jahr	*55,0%*	39,1	41,0	43,0	45,1
Thesaurierung kumuliert zum Jahresende		39,1	80,0	123,0	168,1
Ausschüttung Anteilseigner	*45,0%*	32,0	33,5	35,2	36,9
Typisierte ESt	*25,0%*	-8,0	-8,4	-8,8	-9,2
Nettozuflüsse an die Anteilseigner		**24,0**	**25,1**	**26,4**	**27,7**
Thesaurierungsbedingtes Wachstum			*4,9%*	*4,9%*	*4,9%*

Tabelle 4-3: Ausgangsbasis zur Abbildung thesaurierungsbedingten Wachstums in der Restwertphase[819]

Macht man nicht von der in der Bewertungspraxis üblichen Vereinfachung Gebrauch und berücksichtigt das thesaurierungsbedingte Wachstum künftiger finanzieller Überschüsse nicht durch fiktive Zurechnung im Zähler, ist der Kapitalisierungszinssatz im Nenner des Bewertungskalküls um den **thesaurierungsbedingten Wachstumsabschlag** zu kürzen.[820] Dieser berechnet sich wie folgt:

$$w_{th} = r_j^{vSt} \times (1 - q_j)$$

Formel 4-8: Thesaurierungsbedingter Wachstumsabschlag im Abgeltungsteuersystem unter Vernachlässigung der Veräußerungsgewinnbesteuerung821

Unter Verwendung des gemäß Formel 4-8 berechneten thesaurierungsbedingten Wachstumsabschlags bestimmt sich der Ertragswert des zu bewertenden Unternehmens demnach folgendermaßen:

819 Vgl. IDW (Hrsg.), WP Handbuch 2008, Bd. II, Rn. A 334. Hinsichtlich der Realitätsnähe des gewählten Beispiels ist einschränkend anzumerken, dass aufgrund der stark vereinfachenden Konzeption bereits im Detailplanungszeitraum der Rentenfall erreicht ist. Dies erscheint indes für Zwecke der bloßen Veranschaulichung grundlegender Wirkungszusammenhänge bei der Abbildung thesaurierungsbedingten Wachstums in der Restwertphase unbeachtlich. Vgl. GRÖGER, H.-C., Ausschüttungsquote und Unternehmensrendite, S. 672 f.

820 Vgl. WAGNER, W./JONAS, M./BALLWIESER, W./TSCHÖPEL, A., Unternehmensbewertung, S. 1011; GAMPENRIEDER, P., Unternehmensbewertung, S. 574 sowie WAGNER, W./JONAS, M./BALLWIESER, W./TSCHÖPEL, A., Weiterentwicklung von IDW S 1, S. 895.

821 Vgl. IDW (Hrsg.), WP Handbuch 2008, Bd. II, Rn. A 331; WAGNER, W./JONAS, M./BALLWIESER, W./TSCHÖPEL, A., Unternehmensbewertung, S. 1011 sowie LAITENBERGER, J./TSCHÖPEL, A., Vollausschüttung, S. 1361.

		Planjahr 1	Planjahr 2	Planjahr 3	Ewige Rente
Nettozuflüsse an die Anteilseigner		24,0	25,1	26,4	27,7
Wertbeitrag aus Thesaurierung (Fiktive Zurechnung)					0,0
Zu diskontierende Größe		24,0	25,1	26,4	27,7
Kapitalisierungszinssatz		*7,95%*	*7,95%*	*7,95%*	*7,95%*
Thesaurierungsbedingter Wachstumsabschlag					*4,93%*
Ertragswert zum 01.01.	**792,6**				

Tabelle 4-4: Beispiel zur Abbildung thesaurierungsbedingten Wachstums in der Restwertphase bei Ansatz eines thesaurierungsbedingten Wachstumsabschlags

Geht man von der in der Bewertungspraxis üblichen Fiktion aus, dass der aus der Thesaurierung resultierende Wertbeitrag unmittelbar den Eigenkapitalgebern zufließt und verzichtet infolge der **fiktiven Zurechnung** auf den Ansatz eines thesaurierungsbedingten Wachstumsabschlags, ergibt sich der Ertragswert wie folgt:

		Planjahr 1	Planjahr 2	Planjahr 3	Ewige Rente
Nettozuflüsse an die Anteilseigner		24,0	25,1	26,4	27,7
Wertbeitrag aus Thesaurierung (Fiktive Zurechnung)					45,1
Zu diskontierende Größe		24,0	25,1	26,4	72,8
Kapitalisierungszinssatz		*7,95%*	*7,95%*	*7,95%*	*7,95%*
Thesaurierungsbedingter Wachstumsabschlag					*0,00%*
Ertragswert zum 01.01.	**792,6**				

Tabelle 4-5: Beispiel zur Abbildung thesaurierungsbedingten Wachstums in der Restwertphase bei fiktiver Zurechnung

Der fiktiv zugerechnete Wertbeitrag aus Thesaurierung entspricht dem Thesaurierungsbetrag der Restwertphase,[822] der sich seinerseits durch Multiplikation des ausschüttbaren Ergebnisses mit der jeweiligen Thesaurierungsquote ergibt. Wie sich allgemein durch die kapitalwertneutrale Wiederanlageprämisse thesaurierter Beträge begründen und zugleich dem Beispiel entnehmen lässt, geht von der Entscheidung für eine der beiden Alternativen **keine wertbeeinflussende Wirkung** aus. Vielmehr führen beide Ansätze generell zum gleichen Unternehmenswert.

Auf Basis der herangezogenen Beispielrechnung lässt sich zugleich zeigen, dass die **Größenordnung thesaurierungsbedingter (Kurs-)Renditen** als allgemein übliche Anhaltspunkte für thesaurierungsbedingte Wachstumsabschläge und die in IDW S 1 vorgesehene Annahme marktüblicher Ausschüttungsquoten[823] **nicht im Widerspruch zur Bandbreite üblicher**

[822] Vgl. WAGNER, W./JONAS, M./BALLWIESER, W./TSCHÖPEL, A., Unternehmensbewertung, S. 1012.

[823] Zur Ausschüttungsannahme gem. IDW S 1 sowie zur Festlegung einer (typisierten) Ausschüttungsquote unter zwingender Berücksichtigung des am Kapitalmarkt beobachtbaren Ausschüttungsverhaltens der Alternativanlage vgl. Abschn. 422.2.

Wachstumsabschläge stehen. Im Beispiel stellt sich bei annahmegemäßer Quantifizierung der wesentlichen Bewertungsparameter innerhalb einer marktkonformen Bandbreite ein thesaurierungsbedingtes Wachstum von 4,9 % p. a. ein. Insofern mag es überraschen, dass in der Bewertungspraxis üblicherweise Wachstumsabschläge in einer Bandbreite von 0,0 % bis 3,0 % angesetzt werden.[824] Bezieht man zudem das empirisch beobachtbare Dividendenwachstum von ca. 6,9 %[825] als Maßstab für die thesaurierungsbedingten Kursrenditen heran,[826] verwundert es umso mehr, dass in der Bewertungspraxis ein deutlich niedrigeres Spektrum von Wachstumsabschlägen als allgemein akzeptiert gilt. Dieser vermeintliche Widerspruch lässt sich indes durch den Hinweis lösen, dass in der deutschen **Bewertungspraxis** eine deutliche **Präferenz für das Ertragswertverfahren mit fiktiver Zurechnung** besteht und somit die Abbildung thesaurierungsbedingten Wachstums im Zähler des Bewertungskalküls als Regelfall anzusehen ist.[827] Die Bandbreite in der Bewertungspraxis beobachtbarer Wachstumsabschläge bezieht sich im Umkehrschluss auf das inflations- bzw. mengenbedingte Wachstum von Unternehmen, welches aus Vereinfachungsgründen nicht Gegenstand der Beispielrechnung ist. Demnach sind die in der Bewertungspraxis anzutreffenden Wachstumsabschläge entgegen der vereinzelt geäußerten Vermutung durchaus konsistent zu der vom IDW empfohlenen Bandbreite von 0,0 % bis 2,5 %, da diese nur auf das nominale Wachstum künftiger finanzieller Überschüsse abzielt.[828] Angesichts der überwiegenden Anwendung des Ertragswertverfahrens mit fiktiver Zurechnung deuten die empirisch beobachtbaren Kursrenditen ebenso wenig auf eine systematische Unterbewertung infolge zu niedrig angesetzter Wachstumsabschläge hin. Im Ergebnis wird der Wachstumsabschlag demnach nur dann ausschließlich durch die thesaurierungsbedingte Kursrendite determiniert, sofern Änderungen der Preis- oder Mengenkomponente ausgeschlossen und somit Thesaurierungen als alleinige Wachstumskomponente in die Betrachtung einbezogen werden.[829]

Während das vereinfachende Vorgehen der Bewertungspraxis aus finanzmathematischer Perspektive grundsätzlich nicht zu beanstanden ist,[830] wird im Schrifttum vereinzelt die Vereinbarkeit von herkömmlichem und thesaurierungsbedingtem Wachstum in Abrede gestellt.[831] Hiermit ist die Frage aufgeworfen, ob bei fiktiver Zurechnung thesaurierungsbedingten Wachstums die zusätzliche Abbildung herkömmlichen Wachstums mit den Annahmen[832] von

---

824 Zur Bandbreite in der Bewertungspraxis üblicher Wachstumsabschläge vgl. Abschn. 331.

825 Zu den Ergebnissen der durchgeführten empirischen Studie vgl. ausführlich Abschn. 344.

826 Von konzeptionellen Schwächen des Dividendenwachstums als Wachstumsmaßstab soll an dieser Stelle abstrahiert werden. Für eine kritische Würdigung alternativer Wachstumsmaßstäbe in der empirischen Forschung zum Wachstum von Unternehmen vgl. Abschn. 346.

827 Vgl. IDW (Hrsg.), WP Handbuch 2008, Bd. II, Rn. A 321 f.

828 Zu der durch das IDW empfohlenen Bandbreite preisbedingter Wachstumsabschläge vgl. Abschn. 331.

829 Nach GRÖGER entspricht die Kursrendite umgekehrt nur dann dem nominalen Wachstum künftiger finanzieller Überschüsse, sofern ausschließlich inflationsbedingtes Wachstum betrachtet wird. Vgl. GRÖGER, H.-C., Ausschüttungsquote und Unternehmensrendite, S. 677.

830 Zu dem diesbezüglich zu beachtenden Spannungsverhältnis zwischen konzeptioneller Richtigkeit und Praktikabilität des Bewertungskalküls vgl. Abschn. 224.3.

831 Vgl. FRIEDL, G./SCHWETZLER, B., Inflation, S. 158; SCHWETZLER, B., Nebeneinander, S. 5; SCHWETZLER, B., Halbeinkünfteverfahren, S. 603.

832 Die in diesem Kontext relevanten Annahmen werden in Abschn. 422 ausführlich diskutiert.

IDW S 1 vereinbar ist. Der folgende Abschnitt setzt sich daher mit der zugehörigen Diskussion in der Bewertungsliteratur sowie der kritischen Aufarbeitung selbiger auseinander.

423.235. Die Vereinbarkeit von herkömmlichem und thesaurierungsbedingtem Wachstum in der Restwertphase

Soweit im konkreten Bewertungsfall unterstellt werden kann, dass die finanziellen Überschüsse (nach Ende der Detailplanungsphase) ein unendliches Wachstum mit konstanter Rate aufweisen, ist zur **Berücksichtigung wachsender finanzieller Überschüsse nach IDW S 1** der erste finanzielle Überschuss der unendlichen Reihe wachsender finanzieller Überschüsse mit dem um die zugehörige Wachstumsrate gekürzten Zinssatz zu kapitalisieren.[833] Weitergehende Anmerkungen zur Abbildung einzelner Wachstumskomponenten in der Restwertphase bzw. konkrete Hinweise zu ihrer finanzmathematischen Abbildung im Zuge der Ableitung des Wachstumsabschlags finden sich hingegen nicht in IDW S 1.

Zwar ist den zugehörigen Erläuterungen in Abschn. A des WP-Handbuchs zu entnehmen, dass auch in der Rentenphase grundsätzlich sämtliche Wachstumskomponenten zu berücksichtigen sind,[834] indes behandeln die wachstumsrelevanten Ausführungen schwerpunktmäßig das nominale, also inflationsinduzierte Wachstum der künftigen finanziellen Überschüsse.[835] Infolge der damit einhergehenden Vernachlässigung realen Wachstums reduziert sich die **Frage der Vereinbarkeit** von herkömmlichem und thesaurierungsbedingtem Wachstum in der Restwertphase (Phase der ewigen Rente) auf das Zusammenspiel von nominalem und thesaurierungsbedingtem Wachstum.[836] Die Ausführungen des IDW implizieren demnach folgendes (Gesamt-)Wachstum der künftigen finanziellen Überschüsse:

$$g^{Th,w} = w + (1-q_j)r_j^{vSt} - w\frac{(1-q_j)r_j^{vSt}}{r_j^{nSt}}$$

Formel 4-9: Gesamtwachstum der künftigen finanziellen Überschüsse[837]

[833] Vgl. HFA DES IDW (Hrsg.), IDW S 1, Tz. 98. Hierbei zeigt sich zugleich der in Abschn. 234 thematisierte enge Zusammenhang zwischen Zähler und Nenner des Bewertungskalküls. Die grundsätzliche Vorgehensweise zur Abbildung von Wachstum durch einen entsprechenden Wachstumsabschlag lässt sich insbesondere durch die mit einer solchen finanzmathematischen Vereinfachung verbundene Komplexitätsreduktion des Bewertungskalküls begründen. Vgl. hierzu HENSELMANN, K./WEILER, A., Restwertverläufe, S. 354. Zur grundsätzlichen Abbildung von Wachstum vgl. die Anmerkungen in Abschn. 225.

[834] Vgl. IDW (Hrsg.), WP Handbuch 2008, Bd. II, Rn. A 221. Wie bereits in Abschn. 423.232 erläutert, ist ein thesaurierungsbedingtes Wachstum erst bei zumindest teilweiser Thesaurierung künftiger finanzieller Überschüsse zu berücksichtigen. Vgl. WAGNER, W./JONAS, M./BALLWIESER, W./TSCHÖPEL, A., Weiterentwicklung von IDW S 1, S. 895.

[835] Vgl. IDW (Hrsg.), WP Handbuch 2008, Bd. II, Rn. A 207.

[836] Vgl. IDW (Hrsg.), WP Handbuch 2008, Bd. II, Rn. A 323-325.

[837] Vgl. IDW (Hrsg.), WP Handbuch 2008, Bd. II, Rn. A 324, wobei der Parameter w nach der Notation des WP-Handbuchs als konstante Wachstumsrate der finanziellen Überschüsse der Restwertphase gleichsam das inflations- und mengenbedingte Wachstum der künftigen finanziellen Überschüsse umfasst und insofern abermals eine undifferenzierte Betrachtungsweise der einzelnen Wachstumskomponenten offenbart.

Formel 4-9 lässt sich entnehmen, dass sich das **Gesamtwachstum** bei Vorliegen von herkömmlichem und thesaurierungsbedingtem Wachstum **nicht additiv aus beiden Wachstumskomponenten** zusammensetzt. Unterstellt man fiktiv Vollausschüttung der künftigen finanziellen Überschüsse, zeigt sich, dass das Gesamtwachstum für einen solchen Fall mit $q_i = 1$ allein durch das inflations- bzw. mengenbedingte Wachstum determiniert wird. Für das derzeit geltende Steuersystem, d. h. unter Berücksichtigung des im Zuge der Unternehmensteuerreform 2008 beschlossenen Übergangs vom Halbeinkünfteverfahren zum Abgeltungssteuersystem, konkretisiert das Beispiel im WP-Handbuch zur Anwendung des Ertragswertverfahrens indes nur die zugehörigen Auswirkungen auf das thesaurierungsbedingte Wachstum der künftigen finanziellen Überschüsse.[838] Von einem inflationsbedingtem Wachstum wird hingegen annahmegemäß abgesehen.[839]

Wenngleich die Vereinbarkeit der einzelnen Wachstumskomponenten in der Phase der ewigen Rente auf Basis der Ausführungen in IDW S 1 sowie der zugehörigen Erläuterungen in Abschn. A weitgehend unkritisch erscheint, wird gerade die Möglichkeit zur gleichzeitigen Abbildung von nominellem und thesaurierungsbedingtem Wachstum im **Schrifttum** weitaus kontroverser diskutiert. Bereits für das ehemals geltende **Halbeinkünfteverfahren** wird von Schwetzler der Einwand vorgebracht, dass die wachstumsrelevanten Prämissen von IDW S 1 ein nachhaltiges inflationsinduziertes Wachstum ausschließen,[840] da jegliche preisbedingten Werteffekte bereits in den nominalen Renditen auf Erweiterungsinvestitionen, den zugehörigen Wachstumsraten sowie künftigen Gewinnen enthalten seien. Seines Erachtens ist der Ansatz eines nachhaltigen Preiswachstums daher unvereinbar mit der Nominalrechnung i. S. v. IDW S 1.[841] Der von Schwetzler postulierten Unmöglichkeit werterhöhender Erweiterungsinvestitionen[842] tritt Wiese durch einen mathematischen Beweis entgegen, welcher die Möglichkeit zur gleichzeitigen Abbildung von inflationsbedingtem und thesaurierungsbeding-

[838] Vgl. IDW (Hrsg.), WP Handbuch 2008, Bd. II, Rn. A 326-336.

[839] Vgl. IDW (Hrsg.), WP Handbuch 2008, Bd. II, Rn. A 327. Die bewertungstechnisch parallele Abbildung von inflations- und thesaurierungsbedingtem Wachstum der künftigen finanziellen Überschüsse wird lediglich für das durch die Unternehmensteuerreform 2008 abgelöste Halbeinkünfteverfahren exemplarisch dargestellt. Indes können sich aus der Einführung des Abgeltungsteuersystems gleichsam Auswirkungen auf das inflations- und mengenbedingte Wachstum ergeben. Vgl. hierzu IDW (Hrsg.), WP Handbuch 2008, Bd. II, Rn. A 326. Hiermit ist die Erfassung der Wertbeiträge aus Thesaurierung bei fiktiver Zurechnung angesprochen. Vgl. diesbezüglich die Anmerkungen in Abschn. 423.234.

[840] Dies betrifft v. a. die Ausschüttungsannahme und die kapitalwertneutrale Wiederanlageprämisse thesaurierter Beträge. Eine kritische Diskussion auf Basis der aktuellen Fassung von IDW S 1 findet sich für die Ausschüttungsannahme in Abschn. 422.2 bzw. für Annahme der Kapitalwertneutralität in Abschn. 422.3. Die Ausführungen Schwetzlers basieren in terminologischer Hinsicht auf einer wenig differenzierten Betrachtungsweise, die inflations- und mengenbedingtes Wachstum implizit zu einer Wachstumskomponente zusammenfasst. Da die Abbildung realen, d. h. mengen- und strukturbedingten Wachstums, im Rahmen dieser Arbeit in Abschn. 423.233 gesondert behandelt wird, wird an dieser Stelle ausschließlich auf das Zusammenspiel von nominellem und thesaurierungsbedingtem Wachstum Bezug genommen.

[841] Vgl. Schwetzler, B., Halbeinkünfteverfahren, S. 603. Die Kritik Schwetzlers bezieht sich weitgehend auf den Beitrag von Wagner/Jonas/Ballwieser/Tschöpel zur Überarbeitung von IDW S 1 aus Anlass der Einführung des Halbeinkünfteverfahrens im Zuge der Verabschiedung des StSenkG aus dem Jahr 2000. Zu entsprechenden Änderungsvorschlägen von IDW S 1 i. d. F. 2000 vgl. Wagner, W./Jonas, M./Ballwieser, W./Tschöpel, A., Weiterentwicklung von IDW S 1, S. 889-898.

[842] Vgl. Schwetzler, B., Halbeinkünfteverfahren, S. 610.

tem Wachstum im Bewertungskalkül nach IDW S 1 belegt.[843] Den Ausführungen von WIESE folgend ist daher zu konstatieren, dass der Einbezug thesaurierungsbedingten Wachstums die Freiheitsgrade der Abbildung verbleibender Wachstumskomponenten nicht einschränkt.[844] Bestätigt wird WIESE durch KNOLL, der den mathematischen Beleg für die Vereinbarkeit von nominellem und thesaurierungsbedingtem Wachstum in der Phase der ewigen Rente nicht wie WIESE auf Basis einer Differenzierung hinsichtlich des in der Modellierung gewählten Unsicherheitsgrads,[845] sondern unter Rückgriff auf das ewige Rentenmodell mit konstantem Wachstum[846] bei annahmegemäßer Gültigkeit des Tax-CAPM[847] für Zwecke der deutschen Steuergesetzgebung erbringt.[848] Als Reaktion auf die Diskussion in der Literatur sprechen sich schließlich auch WAGNER/JONAS/BALLWIESER/TSCHÖPEL i. S. einer Klarstellung von IDW S 1 dafür aus, dass die gleichzeitige Abbildung von inflations- und thesaurierungsbedingtem Wachstum weder im Widerspruch zur Nominalrechnung noch zu weiteren Prämissen von IDW S 1 steht.[849]

Wie bereits angemerkt, berücksichtigen die angesprochenen Diskussionsbeiträge allesamt die steuerlichen Rahmenbedingungen vor Verabschiedung der Unternehmensteuerreform 2008. Wenngleich sich somit für das inzwischen abgelöste Halbeinkünfteverfahren eine herrschende Meinung herausgebildet hat, welche die Frage der Vereinbarkeit eines zusätzlichen inflationsbedingten Wachstums mit der Nominalrechnung nach IDW S 1 bejaht, setzt sich die Diskussion im **Schrifttum** durch den im Zuge der Unternehmensteuerreform 2008 vollzogenen Übergang vom Halbeinkünfteverfahren zum **Abgeltungsteuersystem** fort. Erstmals wird die

---

843 Zum mathematischen Beweis vgl. WIESE, J., Wachstum und Ausschüttungsannahmen, S. 619-621. Nach Ansicht WIESES sind die Folgerungen SCHWETZLERS vorrangig den Limitationen des gewählten Referenzmodells geschuldet, welches andere als thesaurierungsbedingte Wachstumskomponenten von vornherein ausschließt. Vgl. WIESE, J., Wachstum und Ausschüttungsannahmen, S. 621. Konkret wählt SCHWETZLER das Wachstumsmodell nach GORDON/SHAPIRO in seiner ursprünglichen Fassung, d. h. ohne den Einbezug von Inflation, als Basismodell. Zum Wachstumsmodell nach GORDON/SHAPIRO vgl. Abschn. 224.5. Wie SCHWETZLER fasst dabei auch WIESE die in diesem Zusammenhang explizit genannten Komponenten des inflations- und mengenbedingten Wachstums zusammen und spricht im Folgenden von herkömmlichem Wachstum. Vgl. WIESE, J., Wachstum und Ausschüttungsannahmen, S. 618. In Anlehnung an das zugrunde liegende Wachstumsverständnis sollen indes in dieser Arbeit sämtliche Wachstumskomponenten differenziert betrachtet werden. Zum Wachstumsverständnis dieser Arbeit vgl. Abschn. 211.

844 Vgl. WIESE, J., Wachstum und Ausschüttungsannahmen, S. 621. Ursächlich für den Einbezug des Steuerstundungseffekts als Anlass für ein thesaurierungsbedingtes Wachstum der künftigen finanziellen Überschüsse ist die mit der Veröffentlichung von IDW S 1 i. d. F. 2005 abschließend vollzogene Abkehr von der Vollausschüttungshypothese. Vgl. HFA DES IDW (Hrsg.), IDW S 1 i. d. F. 2005, Tz. 45.

845 WIESE erbringt den mathematischen Beweis zunächst für den Sicherheitsfall und erläutert darauf aufbauend die analoge Anwendbarkeit der Überlegungen für den Unsicherheitsfall. Vgl. WIESE, J., Wachstum und Ausschüttungsannahmen, S. 619-621 f.

846 Zum ewigen Rentenmodell mit konstantem Wachstum in der Ausprägung des Wachstumsmodells nach GORDON/SHAPIRO vgl. die Anmerkungen in Abschn. 224.5.

847 Zum Tax-CAPM nach WIESE vgl. Abschn. 232.3.

848 In einer Replik zum Beitrag von KNOLL bekräftigt SCHWETZLER seinen Standpunkt, wonach unter der Annahme kapitalwertneutraler Erweiterungsinvestitionen der Ansatz eines zusätzlichen inflationsbedingten Wachstums mit der Nominalrechnung von IDW S 1 unvereinbar sei. Nach Ansicht SCHWETZLERS besteht indes dahingehend mit KNOLL Einigkeit, dass in einigen zentralen Punkten eine Modifikation von IDW S 1 geboten sei. Vgl. hierzu SCHWETZLER, B., Ausschüttungsäquivalenz, S. 1129.

849 Vgl. WAGNER, W./JONAS, M./BALLWIESER, W./TSCHÖPEL, A., Unternehmensbewertung, S. 1020 f.

Problematik unter Berücksichtigung der geänderten steuerlichen Rahmenbedingungen durch WIESE aufgegriffen, der durch sukzessive Modifikation des Wachstumsmodells nach GORDON/SHAPIRO nachweist, dass sich inflations- und thesaurierungsbedingtes Wachstum auch im Abgeltungsteuersystem simultan im Bewertungskalkül nach IDW S 1 berücksichtigen lassen.[850] Bei der Ableitung des mathematischen Beweises greift WIESE die Argumentation von BRADLEY/JARRELL auf, wonach inflationsbedingtes Wachstum durchaus mit der Annahme kapitalwertneutraler Erweiterungsinvestitionen vereinbar ist.[851] Zustimmung erfährt WIESE durch MEITNER,[852] der im Zuge der Herleitung eines Bewertungsmodells für den Restwertzeitraum unter Einbezug der Abgeltungsteuer auf die zwingende Notwendigkeit einer konsistenten Berücksichtigung von Inflationswirkungen hinweist.[853] Konkret ist nach MEITNER bei der bewertungstechnischen Abbildung von Inflation die Beachtung von Konsistenzanforderungen auf zwei Ebenen geboten. Demnach sollten nicht nur die Abgrenzung der bewertungsrelevanten finanziellen Überschüsse, die Ableitung des Kapitalisierungszinssatzes und die Quantifizierung des Wachstumsabschlags sinnvoll aufeinander abgestimmt sein. Darüber hinaus sollte diese Abstimmung für Ersatz- und Erweiterungsinvestitionen zur Gewährleistung der Substanzerhaltung stetig, d. h. in identischer Weise, vorgenommen werden.[854] Der Schwerpunkt der Ausführungen MEITNERS liegt dabei indes weniger auf der sachgerechten Abbildung von Inflation in der Phase der ewigen Rente unter besonderer Berücksichtigung der Auswirkungen der Abgeltungsteuer, sondern vielmehr auf der korrekten Umsetzung der kapitalwertneutralen Wiederanlageprämisse für thesaurierte Beträge im Restwertzeitraum.[855] Dies verlangt nach MEITNER indes nicht nur die Beachtung der angesprochenen Konsistenzanforderungen, sondern zugleich eine strikte Renditeorientierung als Bewertungsmaßstab sowie eine sachgerechte Renditeaufteilung in einen unmittelbar zahlungswirksamen Teil und einen Kursanteil (sog. Cashflow Timing).[856] Im Mittelpunkt der Analyse MEITNERS steht die

[850] Vgl. WIESE, J., Unternehmensbewertung und Abgeltungssteuer, S. 373; WIESE, J., Steuerinduziertes Wachstum, S. 10; WIESE, J., Neue steuerliche Rahmenbedingungen, S. 16.

[851] Zur Begründung dieser Schlussfolgerung vgl. BRADLEY, M. H./JARRELL, G. A., Expected Inflation, S. 66-69 sowie BRADLEY, M. H./JARRELL, G. A., Inflation, S. 5-12.

[852] Mit seinen Beiträgen reagiert MEITNER insbesondere auf wiederholte Anmerkungen SCHWETZLERS, der in diesem Zusammenhang seine Kritik an der simultanen Abbildung von inflations- und thesaurierungsbedingtem Wachstum aufrecht erhält, wobei er weitgehend losgelöst von den steuerlichen Rahmenbedingungen im Allgemeinen bzw. den Auswirkungen der Abgeltungsteuer im Speziellen argumentiert. Die von SCHWETZLER vorgebrachten Kritikpunkte sind dabei überwiegend deckungsgleich zu seinen Anmerkungen in Bezug auf die Vereinbarkeit von inflations- und thesaurierungsbedingtem Wachstum bei Gültigkeit des Halbeinkünfteverfahrens. Im Kern argumentiert SCHWETZLER weiterhin, dass die zusätzliche Berücksichtigung inflationsbedingten Wachstums werterhöhend wirke und daher seines Erachtens mit positiven nominalen Überrenditen gleichbedeutend sei. Dieser vermeintliche Verstoß gegen die Nominalrechnung nach IDW S 1 ist seiner Ansicht nach nur durch Aufgabe der kapitalwertneutralen Wiederanlageprämisse oder des Einbezugs inflationsbedingten Wachstums zu lösen. Vgl. SCHWETZLER, B., Nebeneinander, S. 5. Zur Ansicht SCHWETZLERS vgl. vertiefend FRIEDL, G./SCHWETZLER, B., Inflation, S. 152-158; SCHWETZLER, B., Nominalrechnung sowie SCHWETZLER, B., Konsistente Nominalrechnung, S. 15-19.

[853] Vgl. MEITNER, M., Inflation, S. 254.

[854] Vgl. MEITNER, M., Inflation, S. 248; MEITNER, M., Terminal Value Modell, S. 10; MEITNER, M., Modellkonsistenz, Teil 1, S. 6.

[855] Zur Annahme der Kapitalwertneutralität thesaurierter Beträge vgl. Abschn. 422.3.

[856] Vgl. MEITNER, M., Inflation, S. 248; MEITNER, M., Terminal Value Modell, S. 10; MEITNER, M., Modellkonsistenz, Teil 1, S. 6.

bereits frühzeitig geäußerte Erkenntnis, dass unter Beachtung der drei genannten Prinzipien Modellkonsistenz, Renditeorientierung und Cashflow Timing inflations- und thesaurierungsbedingtes Wachstum simultan abgebildet werden können.[857] Dieser Auffassung haben sich jüngst auch TSCHÖPEL/WIESE/WILLERSHAUSEN i. S. einer ausführlichen Klarstellung zur Abbildung von Wachstum bei Inflation, persönlicher Besteuerung und Verschuldung unter Berücksichtigung des Bewertungskalküls nach IDW S 1 angeschlossen.[858] Analog zum Vorgehen von BRADLEY/JARREL ergänzen diese das als Ausgangsbasis ihrer Überlegungen herangezogene Wachstumsmodell[859] von GORDON/SHAPIRO zunächst um den Einfluss von Inflation. Im Anschluss daran erweitern sie das Bewertungskalkül in Anlehnung an MEITNER zusätzlich um den Einfluss von persönlichen Steuern und Verschuldung. Als wesentliches Ergebnis ihrer Überlegungen leiten sie alternative Modellspezifikationen für die bewertungstechnische Abbildung von Wachstum in Übereinstimmung mit der Bewertungskonzeption gemäß IDW S 1 ab.[860] Die Modellvariationen nach TSCHÖPEL/WIESE/WILLERSHAUSEN zeichnen sich im Vergleich zur Mehrheit der bisher verwendeten Modelle[861] insoweit aus, als sie sowohl die Kapitalwertneutralität investierter Mittel unabhängig von der Höhe der Inflation und Steuerlast wahren als auch gleichfalls zu der in IDW S 1 für Erweiterungsinvestitionen unterstellten Kapitalwertneutralität konsistent sind.[862]

Zieht man losgelöst von steuerlichen Erwägungen einen abschließenden **Vergleich der wesentlichen Diskussionspunkte** für und wider eine simultane Abbildung nominalen und thesaurierungsbedingten Wachstums, lässt sich Folgendes konstatieren: Die führenden Fürsprecher einer parallelen Abbildung gehen analog zum Bewertungskalkül nach IDW S 1 von einer nachhaltigen Normalrendite aus.[863] Als wesentlicher Kritiker einer simultanen Abbildung attestiert SCHWETZLER Erweiterungsinvestitionen bei Einbezug von Inflation hingegen eine werterhöhende Wirkung und unterstellt daher nachhaltige Überrenditen.[864] Nicht zuletzt vor

---

857 Vgl. MEITNER, M., Terminal Value Modell, S. 14.

858 Vgl. TSCHÖPEL, A./WIESE, J./WILLERSHAUSEN, T., Unternehmensbewertung und Wachstum, Teil 2, S. 410.

859 Zum Wachstumsmodell von GORDON/SHAPIRO vgl. grundlegend Abschn. 224.5.

860 Die verschiedenen Modellvariationen eröffnen dem Bewertenden weiterhin die Möglichkeit, thesaurierungsbedingtes Wachstum nicht nur durch einen entsprechenden Wachstumsabschlag im Nenner des Bewertungskalküls, sondern alternativ durch fiktive Zurechnung im Zähler zu erfassen. Vgl. hierzu TSCHÖPEL, A./WIESE, J./WILLERSHAUSEN, T., Unternehmensbewertung und Wachstum, Teil 1, S. 356 f.

861 Vgl. IDW (Hrsg.), WP Handbuch 2008, Bd. II, Rn. A 323-325; WAGNER, W./JONAS, M./BALLWIESER, W./TSCHÖPEL, A., Unternehmensbewertung, S. 1027 sowie WIESE, J., Wachstum und Ausschüttungsannahmen, S. 622.

862 Vgl. TSCHÖPEL, A./WIESE, J./WILLERSHAUSEN, T., Unternehmensbewertung und Wachstum, Teil 1, S. 357. Das von MEITNER entwickelte Modell unterstellt ebenfalls implizit Inflationsneutralität unter Berücksichtigung persönlicher Steuern. Vgl. MEITNER, M., Inflation, S. 251-254. Das ebenso intensiv im Schrifttum diskutierte Bewertungsmodell von EZZELL/KELLY gewährleistet hingegen bei Einbezug von Verschuldung keine Inflationsneutralität und wird daher nicht in die Betrachtung einbezogen. Vgl. hierzu EZZELL, J. R./KELLY, W. A., APV Analysis, S. 51 f. Das Modell von TSCHÖPEL/WIESE/WILLERSHAUSEN ähnelt hinsichtlich des strukturellen Aufbaus früheren Modellen von HAUGEN, R. A./HEINS, A. J., Personal Income Tax, S. 466-471; AUERBACH, A. J., Taxation, S. 905-937; O'BRIEN, T. J., Constant Growth Model, S. 125-131. Diese vernachlässigen indes ebenfalls die Effekte von Inflation.

863 Vgl. HACHMEISTER, D./WIESE, J., Zinsfuß, S. 64; MEITNER, M., Modellkonsistenz, Teil 1, S. 10.

864 Vgl. SCHWETZLER, B., Nebeneinander, S. 5. Der Ansicht SCHWETZLERS, Substanzerhaltung sei bei Inflation nur über kapitalwertpositive Erweiterungsinvestitionen zu bewerkstelligen, halten HACHMEISTER/WIESE be-

dem Hintergrund der Problematik einer notwendigen Plausibilisierung dieser Annahme ist ein solches Kalkül abzulehnen.[865] Die Überlegungen SCHWETZLERS basieren zudem auf einer an Rechnungslegungsgrößen orientierten Betrachtungsweise. Wie MEITNER zutreffend anmerkt, sind diese indes beeinflusst durch rechnungslegungsspezifische Effekte wie z. B. der bilanzpolitisch geprägten Ausübung bestehender Ermessensspielräume.[866] Der Ansatz MEITNERS ist infolge der zugrunde liegenden Zahlungsstromorientierung weitaus weniger anfällig für verzerrende Einflüsse und somit auch konzeptionell vorziehenswürdig. Da sich auch die weiteren wesentlichen Kritikpunkte SCHWETZLERS, der Einbezug von Inflation führe zu einem Verstoß gegen eine konsistente Nominalrechnung und stünde zugleich im Widerspruch zum handelsrechtlichen Anschaffungskostenprinzip,[867] anhand der vorstehenden Erläuterungen entkräften lassen, vermögen die von SCHWETZLER vorgebrachten Einwände nicht zu überzeugen. Da die Auffassung zugunsten der simultanen Abbildung inflations- und thesaurierungsbedingten Wachstums zugleich mit der ebenso konzeptionell überzeugenden Klarstellung von IDW S 1 durch TSCHÖPEL/WIESE/WILLERSHAUSEN korrespondiert, wird dieser Ansicht im weiteren Verlauf unter Abwägung aller Argumente gefolgt.

423.24 Kritische Würdigung des durch IDW S 1 implizierten Gesamtwachstums unter Berücksichtigung empirischer Befunde

Bereits im Zuge der Diskussion alternativer Ansätze zur bewertungstechnischen Abbildung thesaurierungsbedingten Wachstums findet sich ein erster Erklärungsansatz für die Auflösung des vermeintlichen Widerspruchs zwischen den in der Bewertungspraxis üblichen Wachstumsabschlägen und bisherigen empirischen Befunden zum Wachstum deutscher Unternehmen.[868] Die entsprechenden Überlegungen werden nun i. S. einer kritischen Analyse des durch IDW S 1 implizierten Gesamtwachstums der künftigen finanziellen Überschüsse vertieft, wobei v. a. auf die klarstellenden Anmerkungen von TSCHÖPEL/WIESE/WILLERSHAUSEN

---

rechtigter Weise entgegen, dass dies ebenso über Ersatzinvestitionen in Verbindung mit kapitalwertneutralen Erweiterungsinvestitionen möglich sei. Vgl. HACHMEISTER, D./WIESE, J., Zinsfuß, S. 64.

865 Eine solche Annahme erscheint ferner unter Bezugnahme auf die allgemeinen Überlegungen der Wettbewerbstheorie fragwürdig. Demnach ist langfristig vielmehr von einer Konvergenz zwischenzeitlich realisierbarer Überrenditen in Richtung einer als normal i. S. des allgemeinen Marktniveaus eingestuften Rendite auszugehen. Vgl. hierzu die grundlegenden Anmerkungen zur sog. Competitive Advantage Period in Abschn. 224.4.

866 Vgl. MEITNER, M., Modellkonsistenz, Teil 2, S. 7.

867 Legt man Konsistenz gem. dem Homogenitätsprinzip dahingehend aus, dass bei Einbezug von Inflation reale bzw. nominale finanzielle Überschüsse mit realen bzw. nominalen Zinssätzen zu kapitalisieren sind, steht die Berücksichtigung von Preiswachstum entgegen der Ansicht SCHWETZLERS unzweifelhaft in Einklang mit der Nominalrechnung nach IDW S 1. Vgl. HACHMEISTER, D./WIESE, J., Zinsfuß, S. 63. Zum Homogenitätsprinzip nach MOXTER vgl. Abschn. 423.11. Das handelsrechtliche Anschaffungskostenprinzip nach § 253 Abs. 3 S. 1 HGB besagt, dass die Anschaffungs- und Herstellungskosten von abnutzbaren Vermögensgegenständen des Anlagevermögens um planmäßige Abschreibungen zu korrigieren sind. Bei der Bewertung von Unternehmen bzw. Unternehmensanteilen sind hingegen Investitionen und nicht Abschreibungen zu planen. Vgl. BALLWIESER, W., Unternehmensbewertung, S. 33 f. Das handelsrechtliche Anschaffungskostenprinzip entfaltet daher keine Maßgeblichkeit für Bewertungszwecke. Vgl. HACHMEISTER, D./WIESE, J., Zinsfuß, S. 64.

868 Zur Abbildung thesaurierungsbedingten Wachstums in der Phase der ewigen Rente vgl. Abschn. 423.234.

zur bewertungstechnischen Abbildung von Wachstum bei Inflation, persönlicher Besteuerung und Verschuldung Bezug genommen wird.

Im Zuge ihrer Ausführungen bestätigen TSCHÖPEL/WIESE/WILLERSHAUSEN die konzeptionelle Vereinbarkeit einer parallelen Abbildung nominalen und thesaurierungsbedingten Wachstums mit dem Bewertungskalkül von IDW S 1 und führen beide Wachstumskomponenten in einer nach ihrer Diktion sog. **analytischen Gesamtwachstumsrate** zusammen:

$$w_{analytisch} = (1 - q_j) r_j^{vSt} + q_j \pi^U$$

Formel 4-10: Analytische Gesamtwachstumsrate[869]

Die seitens TSCHÖPEL/WIESE/WILLERSHAUSEN geäußerte Erwartung, dass sich diese analytische Gesamtwachstumsrate tendenziell in der Größenordnung am Kapitalmarkt beobachtbarer Wachstumsraten bewegen sollte, lässt sich dabei angesichts der Befunde der im Rahmen dieser Arbeit durchgeführten empirischen Analyse grundsätzlich bestätigen.[870] Unter Verwendung marktüblicher Prämissen für die wesentlichen Bewertungsparameter lassen sich für die analytische Gesamtwachstumsrate der künftigen finanziellen Überschüsse Werte zwischen 6,0 % und 9,0 % ableiten.[871] Als mögliche Vergleichsmaßstäbe für das Wachstum der künftigen finanziellen Überschüsse[872] im Rahmen einer empirischen Analyse verweisen TSCHÖ-

[869] Da der Herleitung der analytischen Gesamtwachstumsrate nach TSCHÖPEL/WIESE/WILLERSHAUSEN gefolgt wird, sei zum mathematischen Beweis verwiesen auf TSCHÖPEL, A./WIESE, J./WILLERSHAUSEN, T., Unternehmensbewertung und Wachstum, Teil 1, S. 355 f. Die grundsätzliche Berücksichtigung des thesaurierungsbedingten Wachstums durch Anwendung der nominalen Vorsteuerrendite auf den Thesaurierungsbetrag entspricht dabei der generellen Vorgehensweise in den bisher verwendeten Modellen. Vgl. hierzu IDW (Hrsg.), WP Handbuch 2008, Bd. II, Rn. A 324 sowie Formel 4-8 in Abschn. 423.234. Eine wesentliche Neuerung ist hingegen die Verwendung einer unternehmensspezifischen Teuerungsrate. Zur Ableitung dieser vgl. Abschn. 423.11. Da die inflationsinduzierten Kurssteigerungen auf Ebene der Anteilseigner der Besteuerung unterliegen, ist der Wachstumsabschlag bei Einbezug persönlicher Steuern um den effektiven Steuersatz zu adjustieren. Auf diese Weise wird die Steueräquivalenz zwischen Bewertungsobjekt und Alternativanlage gewährleistet und zugleich Inkonsistenzen aufgrund des sog. Steuerparadoxons vermieden. Vgl. LAITENBERGER, J./BAHR, C., Bedeutung der Einkommensteuer, S. 703-708. Für eine ökonomische Begründung des Steuerparadoxons bei Wachstum vgl. BARTELS, P./ENGLER, T., Steuerparadoxon, S. 918 f.

[870] Die analytische Gesamtwachstumsrate nach TSCHÖPEL/WIESE/WILLERSHAUSEN liefert somit einen weiteren Anhaltspunkt zur Widerlegung des vermeintlichen Widerspruchs zwischen den empirisch beobachtbaren Wachstumsraten deutscher Unternehmen und den in der deutschen Bewertungspraxis üblichen Wachstumsabschlägen. Vgl. hierzu Abschn. 423.234.

[871] Der von TSCHÖPEL/WIESE/WILLERSHAUSEN abgeleiteten Bandbreite analytischer Gesamtwachstumsraten liegen dabei unternehmensspezifische Inflationsraten zwischen 1,0 % und 3,0 %, Ausschüttungsquoten zwischen 30,0 % und 50,0 % sowie Verschuldungsgrade zwischen 20,0 % und 40,0 % auf der Basis eines nominalen Basiszinssatzes zwischen 4,0 % und 5,0 %, einer nominalen Marktrisikoprämie von 4,5 % bis 5,0 % (nach persönlichen Steuern) und einem Betafaktor von 1,0 zugrunde. Vgl. TSCHÖPEL, A./WIESE, J./WILLERSHAUSEN, T., Unternehmensbewertung und Wachstum, Teil 2, S. 409. Diese Erkenntnis relativiert zugleich deutlich die im Zusammenhang mit Abbildung 3-1 getroffene Aussage, nach welcher der Wachstumsabschlag „erst“ im Intervall von 6,0 % bis 9,0 % einen deutlichen Hebeleffekt entfaltet.

[872] Als empirisch beobachtbare Vergleichsgrößen verweisen TSCHÖPEL/WIESE/WILLERSHAUSEN auf Dividenden, ausschüttungsfähige Cashflows bzw. Gewinne sowie (Aktien-)Kurse. Vgl. TSCHÖPEL, A./WIESE, J./WILLERSHAUSEN, T., Unternehmensbewertung und Wachstum, Teil 2, S. 409.

PEL/WIESE/WILLERSHAUSEN auf das langfristige nominale Gewinnwachstum[873], das Dividendenwachstum und das Kurswachstum. Folgt man dieser Empfehlung und stellt beispielsweise trotz nicht zu vernachlässigender Schwächen als Wachstumsmaßstab auf das Dividendenwachstum ab, steht der theoretisch abgeleiteten Bandbreite ein empirisch beobachtbares Dividendenwachstum[874] von ca. 6,9 %[875] gegenüber. Zieht man hingegen zum Vergleich das historische Wachstum des EBIT als Näherungsgröße für das langfristige Gewinnwachstum heran, liegt dieses mit 6,1 % immerhin noch am unteren Ende des von TSCHÖPEL/WIESE/WILLERSHAUSEN aufgezeigten Spektrums. Gleiches gilt, wenn man als Bezugsgröße für das Wachstum der künftigen finanziellen Überschüsse unmittelbar auf den Free Cashflow abstellt, für den ein Wachstum von knapp 6,3 % empirisch belegbar ist.

Zwar ist somit bei Verwendung der analytischen Gesamtwachstumsrate eine **deutlich bessere Vergleichbarkeit** zwischen theoretisch ableitbaren und empirisch beobachtbaren Wachstumsraten gegeben, indes ist auch die **Aussagekraft der analytischen Gesamtwachstumsrate** in Anbetracht der zugrunde liegenden Annahmen zu relativieren. Dies betrifft insbesondere die ausschließliche Betrachtung der Restwertphase und die damit einhergehende Vernachlässigung mengenbedingten Wachstums.[876] Da infolge der Ausblendung des Detailplanungszeitraums nicht der gesamte Bewertungszeitraum in die Analyse einbezogen wird und zudem nur die Komponenten des preis- und thesaurierungsbedingten Wachstums durch die analytische Gesamtwachstumsrate erfasst werden, erscheint die Bezugnahme auf das Gesamtwachstum künftiger finanzieller Überschüsse irreführend. Terminologisch wäre es zutreffender, die analytische (Gesamt-)Wachstumsrate nach TSCHÖPEL/WIESE/WILLERSHAUSEN unter Verweis auf die zugrunde liegenden Annahmen als Referenzmaßstab für das nachhaltige (preis- und thesaurierungsbedingte) Wachstum in der Phase der ewigen Rente zu interpretieren.[877]

Legt man die vorstehend erarbeitete Interpretation der analytischen Gesamtwachstumsrate zugrunde, wird durch den ihr inhärenten Schwerpunkt auf die Restwertphase gerade der oft-

---

873 Um das Gewinnwachstum als approximativen Maßstab für das Wachstum der künftigen finanziellen Überschüsse im Zuge einer zahlungsstromorientierten Betrachtungsweise heranziehen zu können, unterstellen TSCHÖPEL/WIESE/WILLERSHAUSEN, dass sich temporäre Unterschiede zwischen Gewinn und Cashflow eines Unternehmens für hinreichend lange Zeiträume nivellieren, da in der Totalperiode die Summe von Gewinnen und Cashflows übereinstimmen sollten. Vgl. hierzu TSCHÖPEL, A./WIESE, J./WILLERSHAUSEN, T., Unternehmensbewertung und Wachstum, Teil 2, S. 409.

874 Für eine kritische Würdigung der Eignung des historischen Dividendenwachstums als Wachstumsmaßstab vgl. Abschn. 346.

875 Zu den Ergebnissen der empirischen Untersuchung vgl. ausführlich Abschn. 344.

876 TSCHÖPEL/WIESE/WILLERSHAUSEN merken diesbezüglich selbst an, dass ihre Überlegungen auf eine idealtypische Situation rekurrieren. Sie setzen demnach einen solchen eingeschwungenen Zustand voraus, der durch die Abstinenz von Mengeneffekten aus etwaigen Kapazitätsoptimierungen, zeitlich begrenzten Marktverzerrungen sowie zyklischen oder temporären Besonderheiten geprägt ist. Vgl. TSCHÖPEL, A./WIESE, J./WILLERSHAUSEN, T., Unternehmensbewertung und Wachstum, Teil 2, S. 410.

877 Eine solche Interpretation beugt zugleich der Gefahr eines weiteren Missverständnisses vor, welches aus der Tatsache erwächst, dass nach dem Wortlaut des WP-Handbuchs entgegen der Annahme von TSCHÖPEL/WIESE/WILLERSHAUSEN streng genommen auch im Restwertzeitraum mengenbedingtes Wachstum zugelassen ist. Vgl. IDW (Hrsg.), WP Handbuch 2008, Bd. II, Rn. A 217 sowie die diesem Aspekt gewidmeten Anmerkungen in Abschn. 423.233.

mals nicht unerhebliche Wertanteil der Phase der ewigen Rente einer stärkeren Objektivierung zugänglich gemacht und somit die vorstehend geäußerte punktuelle Kritik deutlich kompensiert.[878] Unter Berücksichtigung der gebotenen Relativierungen erlaubt die analytische (Gesamt-)Wachstumsrate nach TSCHÖPEL/WIESE/WILLERSHAUSEN im Ergebnis eine deutliche Annäherung zwischen der durch Annahmen begründeten Modellwelt einerseits und des durch empirische Befunde ergründeten Abbilds der Unternehmensrealität andererseits.

Wenngleich die Überlegungen von TSCHÖPEL/WIESE/WILLERSHAUSEN zum Abbau bestehender Unklarheiten bei der bewertungstechnischen Abbildung von Wachstum beitragen, können sie nachvollziehbarerweise nicht auf sämtliche Problemfelder und Diskussionspunkte eingehen. Infolge des für Zwecke ihrer Untersuchung angebrachten Fokus auf die Restwertphase, in welcher nur nachhaltige, d. h. bis in alle Ewigkeit bestehende, Wachstumskomponenten berücksichtigt werden, bleiben zeitlich begrenzte Wachstumspotenziale zwangsläufig außer Acht.[879] Zeitliche wie auch sachliche bzw. sachlogische Grenzen des Wachstums von Unternehmen sind daher Gegenstand der nachfolgend geführten Diskussion.

424. Diskussion möglicher Grenzen des Wachstums von Unternehmen

424.1 Vorbemerkungen

Die bewertungstechnische Abbildung von Wachstum im Allgemeinen bzw. die Quantifizierung des Wachstumsabschlags im Speziellen stellt eine äußerst komplexe Bewertungsaufgabe dar. Infolge der Komplexität der zugrunde liegenden Fragestellungen werden diese in Theorie und Praxis bisher **auf einer überwiegend qualitativen Ebene diskutiert**. Wenngleich eine verstärkt quantitative Auseinandersetzung zur Objektivierung des Bewertungskalküls dringend geboten erscheint, liefert die bislang vorherrschende Argumentation i. S. einer Abwägung qualitativer Argumente dennoch eine wichtige Hilfestellung für die **Plausibilisierung getroffener Wachstumsannahmen**. Aus diesem Grunde werden im Folgenden die wesentlichen Argumente zur Diskussion möglicher Wachstumsgrenzen aufgegriffen und kritisch analysiert. Wachstumsgrenzen können sich dabei sowohl in sachlicher bzw. sachlogischer als auch in zeitlicher Hinsicht ergeben.[880]

---

[878] Vgl. in diesem Zusammenhang die Ausführungen zur Bedeutung des Wachstumsabschlags für den Unternehmenswert in Abschn. 32.

[879] TSCHÖPEL/WIESE/WILLERSHAUSEN gehen insbesondere von einem eingeschwungenen Zustand des Unternehmens aus, der nach ihrem Verständnis den Einbezug mengenbedingten Wachstums, das seinen Ursprung in Kapazitätsoptimierung hat, nicht zulässt. Vgl. TSCHÖPEL, A./WIESE, J./WILLERSHAUSEN, T., Unternehmensbewertung und Wachstum, Teil 1, S. 349. Diesbezüglich sei angemerkt, dass mengenbedingtes Wachstum indes nicht allein auf Kapazitätsoptimierungen zurückzuführen sein kann. Zu weiteren Ursachen für mengenbedingtes Wachstum vgl. Abschn. 423.12. Zur Definition des Gleichgewichts- bzw. Beharrungszustands i. S. v. IDW S 1 vgl. Abschn. 423.231.

[880] Zur Differenzierung zwischen einer sachlichen und zeitlichen Dimension künftiger finanzieller Überschüsse vgl. KIRSCH, H.-J., Objektivierung künftiger Zahlungsströme, S. 366.

424.2 Sachliche bzw. sachlogische Grenzen

424.21 Die Inflation als mögliche Untergrenze

Mit der Frage nach der Eignung der Inflationsrate als möglicher Anhaltspunkt zur Quantifizierung (einer Untergrenze) des Wachstumsabschlags ist die intensive Diskussion zur **Überwälzbarkeit von inflationsinduzierten Preissteigerungen** der Beschaffungsseite auf die Absatzseite angesprochen.[881] Um sich mit der aufgeworfenen Fragestellung theoretisch fundiert auseinandersetzen, ist hinsichtlich der zugrunde gelegten Betrachtungsweise streng zu differenzieren. Demnach ist klar zu trennen, ob das Wachstum von Unternehmen anhand nominaler oder realer Größen gemessen werden soll. Wenngleich IDW S 1 grundsätzlich eine Nominalrechnung empfiehlt,[882] lassen sich nominale und reale Wachstumsabschläge unter Zuhilfenahme der **Fisher-Gleichung**[883] ineinander überführen:

$$w_{nom} = (1 + w_{real})(1 + \pi) - 1$$

Formel 4-11: Fisher-Gleichung[884]

Unter Berücksichtigung dieses Zusammenhangs zwischen nominalen und realen Größen sind hinsichtlich der Möglichkeit, einen Anstieg des Preisniveaus auf den Beschaffungsmärkten durch eine Erhöhung der Verkaufspreise auf den Absatzmärkten zu kompensieren, grundsätzlich **drei Szenarien** denkbar.[885]

Das zu bewertende Unternehmen ist in der Lage, den beschaffungsseitigen Preisanstieg in voller Höhe durch eine Erhöhung der Absatzpreise aufzufangen, d. h. die Überwälzungsquote δ beträgt 100,0 %. Ein solches Szenario ist gleichbedeutend mit der Annahme, dass sich die Preise auf den Beschaffungs- und Absatzmärkten langfristig proportional zueinander entwickeln.[886] Folglich entspricht das nominale Wachstum der künftigen finanziellen Überschüsse bei isolierter Betrachtung der Inflationsrate.[887] Da die finanziellen Überschüsse hingegen real

---

881 Zur Berücksichtigung der Überwälzungsproblematik im Detailplanungszeitraum vgl. die grundlegenden Anmerkungen in Abschn. 423.221.

882 Zur Vorteilhaftigkeit der in IDW S 1 vorgesehenen Nominalrechnung vgl. Abschn. 423.11.

883 Vgl. hierzu als Primärquelle FISHER, I., Appreciation and Interest, S. 337-446. Zur weiteren Erläuterung vgl. FELDSTEIN, M., Inflation, S. 815; DARBY, M. R., Financial and Tax Effects, S. 268. Wenngleich die Existenz eines kurzfristigen Fisher-Effekts angesichts uneinheitlicher empirischer Befunde umstritten ist, finden sich für das mittel- bis langfristige Auftreten durchaus valide Hinweise. Vgl. hierzu MALLIAROPULOS, D., Fisher Effect, S. 703 f.; EVANS, M. D. D./LEWIS, K. K., Expected Shifts, S. 225-249; MISHKIN, F. S., Fisher Effect, S. 195-214.

884 Vgl. MEITNER, M., Terminal Value, S. 499; SCHÜLER, A./LAMPENIUS, N., Wachstumsannahmen, S. 234.

885 Vgl. SCHÜLER, A./LAMPENIUS, N., Wachstumsannahmen, S. 235; SCHÜLER, A./LAMPENIUS, N., Bewertungspraxis, S. 2; MANDL, G./RABEL, K., Unternehmensbewertung, S. 191.

886 Vgl. SEPPELFRICKE, P., Aktien- und Unternehmensbewertung, S. 86.

887 Vgl. STELLBRINK, J., Restwert, S. 124.

betrachtet im Zeitablauf konstant bleiben, liegt im Ergebnis ein inflationsneutrales Wachstum vor (**Szenario A**).[888]

Alternativ kann das Unternehmen das (Wachstums-)Potenzial besitzen, eine Erhöhung der Beschaffungspreise durch eine überproportionale Erhöhung der Absatzpreise zu überkompensieren, d. h. die Überwälzungsquote δ beträgt mehr als 100,0 %. In der Konsequenz übersteigt das Nominalwachstum der künftigen finanziellen Überschüsse die Inflationsrate, sodass die künftigen finanziellen Überschüsse auch real betrachtet ein positives Wachstum aufweisen (**Szenario B**).[889]

Schließlich kann der Fall eintreten, dass das Bewertungsobjekt nicht über die Fähigkeit verfügt, einen Preisanstieg auf der Beschaffungsseite vollständig durch eine entsprechende Erhöhung der Absatzpreise zu kompensieren,[890] d. h. die Überwälzungsquote δ liegt unterhalb von 100,0 %. Obwohl die künftigen finanziellen Überschüsse des zu bewertenden Unternehmens in einem solchen Szenario nominal wachsen, sinken die finanziellen Überschüsse real (**Szenario C**).[891]

Hinsichtlich der Frage, welches der drei dargestellten Szenarien im Restwertzeitraum üblicherweise unterstellt werden sollte, offenbart sich im Schrifttum ein äußerst heterogenes Meinungsbild.[892] Die Überwälzungsproblematik wird auch in den **Verlautbarungen des IDW** thematisiert, wobei sich das IDW implizit für Szenario C ausspricht. Nach Auffassung des IDW kann demzufolge nicht ohne Weiteres angenommen werden, dass Preissteigerungen auf den Beschaffungsmärkten voll auf die (End-)Konsumenten überwälzt werden.[893] Die in IDW S 1 vertretene Ansicht erscheint indes aus mehreren Gründen diskussionswürdig. Erstens stützt das IDW seine Argumentation auf Untersuchungen, die aus empirischen Befunden ein regelmäßiges Zurückbleiben des Gewinnwachstums deutscher Unternehmen hinter der Inflationsrate abzuleiten versuchen. Die zugrunde liegenden Studien weisen indes teilweise methodische und konzeptionelle Schwächen auf und besitzen insofern nur eine eingeschränk-

---

[888] Die Begriffe Wachstumsabschlag und Geldentwertungsabschlag werden im Schrifttum oftmals undifferenziert als Synonyme verwendet. Eine inhaltliche Übereinstimmung der Begriffe ist indes streng genommen nur bei Eintreten des Szenarios A gegeben, d. h. wenn das Wachstum der künftigen finanziellen Überschüsse exakt der unterstellten Inflations- bzw. Geldentwertungsrate entspricht und man zugleich vom Vorliegen weiterer Wachstumskomponenten abstrahiert. Vgl. BALLWIESER, W., Kalkulationszinsfuß, S. 2395. In einem anderen Zusammenhang findet sich zutreffender Weise auch in IDW S 1 die Anmerkung, dass der Geldentwertungsabschlag nur einen ersten Anhaltspunkt für die Prognose der künftigen finanziellen Überschüsse darstellen kann. Vgl. HFA DES IDW (Hrsg.), IDW S 1, Tz. 96.

[889] Vgl. SCHÜLER, A./LAMPENIUS, N., Wachstumsannahmen, S. 235; SCHÜLER, A./LAMPENIUS, N., Bewertungspraxis, S. 2; STELLBRINK, J., Restwert, S. 124 f.

[890] Vgl. SIEPE, G., Kapitalisierungszinsfuß, Teil 1, S. 1690; MANDL, G./RABEL, K., Unternehmensbewertung, S. 191.

[891] Vgl. SCHÜLER, A./LAMPENIUS, N., Wachstumsannahmen, S. 235; SCHÜLER, A./LAMPENIUS, N., Bewertungspraxis, S. 2.

[892] Eine Aufarbeitung der wesentlichen Literaturmeinungen ist Gegenstand von Abschn. 333.

[893] Vgl. IDW (Hrsg.), WP Handbuch 2008, Bd. II, Rn. A 215. In ähnlichem Kontext wird auch seitens der Rechtsprechung anerkannt, dass erwartete Preissteigerungen nicht zwangsläufig zu einem Wachstum künftiger finanzieller Überschüsse führen. Vgl. OLG Stuttgart v. 22.09.2009, 20 W 20/06, S. 181.

te Aussagekraft.[894] Neben der bereits angesprochenen Vernachlässigung des technischen Fortschritts sprechen zudem sachlogische Argumente gegen die Verwendung einer solchen Argumentationsbasis und der darauf aufbauend getroffenen Schlussfolgerung. Ein geringeres als inflationsproportionales Gewinnwachstum kann nicht allein auf eine Überwälzungsquote von weniger als 100,0 %, sondern gleichsam auf verschiedene andere Ursachen zurückzuführen sein. Zu denken ist beispielsweise an einen gezielten Substanzabbau zur Reduktion von Überkapazitäten, einen nachfragebedingten Mengenrückgang sowie steigende Aufwendungen für Vorsorgeaufwendungen.[895] Zweitens lässt sich zeigen, dass Unternehmen, die langfristig nicht in der Lage sind, beschaffungsseitige Preissteigerungen vollumfänglich durch Erhöhungen der Absatzpreise zu kompensieren, Gefahr laufen, unprofitabel zu werden.[896] Ein solches Szenario stünde indes im Widerspruch zu der üblichen Annahme einer unbegrenzten Lebensdauer.[897] Drittens erscheint es fraglich, ob aus empirisch abgeleiteten Anzeichen für eine temporäre Überwälzungsproblematik auf einen nachhaltigen Effekt geschlossen werden kann. Nach Ansicht von MEITNER können derartige Befunde auch als zeitlich begrenztes Überwälzungsproblem zu interpretieren sein.[898] Viertens steht die Annahme einer langfristig unterproportionalen Weitergabe von beschaffungsseitigen Preissteigerungen wohl auch im Widerspruch zu einer anderen wachstumsrelevanten Annahme des Bewertungskalküls nach IDW S 1. So unterstellt IDW S 1 für die Verwendung der Wertbeiträge aus der Thesaurierung in der Phase der ewigen Rente eine kapitalwertneutrale Wiederanlage.[899] Eine Überwälzungsquote von weniger als 100,0 % hätte zwangsläufig einen inflationsinduzierten kontinuierlichen Rückgang der Renditen auf Ersatzinvestitionen zur Folge. Ein solcher Sachverhalt erscheint indes nur schwerlich mit einer gleichzeitig konstanten, da annahmegemäß kapitalwertneutralen, Rendite auf Erweiterungsinvestitionen vereinbar.[900] Schließlich lassen sich auch für den vereinzelt vorgetragenen Einwand, eine unterproportionale Überwälzung der Inflation sei bereits in den historisch abgeleiteten Marktrenditen enthalten, keine abschließend überzeugenden Anhaltspunkte finden.[901]

---

[894] Für eine kritische Würdigung entsprechender empirischer Untersuchungen auf Basis von Daten der volkswirtschaftlichen Gesamtrechnung vgl. Abschn. 333.2.

[895] Vgl. MEITNER, M., Terminal Value, S. 514.

[896] Vgl. SCHÜLER, A./LAMPENIUS, N., Wachstumsannahmen, S. 237. Wie TSCHÖPEL/WIESE/WILLERSHAUSEN indes zutreffend herleiten, kann ein Unternehmen in einem inflations- und steuerneutralen Bewertungskalkül unter der Vorrausetzung der Realisierung der geforderten Kapitalkosten unter der Fiktion der Vollausschüttung auch dann eine unbegrenzte Lebensdauer besitzen, wenn die künftigen finanziellen Überschüsse mit einer geringeren Rate als der gesamtwirtschaftlichen Inflationsrate wachsen. Entgegen der Implikation der Ergebnisse der empirischen Untersuchungen von SCHÜLER/LAMPENIUS ist ein Unternehmen auch dann nicht unter der Liquidationsprämisse zu bewerten, wenn die künftigen finanziellen Überschüsse eine nachhaltige nominale Wachstumsrate aufweisen, die unterhalb der gesamtwirtschaftlichen Inflationsrate liegt. Vgl. TSCHÖPEL, A./WIESE, J./WILLERSHAUSEN, T., Unternehmensbewertung und Wachstum, Teil 2, S. 410. Für eine kritische Würdigung der empirischen Studie von SCHÜLER/LAMPENIUS vgl. Abschn. 331.

[897] Vgl. BRADLEY, M. H./JARRELL, G. A., Expected Inflation, S. 70. Zur grundlegenden Prämisse einer unbegrenzten Lebensdauer des Bewertungsobjekts vgl. Abschn. 213.

[898] Vgl. MEITNER, M., Terminal Value, S. 514.

[899] Zur Erläuterung der kapitalwertneutralen Wiederanlageprämisse vgl. Abschn. 422.3.

[900] Vgl. MEITNER, M., Inflation, S. 254.

[901] Vgl. MEITNER, M., Terminal Value, S. 515.

Dieser Argumentation liegt das bereits skizzierte Kalkül zugrunde, wonach es für ein gegenüber dem Wachstum der Volkswirtschaft überproportionales Wachstum der finanziellen Überschüsse in der Phase der ewigen Rente an einer sachlogischen Begründung fehlt.[909] In der Konsequenz würde eine solche Annahme zu dem irrationalen Fall führen, in welchem das betrachtete Unternehmen gemessen an seiner Wirtschaftsleistung einen größeren Umfang erreicht als die gesamte Volkswirtschaft.[910] Um ein solches Szenario von vorneherein auszuschließen, erscheint es naheliegend, näherungsweise das Wachstum der Volkswirtschaft als sachlogische Obergrenze für das unternehmensspezifische Wachstum der künftigen finanziellen Überschüsse in Betracht zu ziehen. Angewendet wird eine solche Näherungslösung beispielsweise bei den an anderer Stelle diskutierten Aggregatsbetrachtungen im Rahmen empirischer Untersuchungen zum Wachstum von Unternehmen. Entsprechende Studien unterstellen für das langfristige Wachstum von Unternehmen c. p. eine hohe Korrelation mit der Entwicklung des Bruttoinlandsprodukts und ziehen dieses daher als approximativen Maßstab für das Wachstum einzelner Unternehmen heran.[911] Wenngleich die Frage nach der Eignung des volkswirtschaftlichen Wachstums als naheliegende Obergrenze für das unternehmensspezifische Wachstum grundsätzlich zu bejahen ist, bedarf es somit der dringenden Klarstellung, dass der bloße Rückgriff auf gesamtwirtschaftliche Indikatoren wie z. B. das Bruttoinlandsprodukt zur Quantifizierung bzw. inhaltlichen Begründung eines unternehmensspezifischen Wachstumsabschlags abzulehnen ist. Wenngleich unter Zuhilfenahme volkswirtschaftlicher Kennzahlen zumindest unverhältnismäßig hohe Wachstumsabschläge als unplausibel eingestuft werden können, erlauben diese keine abschließenden Aussagen zu Wachstumsabschlägen, die sich im Rahmen einer vermeintlich plausiblen Bandbreite bewegen. Im Umkehrschluss ist somit stets eine einzelfallspezifische Plausibilitätsprüfung unter Einbezug unternehmensspezifischer Besonderheiten durchzuführen. Die eingeschränkte Aussagekraft gesamtwirtschaftlicher Größen ist dabei dem ihnen inhärenten Aggregationsniveau geschuldet. Trotz der nicht zu vernachlässigenden Eigenschaft makroökonomischer Indikatoren als wichtige Argumentationshilfen ist der relevante Markt des zu bewertenden Unternehmens deutlich enger abzugrenzen, um auch marktspezifische Entwicklungstrends in die Betrachtung einbeziehen zu können.

Die **Analyse des relevanten Markts** sollte indes über eine isolierte Betrachtung des relevanten Markts (Umweltanalyse) hinausgehen und zugleich die Stellung des zu bewertenden Unternehmens auf dem jeweiligen Markt (Unternehmensanalyse) einbeziehen.[912] Eine solche

---

Referenzmaßstab im Fall einer nicht in sich geschlossenen, d. h. stark durch Exporte getriebenen, Volkswirtschaft vermag indes aus Objektivierungsgesichtspunkten nicht zu überzeugen.

909 Vgl. COPELAND, T. E./WESTON, J. F./SHASTRI, K., Financial Theory, S. 503; DAMODARAN, A., Investment Valuation, S. 305 f.; HACHMEISTER, D., Unternehmenswertsteigerung, S. 87 f.; KRUSCHWITZ, L./LÖFFLER, A., Unendliche Probleme, S. 1041 f. sowie SCHULTZE, W., Unternehmensbewertung, S. 130.

910 Vgl. COPELAND, T. E./WESTON, J. F./SHASTRI, K., Financial Theory, S. 503; STELLBRINK, J., Restwert, S. 128 sowie ALBRECHT, T., Endwertermittlung, S. 738.

911 Zu den Grundüberlegungen derartiger Aggregatsbetrachtungen vgl. kritisch Abschn. 333.2.

912 Nach MEITNER sollten in eine solche plausibilisierende (Zukunfts-)Betrachtung die Wettbewerbsstrukturen auf dem jeweiligen Markt bzw. in der jeweiligen Branche, das übrige unternehmensspezifische Umfeld so-

Kombination aus Umwelt- und Unternehmensanalyse ist Gegenstand der sog. **Portfolioanalyse.**[913] Als Technik zur Beschreibung der strategischen Unternehmenssituation bildet die Portfolioanalyse gleichzeitig die externe Unternehmensumwelt und interne Situation des Unternehmens ab. Die grundsätzliche Vorgehensweise der Portfolioanalyse wird nachfolgend anhand der einfachsten und zugleich bekanntesten Ausprägung der Portfolioanalyse der sog. **Marktwachstum-Marktanteil-Matrix**[914] veranschaulicht.

Infolge der angesprochenen Verdichtung der relevanten Einflussfaktoren bildet die Marktwachstum-Marktanteil-Matrix Umwelt und interne Situation des Unternehmens durch jeweils nur ein kennzeichnendes Merkmal ab. Während als Umweltdimension das Marktwachstum herangezogen wird, wird die interne Unternehmenssituation durch den relativen Marktanteil operationalisiert.[915] Das **Marktwachstum** (Ordinate der Matrix) als exogener, d. h. nicht durch das Unternehmen zu beeinflussender Faktor, ergibt sich dabei üblicherweise als Umsatzsteigerung auf dem betrachteten Markt innerhalb eines fest definierten Zeitraums (i. d. R. ein Jahr). Das Wachstum des Markts dient mithin als maßgebliches Kriterium zur Beurteilung seiner Attraktivität.[916] Der **relative Marktanteil** (Abszisse der Matrix) als endogener und damit durch das Unternehmen aktiv zu beeinflussender Faktor bestimmt sich dagegen als Umsatz des zu bewertenden Unternehmens im Verhältnis zum Umsatz des stärksten Konkurrenten.[917] Es wird mithin unterstellt, dass zwischen der Profitabilität und dem Marktanteil des Unternehmens ein enger positiver Zusammenhang besteht.[918]

Wesentlicher Vorteil der zugrunde liegenden Methodik ist die Beschränkung der betrachteten Faktoren auf strategisch relevante Einflussgrößen und die damit verbundene Komplexitätsreduktion der Bewertungsaufgabe.[919] Das Problem einer einzelfallorientierten Analyse des unternehmensspezifischen Wachstums unter gleichzeitiger Berücksichtigung der Entwicklung des relevanten Markts löst die Marktwachstum-Marktanteil-Matrix durch die Bildung von Portfolios. Die damit einhergehende Zerlegung der komplexen Bewertungsaufgabe in Teilaufgaben gewährleistet mithin die notwendige Praktikabilität.[920] Als vorteilhaft erweist sich

---

wie das Unternehmen innerhalb seines Umfelds einbezogen werden. Vgl. MEITNER, M., Modellkonsistenz, Teil 1, S. 10.

913 Zur ursprünglich auf der Portfolio Selection Theory nach MARKOWITZ basierenden Portfolioanalyse vgl. BEA, F. X./HAAS, J., Strategisches Management, S. 136-165.

914 Vgl. HEDLEY, B., Strategy, S. 9-15.

915 Vgl. HOMBURG, C., Quantitative Betriebswirtschaftslehre, S. 149.

916 Vgl. HOMBURG, C., Quantitative Betriebswirtschaftslehre, S. 149.

917 Vgl. ADAM, D., Planung und Entscheidung, S. 327.

918 Diese Kernaussage der Marktwachstum-Marktanteil-Matrix wird im Wesentlichen aus den Erkenntnissen der sog. PIMS-Studie abgeleitet, welche den Renditeeinfluss von Marktstrategien untersucht. Vgl. hierzu HOMBURG, C., Quantitative Betriebswirtschaftslehre, S. 149. Zur PIMS-Studie vgl. ausführlich SCHOEFFLER, S./BUZZELL, R. D./HEANY, D. F., Profit Performance, S. 137-145. Als konkrete Begründung für den Zusammenhang zwischen Profitabilität bzw. Rendite einerseits und Marktanteil andererseits wird der Erfahrungskurveneffekt angeführt, wonach steigende Absatzmengen infolge eines hohen Marktwachstums Kostensenkungspotenziale für das Unternehmen eröffnen. Vgl. hierzu ADAM, D., Planung und Entscheidung, S. 327 sowie BALLWIESER, W., Komplexitätsreduktion, S. 93.

919 Vgl. BEA, F. X./HAAS, J., Strategisches Management, S. 138.

920 Vgl. KLEBER, P., Prognoseprobleme, S. 290.

der Wachstumsphase, bevor in der anschließenden Reifephase eine **Abschmelzung des Wachstums** einsetzt. Bezogen auf ein einzelnes Produkt lässt sich somit für den Wachstumsverlauf konstatieren, dass dieser nicht durch ein gleichbleibendes Niveau, sondern vielmehr ab einem bestimmten Zeitpunkt durch ein abnehmendes Niveau gekennzeichnet ist.

Da sich die bisherigen Überlegungen indes vorrangig auf den zeitlichen Wachstumsverlauf eines einzelnen Produkts beziehen, wird im folgenden Abschnitt im zweiten Schritt analysiert, welche Rückschlüsse die gewonnenen Erkenntnisse auf den Wachstumsverlauf ganzer Unternehmen zulassen.

424.32 Die Vereinbarkeit von Lebenszykluskonzept und Going Concern-Prämisse

Auf Basis der Überlegungen zum idealtypischen Produktlebenszyklus lässt sich zeigen, dass einzelne Produkte üblicherweise keinen im Zeitablauf konstanten Wachstumsverlauf im hier betrachteten Marktzyklus aufweisen. Vielmehr setzt nach einer anfänglichen Wachstumsphase mit zunehmendem Wachstumspotenzial eine Sättigung ein, die schließlich in einem **Abschmelzungsprozess** mündet. Als wesentliche Ursache für diesen Wachstumsverlauf wird dabei auf die im Zeitablauf zunehmende **Verschärfung der Wettbewerbssituation** verwiesen.[931]

Der in Abbildung 4-2 originär für ein einzelnes Produkt bzw. sinngemäß für ein Einproduktunternehmen skizzierte Lebens- bzw. Marktzyklus lässt sich grundsätzlich auch auf ein **Mehrproduktunternehmen** übertragen. Geht man beispielsweise vereinfachend von einem Szenario aus, in welchem es einem solchen Mehrproduktunternehmen gelingt, in jeweils weitgehend kontinuierlichen Intervallen neu- bzw. weiterentwickelte Produkte am Markt zu etablieren, kommt es zu dem in Abbildung 4-3 skizzierten Effekt überlappender Produktlebens- bzw. Marktzyklen:

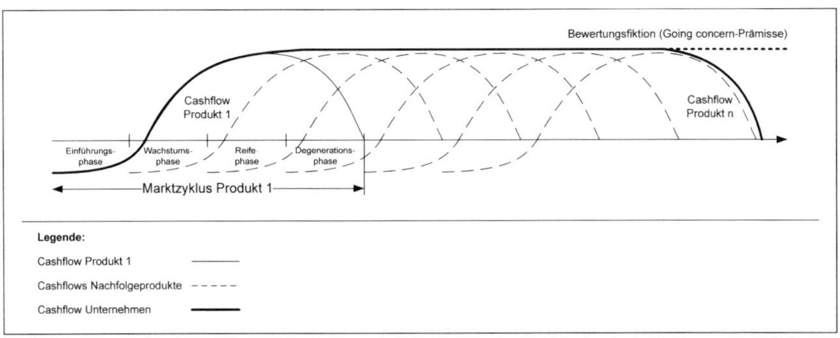

Abbildung 4-3: Überlappende Marktzyklen eines Mehrproduktunternehmens

---

[931] Vgl. BRETTEL, M./RUDOLF, M./WITT, P., Finanzierung von Wachstumsunternehmen, S. 8; SCHWETZLER, B., Multiple-Bewertung, S. 80; ENGELMANN, A./JUNCKER, K./NATUSCH, I./TEBROKE, H.-J., Moderne Unternehmensfinanzierung, S. 29 sowie m. w. N. KLEBER, P., Prognoseprobleme, S. 302 f.

Unter der bewertungstypischen Prämisse der Unternehmensfortführung[932] setzt sich dieser (Entwicklungs-)Prozess annahmegemäß unendlich fort.[933] Ausgehend von der Überlegung, dass die Entstehung und Organisation von Unternehmen typischerweise eng an die Erstellung von Produkten bzw. Leistungen gekoppelt ist, ist das **(Produkt-)Lebenszykluskonzept** – im vorliegenden Fall zur Veranschaulichung auf den Marktzyklus reduziert – demnach grundsätzlich auch **auf ganze Unternehmen übertragbar**.[934]

Einem solchen Verständnis folgend lässt sich ein Unternehmen als die Summe aller Produkte oder Leistungen interpretieren.[935] Wie die obige Abbildung 4-3 andeutet, kann somit auch für den Lebenszyklus von Unternehmen eine idealtypische Phaseneinteilung vorgenommen werden, welche sich üblicherweise in eine anfängliche Gründungs- und Anlaufphase, eine anschließende Wachstumsphase und in eine vor der abschließenden Konsolidierungsphase zwischengeschaltete Reifephase gliedern lässt.[936] Der **Lebenszyklus von Unternehmen** weist mithin analog zum Produktlebenszyklus bei idealtypischer Phaseneinteilung einen s-förmigen Verlauf auf.[937] Ein solcher Wachstumsverlauf greift zugleich die Überlegungen zum Marktwachstum als sachlogische Obergrenze des Wachstums von Unternehmen auf. Diesbezüglich ist anzumerken, dass Unternehmen bei Unterstellung eines rationalen Kalküls nicht in der Lage sein sollten, ein dauerhaft überproportionales Wachstum zu realisieren.[938] Somit bleibt klarzustellen, dass sich die zeitliche Begrenzung von Wachstumsprozessen weniger auf das Wachstum von Unternehmen im Allgemeinen, sondern vielmehr auf ihr Potenzial zur Erwirtschaftung von Überrenditen im Speziellen bezieht.

Neben der Frage der grundsätzlichen Anwendbarkeit des Lebenszykluskonzepts stellt sich zusätzlich die grundlegende Frage der Vereinbarkeit des idealtypischen Lebenszyklus von Unternehmen mit der üblicherweise für Bewertungszwecke getroffenen **Annahme einer unbegrenzten Lebensdauer des Bewertungsobjekts** (Fortführung- bzw. Going Concern-Prämisse). Demnach mag es zunächst widersprüchlich erscheinen, einerseits den Lebenszyklus des Unternehmens in verschiedene Phasen einteilen zu wollen und andererseits für Bewertungszwecke von einer unbegrenzten Lebensdauer des Unternehmens auszugehen. Die Frage der Vereinbarkeit lässt sich indes grundsätzlich bejahen, sofern nach Ende des Detailpla-

---

932 Zur Begründung der Annahme einer unbegrenzten Lebensdauer vgl. Abschn. 224.2.

933 Ein Degenerationsprozess eines einzelnen Produkts infolge einer erfolglosen Neu- bzw. Weiterentwicklung impliziert in diesem Fall eine begrenzte Lebensdauer des Unternehmens. Von einem solchen Szenario wird indes im Rahmen dieser Arbeit abstrahiert. Zur Basisprämisse einer unbegrenzten Lebensdauer des zu bewertenden Unternehmens vgl. Abschn. 213.

934 Vgl. BRETTEL, M./RUDOLF, M./WITT, P., Finanzierung von Wachstumsunternehmen, S. 7.

935 Vgl. ENGELMANN, A./JUNCKER, K./NATUSCH, I./TEBROKE, H.-J., Moderne Unternehmensfinanzierung, S. 25.

936 Vgl. BRETTEL, M./RUDOLF, M./WITT, P., Finanzierung von Wachstumsunternehmen, S. 7.

937 Indes kann sich dieser schematische Entwicklungsprozess in Abhängigkeit unternehmensspezifischer Besonderheiten unterschiedlich schnell vollziehen. Vgl. BRETTEL, M./RUDOLF, M./WITT, P., Finanzierung von Wachstumsunternehmen, S. 7.

938 Zum Marktwachstum als sachlogische Obergrenze des Wachstums von Unternehmen vgl. Abschn. 424.22. Zum Problem des unendlichen Wachstums vgl. ausführlich DURAND, D., Growth Stocks, S. 348-363. Dies schließt indes nicht aus, dass Unternehmen in Einzelfällen zumindest vorübergehend fähig sind, Überrenditen zu erzielen. Vgl. HENSELMANN, K./WEILER, A., Restwertverläufe, S. 356.

nungszeitraums, d. h. bei Eintritt in die Phase der ewigen Rente, gerechtfertigterweise von einem eingeschwungenen Zustand und somit abgeschlossenem bzw. zumindest konstantem Wachstumsprozess des Unternehmens ausgegangen werden kann.[939] Unter Bezugnahme auf Abbildung 4-3 impliziert die Fortführungsprämisse, dass sich an die Reifephase keine Degenerations- bzw. Konsolidierungsphase anschließt, sondern vielmehr der Cashflow der Reifephase annahmegemäß auf einem als nachhaltig eingestuften Niveau bis in alle Ewigkeit verharrt. Aus Bewertungssicht erweist es sich hierbei als problematisch, dass sich der idealtypische Lebenszyklus sowie der zugehörige Wachstumsverlauf von Unternehmen in einer Detailplanungsphase der üblichen Länge von drei bis fünf Jahren nicht vollständig abbilden lassen.[940] Diese Schwierigkeit wird grundsätzlich auch von IDW S 1 erkannt, weshalb dem Bewertenden im Fall längerfristiger Investitions- oder Produktlebenszyklen eine Verlängerung der Detailplanungsphase nahegelegt wird.[941] Indes scheint IDW S 1 an dieser Stelle die in der Bewertungspraxis anzutreffende Häufigkeit einer solchen Konstellation zu verkennen. Es erscheint mithin fraglich, ob diesbezüglich, wie durch IDW S 1 suggeriert, tatsächlich von einem Ausnahmefall oder vielmehr vom Regelfall ausgegangen werden sollte.

Ungeachtet der aufgeworfenen Verständnisfrage sollte in jedem Fall gewährleistet sein, dass der jeweilige Wachstumsverlauf des Bewertungsobjekts zutreffend abgebildet wird. Um dies sicherzustellen, sollten die dargestellten Überlegungen zu möglichen Wachstumsgrenzen zur Plausibilisierung der Abbildung von Wachstum im Bewertungskalkül herangezogen werden. Inwieweit IDW S 1 in diesem Zusammenhang dem Anspruch einer möglichst realitätsnahen Abbildung des unternehmensspezifischen Wachstumsverlaufs gerecht wird und welche Vorgaben IDW S 1 konkret zur Plausibilisierung der bewertungstechnischen Abbildung von Wachstum macht, wird im Folgenden untersucht.

424.4 Plausibilitätsüberlegungen nach IDW S 1

Die auf der Phasenmethode basierende Prognose der künftigen finanziellen Überschüsse ist unter Einbezug der vorstehend behandelten Wachstumsgrenzen auf Plausibilität und Konsistenz zu prüfen.[942] Aufgrund des starken Werteffekts des Restwerts im Allgemeinen bzw. des Wachstumsabschlags im Speziellen misst IDW S 1 der kritischen Überprüfung der für die Phase der ewigen Rente getroffenen Annahmen besondere Bedeutung bei.[943] Konkret verlangt IDW S 1 eine **Abstimmung der Bewertungskonzeption mit den erwarteten Rahmenbedingungen** des Markts und Wettbewerbs sowie möglicher Veränderungen des Markt- und Wettbewerbsumfelds.[944]

---

939 Zum Gleichgewichts- oder Beharrungszustand i. S. v. IDW S 1 vgl. HFA DES IDW (Hrsg.), IDW S 1, Tz. 78.

940 Vgl. ALBRECHT, T., Endwertermittlung, S. 740. Zur Problematik der Abgrenzung der Detailplanungsphase vgl. die Anmerkungen in Abschn. 224.4.

941 Vgl. HFA DES IDW (Hrsg.), IDW S 1, Tz. 77.

942 Vgl. HFA DES IDW (Hrsg.), IDW S 1, Tz. 81.

943 Vgl. HFA DES IDW (Hrsg.), IDW S 1, Tz. 79. Zur Bedeutung des Wachstumsabschlags für den Unternehmenswert vgl. Abschn. 32.

944 Vgl. IDW (Hrsg.), WP Handbuch 2008, Bd. II, Rn. A 160.

Da sich die Prämissen für die Phase der ewigen Rente auf die Entwicklung der finanziellen Überschüsse in der **Detailplanungsphase** stützen, gilt es zudem die Planzahlen dieser ersten Phase auf ihre tatsächliche **Eignung als Bezugsgröße** für die finanziellen Überschüsse des Restwertzeitraums zu prüfen. IDW S 1 unternimmt den Versuch, diese Forderung durch eine Aufzählung ausgewählter Sachverhalte zu konkretisieren, die zu berücksichtigen sind und denen gegebenenfalls durch Plananpassungen Rechnung zu tragen ist. Dies umfasst explizit

- die Berücksichtigung wesentlicher und nachhaltiger Veränderungen auf dem Absatz- und Beschaffungsmarkt,
- eine Analyse des Produkt- und Marktpotenzials auf Ausgewogenheit im Produktlebenszyklus,
- eine Analyse der Markt- und Wettbewerbspositionierung der Produkte und Leistungen hinsichtlich noch nicht berücksichtigter künftiger Marktchancen,
- den Einbezug bislang unberücksichtigter Kosten für die künftige Marktbearbeitung,
- die Normalisierung wesentlicher Kostenkomponenten sowie
- die Berücksichtigung nachhaltig wirkender Kostensenkungs- und Restrukturierungsmaßnahmen.[945]

Zudem findet sich in IDW S 1 die seitens der Bewertungspraxis vermeintlich häufig vernachlässigte Empfehlung,[946] angesichts der Vielzahl potenzieller Einflussfaktoren **mehrwertige Planungen, Szenariorechnungen oder Ergebnisbrandbreiten** anzufertigen, um auf diesem Wege das Ausmaß der Unsicherheit künftiger finanzieller Überschüsse zu verdeutlichen und zugleich erste Anhaltspunkte[947] für die bewertungstechnische Abbildung dieser Unsicherheit zu identifizieren.[948]

Im Hinblick auf quantitative Plausibilitätsmaßstäbe verweist IDW S 1 lediglich auf die Analyse von Branchenkennzahlen wie z. B. Umsatzrenditen.[949] Angesichts der überwiegend qualitativen Plausibilitätsüberlegungen liegt es somit weitgehend im Ermessen des Bewertenden, welche Schritte er im konkreten Bewertungsfall zur Plausibilisierung einleitet. Wenngleich dieser Ermessensspielraum in gewisser Weise dem Einzelfallcharakter einer Unternehmensbewertung Rechnung trägt, ist aus den hier vordergründig betrachteten Aspekten der Objektivierung und Nachvollziehbarkeit der Bewertung der verstärkte **Einbezug quantitativer Plausibilitätsmaßstäbe in die Plausibilitätsüberlegungen** zu empfehlen.

---

945 Vgl. HFA DES IDW (Hrsg.), IDW S 1, Tz. 79.

946 Die Erkenntnisse empirischer Studien zu üblichen Angaben in Bewertungsgutachten deuten indes daraufhin, dass die Bewertungspraxis dieser Empfehlung nur eingeschränkt folgt. Eine kritische Auseinandersetzung mit entsprechenden Studien ist Gegenstand von Abschn. 331.

947 Zum Verständnis von Plausibilitätsrechnungen als Ausgangspunkt für weitergehende Analyse- bzw. Rechenschritte vgl. SIEPE, G., Kapitalisierungszinsfuß, Teil 2, S. 1740.

948 Vgl. HFA DES IDW (Hrsg.), IDW S 1, Tz. 80.

949 Vgl. HFA DES IDW (Hrsg.), IDW S 1, Tz. 79. Diesbezüglich wird betont, dass der notwendige Rückgriff auf globale Annahmen i. S. v. IDW S 1 keineswegs die Zulässigkeit der bloßen Fortschreibung der finanziellen Überschüsse der Vergangenheit oder der Detailplanungsphase bedeutet. Vgl. IDW (Hrsg.), WP Handbuch 2008, Bd. II, Rn. A 160.

Ausgehend von dem anhand allgemeiner Plausibilitätsüberlegungen identifizierten Wachstumsintervall, welches grundsätzlich die (überwälzbare) Inflation als Unter- und das Wachstum des relevanten Markts als einzelfallbezogene Obergrenze hat, wird im Folgenden die Abbildung von Wachstum im Bewertungskalkül gemäß IDW S 1 unter Berücksichtigung der Grundsätze ordnungsmäßiger Durchführung von Unternehmensbewertungen einer kritischen Würdigung unterzogen.

425. Kritische Würdigung der Abbildung von Wachstum im Bewertungskalkül gemäß IDW S 1

Um die Abbildung von Wachstum im Bewertungskalkül nach IDW S 1 einer kritischen Würdigung zu unterziehen, wird auf die eingangs erarbeiteten Grundsätze ordnungsmäßiger Durchführung von Unternehmensbewertungen zurückgegriffen.[950] Nach dem **Grundsatz der Objektivierung** sind die einzelnen Parameter des Bewertungskalküls zu objektivieren, um etwaige Ermessensspielräume weitgehend zu eliminieren und somit die intersubjektive Nachprüfbarkeit der Bewertung zu gewährleisten. Um zugleich die gebotene Komplexitätsreduktion bzw. Praktikabilität des Bewertungskalküls sicherzustellen, wird der **Grundsatz der Wirtschaftlichkeit** als flankierende Nebenbedingung herangezogen.

Setzt man zunächst an den **wachstumsrelevanten Prämissen** von IDW S 1 an,[951] erweist sich v. a. die Annahme der Wertidentität von Abschreibungen und Investitionen bei Eintritt in den Restwertzeitraum als restriktiv und stellt insofern eine starke Vereinfachung der Realität dar. Entgegen dieser Annahme der Bewertungstheorie dürfte in der Bewertungspraxis angesichts der üblicherweise heterogenen Alters- und Anschaffungskostenstruktur der Vermögensgegenstände des Anlagevermögens zum Ende der Detailplanungsphase i. d. R. noch keine konstante Anlagenstruktur erreicht sein. Es zeigt sich daher, dass das Bewertungskalkül nach IDW S 1 infolge der idealtypischen Differenzierung in nur zwei Phasen Sachverhalte wie die beispielhaft angeführte Entwicklung von Abschreibungen und Investitionen nicht realitätsnah abzubilden vermag.[952] Bei einer Unterteilung des Bewertungshorizonts in nur zwei Phasen stellt sich zwangsläufig ein Bruch zwischen Detailplanungs- und Restwertzeitraum ein,[953] welcher nicht zuletzt den vereinfachenden Annahmen zur Anwendung der Formel der ewigen Rente geschuldet ist. Indes ist gleichermaßen die **durch die Anwendung der ewigen Rentenformel gewährleistete Komplexitätsreduktion** und daraus resultierende Praktikabilität des Bewertungskalküls nach IDW S 1 anzuerkennen.[954] Mangels überzeugender Alternativen soll der Rückgriff auf die Formel der ewigen Rente daher keineswegs in Frage gestellt werden. Vielmehr gilt es im weiteren Verlauf zu untersuchen, inwieweit gewisse durch die Anwendung der Rentenformel begründete Limitationen der Wertermittlung nach IDW S 1

---

950 Vgl. Abschn. 242 zu den Grundsätzen ordnungsmäßiger Durchführung von Unternehmensbewertungen.

951 Zu wachstumsrelevanten Annahmen der Phasenmethode nach IDW S 1 vgl. Abschn. 422.

952 Zur idealtypischen Phasendifferenzierung i. S. v. IDW S 1 vgl. Abschn. 224.3.

953 Zum Problem der Abbildung langfristiger Entwicklungen im Rahmen eines zweiphasigen Bewertungsmodells vgl. BLUM, A., Unabhängigkeit des Unternehmenswerts, S. 2171.

954 Zum Spannungsverhältnis zwischen Komplexitätsreduktion und theoretischer Fundierung des Bewertungskalküls vgl. Abschn. 224.3.

durch **alternative Modellspezifikationen zur Objektivierung** des Bewertungskalküls kompensiert werden können.

Das Verständnis von IDW S 1 hinsichtlich der einer Bewertung grundsätzlich zugänglichen und daher folgerichtig im Bewertungskalkül betrachteten Wachstumskomponenten gibt ebenfalls Anlass zur Kritik.[955] Es kann zwar festgehalten werden, dass IDW S 1 in terminologischer Hinsicht grundsätzlich sachgerecht zwischen den verschiedenen Wachstumskomponenten differenziert. Indes lassen die Ausführungen und **Erläuterungen des IDW** zu einzelnen Wachstumskomponenten einen deutlichen Schwerpunkt zugunsten des inflationsinduzierten Wachstums der künftigen Überschüsse erkennen.[956] In der Konsequenz beschränkt sich die Bewertungspraxis bei der Quantifizierung des Wachstumsabschlags weitgehend auf eine qualitative Auseinandersetzung unter Berücksichtigung der allgemeinen Preisentwicklung.[957] Um eine objektivierte und zudem nachvollziehbare Abbildung von Wachstum zu ermöglichen, wäre eine **ausgewogenere und differenziertere Behandlung aller Wachstumskomponenten** wünschenswert.[958]

Die **bewertungstechnische Abbildung der Wachstumskomponenten im Detailplanungszeitraum** gemäß IDW S 1 gibt aufgrund ihrer Einfachheit grundsätzlich wenig Anlass zu Diskussionen.[959] Indes ließe sich der gebotenen Konsistenz zwischen den beiden Bewertungsphasen durch eine stärkere Akzentuierung einzelner Problembereiche in IDW S 1 noch stärker Rechnung tragen. Eine entsprechende Schnittstelle zeigt sich beispielsweise hinsichtlich der viel diskutierten Frage der Überwälzbarkeit von Inflation. Bereits im Zuge der Prognose der künftigen finanziellen Überschüsse in der Detailplanungsphase ist diesbezüglich zwangsläufig eine implizite Annahme zu treffen. Die Bedeutung dieser impliziten Überwälzungsprämisse sollte daher für Zwecke der Plausibilisierung des inflationsbedingten Wachstumsabschlags in der Phase der ewigen Rente, dessen Ableitung eine **explizite Annahme zur Überwälzbarkeit von Inflation** erfordert, stärker herausgestellt werden. Auf diesem Wege ließe sich ein **wichtiger Beitrag zur** Vermeidung des angesprochenen Bruchs zwischen den Bewertungsphasen und damit zur **Objektivierung des Bewertungskalküls** leisten.

---

955 Vgl. Abschn. 423.1 zu den in IDW S 1 berücksichtigten Wachstumskomponenten. Neben den durch IDW S 1 berücksichtigten Wachstumskomponenten ist grundsätzlich auch ein durch Akquisitionen realisiertes anorganisches Wachstum als weitere Komponente vorstellbar. Zur Begründung, warum ein solches anorganisches Wachstum keinen Eingang in das Bewertungskalkül nach IDW S 1 finden kann und daher im Rahmen dieser Arbeit nicht näher betrachtet wird vgl. Abschn. 211.

956 Die an dieser Stelle angesprochene Erläuterung der Wachstumskomponenten i. S. der Darlegung des zugrunde liegenden Verständnisses ist nicht zu verwechseln mit den im Bewertungsgutachten zu erbringenden Erläuterungen hinsichtlich ihrer Herleitung.

957 Vgl. SCHÜLER, A./LAMPENIUS, N., Wachstumsannahmen, S. 243 sowie in gekürzter Fassung SCHÜLER, A./LAMPENIUS, N., Bewertungspraxis, S. 125. Ausführliche Anmerkungen zur empirischen Untersuchung von SCHÜLER/LAMPENIUS finden sich in Abschn. 331.

958 Zur partiellen Ausblendung von Fragen realen Wachstums in IDW S 1 vgl. Abschn. 423.233.

959 Die bewertungstechnische Abbildung der Wachstumskomponenten im Detailplanungszeitraum ist Gegenstand von Abschn. 423.22.

Hinsichtlich der bewertungstechnischen **Abbildung der verschiedenen Wachstumskomponenten im Restwertzeitraum** ist zunächst die Definition des eingeschwungenen Zustands nach IDW S 1 als wesentlicher Diskussionspunkt zu identifizieren. Da diesbezüglich die Frage des Erreichens eines solchen fiktiven Gleichgewichts- bzw. Beharrungszustands auch aus Sicht des Schrifttums als nicht final geklärt gilt,[960] erscheint eine Klarstellung seitens des IDW geboten, um das definitorische Vakuum zu füllen.[961] Kritikwürdig ist zudem, dass die terminologische Differenzierung der verschiedenen Wachstumskomponenten auf Bewertungsebene nicht in letzter Konsequenz aufrecht erhalten wird. Die in diesem Zusammenhang zu bemängelnde **undifferenzierte Betrachtungsweise** zeigt sich insbesondere in der fallweisen Zusammenfassung inflations- und mengenbedingten Wachstums. Ein solches Vorgehen **steht in der praktischen Anwendung einer objektivierten Ermittlung der einzelnen Wachstumskomponenten entgegen** und spiegelt bezogen auf das Mengenwachstum den Charakter einer grundsätzlich eigenständigen Wachstumskomponente nur unzureichend wider.[962]

Entgegen der Struktur der im Rahmen dieser Arbeit geführten Diskussion möglicher Grenzen des nachhaltigen Wachstums von Unternehmen,[963] werden etwaige **Wachstumsgrenzen** in den Ausführungen des IDW nicht i. S. einer eigenständigen Fragestellung behandelt. Sie werden indes z. T. im Zuge der Thematisierung einzelner Wachstumskomponenten durch IDW S 1 flankierend aufgegriffen und sind zudem teilweise Gegenstand der **Plausibilitätsüberlegungen** von IDW S 1.[964] Gerade im Hinblick auf mögliche Ansätze zur Plausibilisierung der bewertungstechnischen Abbildung von Wachstum wäre allerdings eine noch stärkere Bezugnahme auf mögliche Wachstumsgrenzen zu begrüßen. Eine angemessene Thematisierung als mögliche Wachstumsgrenze erfährt lediglich die Inflationsrate. Indes erscheint die in diesem Kontext seitens des IDW pauschal vollzogene Festlegung auf ein konkretes Szenario, welches im Umkehrschluss die Fälle vollständiger oder sogar überproportionaler Überwälzbarkeit von Inflation negiert, diskussionswürdig. Die Argumentation des IDW lässt den Einzelfallcharakter einer Unternehmensbewertung außer Acht. Bei der Ermittlung objektivierter Unternehmenswerte stellt sich die Schwierigkeit, einzelne Bewertungsparameter objektiviert herzuleiten, ohne die Spezifika des Bewertungsobjekts gänzlich zu vernachlässigen. Dieser Konflikt lässt sich bezogen auf die Ableitung der maßgeblichen Inflationsrate weniger durch eine pauschale Festlegung auf ein konkretes Szenario lösen. Um die **Objektivierung des Be-**

---

960 Vgl. DÖRSCHELL, A./FRANKEN, L./SCHULTE, J., Kapitalisierungszinssatz, S. 244.

961 Eine solche Klarstellung erscheint insbesondere vor dem Hintergrund der Anmerkungen von TSCHÖPEL/WIESE/WILLERSHAUSEN zur Abbildung von Wachstum bei Inflation, persönlicher Besteuerung und Verschuldung geboten. Diese halten zumindest den Ansatz eines durch Kapazitätsoptimierungen induzierten Wachstums nicht vereinbar mit der Annahme eines Gleichgewichts- bzw. Beharrungszustands. Für eine kritische Würdigung der Ausführungen von TSCHÖPEL/WIESE/WILLERSHAUSEN vgl. Abschn. 423.24.

962 Bezüglich der in diesem Zusammenhang geäußerten Kritik an der Beispielrechnung des WP-Handbuchs zur Anwendung des Ertragswertverfahrens ist indes einschränkend anzumerken, dass ein solches Beispiel zur Gewährleistung eines handhabbaren Komplexitätsgrads nicht sämtliche Problembereiche abschließend behandeln kann.

963 Zur Diskussion einschlägiger Wachstumsgrenzen vgl. Abschn. 424.

964 Zu den Plausibilitätsüberlegungen nach IDW S 1 vgl. Abschn. 424.4.

wertungskalküls und die **hinreichende Berücksichtigung unternehmensbezogener Besonderheiten** in Einklang zu bringen, bedarf es vielmehr möglichst konkreter Handlungsanweisungen zur Ermittlung der relevanten Preissteigerungsrate. Andernfalls entstehen angesichts der sich durchsetzenden Erkenntnis hinsichtlich der Notwendigkeit einer unternehmensspezifischen Teuerungsrate zusätzliche Ermessensspielräume für den Bewertenden. Während IDW S 1 die Abbildung inflationsbedingten Wachstums dennoch durchaus intensiv behandelt, wäre eine Ausweitung der bislang allenfalls flankierenden Auseinandersetzung mit weiteren Wachstumsgrenzen in Ermangelung hinreichend konkreter Anhaltspunkte bzw. Referenzmaßstäbe zur Plausibilisierung wünschenswert. Dies trifft grundsätzlich auch auf die gegenwärtig weitgehend in IDW S 1 ausgeblendete Begrenzung des Wachstums der künftigen finanziellen Überschüsse in zeitlicher Hinsicht zu. Die Vernachlässigung dieser Wachstumsgrenze ist ebenfalls als Konsequenz der Anwendung der pauschalen Methode zur Ermittlung des Restwerts zu deuten.[965] In dieser Limitation des Bewertungskalküls nach IDW S 1 offenbart sich abermals die mit einer idealtypischen Differenzierung in nur zwei Phasen einhergehende Inkaufnahme einer eingeschränkten Realitätsnähe infolge modelltechnischer Ungenauigkeiten.

Im Ergebnis ist zu konstatieren, dass das in IDW S 1 normierte Bewertungskalkül zwar dem Grundsatz der Wirtschaftlichkeit genügt, dem Grundsatz der Objektivierung indes nur eingeschränkt gerecht wird. Mangels hinreichend konkreter Vorgaben zur bewertungstechnischen Abbildung von Wachstum räumt IDW S 1 dem Bewertenden zahlreiche Ermessensspielräume ein, welche in der Konsequenz die intersubjektive Nachprüfbarkeit des Bewertungskalküls fragwürdig erscheinen lassen.[966] Es bleibt somit im folgenden Abschnitt zu klären, inwieweit die Berichterstattung im Bewertungsgutachten nach IDW S 1 dazu im Stande ist, die Ermessensspielräume auf Bewertungsebene durch erläuternde Angaben gegenüber den Adressaten des Bewertungsgutachtens transparent darzustellen.

43 Die Abbildung von Wachstum im Bewertungsgutachten nach IDW S 1

431. Vorbemerkungen

Die bisherigen Ausführungen zur Berücksichtigung von Wachstum in der Unternehmensbewertung beschränken sich auf die bewertungstechnische Abbildung von Wachstum im Bewer-

[965] Zur pauschalen Methode in der Restwertphase in Abgrenzung zur analytischen Methode in der Detailplanungsphase vgl. IDW (Hrsg.), WP Handbuch 2008, Bd. II, Rn. A 160.

[966] Hiermit ist v. a. die Ertragswertmethode nach IDW S 1 angesprochen, welche im Rahmen dieser Arbeit wiederholt zur Veranschaulichung einzelner Problemfelder herangezogen wird. Die vorgetragenen Kritikpunkte sind indes vorrangig als punktuelle Verbesserungsvorschläge zu verstehen und sollen daher entgegen einzelner Literaturmeinungen nicht die grundsätzliche Eignung des Verfahrens in Frage stellen. Mangels inhaltlicher Argumente vermag daher einerseits die beispielsweise von HENSELMANN/BARTH vertretene Auffassung nicht zu überzeugen, wonach die Ertragswertmethode nach IDW S 1 als Referenzmaßstab zur Wertermittlung ungeeignet ist. Vgl. HENSELMANN, K./BARTH, T., Übliche Bewertungsmethoden, S. 13. Andererseits kann aus der zwischenzeitlichen Dominanz einzelner Verfahren in der Bewertungspraxis ebenso wenig die theoretische Überlegenheit selbiger abgeleitet werden. BALLWIESER weist diesbezüglich darauf hin, dass die theoretische Kritikwürdigkeit einzelner Verfahren nicht dadurch geheilt wird, dass sie mehrheitlich durch den Berufsstand angewendet werden. Vgl. BALLWIESER, W., Multiplikatoren, S. 61.

tungskalkül nach IDW S 1. Auf der **Bewertungsebene** stehen dabei die folgenden Fragestellungen im Fokus der Betrachtung:

- Welche Wachstumskomponenten sieht IDW S 1 grundsätzlich vor?
- Welche Annahmen liegen der bewertungstechnischen Abbildung zugrunde?
- Wie sind die einzelnen Wachstumskomponenten quantitativ im Bewertungskalkül nach IDW S 1 zu erfassen?

Da die vorliegende Arbeit die Berücksichtigung wachsender finanzieller Überschüsse im Zuge der Ermittlung objektivierter Unternehmenswerte zum Untersuchungsgegenstand hat,[967] konzentriert sich die bisherige Auseinandersetzung mit der bewertungstechnischen Abbildung von Wachstum auf die Objektivierung[968] des Bewertungskalküls i. S. v. IDW S 1.

Die in der Bewertungspraxis dominierenden Zukunftserfolgsverfahren sind infolge ihrer inhärenten Zukunftsorientierung und der damit einhergehenden (Prognose-)Unsicherheit gegenüber vergangenheitsorientierten Bewertungsverfahren vergleichsweise schwierig zu objektivieren.[969] Bezogen auf den damit angesprochenen Zielkonflikt zwischen Objektivität und ökonomischer Brauchbarkeit lassen sich bestehende Ermessensspielräume demnach nicht vollständig eliminieren.[970] Fehlt es an einem einschränkenden Korrektiv bestimmter Ermessensspielräume, ist für einen sachgerechten Umgang mit dieser Problematik zu eruieren, inwieweit vorhandenen Ermessensspielräumen durch ein alternatives Korrektiv begegnet werden kann. Ein möglicher Lösungsansatz bestünde darin, Ermessensspielsräume i. S. eines erläuternden Korrektivs zumindest insoweit transparent darzustellen, als dass diese aus Sicht des Adressaten des Bewertungsgutachtens nachvollziehbar sind.[971] IDW S 1 verlangt i. S. einer objektivierten Bewertung, dass ein sachkundiger Dritter das Bewertungsergebnis anhand der Arbeitspapiere nachvollziehen und die Auswirkungen der getroffenen Annahmen auf den Unternehmenswert abschätzen können muss.[972] Nachfolgend wird untersucht, welche Implikationen sich aus diesem Verständnis intersubjektiver Nachprüfbarkeit für das Bewertungsgutachten ergeben. Damit ist die Frage angesprochen, wie nach IDW S 1 über das im Bewertungskalkül abgebildete Wachstum der künftigen finanziellen Überschüsse zu berichten ist.

Bevor die Abbildung von Wachstum auf **Berichtsebene** kritisch analysiert wird, werden im folgenden Abschnitt zunächst die Bedeutung des Bewertungsgutachtens bei ausgewählten Bewertungsanlässen und die daraus resultierende Notwendigkeit einer transparenten Berichterstattung näher erläutert. Hierzu wird schwerpunktmäßig auf jene Bewertungsanlässe Bezug

---

[967] Zu Abgrenzung des Untersuchungsgegenstands vgl. Abschn. 21.

[968] Zum Objektivierungsverständnis dieser Arbeit vgl. Abschn. 212.

[969] Vgl. BALLWIESER, W., Informations-GoB, S. 118; BRINKMANN, J., Zweckadäquanz, S. 43 f.

[970] Vgl. Abbildung 2-2 sowie die zugehörigen Erläuterungen in Abschn. 212 zum Zielkonflikt zwischen Objektivität und ökonomischer Brauchbarkeit.

[971] Vgl. KOELEN, P., Investitionstheoretische Bewertungskalküle, S. 77.

[972] Vgl. HFA DES IDW (Hrsg.), IDW S 1, Tz. 173-179. Dieses Verständnis intersubjektiver Nachprüfbarkeit gem. IDW S 1 ist mithin nicht deckungsgleich mit der dieser Arbeit zugrunde liegenden Auslegung nach BAETGE. Vgl. hierzu die Ausführungen in Abschn. 212.

genommen, die durch einen hohen Grad an erforderlicher Objektivierung und Transparenz gekennzeichnet sind.[973]

432. Die praktische Relevanz des Bewertungsgutachtens nach IDW S 1

Das Bewertungsgutachten nach IDW S 1 ist insbesondere bei solchen Bewertungsanlässen bedeutsam, bei denen gesteigerte Anforderungen an die Objektivierung und Transparenz der Bewertung bestehen. Dabei handelt es sich überwiegend um jene Bewertungsanlässe, in denen der Bewertende als neutraler Gutachter dazu aufgerufen ist, einen objektivierten Unternehmenswert zu ermitteln.[974]

Ein solcher Fall liegt beispielsweise bei **Unternehmensbewertungen für Zwecke der externen Rechnungslegung** vor.[975] Derartige Gründe der externen Rechnungslegung zur Durchführung einer Unternehmensbewertung können sich beispielsweise in Form einer Werthaltigkeitsprüfung nach IFRS bzw. einer Beteiligungsbewertung für die Zwecke eines handelsrechtlichen Jahresabschlusses ergeben.[976] Die mit solchen Bewertungsanlässen angesprochene Bewertung von immateriellen Vermögensgegenständen i. S. des HGB bzw. von immateriellen Vermögenswerten i. S. der für Zwecke dieser Analyse als maßgeblich erachteten Regelungen der IFRS[977] wirft dabei grundsätzlich ähnliche methodische Fragestellungen und Probleme auf wie die Bewertung gesamter Unternehmen. In diesem Fall eröffnen sich dem Bewertenden hinsichtlich einzelner Fragestellungen ebenfalls weitreichende Ermessensspielräume.[978] Infolge der besonderen Eigenschaften und Merkmale immaterieller Vermögensgegenstände

---

[973] Zu den im Rahmen dieser Arbeit betrachteten Bewertungsanlässen vgl. Abschn. 214.

[974] Zu den im Rahmen dieser Arbeit als relevant erachteten Bewertungsanlässen und Funktionen des Bewertenden vgl. Abschn. 214. Auf Bewertungen aus Anlass unternehmerischer Initiativen zum Zweck der Vorbereitung fremder Entscheidungen soll an dieser Stelle nicht näher eingegangen werden. Da die entsprechenden Gutachten oftmals der Vorbereitung von Verhandlungslösungen dienen, gilt es in derartigen Fällen zusätzlich die Besonderheiten von Verhandlungssituationen zu berücksichtigen. Zum Stellenwert von Bewertungsgutachten im Verhandlungsprozess vgl. BRÖSEL, G./HAUTTMANN, R., Verhandlungssituationen, Teil 2, S. 298-308; BARTHEL, C. W., Unternehmenswert, S. 35. Zu empirischen Befunden zur Bedeutung von Gutachten in Verhandlungssituationen vgl. BRÖSEL, G./HAUTTMANN, R., Verhandlungssituationen, Teil 1, S. 223-238.

[975] Vgl. Abschn. 214 zu Unternehmensbewertungen anlässlich der Anwendung von Standards der externen Rechnungslegung.

[976] Vgl. HFA DES IDW (Hrsg.), IDW S 1, Tz. 10. Zum Verhältnis von IDW S 1 gegenüber IDW RS HFA 10, welcher bei der Bewertung von Beteiligungen und sonstigen Unternehmensanteilen für die Zwecke eines handelsrechtlichen Jahresabschlusses einschlägig ist, vgl. HFA DES IDW (Hrsg.), IDW RS HFA 10, Tz. 1. Zur Beziehung zwischen IDW S 1 und IDW RS HFA 16, welcher bei Bewertungen zur Abbildung von Unternehmenserwerben (IFRS 3) und Werthaltigkeitsprüfungen (IAS 36) nach IFRS zu beachten ist, vgl. HFA DES IDW (Hrsg.), IDW RS HFA 16, Tz. 2.

[977] Zur zweckbezogenen Eingrenzung von Standards der externen Rechnungslegung im Allgemeinen auf den Regelungsbereich der IFRS im Speziellen vgl. Abschn. 214.

[978] Vgl. KÜTING, K./HAYN, M., Gesamtbewertungskonzept, S. 1216; LIENAU, A./ZÜLCH, H., Value in Use, S. 319 sowie KÜTING, K./DAWO, S., Bilanzpolitische Gestaltungspotenziale, S. 1212. Für eine empirische Analyse zur Berichterstattung der DAX-30-Unternehmen in Bezug auf den Impairment Test nach IAS 36 vgl. KIRSCH, H.-J./KOELEN, P./TINZ, O., Berichterstattung der DAX-30-Unternehmen, Teil 1, S. 88-97 und KIRSCH, H.-J./KOELEN, P./TINZ, O., Berichterstattung der DAX-30-Unternehmen, Teil 2, S. 188-193. Für einen Überblick der empirischen Forschung zu immateriellen Vermögenswerten sowie zu darauf aufbauenden empirischen Befunden vgl. WÖHRMANN, A., Intangible Impairment, S. 90-167.

bzw. -werte besitzen die zugehörigen Bewertungen zudem in aller Regel einen starken Einzelfallcharakter.[979] Die Relevanz der Berichterstattung zeigt sich dabei v. a. unter Berücksichtigung haftungsrechtlicher Gesichtspunkte. Diesbezüglich ist der Fall denkbar, dass falsche bzw. in Ermangelung einer nachvollziehbaren Berichterstattung falsch interpretierte Prämissen eines im Zuge eines Erwerbsvorgangs erstellten Gutachtens in den Impairment Test eines naheliegenden Bilanzstichtags einfließen.[980] In der Konsequenz ist die Nachvollziehbarkeit der Bewertung durch entsprechende Dokumentation der zugrunde gelegten Prämissen bei Bewertungen für Zwecke der externen Rechnungslegung besonders bedeutsam. Nur unter der Voraussetzung eines entsprechend umfangreichen Mindestmaßes an Transparenz durch die Berichterstattung ist daher die Nachvollziehbarkeit der Bewertung im Allgemeinen bzw. der Auslegung bestehender Ermessensspielräume und der Darlegung wesentlicher Annahmen im Speziellen gewährleistet.[981]

Eine nicht weniger bedeutsame Rolle wird dem Bewertungsgutachten bei **Bewertungen aus Anlass gesellschaftsrechtlicher, gesetzlicher bzw. vertraglicher Vereinbarungen** zu Teil. Im Zuge solcher Bewertungsanlässe bietet sich vielfach die Gelegenheit zur Beauftragung eines neutralen Gutachters zum Zweck der Ermittlung eines objektivierten Unternehmenswerts.[982] Besondere Bedeutung besitzt das an dieser Stelle diskutierte Bewertungsgutachten eines neutralen Gutachters bei häufig konfliktträchtigen Spruchstellenverfahren[983] zur gerichtlichen Nachprüfung der im Rahmen eines Squeeze Out-Verfahrens festgelegten Barabfindung des herausdrängenden Hauptaktionärs an die abzufindenden Minderheitsaktionäre.[984] Die Relevanz des Bewertungsgutachtens ergibt sich aus dem speziellen Verhältnis zwischen zuständigem Richter einerseits sowie neutralem Gutachter andererseits. Kommt es zur Einleitung eines Spruchstellenverfahrens,[985] obliegt nach § 327f AktG die finale Wertfindung der Barabfindung dem in § 2 SpruchG bestimmten Gericht. Bei der Festlegung der Barabfindung bedient sich das Gericht nicht nur der einschlägigen Rechtslehre und entsprechender juristischer Instrumente, sondern greift gleichermaßen auf entsprechende Modelle der Bewertungslehre und im Zuge dessen üblicherweise auf die Unterstützung eines sachverständigen neutralen Gutachters zurück.[986] Da der zuständige Richter somit in höchstem Maße auf ein nachvollziehbares Bewertungsgutachten des neutralen Gutachters angewiesen ist, erwächst aus dieser

979 Vgl. LÜDENBACH, N./SCHULZ, R., Bilanzierungszwecke, S. 495.

980 Vgl. LÜDENBACH, N./SCHULZ, R., Bilanzierungszwecke, S. 498. Zur Jahresabschlussrelevanz von Angaben des Bewertungsgutachtens nach IDW S 1 vgl. MÜLLER, W., Unabhängigkeit des Abschlussprüfers, S. 747.

981 Vgl. KIRSCH, H.-J./KOELEN, P./TINZ, O., Berichterstattung der DAX-30-Unternehmen, Teil 1, S. 88.

982 Zur Funktion des neutralen Gutachters bei der Durchführung von Unternehmensbewertungen i. S. v. IDW S 1 vgl. ausführlich Abschn. 214.

983 Vgl. HACHMEISTER, D./KÜHNLE, B./LAMPENIUS, N., Squeeze-Out-Fälle, S. 1234.

984 Vgl. HACHMEISTER, D./KÜHNLE, B./LAMPENIUS, N., Squeeze-Out-Fälle, S. 1234. Zum Ablauf eines Squeeze Out-Verfahrens vgl. GAMPENRIEDER, P., Squeeze-out, S. 39; HALBERKAMP, T./GREVE, M., Squeeze-out, S. 580-587. Zu Fragen der Dokumentation und Berichterstattung vor dem Hintergrund möglicher Rechtsstreitigkeiten vgl. in ähnlichem Kontext BERENS, W./STRAUCH, J., Unternehmensakquisitionen, S. 98; BERENS, W./STRAUCH, J., Due Diligence, S. 524.

985 Zur Angemessenheitsprüfung nach § 327c Abs. 2 S. 2 AktG vgl. JAKOBI, M., Squeeze-out, S. 146-165.

986 Vgl. PAULSEN, A.-J., Rezeption wissenschaftlicher Thesen, S. 823 sowie HÜTTEMANN, R., Bewertungskonzept, S. 817.

Abhängigkeit eine tragende Rolle des Gutachtens im Prozess der Wertfindung. Die Notwendigkeit eines nachvollziehbaren Bewertungsgutachtens ergibt sich aus der Tatsache, dass dieses nach § 286 ZPO der freien (Beweis-)Würdigung durch die gerichtlichen Entscheidungsträger unterliegt.[987] Demnach steht es dem zuständigen Richter nicht frei, den Feststellungen des Gutachters ohne Weiteres zu folgen. Vielmehr ist er dazu aufgerufen, sich in den Grenzen seiner eigenen Sachkunde mit den fachlichen Darlegungen auseinanderzusetzen, um sich ein eigenes Urteil bilden zu können.[988] Angesichts bestehender Unsicherheiten sowie oftmals unzureichender eigener Sachkunde bei der finalen Wertfindung darf sich der zuständige Richter nicht auf pauschale Lösungsansätze beschränken.[989] Die nachvollziehbare Offenlegung wesentlicher Annahmen stärkt somit die Rechtssicherheit bzw. erleichtert im Fall von Rechtsstreitigkeiten die notwendige Beweisführung.[990]

Die exemplarisch dargestellten Bewertungsanlässe lassen erkennen, dass sich v. a. im Fall der Ermittlung objektivierter Unternehmenswerte und des mit dieser Wertkonzeption einhergehenden Objektivierungs- und Transparenzerfordernisses **weitreichende Konsequenzen aus dem Bewertungsgutachten für darauf aufbauende Wertfindungen oder Entscheidungen** ergeben können.[991] Um beurteilen zu können, inwieweit das Bewertungsgutachten nach IDW S 1 dem grundsätzlichen Anspruch gerecht wird, die Nachvollziehbarkeit der Bewertung durch Dokumentation der wesentlichen Prämissen sicherzustellen, wird nachfolgend der Status quo der Berichterstattung i. S. v. IDW S 1 zunächst vorgestellt und im Anschluss daran kritisch gewürdigt.

433. Die Angabepflichten im Bewertungsgutachten nach IDW S 1

Die Berichterstattung nach IDW S 1 steht grundsätzlich unter der **Zielsetzung**, den Berichtsempfänger in die Lage zu versetzen, die Wertermittlung sowie die zugrunde liegende Methodik, die getroffenen Annahmen, Grundsatzüberlegungen und Schlussfolgerungen mit vertretbarem Aufwand nachvollziehen und aus seiner Perspektive würdigen zu können. IDW S 1 stellt somit den Anspruch an ein Gutachten, als Grundlage einer sachlichen Beurteilung dienen zu können.[992] Hinsichtlich des gebotenen Berichtsumfangs verweist IDW S 1 allgemein

---

987 Vgl. HÜTTEMANN, R., Bewertungskonzept, S. 817.

988 Vgl. MÜLLER, K., Sachverständiger im gerichtlichen Verfahren, Rn. 683-695 sowie SCHNEIDER, E., Beweis und Beweiswürdigung, Rn. 1426-1433. Ist es dem Richter auf Basis des Gutachtens nicht möglich, darin getroffene Schlussfolgerungen nachzuvollziehen oder liegt ein Dissens zwischen Richter und neutralem Gutachter hinsichtlich einzelner Annahmen vor, greift die Erklärungspflicht des neutralen Gutachters. Vgl. HÜTTEMANN, R., Bewertungskonzept, S. 817. Die Relevanz des Wertgutachtens ergibt sich auch aus der Konsequenz einer vermeintlichen Fehlbewertung bei gerichtlichen Bewertungsanlässen in Form der daraus resultierenden Fehlallokation von Vermögen zwischen den streitenden Parteien. Vgl. STEHLE, R., Risikoprämie, S. 907.

989 HÜTTEMANN weist in diesem Kontext auf den Missstand häufig bloßer „Verwertbarkeitsprüfungen" sowie die Verwendung theoretisch nicht hinreichend fundierter „Daumenregeln" seitens der Gerichte hin. Vgl. HÜTTEMANN, R., Bewertungskonzept, S. 818.

990 Vgl. BERENS, W./SCHMITTING, W./STRAUCH, J., Funktionen der Due Diligence, S. 74.

991 Zum Grad der erforderlichen Objektivierung und Transparenz der dargestellten Bewertungsanlässe vgl. Abschn. 212.

992 Vgl. HFA DES IDW (Hrsg.), IDW S 1, Tz. 175.

auf die Grundsätze ordnungsmäßiger Berichterstattung[993], ohne diese weiter zu konkretisieren. Demnach ist in einer solchen Ausführlichkeit Bericht zu erstatten, wie es den Grundsätzen ordnungsmäßiger Berichterstattung unter Einbezug der dargestellten Zielsetzung entspricht. Die Ausführlichkeit der Angaben im Bewertungsgutachten ist daher unter Berücksichtigung der **Nebenbedingung eines vertretbaren Aufwands** zu wählen.[994]

Über das grundsätzliche Ziel der Berichterstattung hinaus enthält IDW S 1 einige **allgemein gehaltene Anmerkungen zu erforderlichen Berichtsangaben**. Hinsichtlich der Abbildung von Wachstum ist v. a. das generelle Vorgehen bei der Prognose und Kapitalisierung der künftigen finanziellen Überschüsse darzulegen. Zudem muss aus dem Bewertungsgutachten mit der gebotenen Klarheit der Berichterstattung hervorgehen, welche wesentlichen Annahmen in die Ermittlung des Unternehmenswerts eingeflossen sind.[995]

Hinsichtlich des konkreten Berichtsinhalts beschränkt sich IDW S 1 weitgehend auf die **bloße Nennung wesentlicher Berichtsangaben**, die ein Bewertungsgutachten umfassen sollte. Demnach geht aus IDW S 1 lediglich hervor, dass im Zuge der Darstellung der Bewertung des betriebsnotwendigen Vermögens im Allgemeinen bzw. der Ableitung des Kapitalisierungszinssatzes im Speziellen auch der Wachstumsabschlag anzugeben ist.[996]

Während die Ausführungen in IDW S 1 üblicherweise im **WP-Handbuch** entsprechend erläutert bzw. kommentiert werden,[997] unterbleibt eine solche Konkretisierung der wachstumsbezogenen Angabevorschriften gemäß IDW S 1 im bewertungsrelevanten Abschnitt des WP-Handbuchs weitgehend.[998]

434. Kritische Würdigung der Abbildung von Wachstum im Bewertungsgutachten gemäß IDW S 1

Wenngleich IDW S 1 selbst auf die Grundsätze ordnungsmäßiger Berichterstattung i. S. v. IDW PS 450 Bezug nimmt, wird hier als Beurteilungsmaßstab auf die **Grundsätze ordnungsmäßiger Erläuterung** nach KOELEN zurückgegriffen. Ein solches Vorgehen ist v. a. in Anbetracht der weitreichenden Konsequenzen des Bewertungsgutachtens gemäß IDW S 1 für

---

[993] Wenngleich aus IDW S 1 nicht explizit hervorgeht, auf welche Grundsatzsystematik Bezug genommen wird, ist davon auszugehen, dass mit dem entsprechenden Verweis die Grundsätze ordnungsmäßiger Berichterstattung bei Abschlussprüfungen gem. IDW PS 450 angesprochen sind. Eine solche Schlussfolgerung erscheint grundsätzlich naheliegend, da hinsichtlich der Anlage von Arbeitspapieren bei der Durchführung von Unternehmensbewertungen auf den entsprechenden IDW Prüfungsstandard zu den Arbeitspapieren des Abschlussprüfers (IDW PS 460) verwiesen wird. Vgl. IDW (Hrsg.), WP Handbuch 2008, Bd. II, Rn. A 552. Gleichwohl ist kritisch anzumerken, dass den Vorbemerkungen des IDW PS 450 zum Anwendungsbereich kein Hinweis auf die Durchführung von Unternehmensbewertungen zu entnehmen ist. Vgl. HFA DES IDW (Hrsg.), IDW PS 450, Tz. 3.

[994] Vgl. HFA DES IDW (Hrsg.), IDW S 1, Tz. 175.

[995] Vgl. HFA DES IDW (Hrsg.), IDW S 1, Tz. 66 und Tz. 177.

[996] Vgl. HFA DES IDW (Hrsg.), IDW S 1, Tz. 179.

[997] Zum grundsätzlichen Verhältnis von IDW S 1 und WP-Handbuch vgl. IDW (Hrsg.), WP Handbuch 2008, Bd. II, Rn. A 1.

[998] Vgl. IDW (Hrsg.), WP Handbuch 2008, Bd. II, Rn. A 559.

nachfolgende Berichtswerke und darauf beruhenden Entscheidungen geboten. Während sich die Grundsätze ordnungsmäßiger Berichterstattung i. S. v. IDW PS 450 zweckentsprechend nur an einen eingeschränkten Empfängerkreis richten und somit der praktischen Relevanz des Bewertungsgutachtens nur bedingt gerecht werden,[999] fokussieren die Grundsätze ordnungsmäßiger Erläuterung gerade die im Rahmen dieser Arbeit behandelten Bewertungsanlässe, bei denen oftmals **keine direkte Kommunikation** zwischen dem Bewertenden als Auftragnehmer einerseits und einem über den eigentlichen Auftraggeber hinausgehenden Empfängerkreis der Bewertung andererseits stattfindet.[1000] In einer solchen Situation fungiert der Auftraggeber der Bewertung implizit als zwischengeschaltete Instanz zur Vermittlung von Informationen zwischen Auftragnehmer auf der einen Seite und nachfolgenden Informationsempfängern mit schutzwürdigen Interessen auf der anderen Seite.[1001] Die Grundsätze ordnungsmäßiger Berichterstattung i. S. v. IDW PS 450 beziehen sich hingegen vorrangig auf die Dokumentation der Abschlussprüfung im Prüfungsbericht und konzentrieren sich mithin auf das unmittelbare Kommunikationsverhältnis zwischen Auftraggeber und Auftragnehmer. Eine solche Betrachtungsweise würde indes die praktische Relevanz des Bewertungsgutachtens, die in der (Informations-)Verwendung für nachfolgende Fragestellungen und Entscheidungen zum Ausdruck kommt, weitgehend ausblenden.[1002]

---

999 Die Grundsätze ordnungsmäßiger Berichterstattung i. S. v. IDW PS 450 beziehen sich in erster Linie auf den Prüfbericht, dessen maßgeblicher Zweck es ist, die Überwachung des Unternehmens zu unterstützen. Vgl. HFA DES IDW (Hrsg.), IDW PS 450, Tz. 1. Infolgedessen ist der Prüfbericht gem. § 321 Abs. 5 HGB in Abhängigkeit der konkreten Auftragserteilung an die gesetzlichen Vertreter bzw. den Aufsichtsrat zu adressieren. Vgl. HFA DES IDW (Hrsg.), IDW PS 450, Tz. 117. Eine Bezugnahme auf die Grundsätze ordnungsmäßiger Berichterstattung erscheint somit auch in Anbetracht des Adressatenkreises von IDW PS 450 fragwürdig, da Unternehmensbewertungen entgegen des Verweises in IDW S 1 nicht als Anwendungsfall genannt werden. Vgl. HFA DES IDW (Hrsg.), IDW PS 450, Tz. 3.

1000 Vgl. KOELEN, P., Investitionstheoretische Bewertungskalküle, S. 73. Zum Kommunikationsverhältnis bei Unternehmensbewertungen vgl. Abschn. 212.

1001 Zur Veranschaulichung sei exemplarisch auf die Rolle des neutralen Gutachters im Spruchstellenverfahren hingewiesen, in welchem er das den Auftrag erteilende Gericht als Auftragnehmer bei der Ermittlung der angemessenen Barabfindung der Minderheitsaktionäre als schutzwürdige (Informations-)Empfänger unterstützt. Das Beispiel lässt sich zudem analog auf Unternehmensbewertungen für Zwecke der externen Rechnungslegung übertragen. Bei derartigen Bewertungsanlässen tritt der neutrale Gutachter als Auftragnehmer des Auftrag gebenden Unternehmens auf, welches die Informationen des Bewertungsgutachtens anschließend für Dokumentations-, Rechenschafts- und Kapitalerhaltungszwecke zum ausgewogenen Schutz der Abschlussadressaten im Jahresabschluss verarbeitet. Zu den Zwecken der Rechnungslegung nach HGB vgl. BAETGE, J./KIRSCH, H.-J./THIELE, S., Bilanzen, S. 142; KIRSCH, H.-J./HARMS, S./SIEGEL, D., § 242 HGB, Rn. 3. Bezogen auf Unternehmensbewertungen aus Gründen der externen Rechnungslegung beschränkt sich der für Untersuchungszwecke als maßgeblich erachtete Kreis von Bewertungsanlässen indes auf den Regelungsbereich der IFRS. Zur Abgrenzung relevanter Bewertungsanlässe vgl. Abschn. 214.

1002 Die Anwendbarkeit von IDW PS 450 zur kritischen Würdigung der Berichterstattung gem. IDW S 1 bei den betrachteten Bewertungsanlässen ist zudem im Hinblick auf die für den Prüfbericht geltende Offenlegungspflicht in Frage zu stellen. Während sich die praktische Relevanz des Bewertungsgutachtens beispielsweise im Fall gesellschaftsrechtlich, gesetzlich bzw. vertraglich bedingter Bewertungsanlässe wie Squeeze Out- bzw. Spruchstellenverfahren auch aus den weitreichenden Offenlegungspflichten nach § 327c Abs. 3 Nr. 3 und Nr. 4 AktG ergibt, besteht für den Prüfbericht nach § 321a Abs. 1 S. 1 HGB nur im Fall der Eröffnung eines Insolvenzverfahrens bzw. bei Ablehnung des Antrags auf Eröffnung eines solchen Verfahrens mangels Masse eine Offenlegungspflicht. Vgl. hierzu HFA DES IDW (Hrsg.), IDW PS 450, Tz. 152a. Aus dieser vergleichsweise engen Offenlegungspflicht des Prüfberichts resultiert zugleich der gegenüber dem Bewertungsgutachten nach IDW S 1 eingeschränkte Empfängerkreis des Prüfberichts i. S. v. IDW PS 450.

Bezüglich der berichtstechnischen Abbildung von Wachstum ist dem **Grundsatz der Informationszerlegung** besondere Bedeutung beizumessen.[1003] Nach diesem sind verdichtete Informationen disaggregiert darzustellen, um die Transparenz der wesentlichen Bestandteile aggregierter Größen zu gewährleisten. Die Angabevorschriften nach IDW S 1 sehen hingegen lediglich vor, dass das Bewertungsgutachten im Zuge der Erläuterung der Ableitung des Kapitalisierungszinssatzes auch auf den angesetzten Wachstumsabschlag einzugehen hat.[1004] IDW S 1 äußert sich indes nicht konkret dazu, in welcher Form der Bewertende zum Wachstumsabschlag Stellung zu nehmen hat. Bei Einnahme einer Extremposition ließe sich somit argumentieren, dass die bloße, d. h. unkommentierte Angabe des Wachstumsabschlags grundsätzlich wohl in Einklang mit IDW S 1 stünde. Wenngleich eine solche Interpretation des Wortlauts von IDW S 1 nicht i. S. der Zielsetzung der Berichterstattung gemäß IDW S 1 sein kann, ist der gegenwärtigen Angabevorschrift zum Wachstumsabschlag in Anbetracht des Grundsatzes der Informationszerlegung nur ein äußerst geringer Informationswert beizumessen. Angesichts des geringen Umfangs der derzeitigen Angabevorschriften nach IDW S 1 gibt der Status quo der Berichterstattung auch vor dem Hintergrund des **Grundsatzes der Klarheit** Anlass zu Kritik. Diesbezüglich kann festgestellt werden, dass der geringe Umfang der wachstumsbezogenen Berichtspflichten gemäß IDW S 1 keineswegs prägnante, verständliche und übersichtliche Angaben im Bewertungsgutachten sicherzustellen vermag. Da die bloße Angabe des Wachstumsabschlags für sich genommen nicht unausgewogen sein kann, mag es obsolet erscheinen, auf den **Grundsatz der Ausgewogenheit** als weiteren Beurteilungsmaßstab Bezug zu nehmen. Wenngleich sich eine dahingehende Erläuterungspflicht zumindest nicht explizit aus IDW S 1 ableiten lässt, ist klarzustellen, dass im Fall flankierender Angaben sehr wohl ausgewogen über die verschiedenen Wachstumsfaktoren bzw. -komponenten im Allgemeinen respektive die einzelnen Einflussfaktoren des angesetzten Wachstumsabschlags im Speziellen Bericht zu erstatten ist.

Wendet man die Grundsätze ordnungsmäßiger Erläuterung für Zwecke einer kritischen Würdigung auf die Berichterstattung nach IDW S 1 an, zeigt sich, dass die gegenwärtigen Angabevorschriften der Zielsetzung, die Nachvollziehbarkeit der Bewertung zu gewährleisten, hinsichtlich der Abbildung von Wachstum im Bewertungsgutachten nur unzureichend gerecht werden. Abschließend ist somit zu konstatieren, dass der Status quo der Angabepflichten nach IDW S 1 dem Bewertenden auch auf Berichtsebene weitreichende Ermessensspielräume eröffnet und zugleich die gebotene Transparenz vermissen lässt.[1005] Da der geringe Umfang der gegenwärtigen Angabepflichten ebenso wenig unter Verweis auf den Grundsatz der Wesentlichkeit legitimiert werden kann, ist dringend eine **Erweiterung und Konkretisierung der Angabevorschriften nach IDW S 1** vor dem Hintergrund der betrachteten Bewertungsanlässe geboten. Zum einen würde die Gefahr der Verwendung falscher bzw. falsch interpretierter Prämissen bei Unternehmensbewertungen für Zwecke der externen Rechnungslegung deutlich

---

[1003] Zum Grundsatz der Informationszerlegung sowie zu den übrigen Grundsätzen ordnungsmäßiger Erläuterung vgl. Abschn. 243.

[1004] Vgl. HFA DES IDW (Hrsg.), IDW S 1, Tz. 179.

[1005] Vgl. HACHMEISTER, D./KÜHNLE, B./LAMPENIUS, N., Squeeze-Out-Fälle, S. 1245.

verringert werden.[1006] Zum anderen würde das in Spruchstellenverfahren häufig zu beobachtende Bedürfnis einer nachträglich erläuternden Stellungnahme des Sachverständigen zwar nicht zwangsläufig entbehrlich, aber diesem zumindest vorbeugend Rechnung getragen. Da die Intransparenz der gegenwärtigen Berichterstattung oftmals zum Anlass für entsprechende Einwände gegen die Wertermittlung genommen wird, ließe sich derartigen Beanstandungen durch eine Ausweitung und Konkretisierung der Angabevorschriften in IDW S 1 bereits im Vorfeld eines Spruchstellenverfahrens präventiv entgegen wirken.[1007]

44 Abschließende Beurteilung der gegenwärtigen Abbildung von Wachstum im Bewertungskalkül und -gutachten gemäß IDW S 1

Die kritische Analyse der gegenwärtigen Abbildung von Wachstum im Bewertungskalkül und -gutachten nach IDW S 1 offenbart sowohl auf Bewertungs- als auch auf Berichtsebene **weitreichende Ermessensspielräume** für den Bewertenden.

Auf **Bewertungsebene** ist diesbezüglich v. a. das Fehlen hinreichend konkreter Vorgaben i. S. operabler Handlungsanweisungen zur Quantifizierung der einzelnen Wachstumskomponenten angesprochen.[1008] In Ermangelung konkreter Anhaltspunkte in IDW S 1 zur Bemessung des Wachstums der künftigen finanziellen Überschüsse ist die Ableitung des äußerst wertrelevanten Wachstumsabschlags auch im Zuge der Ermittlung eines objektivierten Unternehmenswerts stark durch den Einfluss des subjektiven Ermessens des Bewertenden geprägt.[1009] In der Konsequenz erscheint die Objektivierung des Bewertungskalküls gemäß IDW S 1 zur Gewährleistung intersubjektiver Nachprüfbarkeit durchaus verbesserungswürdig.[1010] Gerade zum Zweck der Ermittlung eines objektivierten Unternehmenswerts in der Funktion als neutraler Gutachter ist eine Konkretisierung der Handlungsanweisungen zur Abbildung von Wachstum nach IDW S 1 geboten.[1011] Gleichwohl ist hinsichtlich der vorgetragenen Kritikpunkte zur bewertungstechnischen Abbildung von Wachstum nach IDW S 1 einschränkend anzumerken, dass Unternehmensbewertungen aufgrund bewertungsobjektspezifischer Besonderheiten grundsätzlich Einzelfallcharakter besitzen. Da wachstumsrelevante Bewertungsparameter demzufolge vereinzelt unternehmensspezifisch herzuleiten sind, ist einzuräumen, dass allgemeingültige Handlungsanweisungen nur bedingt möglich sind.[1012]

1006 Zur Erklärungspflicht des neutralen Gutachters im Spruchstellenverfahren vgl. PAULSEN, A.-J., Rezeption wissenschaftlicher Thesen, S. 832. Bei den nicht näher betrachteten Unternehmensbewertungen aus Anlass unternehmerischer Initiativen wie Unternehmenskäufen oder -verkäufen stellt sich zudem die Frage, inwiefern das dem Gutachten nach IDW S 1 attestierte Attribut eines Glaubwürdigkeitsbelegs in derartigen Verhandlungssituationen gerechtfertigt ist. Vgl. BARTHEL, C. W., Glaubwürdigkeitsattribution, S. 469.

1007 Vgl. HACHMEISTER, D./KÜHNLE, B./LAMPENIUS, N., Squeeze-Out-Fälle, S. 1235.

1008 Vgl. BERGER, K./KNOLL, L., Objektivierte Unternehmensbewertung, S. 9; FISCHER-WINKELMANN, W. F./BUSCH, K., Unternehmensbewertungsverfahren, Teil 1, S. 635. Zu den einzelnen Kritikpunkten bezüglich der Abbildung von Wachstum im Bewertungskalkül nach IDW S 1 vgl. Abschn. 425.

1009 Zur Bedeutung des Wachstumsabschlags für den Unternehmenswert vgl. Abschn. 32.

1010 Zur Bestimmung des maßgeblichen Objektivierungsverständnisses vgl. Abschn. 212.

1011 Zur gesteigerten Notwendigkeit konkreter Vorgaben für den Bewertenden in der Rolle als neutraler Gutachter vgl. FISCHER-WINKELMANN, W. F./BUSCH, K., Unternehmensbewertungsverfahren, Teil 1, S. 635.

1012 Hierbei ist v. a. an die unternehmensspezifische Teuerungsrate zu denken. Vgl. hierzu Abschn. 423.11.

Vor diesem Hintergrund erscheint es umso schwer wiegender, dass die aktuell als rudimentär einzustufenden Angabepflichten zur Abbildung von Wachstum auf **Berichtsebene** die durch IDW S 1 angestrebte Nachvollziehbarkeit der Bewertung nicht gewährleisten.[1013] Es eröffnen sich dem Bewertenden auch bei der Abbildung von Wachstum im Bewertungsgutachten gemäß IDW S 1 durchaus Ermessensspielräume.[1014] Daher besteht bezüglich der durch das Bewertungsgutachten vermittelten Transparenz der Berücksichtigung wachsender finanzieller Überschüsse deutliches Verbesserungspotenzial, welches es durch eine Ausweitung und Konkretisierung der Angabevorschriften in IDW S 1 zu nutzen gilt.

Aus den gegenwärtigen Vorgaben in IDW S 1 zur Abbildung von Wachstum im Bewertungskalkül und -gutachten lassen sich folgende **Implikationen für die Bewertungspraxis** ableiten: Zwar ließe sich ein Wachstum der künftigen finanziellen Überschüsse bewertungstechnisch bereits nach der gegenwärtigen Fassung von IDW S 1 grundsätzlich differenziert abbilden, indes wird diese theoretische Möglichkeit in der praktischen Anwendung regelmäßig durch vereinfachende Annahmen konterkariert. Da die üblicherweise aus Vereinfachungsgründen getroffenen Prämissen als durchaus konform zum Wortlaut von IDW S 1 zu betrachten sind,[1015] begünstigen die derzeitigen Regelungen gewissermaßen die weitgehend pauschale Vorgehensweise der Bewertungspraxis bei der bewertungstechnischen Abbildung von Wachstum.[1016] Angesichts der überwiegend pauschalen Berücksichtigung wachsender finanzieller Überschüsse im Bewertungskalkül gemäß IDW S 1 überrascht es letztlich nicht, dass im zugehörigen Bewertungsgutachten mangels entsprechender Angabevorschriften regelmäßig auf tiefergehende Erläuterungen verzichtet wird. Die derzeitigen Standardvorgaben zur bewertungs- bzw. berichtstechnischen Abbildung von Wachstum eröffnen der bewertenden und zugleich berichterstattenden Instanz somit auf beiden Ebenen gleichermaßen Ermessensspielräume. In der Konsequenz besitzen die Objektivierung und Transparenz der Abbildung von Wachstum gleichermaßen Optimierungspotenzial.

Die dargelegte Kritik am Status quo der Abbildung von Wachstum in der Unternehmensbewertung nach IDW S 1 wird im folgenden Kapitel zum Anlass genommen, **alternative Ansatzpunkte zur Stärkung einer objektivierten und transparenten Abbildung von Wachstum** im Bewertungskalkül und -gutachten zu zeigen. Zielsetzung der nachfolgenden Konkretisierung der bewertungs- und berichtstechnischen Abbildung von Wachstum ist es, das Ausnutzen gegenwärtig bestehender Ermessensspielräume im Rahmen zu identifizierender Möglichkeiten weitgehend einzuschränken bzw. zumindest transparent darzulegen.

1013 Zu der grundsätzlichen Zielsetzung der Berichterstattung nach IDW S 1 vgl. Abschn. 433.

1014 Zu der im Rahmen dieser Arbeit geäußerten Kritik an der Abbildung von Wachstum im Bewertungsgutachten nach IDW S 1 vgl. im Einzelnen die Anmerkungen in Abschn. 434.

1015 Zu denken ist hierbei insbesondere an die annahmegemäße Wertidentität von Abschreibungen und Investitionen in der Phase der ewigen Rente. Vgl. hierzu Abschn. 422.4.

1016 Zur üblichen Vorgehensweise in der Bewertungspraxis bei der Quantifizierung des Wachstumsabschlags als wesentlichen Werttreiber des Unternehmenswerts vgl. Abschn. 331.

5 Möglichkeiten einer objektivierten und transparenten Abbildung von Wachstum bei der Ermittlung objektivierter Unternehmenswerte

51 Vorbemerkungen

Die kritische Analyse der gegenwärtigen Vorgaben zur bewertungs- und berichtstechnischen Abbildung von Wachstum offenbart **zahlreiche Ermessensspielräume**, die dem Bewertenden sowohl auf der Bewertungs- als auch auf der Berichtsebene durch IDW S 1 gewährt werden. Hinsichtlich der Abbildung von Wachstum auf Bewertungsebene erweisen sich v. a. die wenig operablen Handlungsanweisungen in IDW S 1 zur Konkretisierung der einzelnen Wachstumskomponenten als problematisch.[1017] Dieses Vakuum wird zugleich durch die ungenügenden wachstumsbezogenen Angabevorschriften im Bewertungsgutachten nach IDW S 1 verstärkt.[1018] Im Ergebnis muss konstatiert werden, dass IDW S 1 sowohl hinsichtlich der gebotenen Objektivierung auf Bewertungsebene als auch der notwendigen Transparenz auf Berichtsebene erhebliches Verbesserungspotenzial aufweist. Der bestehende **Spielraum für Verbesserungen von IDW S 1** hinsichtlich der Abbildung von Wachstum wird daher zum Anlass genommen, mögliche Ansätze zur Stärkung der Objektivierung auf Bewertungsebene bzw. der Transparenz auf Berichtsebene zu identifizieren, um somit das vorhandene Optimierungspotenzial von IDW S 1 bestmöglich ausschöpfen zu können.

Wie nachfolgend zu zeigen ist, lässt sich eine **Objektivierung des Bewertungskalküls** beispielsweise durch den Einbezug von Marktinformationen und die Verwendung quantitativ-statistischer Verfahren bei der Bestimmung der einzelnen Bewertungsparameter erreichen.[1019] In Anlehnung an den Aufbau der kritischen Analyse der Abbildung von Wachstum im Bewertungskalkül nach IDW S 1 werden die konkreten Ansätze zur Objektivierung des Bewertungskalküls phasenbezogen vorgestellt und anschließend auf Basis der Grundsätze ordnungsmäßiger Durchführung von Unternehmensbewertungen kritisch gewürdigt.

Hinsichtlich möglicher Ansätze zur Gewährleistung der notwendigen **Transparenz im Bewertungsgutachten** ist insbesondere eine Ausweitung und Standardisierung der Berichterstattung in Erwägung zu ziehen.[1020] Analog zur Auseinandersetzung mit möglichen Ansätzen zur Objektivierung der Abbildung von Wachstum auf Bewertungsebene werden auch auf Berichtsebene zunächst die einzelnen Anknüpfungspunkte zur Stärkung der Transparenz im

---

[1017] Vgl. Abschn. 42 zur kritischen Analyse der Abbildung von Wachstum im Bewertungskalkül gem. IDW S 1.

[1018] Vgl. Abschn. 43 zur kritischen Analyse der Abbildung von Wachstum im Bewertungsgutachten gem. IDW S 1.

[1019] Zu den grundsätzlichen Möglichkeiten der Objektivierung bei der Barwertermittlung im Allgemeinen vgl. KÜMMEL, J., Fair Value-Ermittlung mit Barwertkalkülen, S. 93-95.

[1020] Vgl. STEINHAUER, L., Value Reporting, S. 238. In diesem Zusammenhang zeigt sich zugleich die dringend gebotene Trennung der nachfolgend thematisierten Ansätze hinsichtlich ihres Beitrags zur Stärkung der Objektivierung bzw. Transparenz der Abbildung von Wachstum. Bezogen auf eine mögliche Ausweitung der Berichterstattung ist klarzustellen, dass eine bloße Ausweitung der Berichts- bzw. Erläuterungspflichten zwar die Nachvollziehbarkeit, nicht aber die Objektivierung der Abbildung von Wachstum stärkt. Vgl. KOELEN, P., Investitionstheoretische Bewertungskalküle, S. 170 f.

Gutachten nach IDW S 1 dargestellt und diese im Anschluss unter Einbezug der Grundsätze ordnungsmäßiger Erläuterung einer kritischen Würdigung unterzogen.

52 Möglichkeiten einer objektivierten Abbildung von Wachstum im Bewertungskalkül

521. Die Anwendung eines 3-Phasenmodells als Rahmenkonzept zur Objektivierung des Bewertungskalküls

Will man mögliche Ansätze zur Objektivierung der bewertungstechnischen Abbildung von Wachstum identifizieren und zugleich klären, inwieweit sich diese gegebenenfalls in ein übergeordnetes Rahmenkonzept einbetten lassen, bietet es sich an, sich nochmals die **wesentlichen Kritikpunkte an der derzeitigen Abbildung von Wachstum im Bewertungskalkül nach IDW S 1** zu vergegenwärtigen. Als solche sind insbesondere der festzustellende Bruch zwischen Detailplanungs- und Restwertzeitraum sowie die z. T. undifferenzierte und überwiegend qualitative Betrachtungsweise der einzelnen Wachstumskomponenten zu nennen.[1021] Die bei idealtypischer Differenzierung in nur zwei Phasen festzustellende Schwierigkeit,[1022] das Wachstum der künftigen finanziellen Überschüsse möglichst realitätsnah und v. a. intersubjektiv nachprüfbar im Bewertungskalkül abzubilden, ist dabei nicht zuletzt der zwangsläufigen Aggregation verschiedener Wachstumskomponenten im Wachstumsabschlag als wesentlichem Parameter zur Abbildung des nachhaltigen Wachstums geschuldet.

Bei näherer Betrachtung fällt auf, dass mit den einleitend genannten und im Zuge der bewertungstechnischen Abbildung von Wachstum besonders schwerwiegenden Kritikpunkten am 2-Phasenmodell – mangelnde Realitätsnähe und durch Ermessensspielräume unverhältnismäßig eingeschränkte intersubjektive Nachprüfbarkeit des Bewertungskalküls – zugleich die wesentlichen **Argumente des Schrifttums für die Vorziehenswürdigkeit von 3-Phasenmodellen** angesprochen sind. Wenngleich die grundsätzliche Überlegenheit von 3-Phasenmodellen hinsichtlich der genannten Aspekte weitgehend unbestritten ist, scheitert ihre Etablierung bislang v. a. an der mangelnden Akzeptanz seitens der Bewertungspraxis. Den vermeintlichen Vorteilen von 3-Phasenmodellen wird dabei häufig entgegen gehalten, dass der größere Detaillierungsgrad und die damit einhergehende Realitätsnähe eine nicht vertretbare Steigerung des Komplexitätsgrads verursachen würde.[1023] Angesichts der Leistungsfähigkeit aktueller Datenverarbeitungsprogramme erscheint eine solche Schlussfolgerung auch unter Abwägung von Kosten-Nutzen-Aspekten antiquiert und daher wenig überzeugend.[1024] In der aktuellen Bewertungsliteratur finden sich zunehmend Stimmen, die die gegenwärtige Abbildung von Wachstum in einem 2-Phasenmodell angesichts der oftmals unreflektierten Anwendung der

---

[1021] Zu den einzelnen Kritikpunkten an der bewertungstechnischen Abbildung von Wachstum nach IDW S 1 vgl. ausführlich Abschn. 425.

[1022] Zur idealtypischen Phasendifferenzierung vgl. die Anmerkungen in Abschn. 224.3.

[1023] Vgl. ALVANO, W., Unternehmensplanung, S. 3.

[1024] Ähnlicher Ansicht ist MEITNER, der in einem vergleichbaren Zusammenhang anführt, dass die vermeintliche Komplexität von Bewertungsmodellen als Grund für die Ablehnung ihrer Anwendung unzureichend ist. Vgl. MEITNER, M., Value Driver Model, S. 54.

Formel der ewigen Rente als unzureichend einstufen. In Anlehnung an das bereits in der Verlautbarung HFA 2/1983 verankerte 3-Phasenmodell[1025] wird daher vermehrt für die Wiederbelebung eines dreiphasigen Bewertungskalküls mit einer zwischengeschalteten Übergangsphase zwischen dem Detailplanungszeitraum und dem fiktiven Beharrungszustand der Restwertphase plädiert.[1026]

Die Bewertungstheorie kennt **verschiedene Ausprägungen dreiphasiger Bewertungskalküle**. Wenngleich allen Varianten hinsichtlich ihrer Grundkonzeption gemein ist, dass sie zwischen Detailplanungs- und Restwertzeitraum eine zwischengeschaltete Phase vorsehen, unterscheiden sie sich hinsichtlich des für diese Übergangsphase unterstellten Wachstumsverlaufs. Dabei ist grundsätzlich eine stufenförmige (Two-Stage-Model), linear abnehmende (H-Model) oder aber konvergierende Modellierung des Wachstumsprozesses (Konvergenzmodell) vorstellbar. Das zuletzt genannte Konvergenzmodell verfügt dabei nicht zuletzt infolge expliziter Bewertungsprämissen über den größten Detaillierungsgrad, besitzt indes auch den größten Komplexitätsgrad.[1027] Der Zusammenhang zwischen Komplexitätsgrad und Modellannahmen lässt sich wie folgt zusammenfassen:

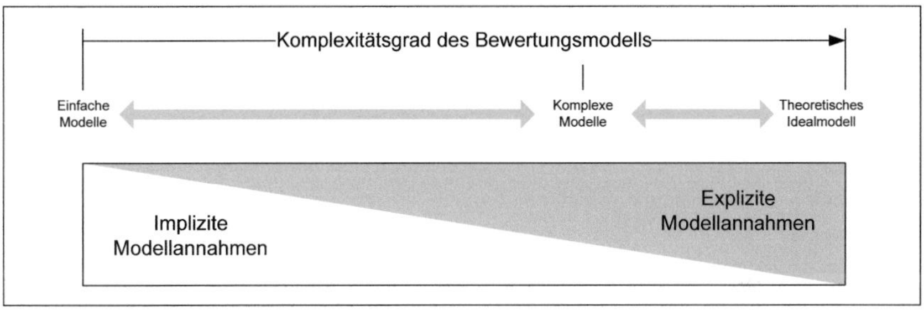

Abbildung 5-1: Komplexitätsgrad und Modellannahmen[1028]

Um zu verdeutlichen, dass der Komplexitätsgrad von 3-Phasenmodellen indes keinesfalls die kategorische Ablehnung der zugrunde liegenden Bewertungskonzeption rechtfertigt, wird nachfolgend ein **Konvergenzmodell** als konzeptionell überzeugendste Variante der 3-Phasenmodelle **phasenbezogen konkretisiert**. Der Rückgriff auf ein Konvergenzmodell als Referenzkalkül bietet sich an, da dieses vor dem Hintergrund identifizierter Wachstumsgrenzen die bestmögliche Abbildung resultierender Konvergenzprozesse i. S. einer möglichst realitätsnahen Annäherung an das bewertungstechnische Konstrukt des eingeschwungenen Zu-

---

[1025] Zu der IDW S 1 vorausgehenden Verlautbarung HFA 2/1983 sowie der darin gewählten Phasendifferenzierung vgl. die Ausführungen in Abschn. 41.

[1026] Vgl. WOLLNY, C., Objektivierter Unternehmenswert, S. 172-179; HENSELMANN, K./WEILER, A., Restwertverläufe, S. 354; WEILER, A., Verbesserung der Prognosegüte, S. 68; BAUSCH, A./PAPE, U., Ermittlung von Restwerten, S. 484; DINSTUHL, V., Konzernbezogene Unternehmensbewertung, S. 115 sowie zur Kritik an der praktischen Anwendung der ewigen Rentenformel HENSELMANN, K., Unternehmensrechnungen, S. 126.

[1027] Zu den verschiedenen Ausprägungen dreiphasiger Bewertungsmodelle vgl. Abschn. 224.5.

[1028] Vgl. HENSELMANN, K., Restwert, S. 152.

stands in der Restwertphase verspricht.[1029] Dabei lässt sich zugleich veranschaulichen, dass die Abbildung der Konvergenzphase grundsätzlich nicht mehr Informationen erfordert, als ohnehin zur Anwendung der Formel der ewigen Rente vorliegen müssen.[1030] Wie zu zeigen ist, resultiert aus der Implementierung einer Konvergenzphase demnach grundsätzlich kein zusätzlicher Informationsbedarf an Prognosedaten, sondern vielmehr eine differenziertere Verarbeitung und Darstellung ohnehin erforderlicher Prognosedaten.[1031] Hinsichtlich der im Rahmen dieser Arbeit schwerpunktmäßig behandelten Abbildung von Wachstum lässt sich sogar feststellen, dass bei Anwendung eines Konvergenzmodells die Komplexität der Erfassung von Wachstumskomponenten teilweise sogar reduziert werden kann.

Zum Zweck einer ausgewogenen und ganzheitlichen Betrachtung sei an dieser Stelle nicht allein auf die vermeintlichen Vorzüge, sondern in Anlehnung an WOLLNY gleichfalls einschränkend auf die **Grenzen der Leistungsfähigkeit von mehrphasigen Bewertungskalkülen** hingewiesen.[1032] Durch die Implementierung einer Konvergenzphase lässt sich die künftige Entwicklung von Unternehmen keineswegs genauer prognostizieren. Die nachfolgenden Ausführungen sollen folglich nicht den Eindruck vermitteln, dass mehrphasige Bewertungskalküle gegenüber der bislang vorherrschenden Differenzierung in zwei Bewertungsphasen eine größere Prognosegenauigkeit garantieren. Die wesentlichen Unterschiede zwischen zwei- und dreiphasigen Bewertungsmodellen bestehen vielmehr in der stärker ausgeprägten modelltechnischen Konsistenz und der Explikation zugrunde liegender Prämissen. Infolgedessen zwingen dreiphasige Bewertungskalküle den Bewertenden zu einer weitaus stärkeren Auseinandersetzung mit bewertungstechnischen Details. Während zweiphasige Bewertungsmodelle infolge zahlreicher impliziter Annahmen einen erheblichen Ermessens- und Interpretationsspielraum offenbaren, versprechen dreiphasige Bewertungsmodelle infolge der zu erbringenden Offenlegung getroffener Annahmen in Form ihrer expliziten Abbildung im Bewertungskalkül eine wesentlich größere intersubjektive Nachprüfbarkeit.

Die eingangs erwähnte Entwicklung der Diskussion im Schrifttum wird daher zum Anlass genommen, ein 3-Phasenmodell als konzeptionell vorziehenswürdiges Rahmenkonzept möglicher Ansätze zur Objektivierung des Bewertungskalküls zu implementieren und dieses im weiteren Verlauf in der Ausprägung als Konvergenzmodell phasenbezogen zu konkretisieren. Um nicht nur aus theoretischem Blickwinkel die Objektivierung des Bewertungskalküls zu stärken, sondern um zugleich die Bewertungspraxis für die erwartungsgemäße Vorteilhaftigkeit der Implementierung einer Konvergenzphase zu sensibilisieren, gilt es auch zu untersu-

---

1029 Zur Diskussion möglicher Grenzen des nachhaltigen Wachstums von Unternehmen sowohl in sachlicher bzw. sachlogischer als auch zeitlicher Hinsicht vgl. Abschn. 424.

1030 Vgl. WOLLNY, C., Objektivierter Unternehmenswert, S. 178.

1031 Vgl. WOLLNY, C., Objektivierter Unternehmenswert, S. 176.

1032 Bezogen auf die Anzahl der Planungsphasen setzt sich WOLLNY kritisch mit den Limitationen zweiphasiger Bewertungsmodelle auseinander und plädiert darauf aufbauend für eine Rückkehr zu einem dreiphasigen Bewertungskalkül in Anlehnung an HFA 2/1983. Vgl. WOLLNY, C., Objektivierter Unternehmenswert, S. 172-178. Zu dem in der Verlautbarung HFA 2/1983 kodifizierten 3-Phasenmodell vgl. Abschn. 41.

chen, inwieweit ein solches Bewertungskalkül allgemeinen Beurteilungskriterien der praktischen Anwendbarkeit von Bewertungsmodellen gerecht wird.[1033]

522. Phasenbezogene Konkretisierung des Konvergenzmodells

522.1 Vorbemerkungen

Analog zur Struktur der kritischen Analyse der derzeitigen Abbildung von Wachstum gemäß IDW S 1 wird auch das Konvergenzmodell als alternatives Konzept zur Phasendifferenzierung durch **sukzessive Betrachtung der einzelnen Phasen** konkretisiert.[1034] Anlass der folgenden Überlegungen ist die am Status quo der bewertungstechnischen Abbildung von Wachstum nach IDW S 1 geäußerte Kritik.[1035] Um zu zeigen, dass die Ansätze zur Objektivierung des Bewertungskalküls grundsätzlich vereinbar sind mit der Bewertungskonzeption in IDW S 1, greift die anschließende phasenbezogene Behandlung die einzelnen Kritikpunkte auf und versucht diese durch **punktuelle Verbesserungsvorschläge** zu eliminieren.

Da sich die folgenden Ausführungen eng an die Erkenntnisse der kritischen Analyse der bewertungstechnischen Abbildung nach IDW S 1 anlehnen, ergibt sich zugleich die Möglichkeit, die Betrachtung auf die Phasen des Bewertungskalküls zu fokussieren, für die ein Verbesserungs- bzw. **Objektivierungsbedarf** festzustellen ist. Da diesbezüglich im Detailplanungszeitraum[1036] infolge der Erfassung eines etwaigen Wachstums im Zuge der periodenspezifischen Planung der finanziellen Überschüsse im Zähler des Bewertungskalküls wenig Handlungsbedarf bzw. -spielraum besteht, setzt die Konkretisierung des Konvergenzmodells unmittelbar an der Konvergenzphase an. Der Fokus der Analyse liegt auf der Identifikation objektiver Zielgrößen bzw. Referenzmaßstäbe zur Konkretisierung der bewertungstechnischen Abbildung der verschiedenen Wachstumskomponenten.

522.2 Die Konkretisierung der Konvergenzphase

522.21 Überblick möglicher Einflussfaktoren

Der Ausgangspunkt von Konvergenzmodellen ist – anknüpfend an die Überlegungen zur **Competitive Advantage Period**[1037] – die Erkenntnis, dass Unternehmen auf Märkten ohne Markteintrittsbarrieren nach der Logik der Wettbewerbstheorie dauerhaft keine Rendite oberhalb der unternehmensspezifischen Kapitalkosten erzielen können.[1038] Ein wesentlicher Ein-

---

[1033] Bei der Beurteilung der praktischen Anwendbarkeit von Bewertungsmodellen sind v. a. die Realitätsnähe der zugrunde liegenden Prämissen, die Möglichkeit zur Erklärung der Realität, die Möglichkeit der praktischen Implementierung sowie die entstehenden Kosten von Bedeutung. Vgl. STEHLE, R., Risikoprämie, S. 907.

[1034] Vgl. Abschn. 421 zur phasenbezogenen Strukturierung des Bewertungskalküls.

[1035] Vgl. Abschn. 425 zur Kritik an der bewertungstechnischen Abbildung von Wachstum.

[1036] Vgl. Abschn. 423.22 zur bewertungstechnischen Abbildung im Detailplanungszeitraum.

[1037] Vgl. Abschn. 224.4 zur Competitive Advantage Period.

[1038] Vgl. MAUBOUSSIN, M./JOHNSON, P., Competitive Advantage Period, S. 67-74; STIGLER, G. J., Capital and Rates of Return, S. 54. Für den im Rahmen dieser Arbeit nicht näher betrachteten Fall von Renditen unterhalb des marktüblichen Niveaus lässt sich grundsätzlich analog unterstellen, dass sich diese infolge des anzunehmenden Drucks von Investoren ebenfalls langfristig an ein als normal einzustufendes Niveau annähern. Vgl. hierzu HENSELMANN, K./WEILER, A., Restwertverläufe, S. 356.

flussfaktor auf den Konvergenzprozess zur modelltechnischen Überleitung zwischen Detailplanungs- und Restwertphase ist demnach das Abschmelzen bestehender (Über-)Renditen im Zeitablauf aufgrund der Erosion von strategischen Wettbewerbsvorteilen.[1039]

Wenngleich die Renditeentwicklung einen wichtigen Anhaltspunkt zur bewertungstechnischen Abbildung von Wachstum in der Konvergenzphase darstellt, lässt sich ein idealtypischer **Verlauf von Konvergenzprozessen** aufgrund unternehmensspezifischer Besonderheiten nicht identifizieren. In Abhängigkeit der strategischen Ausgangssituation des Bewertungsobjekts können Konvergenzverläufe gleichsam verstärkt oder abgeschwächt werden.[1040] Demnach existieren nicht nur Kräfte wie die angesprochene Wettbewerbsdynamik als Auslöser für Konvergenzprozesse, sondern gleichfalls Widerstandskräfte, die es Unternehmen ermöglichen, sich Konvergenzprozessen zu widersetzen. Ein hoher positiver Einfluss auf die Widerstandsfähigkeit gegenüber Konvergenzprozessen geht vom jeweiligen Marktanteil aus.[1041] Diese empirisch[1042] nachgewiesene Erkenntnis bestätigt die im Zuge der Diskussion des Marktwachstums als mögliche Wachstumsgrenze unterstellte Kausalität zwischen dem Wachstum und Zugewinn von Marktanteilen von Unternehmen.[1043] In der Konsequenz erfordert die Beurteilung von Konvergenzprozessen eine verstärkte Bezugnahme auf den relevanten Markt.

Der zeitliche Verlauf der Konvergenzphase und mithin das Erreichen eines eingeschwungenen Zustands bestimmt sich indes nicht allein nach der Renditeentwicklung des Bewertungsobjekts sowie etwaigen Widerstandskräften gegenüber festzustellenden Konvergenzprozessen. Als weitere mögliche **Einflussfaktoren auf den Planungsprozess in der Konvergenzphase** und damit zugleich als Hindernisse des annahmegemäß harmonischen Übergangs von Detailplanungs- und Restwertphase sind beispielsweise Reinvestitionszyklen, langfristige Kreditverträge, Verbrauchsverläufe von steuerlichen Verlustvorträgen oder Fristen von Förderprogrammen zu nennen.[1044] Angesichts der Vielzahl möglicher Determinanten ist eine allgemeingültige Aussage zur Länge der Konvergenzphase nicht möglich. Zur Festlegung des zeitlichen Umfangs sind die jeweiligen unternehmensspezifischen Besonderheiten zu berücksichtigen. Da die einzelnen Wachstumskomponenten in der Konvergenzphase mittels pauschaler Analysemethoden bewertungstechnisch abgebildet werden und eine solche Extrapolation langfristiger Trendentwicklungen für jedes Jahr der Konvergenzphase mit dem gleichen Algorithmus vorgenommen wird, hat die Länge der Konvergenzphase grundsätzlich keinen Einfluss auf die Komplexität des Bewertungsmodells.[1045]

1039 Vgl. DINSTUHL, V., Konzernbezogene Unternehmensbewertung, S. 117.

1040 Vgl. HENSELMANN, K./WEILER, A., Restwertverläufe, S. 358.

1041 Vgl. HENSELMANN, K./WEILER, A., Restwertverläufe, S. 358.

1042 Vgl. hierzu die in Fn. 221 in Abschn. 224.5 genannten Studien.

1043 Zur Diskussion des Marktwachstums als mögliche Wachstumsgrenze vgl. Abschn. 424.22.

1044 Vgl. WOLLNY, C., Objektivierter Unternehmenswert, S. 351.

1045 Da der zeitliche Umfang der Konvergenzphase somit unbeachtlich für die Komplexität des Bewertungsmodells ist, erfährt dieser Aspekt im Folgenden keine weitere Vertiefung.

Im Folgenden wird erarbeitet, wie die wesentlichen Einflussfaktoren auf den Verlauf der Konvergenzphase bei der bewertungstechnischen Abbildung einzelner Wachstumskomponenten zu berücksichtigen sind, damit sich das zu bewertende Unternehmen mit Ende der Konvergenzphase in dem für die Anwendung der Rentenformel notwendigen Gleichgewichts- bzw. Beharrungszustand befindet.

522.22 Die Abbildung nominalen und realen Wachstums in der Konvergenzphase

Das Wachstum der künftigen finanziellen Überschüsse wird nicht zuletzt durch das **Umsatzwachstum als wesentliche Determinante** geprägt.[1046] Die Umsatzerlöse ergeben sich dabei als Produkt aus der abgesetzten Menge und dem erzielten (Verkaufs-)Preis.[1047] Analog zur Detailplanungsphase ist demnach auch in der Konvergenzphase – sowohl auf der Erlös- als auch der Kostenseite[1048] – der Frage nachzugehen, wie ein etwaiges nominales und reales Wachstum innerhalb dieses Preis-Mengen-Gerüsts bewertungstechnisch abzubilden ist.[1049]

Im Gegensatz zur Detailplanungsphase findet die Abbildung von Wachstum in der Konvergenzphase nicht mehr periodenspezifisch statt, sondern unter Zuhilfenahme einer pauschalen **Fortschreibung von Trendentwicklungen**. Sowohl der hier angenommene Fall eines konvergierenden Preis- und Mengenwachstums als auch der alternativ denkbare Fall eines konstanten Preis- und Mengenwachstums lässt sich mittels sog. **Fade-Faktoren** erfassen, was gleichsam als Ausdruck für die Flexibilität dreiphasiger Bewertungskalküle interpretiert werden kann. Zwar lassen sich derartige Fade-Faktoren grundsätzlich beliebig auf verschiedene Bezugsgrößen im Zuge der periodenspezifischen Ermittlung der zu kapitalisierenden finanziellen Überschüsse im Zähler des Bewertungskalküls anwenden. Indes ist aus Gründen der Objektivierung eine möglichst **unmittelbare Bezugnahme auf einzelne Wachstumskomponenten** zu empfehlen, da andernfalls implizit eine Kausalität zwischen mittelbar betrachteten Parametern unterstellt wird, welche im Einzelfall nur schwer zu objektivieren ist. Für das hier betrachtete Preis- und Mengenwachstum empfiehlt sich daher die unmittelbare Anwendung von Fade-Faktoren auf die jeweilige Preis- bzw. Mengenkomponente. Der unter Einbezug von Fade-Faktoren modellierte Zusammenhang zwischen zwei zeitlich aufeinander folgenden Wachstumsraten ist wie folgt beschrieben:

1046 Vgl. MEITNER, M., Zahlungsüberschusswachstumsraten, S. 9. Die Bedeutung des Umsatzwachstums als wesentlicher Einflussfaktor zeigt sich ferner darin, dass Umsatzrenditen als einziges Beispiel zu analysierender Branchenkennzahlen explizit in IDW S 1 genannt werden. Vgl. HFA DES IDW (Hrsg.), IDW S 1, Tz. 79.

1047 Vgl. WÖHE, G./DÖRING, U., Allgemeine Betriebswirtschaftslehre, S. 443.

1048 Eine Differenzierung in variable und somit mengenabhängige Kosten einerseits sowie fixe und mengenunabhängige Kosten andererseits soll an dieser Stelle nicht vollzogen werden. Der Verzicht auf eine solche differenzierte Betrachtung erscheint indes vertretbar, da andernfalls lediglich zu berücksichtigen wäre, dass die Berücksichtigung eines etwaigen realen, d. h. mengenbedingten, Wachstums bei fixen Kostenbestandteilen obsolet ist.

1049 Zur bewertungstechnischen Abbildung nominalen und realen Wachstums in der Detailplanungsphase vgl. Abschn. 423.221.

$$w_t = w_{t-1} \times (1-f)$$

Formel 5-1: Zusammenhang zwischen zwei zeitlich aufeinander folgenden Wachstumsraten bei Verwendung von Fade-Faktoren[1050]

Beispielsweise wird unter der Annahme eines Fade-Faktors i. H. v. f = 0,5 die ursprünglich unterstellte Wachstumsrate in jeder späteren Periode halbiert.[1051] Je geringer der Fade-Faktor angesetzt wird, desto länger vollzieht sich demnach bewertungstechnisch der Konvergenzprozess. Sowohl die Entscheidung über die **grundsätzliche Verwendung** als auch die **konkrete Höhe** von Fade-Faktoren im Bereich $0 \leq f < 1$ ist unternehmensspezifisch zu treffen. Demzufolge besitzen die Fragen, ob für den betrachteten Sachverhalt von einem Konvergenzprozess auszugehen ist und wenn ja, wie dieser bewertungstechnisch auszugestalten ist, starken **Einzelfallcharakter**. Das Szenario eines konvergierenden Preiswachstums ist z. B. auf Erlösseite für den Fall eines auslaufenden Produkts bzw. auf Kostenseite für den Fall eines nicht erneuerbaren Rohstoffs denkbar. Eine Konvergenz des Mengenwachstums ist grundsätzlich bei festzustellenden oder zu erwartenden Sättigungstendenzen angezeigt, wobei im exemplarischen Fall einer auslaufenden Produktion von einem verstärkten Konvergenzprozess auszugehen ist.

Die Zwischenschaltung einer Übergangsphase erlaubt hinsichtlich der bewertungstechnischen Abbildung von nominalem und realem Wachstum somit auch die **Erfassung von differenzierten Preisentwicklungen** auf Kosten- und Erlösseite.[1052] IDW S 1 hingegen vermag den Fall einer abweichenden Preisentwicklung auf Kosten- und Erlösseite nicht hinreichend abzubilden, da gegenwärtig nach Ende der Detailplanungsphase sämtliche Erwartungen hinsichtlich der Entwicklung des allgemeinen Preisniveaus mittels einer pauschalen Überwälzungsannahme in einem inflationsbedingten Wachstumsabschlag aggregiert werden.[1053]

Wenngleich nach IDW S 1 auch nach Ende der Detailplanungsphase der **Ansatz eines mengenbedingten Wachstums** nicht explizit ausgeschlossen ist,[1054] setzt die Bewertungspraxis

---

[1050] Vgl. LIENAU, A./ZÜLCH, H., Value in Use, S. 328; MEITNER, M., Zahlungsüberschusswachstumsraten, S. 7; SCHWETZLER, B., Multiple-Bewertung, S. 80. Unter Zuhilfenahme von Fade-Faktoren im Bereich $0 \leq f < 1$ stellt sich für das Wachstum der künftigen finanziellen Überschüsse in der Konvergenzphase grundsätzlich der in Abbildung 2-4 in Abschn. 224.5 skizzierte abschmelzende Verlauf ein.

[1051] Für f = 1 ergibt sich bereits in der Konvergenzphase der im zweiphasigen Bewertungskalkül gem. IDW S 1 für die Phase der ewigen Rente idealtypisch unterstellte Fall eines eingeschwungenen Zustands mit konstantem Wachstum der künftigen finanziellen Überschüsse.

[1052] Vgl. KÖSTER, A., Nachhaltige Preis- und Mengendifferenzierung, S. 831. Dies beinhaltet grundsätzlich auch die Möglichkeit zur bewertungstechnischen Abbildung von Preisänderungen, die realer Natur sind, d. h. nicht durch Änderungen des gesamtwirtschaftlichen Preisniveaus ausgelöst wurden. Vgl. hierzu die Anmerkung in Fn. 26 in Abschn. 211.

[1053] Zur bewertungstechnischen Abbildung von nominalem Wachstum in der Phase der ewigen Rente nach IDW S 1 vgl. Abschn. 423.232.

[1054] Für eine kritische Auseinandersetzung mit der grundsätzlichen Zulässigkeit mengenbedingten Wachstums nach Ende der Detailplanungsphase vgl. Abschn. 423.233.

mangels einer umfassenden Definition des eingeschwungenen Zustands[1055] i. S. v. IDW S 1 üblicherweise lediglich ein preisbedingtes Wachstum der künftigen finanziellen Überschüsse unter der Annahme leistungsgleicher Substanzerhaltung an, d. h. intertemporal konstanter Leistungsmengen.[1056] Die Implementierung einer Konvergenzphase bietet somit einen Lösungsansatz für das aus der fehlenden Definition des Gleichgewichts- bzw. Beharrungszustands nach IDW S 1 erwachsende Problem einer oftmals nur unzureichenden Erfassung realen Wachstums. Durch die Zwischenschaltung einer Konvergenzphase wird ein etwaiges reales Wachstum auch nach Ende der Detailplanungsphase keineswegs infolge restriktiver Annahmen negiert, sondern durch den Einbezug von Fade-Faktoren unter Berücksichtigung bestehender Wachstumsgrenzen erfasst. Bereits für das nominale und reale Wachstum der künftigen finanziellen Überschüsse ist somit ersichtlich, dass bei Verwendung eines dreiphasigen Bewertungskalküls ein wichtiger Beitrag für eine ausgewogenere Behandlung der verschiedenen Wachstumskomponenten geleistet werden kann.

Allein im Hinblick auf die Abbildung mengenbedingten Wachstums wird leicht ersichtlich, dass durch die Implementierung einer Konvergenzphase etwaigen **Wachstumsgrenzen** als Zielgrößen besser Rechnung getragen werden kann. Bezüglich eines möglichen Mengenwachstums ist hierbei das Marktwachstum[1057] als mögliche sachliche bzw. sachlogische (Ober-)Grenze sowie der Lebenszyklus von Produkten als Anhaltspunkt für eine zeitliche Begrenzung[1058] des Wachstums angesprochen. Der verstärkte Einbezug von Wachstumsgrenzen lässt sich indes gleichsam auf den Fall eines eventuellen preisbedingten Wachstums übertragen. Wenngleich die gesamtwirtschaftliche Preissteigerungsrate nicht als allgemeingültige Untergrenze des unternehmensspezifischen Wachstums betrachtet werden kann,[1059] sind andere und z. T. bereits angeführte beispielhafte Preisentwicklungen denkbar, die mittels einer Konvergenzphase abgebildet werden können.

Zudem werden bei der nach IDW S 1 idealtypischen Phasendifferenzierung **Interdependenzen zwischen Preis- und Mengenentwicklungen** unmittelbar nach Ablauf der Detailplanungsphase nicht (mehr) erfasst. Ausgehend von der klassischen Preistheorie ist zu erwarten, dass auf vollkommenen Märkten Preisänderungen homogener Güter entsprechende Mengenänderungen nach sich ziehen.[1060] Entgegen der Bewertungskonzeption von IDW S 1 ließe sich eine solche Kausalität, also z. B. ein abnehmendes Mengenwachstum infolge eines zunehmenden Preiswachstums, in der Konvergenzphase durchaus bewertungstechnisch mittels abweichender Fade-Faktoren abbilden. Zwar lassen sich diese nicht ermessensfrei herleiten,

[1055] Zum Gleichgewichts- oder Beharrungszustand als Anwendungsvoraussetzung für die Formel der ewigen Rente vgl. Abschn. 423.231.

[1056] Vgl. diesbezüglich die Anmerkungen zur Ableitung der relevanten Preissteigerungsrate unter Berücksichtigung des Bewertungskalküls nach IDW S 1 in Abschn. 424.21.

[1057] Inwieweit das Wachstum des relevanten Markts eine Obergrenze des unternehmensspezifischen Wachstums darstellt, wird in Abschn. 424.22 kritisch diskutiert.

[1058] Zu zeitlichen Grenzen des unternehmensspezifischen Wachstums vgl. Abschn. 424.3.

[1059] Für eine kritische Diskussion der Eignung von Inflation als mögliche Untergrenze des Wachstums von Unternehmen vgl. Abschn. 424.21.

[1060] Vgl. WÖHE, G./DÖRING, U., Allgemeine Betriebswirtschaftslehre, S. 445-464.

gleichwohl leisten sie einen wertvollen Beitrag zum Einbezug von Wachstumsgrenzen und zur Explikation getroffener Wachstumsannahmen.

Abschließend ist zu konstatieren, dass die Implementierung einer Konvergenzphase gegenüber der nach IDW S 1 idealtypischen Differenzierung in zwei Bewertungsphasen nicht nur die Erfassung differenzierter Preis- bzw. Mengenentwicklungen auf Erlös- bzw. Kostenseite ermöglicht, sondern auch einen wichtigen Beitrag zur verstärkten Berücksichtigung von Wachstumsgrenzen im Zuge der Erfassung von Interdependenzen zwischen Preis- und Mengenwachstum leistet.

522.23 Die Abbildung thesaurierungsbedingten Wachstums in der Konvergenzphase

Für die bewertungstechnische Abbildung thesaurierungsbedingten Wachstums in der Konvergenzphase gelten grundsätzlich die gleichen Überlegungen, wie bereits vorstehend für das nominale und reale Wachstum geäußert. Ausgangspunkt der Überlegungen ist dabei die **Ausschüttungsannahme gemäß IDW S 1**[1061]. Wenngleich das thesaurierungsbedingte Wachstum dem Grunde nach steuerinduziert ist, wird es der Höhe nach auch durch die der Bewertung zugrunde liegende Ausschüttungsquote determiniert.[1062] Dabei wird mit Ablauf der Detailplanungsphase grundsätzlich die Äquivalenz des Ausschüttungsverhaltens des zu bewertenden Unternehmens zu dem der Alternativanlage angenommen. Besonderheiten der Branche, der Kapitalstruktur oder der rechtlichen Rahmenbedingungen des zu bewertenden Unternehmens können indes eine Abweichung von der für den Regelfall herangezogenen Prämisse rechtfertigen.[1063]

Ergänzend zu diesen grundlegenden Ausführungen wird seitens des IDW angemerkt, dass in Einzelfällen Adjustierungen der üblicherweise[1064] unterstellten Ausschüttungsquoten vorzunehmen sein können. In solchen Fällen ist abzuwägen, inwiefern den unternehmensspezifischen Faktoren durch eine **explizite Abbildung längerfristiger Ausschüttungserwartungen** im Rahmen der Prognose späterer Planjahre Rechnung getragen werden sollte.[1065] Indem somit für Einzelfälle die Notwendigkeit einer Abweichung von der üblichen Ausschüttungsannahme anerkannt wird, eröffnet das IDW zugleich die Option zur Verlängerung der Detailplanungsphase. Eine bloße Verlängerung der ersten Bewertungsphase unter Verwendung der analytischen Prognosemethode ist indes inkonsequent, da sich die vergleichsweise größere Prognosesicherheit einer Detailplanung gerade auf die zeitliche Nähe zum Bewertungsstichtag gründet. In der Praxis dürfte eine Verlängerung der Detailplanungsphase zudem an der mangelnden Verfügbarkeit zuverlässiger Planungsdaten für mehr als drei bis fünf Jahre schei-

---

1061 Zu der in IDW S 1 kodifizierten Ausschüttungsannahme vgl. Abschn. 422.2.

1062 Für eine formelhafte Darstellung des Zusammenhangs zwischen Ausschüttungs- und Thesaurierungsquote vgl. Formel 4-1 in Abschn. 422.2.

1063 Vgl. HFA DES IDW (Hrsg.), IDW S 1, Tz. 37.

1064 Als Ausgangsgröße zur Festlegung der Ausschüttungsquote empfiehlt das IDW Marktausschüttungsquoten, die in Abhängigkeit des zugrunde liegenden Marktindex zwischen 40,0 % und 60,0 % betragen. Vgl. WAGNER, W./JONAS, M./BALLWIESER, W./TSCHÖPEL, A., Weiterentwicklung von IDW S 1, S. 894.

1065 Vgl. IDW (Hrsg.), WP Handbuch 2008, Bd. II, Rn. A 98.

tern.[1066] In der Konsequenz lässt sich eine Detailplanung im eigentlichen Sinne, d. h. mittels analytischer und nicht pauschaler Methode unter Rückgriff auf vereinfachende Annahmen,[1067] keineswegs – wie durch IDW S 1 suggeriert – beliebig ausdehnen.[1068]

Unter gewissen Umständen stellt die Abbildung thesaurierungsbedingten Wachstums somit einen **exemplarischen Anwendungsfall für die Implementierung einer Konvergenzphase** dar. Weicht die Ausschüttungs- bzw. Thesaurierungsquote zum Ende der Detailplanungsphase von der als marktkonform erachteten Bandbreite ab, ließe sich eine durch temporäre unternehmensspezifische Besonderheiten geprägte Ausschüttungs- bzw. Thesaurierungsquote im Zuge einer zwischengeschalteten Konvergenzphase in ein marktübliches Niveau überführen. Diesbezüglich ist an den Fall zu denken, dass das zu bewertende Unternehmen eine Wachstumsstrategie[1069] verfolgt und infolge einer angestrebten Eigenfinanzierung zur Wachstumsrealisierung[1070] im Detailplanungszeitraum einen erhöhten Thesaurierungsbedarf aufweist.[1071] Liegt für den konkreten Bewertungsfall im Detailplanungszeitraum ein solcher Sachverhalt vor, d. h. die Thesaurierungsquote des Bewertungsobjekts liegt zeitweilig oberhalb der als marktüblich einzustufenden Thesaurierungsquote des relevanten Markts, lässt sich analog zu dem für das herkömmliche Wachstum dargestellten Vorgehen anhand von Fade-Faktoren ein etwaiger Abschmelzungsprozess bewertungstechnisch abbilden.[1072]

Ausgehend von einer in der Bewertungspraxis üblichen Länge der Detailplanungsphase von drei bis fünf Jahren können unternehmensspezifische Besonderheiten der Annahme einer konstanten Ausschüttungs- bzw. Thesaurierungsquote unmittelbar nach Ablauf dieser näheren Phase entgegen stehen. Wenngleich es nach Auffassung des IDW dem Ermessen des Bewertenden obliegt, die Detailplanungsphase bei Vorliegen entsprechender Beweggründe zu verlängern, erscheint ein solches Vorgehen in Anbetracht konzeptioneller Erwägungen diskussionswürdig. Sollen längerfristige Ausschüttungs- bzw. Thesaurierungserwartungen explizit im Bewertungskalkül abgebildet werden, ist die Implementierung einer Konvergenzphase einer bloßen Verlängerung der Detailplanungsphase vorzuziehen.

522.24 Die Abbildung von Abschreibungen und Investitionen in der Konvergenzphase

Um den **Übergang in einen annahmegemäß eingeschwungenen Zustand**[1073] des Bewertungsobjekts bewertungstechnisch herzustellen, wird nach Ende der Detailplanungsphase üblicherweise die wertmäßige **Identität von Abschreibungen und (Ersatz-)Investitionen** un-

---

1066 Zur üblichen Länge der Detailplanungsphase in der Bewertungspraxis vgl. Abschn. 224.4.

1067 Zur Abgrenzung von pauschaler und analytischer Methode vgl. IDW (Hrsg.), WP Handbuch 2008, Bd. II, Rn. A 160.

1068 Vgl. WOLLNY, C., Objektivierter Unternehmenswert, S. 174.

1069 Vgl. Abschn. 211 für eine Abgrenzung verschiedener Wachstumsstrategien.

1070 Vgl. Abschn. 211 zu verschiedenen Ansätzen zur Realisierung von Wachstumspotenzialen.

1071 Vgl. IDW (Hrsg.), WP Handbuch 2008, Bd. II, Rn. A 98.

1072 Vgl. diesbezüglich die Anmerkungen zur bewertungstechnischen Abbildung von herkömmlichem Wachstum in der Konvergenzphase mittels sog. Fade-Faktoren in Abschn. 522.22.

1073 Zum Gleichgewichts- bzw. Beharrungszustand nach IDW S 1 vgl. kritisch Abschn. 423.231.

damit für einen preisbedingten Wachstumsabschlag unterhalb der gesamtwirtschaftlichen Inflationsrate.[1130]

In der jüngsten Vergangenheit hat sich indes im **Schrifttum** die Erkenntnis durchgesetzt, dass das nominale Wachstum der künftigen finanziellen Überschüsse nicht unter alleiniger Bezugnahme auf die gesamtwirtschaftliche Preissteigerungsrate zu bestimmen ist, sondern vielmehr durch eine unternehmensspezifische bzw. effektive Teuerungsrate zu quantifizieren ist.[1131] Die bisherige Überwälzungsproblematik wird hierbei durch eine verstärkte Renditebetrachtung entschärft. Demnach wird an die effektive Teuerungsrate der allgemeine Anspruch erhoben, für Alt- und Erweiterungsprojekte gleichermaßen intertemporale Renditekonstanz und damit leistungsgleiche Substanzerhaltung sicherzustellen.[1132] Indem somit die Erzielung der am Kapitalmarkt geforderten Kapitalkosten gewährleistet ist,[1133] wird zugleich das vereinzelt als Reaktion auf das mehrheitlich vertretene Szenario einer unternehmensspezifischen Inflationsrate unterhalb der gesamtwirtschaftlichen Preissteigerungsrate vorgetragene Gegenargument entkräftet, dass ein solcher Fall die reale Schrumpfung[1134] und damit auf lange Sicht die Liquidation des zu bewertenden Unternehmens implizieren würde.[1135]

Hinsichtlich der **Bestimmung der relevanten Preissteigerungsrate** besteht nach derzeitigem Stand im Schrifttum weitgehend Einigkeit, dass neben der allgemeinen Preissteigerungsrate auch der technische Fortschritt zu berücksichtigen ist.[1136] Eine solche Anmerkung dürfte indes aus Sicht der Bewertungspraxis als wenig operabel empfunden werden. Schon jetzt findet sich in IDW S 1 der allgemeine Hinweis, dass die erwartete Geldentwertungsrate nur einen ersten Anhaltspunkt zur Prognose des nominalen Wachstums der künftigen finanziellen Überschüsse darstellen kann.[1137] Um eine bloße Verlagerung bestehender Diskussionspunkte bzw. die Substitution eines alten Problems (Überwälzbarkeit von Inflation) durch ein neues (Ableitung der unternehmensspezifischen Teuerungsrate) zu vermeiden, besteht weiterhin dringender Bedarf an konkreten Vorgaben zur objektivierten Abbildung des nominalen Wachstums der künftigen finanziellen Überschüsse.

Will man konkrete Handlungsanweisungen erarbeiten und die bewertungstechnische Abbildung von nominalem Wachstum zugleich einer stärkeren Objektivierung zugänglich machen, liegt es nahe, an der **Überwälzungsannahme als einer wesentlichen Determinante** der ef-

---

1130 Zu möglichen Szenarien zur Überwälzbarkeit von Inflation vgl. Abschn. 424.21.

1131 Vgl. Tschöpel, A./Wiese, J./Willershausen, T., Unternehmensbewertung und Wachstum, Teil 1, S. 351; Meitner, M., Inflation, S. 254.

1132 Vgl. Meitner, M., Terminal Value, S. 514.

1133 Vgl. Tschöpel, A./Wiese, J./Willershausen, T., Unternehmensbewertung und Wachstum, Teil 1, S. 351.

1134 Vgl. Schüler, A./Lampenius, N., Wachstumsannahmen, S. 235.

1135 Zum Vorwurf einer quasi schleichenden Liquidation des zu bewertenden Unternehmens als kategorischen Ablehnungsgrund für die Annahme einer unternehmensspezifischen Inflationsrate unterhalb der gesamtwirtschaftlichen Preissteigerungsrate vgl. Knoll, L./Lobe, S./Tartler, T., Langfristiges Ergebniswachstum, S. 13.

1136 Vgl. Tschöpel, A./Wiese, J./Willershausen, T., Unternehmensbewertung und Wachstum, Teil 1, S. 351; Meitner, M., Inflation, S. 254.

1137 Vgl. HFA des IDW (Hrsg.), IDW S 1, Tz. 96.

fektiven Teuerungsrate anzusetzen. Die Ermittlung des jeweiligen Überwälzungspotenzials erfordert dabei die Kenntnis der Angebotselastizitäten auf Beschaffungsseite bzw. der Nachfrageelastizitäten auf Angebotsseite.[1138] Da diese Elastizitäten indes in aller Regel nicht bekannt bzw. nur mit erheblichem Aufwand zu quantifizieren sind, findet sich vielfach die Empfehlung, das Überwälzungspotenzial anhand qualitativer Analysemethoden zu bestimmen.[1139] Angesichts ihrer Anfälligkeit gegenüber subjektiven Einflüssen können diese indes stark ermessensbehaftet sein und sollten daher vorrangig für Plausibilisierungszwecke, z. B. im Rahmen der Diskussion möglicher Wachstumsgrenzen,[1140] zum Einsatz kommen.[1141] Hinzu kommt, dass die Stellung des zu bewertenden Unternehmens auf dem relevanten Markt (Unternehmensanalyse) grundsätzlich zukunftsbezogen analysiert werden sollte.[1142] In der Konsequenz fällt eine hinreichende Objektivierung des Überwälzungspotenzials schwer.

Zum Zweck der Eliminierung bestehender Ermessensspielräume bei der Ableitung der relevanten Preissteigerungsrate im Allgemeinen bzw. der Überwälzungsannahme im Speziellen, bietet es sich an, analog zur vielfach empfohlenen Vorgehensweise zur Ableitung der Marktrisikoprämie[1143] verschiedene **Ansätze zur Normierung** der bewertungstechnischen Abbildung nominalen Wachstums in Betracht zu ziehen. Dies schließt indes nicht die Normierung von Wachstumsabschlägen in quantitativer Hinsicht ein, da eine solche Festlegung allgemeingültiger Ober- oder Untergrenzen nicht mit dem Gebot der unternehmensindividuellen Quantifizierung von Wachstumsabschlägen vereinbar wäre. Eine derartige Begrenzung des nachhaltigen Wachstums von Unternehmen sollte vielmehr einer Einzelfallbetrachtung unter Abwägung unternehmensspezifischer Besonderheiten vorbehalten sein.[1144] Eine Normierung ist hingegen für die Referenzgröße und den Referenzzeitraum zur Ableitung der effektiven Teuerungsrate denkbar.

Da die Vergleichbarkeit von Informationen verfügbarer Datenbanken infolge abweichender Erhebungsverfahren eingeschränkt sein kann, ist zum einen in Anlehnung an die nach IDW S 1 stark vereinheitlichte Ableitung des Basiszinssatzes auf Basis der Daten der Deutschen Bundesbank eine **Normierung der maßgeblichen Referenzgröße** in Erwägung zu ziehen.[1145] Referenzgröße zur Bestimmung des bewertungsobjektspezifischen Überwälzungspotenzials ist dabei grundsätzlich die gesamtwirtschaftliche Inflationsrate,[1146] die es zu überwälzen gilt. Die Entscheidung zugunsten einer konkreten Referenzgröße ist dabei insofern

1138 Vgl. MUNKERT, M. J., Kapitalisierungszinssatz, S. 357.

1139 Vgl. WOLLNY, C., Objektivierter Unternehmenswert, S. 348; MUNKERT, M. J., Kapitalisierungszinssatz, S. 358.

1140 Zur Diskussion möglicher Wachstumsgrenzen unter besonderer Berücksichtigung qualitativer Analysemethoden vgl. Abschn. 424.22.

1141 Vgl. KOELEN, P., Investitionstheoretische Bewertungskalküle, S. 163.

1142 Vgl. MUNKERT, M. J., Kapitalisierungszinssatz, S. 358.

1143 Zu der Empfehlung des Schrifttums, die Marktrisikoprämie zu normieren vgl. Abschn. 232.3.

1144 Zur Diskussion möglicher Grenzen des Wachstums von Unternehmen vgl. Abschn. 424.

1145 Zur Ableitung des Basiszinssatzes im Allgemeinen bzw. zur hiermit angesprochenen Svensson-Methode im Speziellen vgl. Abschn. 232.3.

1146 Vgl. HFA DES IDW (Hrsg.), IDW S 1, Tz. 96.

(wert-)relevant, als dass sich zwischen verschiedenen Informationsquellen infolge unterschiedlicher Berechnungsmethoden durchaus abweichende gesamtwirtschaftliche Inflationsraten ergeben können.[1147] Eine derartige Festlegung der relevanten Datenbasis würde daher zumindest den Ermessensspielraum hinsichtlich der Wahl der herangezogenen Referenzgröße deutlich einschränken. Entgegen der in der Bewertungspraxis verbreiteten Anwendung kommerzieller Datenbanken bietet sich hierbei die Verwendung der frei zugänglichen und damit für sämtliche Adressaten verfügbaren Zeitreihen der Deutschen Bundesbank bzw. des Statistischen Bundesamts an.[1148] Mittels einer solchen transparenten und damit nachvollziehbaren Normierung ließe sich ein Mindestmaß an Objektivierung für einen – wenn nicht den – wesentlichen Parameter zur Ableitung der unternehmensspezifischen Preissteigerungsrate gewährleisten.[1149]

Da künftige Entwicklungen aus Gründen der Konsistenz und Plausibilität nicht losgelöst von der Vergangenheit zu planen bzw. zu prognostizieren sind, ist zum anderen in zeitlicher Hinsicht über eine **Normierung des maßgeblichen Referenzzeitraums** nachzudenken. Hinsichtlich Planung und Prognose merkt IDW S 1 allgemein an, dass die Prognose künftiger Entwicklungen stets auf Basis einer Vergangenheitsanalyse als Ausgangspunkt vorzunehmen ist.[1150] Das Prognoseziel ist dabei weniger die exakte Vorhersage der künftigen Entwicklung, sondern vielmehr die plausible Ableitung von Tendenzaussagen über die künftige Entwicklung anhand von Daten der Gegenwart und Vergangenheit.[1151] Da vergangenheitsorientierte Daten stets intersubjektiv nachprüfbarer sind als zukunftsorientierte Daten und zugleich die Prognosesicherheit letzterer mit zunehmender Entfernung vom Bewertungsstichtag abnimmt, stellt sich die Frage, wie weit der Bewertende mit Eintritt in die Phase der ewigen Rente den Blick in die Vergangenheit zu richten hat, um eine die Gegenwart und Vergangenheit angemessen repräsentierende Überwälzungsannahme treffen zu können. Angesichts besonderer (zyklischer) Trendentwicklungen einzelner Branchen oder Märkte ist eine allgemeingültige Antwort auf diese Frage nicht möglich. Indes sei an dieser Stelle zumindest eine bandbreitenbezogene Normierung des Referenzzeitraums für die Ermittlung der effektiven Teuerungsrate angeregt. Da es im Einzelfall einen erheblichen Unterschied machen kann, ob die Fähigkeit des Bewertungsobjekts zur Überwälzbarkeit von Inflation auf Basis eines Zeitraums von drei oder zehn Jahren beurteilt wird, könnte diesbezüglich in Anlehnung an die in der Unternehmens- bzw. Bewertungspraxis zu beobachtende Konvention eines drei- bis fünfjährigen De-

---

1147 Wird die gesamtwirtschaftliche Preissteigerungsrate über einen repräsentativen Warenkorb ermittelt, ist hierbei v. a. dessen Abgrenzung relevant. Ebenso können sich Abweichungen aus der Vornahme einer respektive den Verzicht auf eine Saisonbereinigung ergeben.

1148 Aufgrund der expliziten Bezugnahme des IDW auf die Daten der Deutschen Bundesbank im Zuge der Vorgaben zur Ableitung des Basiszinssatzes, kann die zugrunde liegende Datenbasis auch als methodisch anerkannt erachtet werden. Zur Verfügbarkeit der Daten des Statistischen Bundesamts vgl. Fn. 735 in Abschn. 423.11.

1149 Zu denken ist hierbei z. B. an die verschiedenen Preisindizes des Statistischen Bundesamts. Zur Entwicklung des saisonbereinigten Verbraucherpreisindex vgl. exemplarisch Abbildung 4-1 in Abschn. 423.11.

1150 Vgl. HFA DES IDW (Hrsg.), IDW S 1, Tz. 72. Zur Ermittlung der Planungs- und Prognosebasis vgl. Abschn. 224.1.

1151 Vgl. in diesem Zusammenhang auch die Ausführungen zum Zielkonflikt zwischen Objektivität und ökonomischer Brauchbarkeit in Abschn. 212.

tailplanungszeitraums[1152] verfahren werden. Ausgehend von den empirischen Erkenntnissen zur vergangenen Entwicklung der gesamtwirtschaftlichen Inflationsrate sollte der Referenzzeitraum einen **zeitlichen Korridor von mindestens zehn Jahren** umfassen, um verzerrende Einflüsse einzelner Zyklen weitgehend vermeiden zu können.[1153] Auf diese Weise ließe sich auch in zeitlicher Hinsicht ein Mindestmaß an Objektivierung gewährleisten.

Mittels der dargestellten Normierungsansätze und der damit einhergehenden Strukturierung bzw. Standardisierung des grundsätzlichen Vorgehens zur bewertungstechnischen Abbildung nominalen Wachstums ließe sich somit ein wesentlicher Beitrag zum **Abbau bestehender Ermessensspielräume** bei der einzelfallspezifischen Ableitung wachstumsrelevanter Bewertungsparameter und damit zur Objektivierung der bewertungstechnischen Abbildung von Wachstum leisten.

522.33 Die Abbildung thesaurierungsbedingten Wachstums in der Restwertphase

Analog zur Berücksichtigung nominalen Wachstums ist die Abbildung thesaurierungsbedingten Wachstums in der Restwertphase grundsätzlich unabhängig von der dem Bewertungskalkül zugrunde liegenden Phasendifferenzierung. Im Folgenden werden daher vielmehr mögliche **Ansätze zur Objektivierung** der bewertungstechnischen Abbildung thesaurierungsbedingten Wachstums innerhalb der Phase der ewigen Rente **unter Einbezug der derzeitigen Vorgaben in IDW S 1** fokussiert erörtert. Ein thesaurierungsbedingtes Wachstum in der Phase der ewigen Rente ergibt sich nicht zuletzt aus dem Ausschüttungsverhalten des zu bewertenden Unternehmens.[1154] Diesbezüglich unterstellt IDW S 1 grundsätzlich, dass zwischen dem Ausschüttungsverhalten des zu bewertenden Unternehmens und dem der Alternativanlage Äquivalenz herrscht.[1155]

Die inzwischen vollzogene Abkehr von der ehemals in IDW S 1 kodifizierten Vollausschüttungshypothese[1156] ist dabei v. a. im Lichte des in der Unternehmensrealität zu beobachtenden Ausschüttungsverhaltens zu betrachten. Dabei zeigt sich, dass voll ausschüttende Unternehmen in der Praxis nur selten vorzufinden sind. Wird also in einem konkreten Bewertungsfall trotz expliziter Aufgabe der Vollausschüttungsannahme die vollständige Auskehrung des ausschüttungsfähigen[1157] finanziellen Überschusses unterstellt, handelt es sich demnach um eine – aus Gründen der Vereinfachung und Komplexitätsreduktion getroffene – finanzmathematische Fiktion. Diese vermag zwar die wertmäßig sachgerechte Erfassung von Thesaurierungen zu gewährleisten, gleichwohl impliziert sie eine Abstraktion vom realen Ausschüttungsverhalten und der daraus resultierenden tatsächlichen Entwicklung des zu bewertenden Unterneh-

---

1152 Zu denkbaren Ansätzen zur Abgrenzung des Detailplanungszeitraums vgl. Abschn. 224.4.

1153 Zu empirischen Befunden zur Entwicklung der gesamtwirtschaftlichen Preissteigerungsrate im Zeitablauf vgl. Abbildung 4-1 in Abschn. 423.11.

1154 Zur Veranschaulichung dieses Zusammenhangs vgl. Formel 4-8 zur Herleitung des thesaurierungsbedingten Wachstumsabschlags in Abschn. 423.234.

1155 Zu der in IDW S 1 kodifizierten Ausschüttungsannahme vgl. Abschn. 422.2.

1156 Zur Begründung der Abkehr von der Vollausschüttungshypothese vgl. Abschn. 422.2.

1157 Zur Ausschüttungsfähigkeit finanzieller Überschüsse vgl. Abschn. 223.

mens.[1158] Das hiermit angesprochene **Spannungsverhältnis zwischen Modellwelt und Unternehmensrealität** offenbart sich indes auch bei Verzicht auf die Vollausschüttungsfiktion. Während Unternehmen in der Praxis aus verschiedenen Gründen finanzielle Überschüsse thesaurieren, werden Thesaurierungen in der Phase der ewigen Rente aus Sicht der Modellwelt vorrangig mit steuerlichen Erwägungen begründet.[1159] Diesbezüglich herrscht im Schrifttum weitgehend Einigkeit darüber, dass die Thesaurierung selbst wertneutral, die aus ihr resultierende zeitliche Verlagerung der Besteuerung der einbehaltenen finanziellen Überschüsse indes werterhöhend und das thesaurierungsbedingte Wachstum somit ausschließlich steuerinduziert ist.[1160] Das allgemein übliche und mit IDW S 1[1161] konforme Vorgehen, diesen steuerinduzierten Werteinfluss im Bewertungskalkül zu erfassen, stößt indes insofern auf Kritik, als dass sich der steuerinduzierte Werteinfluss kaum objektiv begründen ließe. Eine solche Begründung ließe sich nach GRÖGER allenfalls bei Kenntnis über diejenigen Investitionsprojekte finden, die i. S. der kapitalwertneutralen Wiederanlageprämisse tatsächlich eine Rendite in Höhe der Kapitalkosten Steuern bzw. der Alternativrendite vor persönlichen Steuern erzielen.[1162] Teilweise findet sich daher die Empfehlung, in der Restwertphase entweder steuerliche Werteinflüsse annahmegemäß auszuschließen oder von der vollen Ausschüttung der finanziellen Überschüsse auszugehen.[1163] Dem ist unter dem hier gewählten Fokus der Objektivierung des Bewertungskalküls entgegenzuhalten, dass der Abbau bestehender Ermessensspielräume weniger durch eine bloße Verneinung des in der Praxis festzustellenden Ausschüttungsverhaltens, sondern vielmehr durch eine objektivierte und somit intersubjektiv nachprüfbare Ermittlung einzelner Bewertungsparameter erreicht werden sollte. Im Hinblick auf die bewertungstechnisch abzubildende Ausschüttungs- bzw. Thesaurierungspolitik des Bewertungsobjekts sollte daher auf eine pauschale Ausschüttungsannahme unter Vernachlässigung der Unternehmensrealität verzichtet und stattdessen die im Bewertungskalkül angesetzte Ausschüttungsquote mit am Kapitalmarkt beobachtbaren Daten unterlegt werden.

Neben der Ausschüttungsquote ist bezüglich einer **empirischen Fundierung einzelner Bewertungsparameter** zudem die Dividendenrendite in Betracht zu ziehen. Anhand der Bestimmungsgleichung des Tax-CAPM[1164] lässt sich zwischen diesen beiden Parametern der folgende Zusammenhang herstellen:

1158 Vgl. TSCHÖPEL, A./WIESE, J./WILLERSHAUSEN, T., Unternehmensbewertung und Wachstum, Teil 1, S. 351.

1159 Vgl. GRÖGER, H.-C., Ausschüttungsquote und Unternehmensrendite, S. 678. Zu den in der Unternehmenspraxis anzutreffenden Motiven für die Durchführung von Thesaurierungen vgl. ALLEN, F./MICHAELY, R., Payout Policy, S. 341 f.; WILHELM, J., Ausschüttungspolitik, Sp. 213-227; BLACK, F., Dividend Puzzle, S. 5-8.

1160 Eine Begründung der Wertneutralität von Thesaurierungen findet sich in Abschn. 423.13.

1161 Zur bewertungstechnischen Abbildung thesaurierungsbedingten Wachstums nach Maßgabe von IDW S 1 vgl. Abschn. 423.222 zur Detailplanungs- bzw. Abschn. 423.234 zur Restwertphase.

1162 Vgl. GRÖGER, H.-C., Ausschüttungsquote und Unternehmensrendite, S. 678. Zur kapitalwertneutralen Wiederanlageprämisse nach IDW S 1 vgl. Abschn. 422.3.

1163 Vgl. GRÖGER, H.-C., Ausschüttungsquote und Unternehmensrendite, S. 678; SCHWETZLER, B., Halbeinkünfteverfahren, S. 613 f.

1164 Vgl. zum Tax-CAPM die Ausführungen in Abschn. 232.3.

$$q_j = \frac{d_j}{r_j^{vSt}}$$

Formel 5-3: Ermittlung der Ausschüttungsquote auf Basis der Dividendenrendite[1165]

Soll die Ausschüttungsquote nicht empirisch erhoben, sondern berechnet werden, ist im Umkehrschluss bei gegebener (Ziel-)Rendite der Eigenkapitalgeber vor persönlichen Steuern die Dividendenrendite über Kapitalmarktdaten herzuleiten.[1166] Hinsichtlich der konkreten Vorgehensweise zur empirisch fundierten Ableitung der Dividendenrendite über eine Gruppe vergleichbarer Unternehmen (Peer Group) sind grundsätzlich zwei Alternativen möglich:

- Arithmetisches Mittel der (historischen) Dividendenrenditen[1167] einer Peer Group, wobei die Dividendenrenditen einbezogener Vergleichsunternehmen über einen mehrjährigen Untersuchungszeitraum erhoben werden oder
- arithmetisches Mittel der (zum Bewertungsstichtag aktuellen) Dividendenrenditen einer Peer Group, wobei die Dividendenrenditen einbezogener Vergleichsunternehmen durch die zuletzt bezahlte bzw. angekündigte Dividende in Relation zum Aktienkurs am Bewertungsstichtag determiniert werden.[1168]

Eine Prognose der Dividendenrendite ist allenfalls dann in Erwägung zu ziehen, sofern eine deutliche Änderung der durchschnittlichen Dividendenrendite der jeweiligen Branche zu erwarten ist und die empirisch beobachtbaren Dividendenrenditen der Vergangenheit somit nicht hinreichend repräsentativ sind.[1169]

Die **praktische Anwendung** der aufgeführten Alternativen zur Ableitung der Dividendenrenditen ist indes **angesichts bestehender Limitationen** – analog zu der auf ähnlichen Einwänden beruhenden Diskussion um die Vorziehenswürdigkeit des CAPM[1170] als Kapitalmarktpreisbildungsmodell – **kritisch** zu sehen. Das bezogen auf den konkreten Bewertungsstichtag abgeleitete arithmetische Mittel der Dividendenrenditen von Vergleichsunternehmen birgt beispielsweise die Gefahr, durch Sondereinflüsse in dem nur einjährigen Untersuchungszeitraum erheblich verzerrt und daher nicht repräsentativ zu sein. Demgegenüber gilt es bei empirischer Ermittlung der Dividendenrendite über einen mehrjährigen Untersuchungszeitraum zu berücksichtigen, dass das Ausschüttungsverhalten von Unternehmen nicht zuletzt von den steuerlichen Rahmenbedingungen abhängt, welche sich ihrerseits im Zeitablauf ändern und

[1165] Vgl. WOLLNY, C., Objektivierter Unternehmenswert, S. 196; WIESE, J., Unternehmensbewertung und Abgeltungssteuer, S. 373; WAGNER, W./JONAS, M./BALLWIESER, W./TSCHÖPEL, A., Unternehmensbewertung, S. 1025; BEYER, S./GAAR, A., Neufassung des IDW S 1, S. 244; WIESE, J., Wachstum und Ausschüttungsannahmen, S. 622.

[1166] Vgl. WOLLNY, C., Objektivierter Unternehmenswert, S. 196.

[1167] Zur Definition der Dividendenrendite vgl. PEEMÖLLER, V. H., Grundsätze ordnungsmäßiger Unternehmensbewertung, S. 45.

[1168] Vgl. BEYER, S./GAAR, A., Neufassung des IDW S 1, S. 244.

[1169] Vgl. BEYER, S./GAAR, A., Neufassung des IDW S 1, S. 244.

[1170] Zum CAPM als vorherrschendes Kapitalmarktpreisbildungsmodell vgl. Abschn. 232.3.

somit das Ausschüttungsverhalten beeinflussen können. Eine ohnehin nur in Ausnahmefällen in Betracht zu ziehende Prognose der Dividendenrendite dürfte in hohem Maße ermessensbehaftet sein und ist angesichts der angestrebten Objektivierung des Bewertungskalküls abzulehnen.[1171]

Zwar schließt der **FAUB des IDW** die Anwendung einer empirisch ermittelten Dividendenrendite keineswegs aus, sondern lässt eine solche Herangehensweise grundsätzlich als möglichen Ansatz zur Gewährleistung der Ausschüttungsäquivalenz zu.[1172] Indes spricht er sich explizit dafür aus, unmittelbar die Ausschüttungsquote empirisch zu erheben.[1173] Der FAUB stützt seine Präferenz dabei nicht nur auf den geringeren Aufwand einer empirisch erhobenen Ausschüttungsquote.[1174] Schließt man sich der Empfehlung einer direkten Ermittlung des Kapitalisierungszinssatzes nach persönlichen Steuern an, ist die Verwendung empirisch erhobener Ausschüttungsquoten auch deshalb zu präferieren, da die äquivalente Dividendenrendite keine Komponente des Kapitalisierungszinssatzes nach persönlichen Steuern darstellt und ihre Berechnung in diesem Fall somit obsolet ist.[1175] Als Argument gegen die mittelbare Ableitung der Ausschüttungsquote auf Basis einer ihrerseits empirisch erhobenen Dividendenrendite und damit für die unmittelbare empirische Erhebung der Ausschüttungsquote ist zudem anzubringen, dass der in Formel 5-3 unterstellte Zusammenhang zwischen Ausschüttungsquote und Dividendenrendite nur bei alleinigem Vorliegen thesaurierungsbedingten Wachstums sowie annahmegemäß konstanten und kapitalwertneutralen Rückflüssen aus thesaurierten Beträge über einen unendlichen Zeitraum Gültigkeit besitzt.[1176]

Der Empfehlung des FAUB ist zwar unter Abwägung der dargelegten theoretischen Gesichtspunkte grundsätzlich zuzustimmen, indes offenbaren sich in der praktischen Umsetzung ähnliche Ermessensspielräume wie bei empirischer Herleitung der Dividendenrendite. Derzeit besteht seitens des IDW nur die Vorgabe, dass die Ausschüttungsquote ausgehend von Marktausschüttungsquoten zu bemessen ist. Abweichend davon kann in Einzelfällen eine engere Orientierung an einer Gruppe von Vergleichsunternehmen (Peer Group[1177]) sinnvoll sein.[1178] Mangels detaillierter Angaben eröffnen sich dem Bewertenden mithin **weitreichende Ermessensspielräume bei der empirischen Erhebung der Ausschüttungsquote**. Diese

---

1171 Vgl. BEYER, S./GAAR, A., Neufassung des IDW S 1, S. 244.

1172 Vgl. WAGNER, W./JONAS, M./BALLWIESER, W./TSCHÖPEL, A., Weiterentwicklung von IDW S 1, S. 895.

1173 Vgl. IDW (Hrsg.), WP Handbuch 2008, Bd. II, Rn. A 97.

1174 Vgl. WAGNER, W./JONAS, M./BALLWIESER, W./TSCHÖPEL, A., Unternehmensbewertung, S. 1025.

1175 Zur Veranschaulichung anhand der Bestimmungsgleichung des Tax-CAPM vgl. WOLLNY, C., Objektivierter Unternehmenswert, S. 197; WAGNER, W./JONAS, M./BALLWIESER, W./TSCHÖPEL, A., Weiterentwicklung von IDW S 1, S. 896. Mit der gleichen Begründung plädieren auch PEEMÖLLER/BECKMANN/MEITNER für die Verwendung eines Kalküls nach persönlichen Steuern. Vgl. PEEMÖLLER, V. H./BECKMANN, C./MEITNER, M., Nachsteuer-CAPM, S. 95.

1176 Der in Formel 5-3 unterstellte Zusammenhang zwischen Ausschüttungsquote und Dividendenrendite ist demnach nicht vereinbar mit dem Vorliegen eines zusätzlichen nominalen Wachstums. Vgl. GRÖGER, H.-C., Ausschüttungsquote und Unternehmensrendite, S. 677 f.

1177 Der Kreis der einbezogenen Vergleichsunternehmen sollte dabei grundsätzlich der Peer Group entsprechen, die auch der Bemessung der Alternativrendite zugrunde liegt. Vgl. IDW (Hrsg.), WP Handbuch 2008, Bd. II, Rn. A 97.

1178 Zu den Vorgaben des IDW zur Ableitung der Ausschüttungsquote vgl. Abschn. 422.2.

betreffen sowohl die Abgrenzung der Peer Group als auch das konkrete Vorgehen zur Ermittlung der durchschnittlichen Ausschüttungsquote der Vergleichsunternehmen. Bei unreflektierter Bezugnahme auf die Daten von Vergleichsunternehmen ist somit in Frage zu stellen, inwieweit die Verwendung einer Peer Group bestehende Ermessensspielräume tatsächlich einzuschränken vermag.

Zum Zweck einer möglichst weitgehenden Eliminierung dieser Ermessensspielräume bietet sich analog zur Objektivierung der bewertungstechnischen Abbildung nominalen Wachstums in der Phase der ewigen Rente eine **Normierung des Verfahrens zur empirischen Erhebung der Ausschüttungsquote** mittels einer Peer Group an.[1179] Um zu gewährleisten, dass die einbezogenen Unternehmen tatsächlich vergleichbar[1180] sind mit dem Bewertungsobjekt, bedarf es im ersten Schritt eindeutiger (quantitativer) Kriterien zur **Selektion der Peer Group**. Hierbei erweist es sich aus Objektivierungsgesichtspunkten als äußerst problematisch, dass die Auswahl dieser Kriterien gegenwärtig allein im Ermessen des Bewertenden liegt.[1181] Das bislang unbegrenzte Spektrum möglicher Selektionskriterien sollte daher i. S. eines Katalogs klar definierter Maßstäbe eingegrenzt werden. Zu denken ist hierbei z. B. an die Mitarbeiterzahl, den Umsatz oder die Marktkapitalisierung.[1182] Die zur Abgrenzung der Peer Group herangezogenen Kriterien sind dann im zweiten Schritt bewertungsobjektspezifisch zu quantifizieren.

Unterstellt man eine objektive Abgrenzung der Peer Group, fehlt es zudem an eindeutigen Vorgaben zur Ermittlung der durchschnittlichen Ausschüttungsquote der einbezogenen Vergleichsunternehmen. Hiermit ist in erster Linie die Frage angesprochen, auf Basis welchen Mittelwerts die Ausschüttungsquote zu ermitteln ist. Der Durchschnitt ist allgemein so zu bilden, dass er einen repräsentativen Schätzwert für die künftig erwartete Ausschüttungsquote darstellt. Die **Art der Mittelwertbildung** ist dabei insofern bedeutsam, als dass die Abweichungen zwischen den verschiedenen Mittelwerten wesentlich sein können.[1183] Der jeweilige Schätzwert bzw. die jeweilige Ausprägung des Mittelwerts sollte dabei grundsätzlich in Abhängigkeit des Verwendungszwecks getroffen werden.[1184] Wenngleich eine pauschale Festlegung auf eine bestimmte Variante der Mittelwertbildung somit schwer fällt, wäre angesichts des vorhandenen Ermessenspielraums bei gleichzeitig hoher Wertrelevanz auch in diesem Punkt eine Eingrenzung der vorhandenen Wahlmöglichkeiten wünschenswert, wobei im

---

1179 Die Ansätze zur Normierung des Verfahrens zur empirischen Erhebung der Ausschüttungsquote lehnen sich eng an die vergleichbare Diskussion zur Ermittlung der Marktrisikoprämie an. Vgl. exemplarisch DÖRSCHELL, A./FRANKEN, L./SCHULTE, J., Kapitalisierungszinssatz, S. 89-117. Zur Objektivierung der bewertungstechnischen Abbildung nominalen Wachstums in der Phase der ewigen Rente vgl. Abschn. 522.32.

1180 Die Frage der Vergleichbarkeit der in die Peer Group einbezogenen Unternehmen mit dem zu bewertenden Unternehmen stellt sich v. a. im Fall eines nicht börsennotierten Bewertungsobjekts. Zu den Besonderheiten bei der Bewertung nicht börsennotierter Unternehmen im Hinblick auf notwendige Risikoanpassungen vgl. SCHULZ, R., Größenabhängige Risikoanpassungen, S. 72-133.

1181 Vgl. DÖRSCHELL, A./FRANKEN, L./SCHULTE, J., Kapitalisierungszinssatz, S. 227.

1182 Vgl. DÖRSCHELL, A./FRANKEN, L./SCHULTE, J., Kapitalisierungszinssatz, S. 227. Zu möglichen Auswahlkriterien vgl. JONAS, M., Ausschüttungsverhalten und Betafaktor, S. 483.

1183 Vgl. DÖRSCHELL, A./FRANKEN, L./SCHULTE, J., Kapitalisierungszinssatz, S. 94.

1184 Vgl. REESE, R., Schätzung von Eigenkapitalkosten, S. 45.

Rahmen von Zukunftserfolgsverfahren in diesem Kontext das arithmetische Mittel zur Mittelwertbildung zu präferieren ist. Gegen die Anwendung des geometrischen Mittels als theoretisch richtiger Maßstab einer tatsächlichen historischen Entwicklung lässt sich vorbringen, dass Gegenstand einer Unternehmensbewertung nicht die Messung einer historischen, sondern die Schätzung einer künftigen Entwicklung ist.[1185]

Neben der Art der Mittelwertbildung ist zudem bedeutsam, auf welche Datenbasis sich diese in sachlicher und zeitlicher Hinsicht bezieht.[1186] Wie bereits für die Ableitung der Dividendenrendite skizziert, wirft dies die generelle Frage auf, ob der empirischen Erhebung der Ausschüttungsquote mittels einer Peer Group (sachliche Perspektive) ein ein- oder mehrperiodiger **Betrachtungszeitraum** (zeitliche Perspektive) zugrunde gelegt werden sollte. Während eine mehrjährige Betrachtung den vermeintlichen Nachteil einer Beeinflussung des Ausschüttungsverhaltens durch zwischenzeitlich vollzogene Änderungen des gesetzgeberischen Rahmens im Allgemeinen bzw. der steuerlichen Verhältnisse im Speziellen birgt, liefern derartige Änderungen zugleich einen wichtigen Erklärungsansatz. Wird hingegen nur eine Periode betrachtet, sind Verzerrungen vorrangig auf Extremwerte einzelner Vergleichsunternehmen zurückzuführen. Dabei dürfte dem Bewertenden als außen stehende Person gegenüber dem betroffenen Vergleichsunternehmen eine Erläuterung solcher unternehmensspezifischer Sondereffekte weitaus schwerer fallen. In der Konsequenz ist ein mehrjähriger Betrachtungszeitraum zur empirischen Erhebung der Ausschüttungsquote zu bevorzugen. Um Besonderheiten der Bewertungssituation bzw. des zu bewertenden Unternehmens hinreichend Rechnung tragen zu können und zugleich bestehende Ermessensspielräume im Rahmen gegebener Möglichkeiten einzuschränken, sei daher zumindest eine bandbreitenbezogene Normierung des Referenzzeitraums angeregt. Unter Berücksichtigung der empirischen Befunde[1187] zum äußerst volatilen Wachstum von Dividenden als Ausschüttungsgröße wird an dieser Stelle analog zur empfohlenen Normierung des Referenzzeitraums zur Ermittlung des nominalen Wachstums für einen **zeitlichen Korridor von mindestens zehn Jahren** plädiert.

Wenngleich die konzeptionelle Richtigkeit der Annahme der Ausschüttungsäquivalenz zwischen Bewertungsobjekt und Alternativanlage nicht anzuzweifeln ist, fehlt es bislang an konkreten Vorgaben, wie die Ausschüttungsprämisse bewertungstechnisch umzusetzen ist. Die eigentlich der Objektivierung dienende kapitalmarktorientierte Unterlegung relevanter Parameter wird dadurch insofern ad absurdum geführt, als dass sie ihrerseits ermessensbehaftet ist. Den Ermessensspielräumen sollte deshalb durch punktuelle Normierungen begegnet werden.

522.34 Die Ableitung der Reinvestitionsrate

Die Ableitung der Reinvestitionsrate knüpft unmittelbar an das in der Konvergenzphase unterstellte Verhältnis von Abschreibungen und Investitionen an und ersetzt darauf aufbauend

---

1185 Vgl. Reese, R., Schätzung von Eigenkapitalkosten, S. 35.

1186 Aufgrund ihres Werteffekts wären in diesem Zusammenhang ebenso Hinweise zum Umgang mit Extremwerten wünschenswert. Zu möglichen Vorgehensweisen vgl. Abschn. 345.2.

1187 Zu den empirischen Befunden zur Volatilität des Dividendenwachstums vgl. Abschn. 345.3.

die differenzierte Abbildung langfristiger Trendentwicklungen bzw. Investitionszyklen durch eine pauschale **Annahme zum nachhaltigen (Re-)Investitionsvolumen**. Gesucht ist das Investitionsvolumen, das die bei Eintritt in die Restwertphase unterstellte Anlagensubstanz erhält. Mit dem Ansatz einer nachhaltigen Reinvestitionsrate wird somit unabhängig von der Phasendifferenzierung des Bewertungskalküls jeweils die Intention verfolgt, die annahmegemäße Wertidentität[1188] von Abschreibungen und Investitionen in der Phase der ewigen Rente bewertungstechnisch sicherzustellen.[1189] Während sich diese Prämisse bei isolierter Betrachtung der Restwertphase unter bestimmen Voraussetzungen rechtfertigen lässt, offenbaren sich bei Einnahme einer phasenübergreifenden Perspektive hingegen oftmals Inkonsistenzen. Im Folgenden wird gezeigt, dass das Konzept der Reinvestitionsrate – eingebettet in ein Konvergenzmodell – trotz unveränderter Prämissen gegenüber IDW S 1 einen geringeren Abstraktionsgrad von der realen Entwicklung von Abschreibungen und Investitionen erfordert und zugleich Inkonsistenzen zwischen den Bewertungsphasen vermeidet.

Abweichend zum Vorgehen in der Detailplanungsphase[1190] ist nach **IDW S 1** in der Phase der ewigen Rente infolge zunehmender Prognoseunsicherheit keine differenzierte Investitionsplanung vorgesehen. Während in der Phase der ewigen Rente bewertungstechnisch von Erweiterungs- und Rationalisierungsinvestitionen abstrahiert wird,[1191] sind die nachhaltigen jährlichen Ausgaben für Ersatzinvestitionen nach IDW S 1 als Reinvestitionsrate im Zähler des Bewertungskalküls zu veranschlagen.[1192] Um die Reinvestitionsrate angemessen bestimmen zu können, ist für den Fall investitionsintensiver Branchen und Unternehmen nach gleichartigen Anlagegruppen zu differenzieren. Konkret bemisst sich die Reinvestitionsrate grundsätzlich nach den Wiederbeschaffungskosten zum jeweiligen Reinvestitionszeitpunkt, die wiederum in barwertäquivalente Annuitäten zu transformieren sind.[1193] Indem darauf verwiesen wird, dass es in der Bewertungspraxis üblich ist, in der Restwertphase die Abschreibungen

---

[1188] Zur Annahme der Wertidentität von Abschreibungen und Investitionen vgl. Abschn. 422.4.

[1189] Zum Zweck der Reinvestitionsrate gem. IDW S 1 vgl. IDW (Hrsg.), WP Handbuch 2008, Bd. II, Rn. A 262.

[1190] Zur Investitionsplanung gem. IDW S 1 in der Detailplanungsphase vgl. IDW (Hrsg.), WP Handbuch 2008, Bd. II, Rn. A 261.

[1191] Die Konzeption von IDW S 1 sieht vor, dass in der Phase der ewigen Rente weiteres mengen- bzw. strukturbedingtes Wachstum auf Basis der vorhandenen Kapazitäten durch einen pauschalen Wachstumsabschlag vom Kapitalisierungssatz zu erfassen ist. Vgl. Abschn. 522.31 zur Vereinbarkeit nachhaltigen Mengenwachstums mit vorhandenen Wachstumsgrenzen im Rahmen des hier konkretisierten Konvergenzmodells.

[1192] Vgl. IDW (Hrsg.), WP Handbuch 2008, Bd. II, Rn. A 262.

[1193] Unter der Annahme einer unendlichen Lebensdauer des Bewertungsobjekts ergibt sich die Reinvestitionsrate finanzmathematisch als Produkt aus dem Barwert der erwarteten Investitionsauszahlungen zum Ende des Planungshorizonts und einem entsprechenden Verrentungszinssatz. Vgl. IDW (Hrsg.), WP Handbuch 2008, Bd. II, Rn. A 263. Zur Begründung der hierbei unterstellten Fortführungsprämisse vgl. Abschn. 224.2. Eine vereinfachte Ermittlung der Reinvestitionsrate mittels Division der Anlagensubstanz zu Zeitwerten durch die durchschnittlich erwartete technisch-wirtschaftliche Nutzungsdauer scheitert in der Unternehmensrealität regelmäßig am Vorliegen von heterogenen Altersstrukturen und Investitionszyklen. Vgl. zur grundsätzlichen Möglichkeit einer vereinfachten Ermittlung der Reinvestitionsrate IDW (Hrsg.), WP Handbuch 2008, Bd. II, Rn. A 264; MEITNER, M., Terminal Value, S. 519.

durch die abgeleitete Reinvestitionsrate zu substituieren, erscheint dieses Vorgehen als durch das IDW akzeptiert.[1194]

In der **Unternehmensrealität** erweist es sich als äußerst problematisch, dass Reinvestitionsrate und Abschreibungen auch zum Ende der Detailplanungsphase der Höhe nach regelmäßig in wesentlichem Maße auseinanderfallen. Demnach ist auch für den Restwertzeitraum keine unmittelbare Wertidentität[1195] von Abschreibungen und (Re-)Investitionen, sondern weiterhin eine zumindest vorübergehend dynamische Kapitalstruktur zu antizipieren. In diesem Fall sind die Investitions- und Abschreibungsreihen sowie die damit zusammenhängende Zins- und Steuerentwicklung in aufwendigen Nebenrechnungen langfristig zu berechnen und anschließend in barwertäquivalente Annuitäten zu überführen.[1196] Da mit diesen Nebenrechnungen zur langfristigen Abbildung von Zins- und Steuereffekten indes keine explizite Verlängerung der einzelnen Phasen des Bewertungskalküls verbunden ist, erscheint dieses Vorgehen konzeptionell inkonsistent. Derartige Nebenrechnungen erübrigen sich, sofern man die sukzessive Annäherung von Abschreibungen und Investitionen von vornherein konsistent im Zuge einer Konvergenzphase[1197] bewertungstechnisch abbildet.

Die Empfehlung des IDW, die nachhaltige Re- bzw. genauer Ersatzinvestitionsrate als **Annuität** aus den voraussichtlichen Investitionsauszahlungen zu berechnen, ist **angesichts des gebotenen Einbezugs von Inflation kritisch** zu sehen.[1198] Die nach der empfohlenen Vorgehensweise des IDW als Annuität ermittelte Reinvestitionsrate vernachlässigt den Einfluss von Inflation und gewährleistet somit nur nominale Substanzerhaltung. Will man den Wert des investierten Kapitals und damit die vorhandene Kapitalausstattung bzw. Kapazität hingegen real konstant halten, bedarf es nominaler Substanzmehrung.[1199] Unterstellt man aus Gründen der Vereinfachung eine homogene Anlagenstruktur, gilt es daher zur Gewährleistung realer Substanzerhaltung zu beachten, dass die erwarteten Ersatzinvestitionen in jeder Periode mit der relevanten Preissteigerungsrate[1200] nominal wachsen.[1201]

Hinsichtlich eines etwaigen **Objektivierungsbedarfs bei der Ermittlung der Reinvestitionsrate** ist bei Einbezug von Inflation zunächst auf die an anderer Stelle diskutierten Ansätze zur Objektivierung der relevanten Preissteigerungsrate hinzuweisen.[1202] Eine weitere Mög-

---

[1194] Vgl. IDW (Hrsg.), WP Handbuch 2008, Bd. II, Rn. A 265.

[1195] Zur Problematik der üblicherweise bei Eintritt in die Restwertphase unterstellten Wertidentität von Abschreibungen und (Re-)Investitionen vgl. Abschn. 422.4.

[1196] Vgl. IDW (Hrsg.), WP Handbuch 2008, Bd. II, Rn. A 265.

[1197] Zur bewertungstechnischen Abbildung von Abschreibungen und Investitionen in der Konvergenzphase vgl. Abschn. 522.24.

[1198] Vgl. MEITNER, M., Terminal Value, S. 519.

[1199] Zu nominaler Substanzmehrung und realer Substanzerhaltung vgl. Abschn. 423.232.

[1200] Zur objektivierten Ermittlung der relevanten Preissteigerungsrate vgl. Abschn. 522.32.

[1201] Zur Veranschaulichung des Einflusses von Inflation bei der Ermittlung der Reinvestitionsrate vgl. umfassend MEITNER, M., Terminal Value, S. 16-18.

[1202] Die Objektivierung der bewertungstechnischen Abbildung nominalen Wachstums in der Phase der ewigen Rente im Allgemeinen bzw. der Ermittlung der relevanten Preissteigerungsrate im Speziellen ist Gegenstand von Abschn. 522.32.

lichkeit zur Objektivierung offenbart sich hinsichtlich der bei Eintritt in die Phase der ewigen Rente geplanten Anlagensubstanz. Da die in der ewigen Rente angesetzte Reinvestitionsrate gerade dem Erhalt dieser als nachhaltig unterstellten Anlagensubstanz dienen soll,[1203] stellt diese mithin eine gewisse Zielgröße für die Ermittlung der Reinvestitionsrate dar. Um zu vermeiden, dass das zu bewertende Unternehmen bei Eintritt in die Phase der ewigen Rente gegenüber vergleichbaren Unternehmen über eine zu hohe oder eine zu niedrige Anlagensubstanz verfügt, bietet es sich an, die Zielkapazität über eine Peer Group zu bestimmen. Konkret ist hierzu das durchschnittliche Anlagevermögen der relevanten Branche als Referenzmaßstab für die nachhaltige Anlagensubstanz des Bewertungsobjekts anhand einer Gruppe von Vergleichsunternehmen analog zum vorstehend skizzierten Vorgehen zur Ableitung der nachhaltigen Ausschüttungsquote zu bestimmen.[1204] Indem der Zielwert der nachhaltigen **Anlagensubstanz unter Zuhilfenahme entsprechender Kapitalmarktdaten** vergleichbarer Unternehmen hergeleitet wird, lässt sich weitgehend die Gefahr minimieren, dass infolge vorhandener Über- oder Unterkapazitäten eine falsche Ausgangsbasis zur Abbildung nachhaltiger Wachstumskomponenten zugrunde gelegt wird.

Aufbauend auf den vorgetragenen Überlegungen zur Objektivierung der bewertungstechnischen Abbildung von Wachstum durch Implementierung einer Konvergenzphase wird im Folgenden ein Ansatz zur Plausibilisierung des durch die dargestellte Vorgehensweise implizierten Gesamtwachstums der künftigen finanziellen Überschüsse erarbeitet. Wie dabei zu zeigen ist, beschränkt sich der potenzielle Anwendungsbereich des nachfolgend entwickelten Plausibilisierungsmaßstabs indes keineswegs allein auf dreiphasige Bewertungskalküle, sondern schließt auch alternative Phasendifferenzierungen ein.

523. Das implizite Gesamtwachstum der künftigen finanziellen Überschüsse als Plausibilitätsmaßstab

Wenngleich auf Basis von Plausibilitätsüberlegungen allenfalls Tendenzaussagen zum Wachstum der künftigen finanziellen Überschüsse getroffen werden können,[1205] stellen diese ein wichtiges Mittel dar, um bestehende Ermessensspielräume durch Vorgabe plausibler Bandbreiten einzuschränken.[1206]

IDW S 1 stellt insofern folgerichtig klar, dass die Prognose der künftigen finanziellen Überschüsse auf Plausibilität zu prüfen ist.[1207] Der konkrete Ablauf, Inhalt und Umfang dieser **Plausibilitätsprüfung** sind indes einzelfallbezogen festzulegen und daher weitgehend dem Ermessen des Bewertenden überlassen.[1208] Bezogen auf die Planansätze der Detailplanungs-

1203 Vgl. IDW (Hrsg.), WP Handbuch 2008, Bd. II, Rn. A 262.
1204 Vgl. Abschn. 232.3 zu der auf eine Peer Group vergleichbarer Unternehmen gestützten Vorgehensweise zur Ermittlung einzelner Bewertungsparameter im Allgemeinen bzw. Abschn. 522.33 bezogen auf die nachhaltige Ausschüttungsquote im Speziellen.
1205 Vgl. REESE, R., Erwartete Eigenkapitalkosten, S. 16.
1206 Vgl. FUNK, R., Anforderungen der Rechnungslegung, S. S116.
1207 Vgl. HFA DES IDW (Hrsg.), IDW S 1, Tz. 81.
1208 Zu den Plausibilitätsüberlegungen nach IDW S 1 vgl. Abschn. 424.4.

phase weist IDW S 1 lediglich allgemein auf die Notwendigkeit ihrer Eignung als Bezugsgröße für die finanziellen Überschüsse der Restwertphase hin. Bezüglich der künftigen finanziellen Überschüsse in der Phase der ewigen Rente beschränkt sich IDW S 1 trotz ihrer starken Wertrelevanz im Wesentlichen auf den pauschalen Hinweis, dass das Unternehmenskonzept samt zugrunde liegender Annahmen mit den antizipierten Markt- und Wettbewerbsbedingungen abzustimmen ist. Die somit überwiegend qualitativen Anmerkungen zur Plausibilisierung der Prognose der künftigen finanziellen Überschüsse werden in quantitativer Hinsicht lediglich dahingehend ergänzt, dass – bezogen auf die Planansätze der Restwertphase – auch Branchenkennzahlen zu analysieren sind.[1209] Mangels konkreter Plausibilitätsmaßstäbe eröffnen sich dem Bewertenden somit entgegen der eigentlichen Intention einer solchen Plausibilitätsprüfung auch hier weitreichende Ermessensspielräume.

Einen wesentlichen Beitrag zur Beseitigung dieses Vakuums in IDW S 1 liefert das auf TSCHÖPEL/WIESE/WILLERSHAUSEN zurück gehende **Konzept der analytischen Gesamtwachstumsrate**.[1210] Durch den Fokus auf die in der Restwertphase zugelassenen Komponenten des nominalen und thesaurierungsbedingten Wachstums ist diese indes ausschließlich als Maßstab zur Plausibilisierung des nachhaltigen Wachstums der künftigen finanziellen Überschüsse zu sehen.[1211] Will man indes losgelöst von einzelnen Bewertungsphasen das tatsächliche Gesamtwachstum der künftigen finanziellen Überschüsse plausibilisieren, bedarf es eines Maßstabs, der auch ein etwaiges reales Wachstum in die Analyse einbezieht.

Um einen solchen – tatsächlich das Gesamtwachstum der künftigen finanziellen Überschüsse erfassenden – Plausibilitätsmaßstab zu entwickeln, der den Anforderungen der Bewertungslehre gerecht wird und zugleich auf die notwendige Akzeptanz in der Bewertungspraxis trifft, gilt es neben einschlägigen Grundsätzen ordnungsmäßiger Unternehmensbewertung zugleich die **Bedürfnisse des Berufsstands hinsichtlich einer solchen Plausibilitätsprüfung** zu berücksichtigen. Diesbezüglich fällt auf, dass in der Bewertungspraxis nachvollziehbarerweise diejenigen Ansätze zur Plausibilitätsprüfung dominieren, die vergleichsweise wenig Aufwand verursachen und infolgedessen schnell und kosteneffizient durchgeführt werden können.[1212] Dieser Anspruch der Bewertungspraxis drückt sich unisono im Grundsatz der Wirtschaftlichkeit als entscheidendes Beurteilungskriterium aus theoretischer Sicht aus. Ein zu entwickelnder Plausibilitätsmaßstab sollte daher dem Grundsatz der Wirtschaftlichkeit genügen, um somit den theoretischen und praktischen Anforderungen gleichermaßen zu entsprechen[1213]

1209 Eine Konkretisierung findet allenfalls ansatzweise durch die beispielhafte Nennung von Umsatzrenditen als möglicher Plausibilitätsmaßstab statt. Vgl. HFA DES IDW (Hrsg.), IDW S 1, Tz. 79. Für alternative Ansätze einer auf Kennzahlen gestützten Plausibilisierung vgl. CLAUS, J./THOMAS, J., Equity Premia, S. 1650-1657.

1210 Vgl. Abschn. 423.235 zur konzeptionellen Diskussion der analytischen Gesamtwachstumsrate bzw. Abschn. 423.24 zur kritischen Analyse des durch sie implizierten Gesamtwachstums der künftigen finanziellen Überschüsse.

1211 Für eine kritische Würdigung der analytischen Gesamtwachstumsrate vgl. Abschn. 423.24.

1212 Vgl. FISCHER-WINKELMANN, W. F./BUSCH, K., Unternehmensbewertungsverfahren, Teil 1, S. 646.

1213 Zum Grundsatz der Wirtschaftlichkeit vgl. Abschn. 242.

Unter Berücksichtigung dieses Wirtschaftlichkeitserfordernisses ist eine Plausibilisierung des Gesamtwachstums der künftigen finanziellen Überschüsse grundsätzlich auf Basis einer **retrograden Renditebetrachtung** möglich. Entgegen der ansonsten üblichen Vorgehensweise einer vereinfachten Wertermittlung zur Plausibilisierung,[1214] bei welcher der zuvor differenziert ermittelte Unternehmenswert einer vereinfacht bestimmten Näherungsgröße gegenüber gestellt wird, knüpft die Plausibilisierung unmittelbar an das zu plausibilisierende Bewertungsergebnis an und unterzieht dieses ausgehend vom Ende des Bewertungshorizonts einer retrograden Analyse. Die Intention dieses Vorgehens ist es, der Frage nachzugehen, welche Gesamtwachstumsrate des finanziellen Überschusses im Basisjahr[1215] zum Zweck einer Approximation[1216] des nachhaltigen finanziellen Überschusses implizit zu unterstellen ist, um bei unmittelbarer Anwendung des Modells der ewigen Rente den gleichen Unternehmenswert zu erzielen wie im Zuge einer detaillierten Berechnung auf Basis eines phasendifferenzierten Bewertungskalküls:

$$UW_t = \frac{F\ddot{U}_{t-1} \times (1 + w_{implizit})}{k - w_{implizit}}$$

Formel 5-4: Vereinfachte Wertermittlung anhand der impliziten Gesamtwachstumsrate

Dabei sei in Anlehnung an die kapitalwertneutrale Wiederanlageprämisse[1217] i. S. v. IDW S 1 vereinfachend unterstellt, dass den Anteilseignern über den gesamten Bewertungszeitraum eine Rendite in Höhe der Kapitalkosten des zu bewertenden Unternehmens zufließt. Die absolute Gesamtrendite, d. h. die Rendite bezogen auf den kompletten Bewertungshorizont, ergibt sich somit aus der Verzinsung der Summe der Barwerte aller finanziellen Überschüsse zum Kapitalisierungszinssatz. Das implizite Gesamtwachstum lässt sich dann anhand der Veränderung dieser Rendite im Zeitablauf bestimmen, wobei die Renditeänderung ihrerseits durch die Zunahme (oder Abnahme[1218]) der absoluten Gesamtrendite gegenüber dem finanziellen Überschuss im Basisjahr determiniert ist. Die implizite Gesamtwachstumsrate lässt sich dann im letzten Schritt mittels Division der absoluten Renditeänderung durch die Summe aus dem finanziellen Überschuss des Basisjahres und den Barwerten der finanziellen Überschüsse im Bewertungszeitraum ermitteln. Vergegenwärtigt man sich die der Arbeit zugrunde liegende

1214 Zu den hiermit angesprochenen Vergleichsverfahren vgl. Abschn. 231.

1215 Als Basisjahr sei in diesem Zusammenhang das letzte, unmittelbar an den Beginn des Bewertungszeitraums angrenzende, (Gegenwarts-)Jahr definiert.

1216 Infolge dieser stark vereinfachenden Approximation des nachhaltigen finanziellen Überschusses ist analog zum Anwendungsbereich alternativer Verfahren der vereinfachten Wertermittlung i. S. v. IDW S 1 einschränkend anzumerken, dass eine näherungsweise Wertermittlung unter Zuhilfenahme der impliziten Gesamtwachstumsrate eine differenzierte Wertermittlung keinesfalls ersetzen, sondern allenfalls ergänzen kann. Zum Anwendungsbereich von Verfahren zur vereinfachten Wertermittlung gem. IDW S 1 vgl. HFA des IDW (Hrsg.), IDW S 1, Tz. 143 f.

1217 Zur kapitalwertneutralen Wiederanlageprämisse vgl. Abschn. 422.3.

1218 Der mit einem solchen Szenario implizierte Fall eines negativen Gesamtwachstums ist nicht Gegenstand dieser Betrachtung.

Konzeption[1219] des Unternehmenswerts als Barwert der Nettozuflüsse an die Unternehmenseigner,[1220] ist die implizite Gesamtwachstumsrate definiert als:

$$w_{implizit} = \frac{(UW_t \times k) - FÜ_{t-1}}{UW_t + FÜ_{t-1}}$$

Formel 5-5: Implizite Gesamtwachstumsrate der künftigen finanziellen Überschüsse[1221]

Das Ziel dieser renditeorientierten Plausibilisierung ist es, der Frage nachzugehen, welches Gesamtwachstum der künftigen finanziellen Überschüsse die einzelnen wachstumsrelevanten Bewertungsprämissen implizieren.[1222] Da somit allein das Gesamtwachstum analysiert wird, erscheint eine Differenzierung nach einzelnen Wachstumskomponenten an dieser Stelle obsolet. Durch die mit dem Verzicht auf eine solche differenzierte Betrachtung einhergehende Komplexitätsreduktion wird zugleich dem als Nebenbedingung fungierenden Grundsatz der Wirtschaftlichkeit Rechnung getragen. Die implizite Gesamtwachstumsrate stellt somit einen Plausibilitätsmaßstab dar, der sowohl dem Ziel der Plausibilisierung des Gesamtwachstums als auch der Nebenbedingung der Wirtschaftlichkeit genügt.

Die vorgestellten Ansätze zur Stärkung der Objektivierung des Bewertungskalküls werden nunmehr unter Rückgriff auf die Grundsätze ordnungsmäßiger Durchführungen von Unternehmensbewertungen einer kritischen Würdigung unterzogen.

524. Kritische Würdigung der vorgestellten Ansätze zur objektivierten Abbildung von Wachstum im Bewertungskalkül

Das vorstehend konkretisierte Konvergenzmodell als Rahmenkonzept zur Objektivierung des Bewertungskalküls im Allgemeinen sowie die erarbeiteten Ansätze zur normierten und (markt-)objektivierten Herleitung einzelner Wachstumskomponenten im Speziellen sollen nunmehr unter Rückgriff auf die Grundsätze ordnungsmäßiger Durchführung von Unternehmensbewertungen kritisch gewürdigt werden.[1223] Der **Grundsatz der Objektivierung** soll hierbei sicherstellen, dass etwaige Ermessensspielräume bei der Ermittlung einzelner Bewertungsparameter weitgehend eliminiert werden und die Bewertung somit intersubjektiv nachprüfbar ist. Als flankierende Nebenbedingung wird der **Grundsatz der Wirtschaftlichkeit**

[1219] Zu der dieser Arbeit zugrunde liegenden Konzeption des Unternehmenswerts sowie weiteren Basisannahmen vgl. Abschn. 213.

[1220] HFA DES IDW (Hrsg.), IDW S 1, Tz. 4.

[1221] Die implizite Gesamtwachstumsrate lässt sich in zeitlicher Hinsicht dahingehend variieren, als dass ihrer Berechnung unterschiedliche Basisjahre zugrunde gelegt werden können. Will man den Detailplanungszeitraum ausblenden und nur das in der Konvergenz- und Restwertphase implizierte Gesamtwachstum plausibilisieren, ist als Basis das letzte Detailplanungsjahr zu wählen. In diesem Fall gilt es indes zu beachten, dass die Summe der auf Basis des jeweiligen Bewertungsmodells bestimmten Barwerte der künftigen finanziellen Überschüsse dann nicht mehr dem Unternehmenswert zum Bewertungsstichtag entspricht.

[1222] Zur Diskussion wesentlicher wachstumsrelevanter Prämissen in IDW S 1 vgl. Abschn. 422.

[1223] Vgl. Abschn. 242 zu den Grundsätzen ordnungsmäßiger Durchführung von Unternehmensbewertungen.

herangezogen, um neben der hinreichenden theoretischen Fundierung die gebotene Komplexitätsreduktion des Bewertungskalküls zu gewährleisten.[1224]

Setzt man sich mit den Argumenten für und gegen die Anwendung dreiphasiger Bewertungsmodelle im Allgemeinen bzw. eines Konvergenzmodells im Speziellen auseinander, ist die damit einhergehende **Verlagerung von Wertanteilen** als ein wesentlicher **Beitrag zur Objektivierung des Bewertungskalküls** zu nennen. Implementiert man bei unveränderter Länge[1225] der Detailplanungsphase zusätzlich eine Konvergenzphase in das Bewertungskalkül, reduziert sich durch den verzögerten Einritt in die Restwertphase und den folglich verkürzten Gleichgewichts- bzw. Beharrungszustand der Wertanteil des Restwerts.[1226] Indem ein im Einzelfall nicht unerheblicher Anteil des Unternehmenswerts nicht mehr allein auf Basis einer weitgehend pauschalen Methode ermittelt, sondern durch die Zwischenschaltung einer zusätzlichen Bewertungsphase einer verstärkt analytischen Methode zur objektivierten Wertermittlung zugänglich gemacht wird, trägt die Anwendung eines dreiphasigen Bewertungskalküls somit zur Entschlüsselung der „Black Box“ des Restwerts und Auflösung des bislang vorherrschenden Fokus auf den Wachstumsabschlag als wesentliche Determinante des Restwerts bei.[1227]

Während die **intersubjektive Nachprüfbarkeit** des Bewertungskalküls bei Differenzierung in nur zwei Bewertungsphasen beeinträchtigt ist, da wesentliche Wertbeiträge in den auf implizite Prämissen gestützten Restwert verlagert werden,[1228] wird die Nachvollziehbarkeit der Bewertung im Konvergenzmodell durch die im Zuge der Konkretisierung der Konvergenzphase zwangsläufig explizite Abbildung getroffener Annahmen im Bewertungskalkül gestärkt.[1229] Die bewertungstechnische **Offenlegung impliziter Prämissen** in der Konvergenzphase wirkt sich dabei keineswegs nur negativ auf die Komplexität des Modells aus.[1230] Vielmehr überwiegen die positiven Effekte der Explikation zugrunde liegender Prämissen.

Die durch das Konvergenzmodell erzwungene Explikation wesentlicher Prämissen eröffnet die Möglichkeit zur **Objektivierung der modelltechnisch gebotenen Abbildung langfristiger Entwicklungen**. Während diese bei idealtypischer Differenzierung in nur zwei Bewertungsphasen lediglich unter Zuhilfenahme pauschaler Annahmen allenfalls approximativ im Bewertungskalkül berücksichtigt werden können, erlaubt die zwischengeschaltete Übergangsphase eine deutliche Annäherung der Modellwelt an die Unternehmensrealität. Wie die

1224 Zum Spannungsverhältnis zwischen theoretischer Fundierung und Komplexitätsreduktion des Bewertungskalküls vgl. Abschn. 224.3.

1225 Vgl. Abschn. 224.4 zur Abgrenzung der Detailplanungsphase.

1226 Ein Beispiel zur Verlagerung von Wertanteilen bei Anwendung eines dreiphasigen Bewertungskalküls findet sich bei BAUSCH, A./PAPE, U., Ermittlung von Restwerten, S. 480-482 bzw. bezogen auf eine Verlängerung der Detailplanungsphase bei WOLLNY, C., Objektivierter Unternehmenswert, S. 176.

1227 Vgl. WOLLNY, C., Objektivierter Unternehmenswert, S. 176. Zur Bedeutung des Wachstumsabschlags für den Unternehmenswert vgl. Abschn. 32.

1228 Vgl. MEITNER, M., Modellkonsistenz, Teil 1, S. 10.

1229 Vgl. WOLLNY, C., Objektivierter Unternehmenswert, S. 175.

1230 Vgl. Abbildung 5-1 in Abschn. 521 zum Verhältnis von Komplexitätsgrad und Modellannahmen des Bewertungskalküls.

empirische Forschung bestätigt, ermöglicht ein Konvergenzmodell die objektivierte Abbildung unternehmensspezifischer Entwicklungsprozesse unter hoher Korrelation mit den in der Realität beobachtbaren Trendentwicklungen.[1231]

Zieht man ein Konvergenzmodell zur Wertermittlung heran, lassen sich indes nicht allein langfristige, sondern zugleich temporär **(branchen-)untypische Entwicklungen konsistent im Bewertungskalkül abbilden**. Grundsätzlich ist davon auszugehen, dass vermeintlich (über-)optimistische Prognosen, die durch sog. Hockey Sticks[1232] im Zuge der grafischen Aufbereitung der Unternehmensplanung zutage treten, auch bei idealtypischer Phasendifferenzierung im Zuge der Plausibilisierung der zur Bewertung herangezogenen Planungsrechnung aufgedeckt werden. Sofern sich vorübergehend abnormale Entwicklungen der künftigen finanziellen Überschüsse während der Detailplanungsphase plausibilisieren lassen, stellt sich indes das Problem ihrer Transformation in ein annahmegemäß nachhaltiges Niveau während der Restwertphase. Während dieses bei idealtypischer Phasendifferenzierung allenfalls unter Zuhilfenahme bewertungstechnischer Ungenauigkeiten aufgrund vereinfachender Prämissen gelöst werden kann, lassen sich im Rahmen einer Konvergenzphase auch zeitlich begrenzte bzw. zyklische Entwicklungen konsistent in einen annahmegemäß eingeschwungenen Zustand überführen.

Wenngleich in der Konvergenzphase eine Vielzahl verschiedener Einflussfaktoren wirkt,[1233] wird die Objektivierung des Bewertungskalküls in besonderem Maße durch die modellimmanente Berücksichtigung von sachlogischen und zeitlichen Wachstumsgrenzen,[1234] der Erfassung etwaiger (Re-)Investitionszyklen sowie der expliziten Abbildung der Überwälzbarkeit von Inflation gestärkt. Die durch die Implementierung einer Konvergenzphase als Überleitung zwischen Detailplanungs- und Restwertphase ermöglichte realitätsnahe und objektivierte Abbildung sowohl langfristiger als auch vorübergehend (branchen-)untypischer Entwicklungen trägt daher zur **Vermeidung eines Bruchs zwischen den Bewertungsphasen** bei, wie er bei idealtypischer Phasendifferenzierung geradezu vorgezeichnet ist.

Bezüglich der mangelnden Akzeptanz des Konvergenzmodells und der festzustellenden Vorbehalte der Bewertungspraxis ist anzumerken, dass die Implementierung einer Konvergenzphase keineswegs im Widerspruch zu den Ausführungen des IDW stehen muss. Zwar weist das IDW darauf hin, dass im Detailplanungszeitraum die Objektivierung der Bewertung der Maßgeblichkeit des individuellen Unternehmenskonzepts unterzuordnen ist. Indes erkennt das IDW gleichermaßen an, dass Letzteres auch nach Ende der Detailplanungsphase keineswegs außer Acht zu lassen ist. Vielmehr kann in Einzelfällen eine verstärkte Bezugnahme auf das individuelle Unternehmenskonzept durchaus sachgerecht sein. Dabei ist nach Auffassung des

---

1231 Vgl. LEWIS, T. G., Unternehmenswert, S. 109-124.

1232 Zum Phänomen sog. Hockey Sticks vgl. LEWIS, T. G., Unternehmenswert, S. 109.

1233 Für einen Überblick wesentlicher Determinanten der Konvergenzphase vgl. Abschn. 522.21.

1234 Vgl. BAUSCH, A./PAPE, U., Ermittlung von Restwerten, S. 481. Zur Diskussion möglicher Grenzen des nachhaltigen Wachstums von Unternehmen sowohl in sachlicher bzw. sachlogischer als auch zeitlicher Hinsicht vgl. Abschn. 424.

IDW abzuwägen, ob der Berücksichtigung unternehmensspezifischer Faktoren durch eine Verlängerung der Detailplanungsphase und somit durch eine explizite Abbildung langfristiger Prozesse Rechnung getragen werden sollte.[1235] Da im Konvergenzmodell ausgehend vom Ende der Detailplanungsphase zunächst die Konvergenz des Wachstums der künftigen finanziellen Überschüsse und anschließend – anknüpfend an den Wachstumsverlauf der Konvergenzphase – das als nachhaltig einzustufende Wachstum im Rahmen des etablierten Rentenmodells bewertungstechnisch abgebildet wird, kann die Implementierung einer Konvergenzphase auch als pauschale **Verlängerung der Detailplanungsphase mit verstärktem Fokus auf die Objektivierung** des Bewertungskalküls (z. B. durch empirische Ermittlung einzelner Bewertungsparameter anhand von Kapitalmarktdaten) interpretiert werden.[1236] Eine bloße Verlängerung der Detailplanungsphase ohne verstärkten Einbezug pauschaler Analysemethoden erscheint indes inkonsequent,[1237] zeichnet sich die Detailplanungsphase doch gerade durch die größere Prognosesicherheit aufgrund der zeitlichen Nähe zum Bewertungsstichtag aus.[1238] Die Detailplanungsphase ist daher bei Festhalten an der analytischen Methode keineswegs beliebig verlängerbar.[1239] Erst die Berücksichtigung pauschaler Analysemethoden erlaubt eine „Verlängerung" der Detailplanungsphase in Form einer Fortschreibung antizipierter Trendentwicklungen.

Im Ergebnis sind die dem **Konvergenzmodell** zugrunde liegenden Überlegungen nicht nur grundsätzlich **konsistent zu den Ausführungen des IDW**, sondern setzen diese z. T. mit noch größerer Konsequenz um. Das Konvergenzmodell greift die bereits gegenwärtig eröffnete Option zur Verlängerung der Detailplanungsphase auf, konkretisiert diese im Zuge der Implementierung einer zusätzlichen Bewertungsphase und verknüpft die Konvergenzphase anschließend als Bindeglied mit der Restwertphase, in welcher die Formel der ewigen Rente angewendet wird. Neben der abweichenden phasenbezogenen Abbildung einzelner Wachstumskomponenten können sich Unterschiede allenfalls hinsichtlich der Frage der Maßgeblichkeit des individuellen Unternehmenskonzepts ergeben.[1240] Während diesem nach Ansicht des IDW bei einer Verlängerung des Detailplanungszeitraums besondere Beachtung beizumessen ist,[1241] sind bei Implementierung einer Konvergenzphase nicht zur Plausibilisierung, sondern bereits zur objektivierten Wertermittlung verstärkt Marktspezifika in die Betrachtung einzubeziehen.

1235 Zur Möglichkeit der Verlängerung des Detailplanungszeitraums in Übereinstimmung mit IDW S 1 sowie zu beispielhaften Anwendungsfällen dieser Option vgl. IDW (Hrsg.), WP Handbuch 2008, Bd. II, Rn. A 97. Dabei ist klarstellend anzumerken, dass die Länge der Detailplanungsphase grundsätzlich keinen Einfluss auf die Höhe des Unternehmenswerts hat. Vgl. hierzu KOLLER, T./GOEDHART, M./WESSELS, D., Valuation, S. 277.

1236 Zur Veranschaulichung des bei Anwendung des Konvergenzmodells unterstellten Wachstumspfads der künftigen finanziellen Überschüsse vgl. Abbildung 2-4 in Abschn. 224.5.

1237 Vgl. WOLLNY, C., Objektivierter Unternehmenswert, S. 174.

1238 Vgl. HFA DES IDW (Hrsg.), IDW S 1, Tz. 76.

1239 Zur Abgrenzung von pauschaler und analytischer Methode vgl. IDW (Hrsg.), WP Handbuch 2008, Bd. II, Rn. A 160.

1240 Zur Maßgeblichkeit des dokumentierten Unternehmenskonzepts vgl. Abschn. 422.2.

1241 Vgl. IDW (Hrsg.), WP Handbuch 2008, Bd. II, Rn. A 97.

Auf Basis der vorgetragenen konzeptionellen Überlegungen zur Implementierung einer Konvergenzphase liefert die grundsätzliche Vereinbarkeit mit den Ausführungen des IDW einen Ansatz zur Überwindung der Vorbehalte der Bewertungspraxis gegenüber vermeintlich komplexeren Bewertungsmodellen. Aufgrund seiner herausragenden Stellung als zentraler Bewertungsstandard und damit maßgeblichen Einflussfaktor für die Rezeption wissenschaftlicher Erkenntnisse durch die Bewertungspraxis bietet sich eine entsprechende Klarstellung von IDW S 1 an.[1242] Diese sollte die bisherige – ohnehin kritikwürdige – Option zur Verlängerung des Detailplanungszeitraums um die Möglichkeit zur Implementierung einer Übergangs- bzw. Konvergenzphase als zusätzliche Alternative zur zweckadäquaten Abbildung langfristiger Entwicklungen erweitern. Zur Verdeutlichung der grundsätzlichen Vereinbarkeit von Konvergenzmodell und IDW S 1 und damit zur Stärkung der Akzeptanz des Konvergenzmodells in der Bewertungspraxis bietet es sich an, auf die Flexibilität von 3-Phasenmodellen im Allgemeinen bzw. des Konvergenzmodells im Speziellen Bezug zu nehmen. Diese Flexibilität spiegelt sich in der Tatsache wider, dass sich 3-Phasenmodelle in Abhängigkeit der Konkretisierung der jeweiligen Übergangsphase relativ einfach in ein 2-Phasenmodell überführen lassen.[1243] Um zugleich der Zielsetzung von IDW S 1 gerecht zu werden, allgemein gültige Grundsätze zur Unternehmensbewertung zu kodifizieren,[1244] sollte ein entsprechender Hinweis auf die flexible und gegenüber IDW S 1 konforme **Modifizierbarkeit von 3-Phasenmodellen** gegeben werden.

Infolge der Zukunftsorientierung dominierender Bewertungsverfahren sind jedweden **Ansätzen zur Objektivierung Grenzen gesetzt**.[1245] Demnach verbleiben auch bei Anwendung eines Konvergenzmodells als Rahmenkonzept zur Objektivierung des Bewertungskalküls Ermessensspielräume, in denen der subjektive Einfluss des Bewertenden zur Geltung kommt. Da sich bei der bewertungstechnischen Abbildung von Wachstum bestehende Ermessensspielräume nicht allein durch die marktobjektivierte Ermittlung einzelner Wachstumskomponenten einschränken lassen, sollten verschiedene **Ansätze zur Normierung** in Erwägung gezogen werden. Aufgrund der weitgehend pauschalen Ermittlung des Restwerts gilt dies insbesondere für die Phase der ewigen Rente. Wenngleich eine quantitative Normierung von Wachstumskomponenten am Gebot der unternehmensindividuellen Quantifizierung von Wachstumsabschlägen scheitert, bietet sich eine Standardisierung in methodischer Hinsicht an. Demnach ist die Abbildung von Wachstum im Bewertungskalkül weitaus weniger ermessensbehaftet, sofern die einzelnen Wachstumskomponenten anhand normierter **Referenzgrößen und -zeiträume** herzuleiten sind.

[1242] Zur Bedeutung von IDW S 1 für die Rezeption wissenschaftlicher Erkenntnisse durch die Bewertungspraxis vgl. FISCHER-WINKELMANN, W. F./BUSCH, K., Unternehmensbewertungsverfahren, Teil 1, S. 635.

[1243] Vgl. FARRELL, J. L., Portfolio Management, S. 224. Zur flexiblen Konkretisierung dreiphasiger Bewertungskalküle unter Zuhilfenahme von Fade-Faktoren vgl. Abschn. 522.22.

[1244] Zur Zielsetzung von IDW S 1 sowie zur Bedeutung der Ergänzungen und Kommentierungen in dem der Behandlung von Fragen der Unternehmensbewertung gewidmeten Abschn. A des WP-Handbuchs vgl. WAGNER, W./SAUR, G./WILLERSHAUSEN, T., Unternehmensbewertungsgrundsätze, S. 732.

[1245] Zur eingeschränkter Objektivierbarkeit zukunftsorientierter Bewertungen vgl. Abschn. 212.

Im Hinblick auf die Grenzen einer objektivierten Abbildung von Wachstum sind ebenso wenig die mit der Implementierung einer Konvergenzphase möglicherweise verbundenen Auswirkungen auf den Komplexitätsgrad des Bewertungsmodells zu vernachlässigen. Um den Anforderungen des jeweiligen Bewertungszwecks gerecht zu werden, sollte die Zwischenschaltung einer Übergangsphase unter das **Primat der Zweckadäquanz** gestellt werden. In Anlehnung an den allgemeinen Grundsatz der Maßgeblichkeit des Bewertungszwecks[1246] ist demnach einzelfallspezifisch i. S. eines Kosten-Nutzen-Kalküls über die Phasendifferenzierung des Bewertungskalküls unter Einbezug des durch Bewertungsanlass und Funktion des Bewertenden determinierten Objektivierungsbedarfs zu entscheiden.[1247]

53 Möglichkeiten einer transparenten Abbildung von Wachstum im Bewertungsgutachten

531. Vorbemerkungen

Die grundsätzliche Notwendigkeit einer transparenten Berichterstattung ergibt sich bereits aus der praktischen **Relevanz des Bewertungsgutachtens gemäß IDW S 1**.[1248] Diese ist insbesondere bei Bewertungsanlässen evident, bei denen ein gesteigerter Objektivierungsbedarf besteht. Ursächlich für ein erhöhtes Objektivierungserfordernis kann nicht zuletzt ein besonderes Schutzbedürfnis betroffener Parteien sein.[1249] Liegt ein solches Schutzbedürfnis vor, ist der Bewertende dazu angehalten, zum einen eine nachprüfbare Bewertung vorzulegen und zum anderen die Kenntnisse und Informationen offenzulegen, die in diese eingeflossen sind.[1250] Um einem gesteigerten Schutzbedürfnis Rechnung zu tragen, tritt der Bewertende bei derartigen Bewertungsanlässen in der Funktion als neutraler Gutachter auf. In dieser Rolle ist er als Sachverständiger dazu aufgerufen, mit nachvollziehbarer Methodik einen objektivierten Unternehmenswert zu ermitteln.[1251]

Da die Möglichkeiten einer objektivierten Abbildung von Wachstum indes limitiert sind, ist der Offenlegung wesentlicher Wachstumsannahmen im Bewertungsgutachten besondere Bedeutung beizumessen. Dies gilt insbesondere für Fälle, in denen es zweckmäßiger ist, an der **idealtypischen Differenzierung in zwei Bewertungsphasen** gemäß IDW S 1 festzuhalten. Während bei Anwendung dreiphasiger Bewertungskalküle wachstumsrelevante Prämissen im Zuge der zwischengeschalteten Übergangsphase explizit darzulegen sind, beruhen zweiphasige Bewertungskalküle auf zahlreichen vereinfachenden Prämissen und implizieren daher eine

---

1246 Zum allgemeinen Grundsatz der Maßgeblichkeit des Bewertungszwecks vgl. Abschn. 222.

1247 Zur Abhängigkeit des im jeweiligen Bewertungsfall gebotenen Objektivierungsgrads von Bewertungsanlass und Funktion des Bewertenden vgl. Abschn. 214.

1248 Zur praktischen Relevanz des Bewertungsgutachtens nach IDW S 1 vgl. Abschn. 432.

1249 Während bei Unternehmensbewertungen für Zwecke der externen Rechnungslegung diesbezüglich an die Abschlussadressaten zu denken ist, sind bei solchen aus Anlass einer gesellschaftsrechtlichen, gesetzlichen bzw. vertraglichen Vereinbarung die Minderheitsaktionäre als Beispiel einer schutzbedürftigen Interessengruppe zu nennen.

1250 Vgl. BALLWIESER, W., Unternehmensbewertung, S. 1.

1251 Vgl. WOLLNY, C., Objektivierter Unternehmenswert, S. 30; BALLWIESER, W., Unternehmensbewertung, S. 1.

vergleichsweise stärkere Abstraktion von der Unternehmensrealität.[1252] Da die bewertungstechnische Abbildung von Wachstum bei idealtypischer Phasendifferenzierung gerade durch den Rückgriff auf implizite Annahme ermessensbehaftet und zugleich nur eingeschränkt objektivierbar ist, sollte ein wesentliches Ziel der Berichterstattung folgerichtig darin bestehen, vorhandene Ermessensspielräume zumindest insoweit transparent darzustellen, als dass sie aus Sicht der Adressaten des Bewertungsgutachtens nachvollziehbar sind.

Will man die **Nachvollziehbarkeit der Abbildung von Wachstum** stärken, bedarf es nicht nur einer Modifikation des Bewertungskalküls, sondern zusätzlich einer **flankierenden Aufwertung des Bewertungsgutachtens**. Wie bereits erwähnt, erfordert die Abbildung der Konvergenzphase grundsätzlich nicht mehr Informationen als ohnehin zur Anwendung der Formel der ewigen Rente erforderlich sind.[1253] Sofern diese Informationen sowie die zugehörigen Annahmen nicht im Rahmen eines dreiphasigen Bewertungskalküls zwangsläufig offengelegt werden, muss für den Fall einer idealtypischen Differenzierung in zwei Phasen gewährleistet sein, dass über diese Informationen und die darauf gestützten Prämissen zumindest transparent Bericht erstattet wird. Sind sämtliche bewertungsrelevanten Informationen auf Berichtsebene i. S. einer transparenten und nachvollziehbaren Erläuterung verpflichtend zu verarbeiten, besteht erwartungsgemäß auch auf Bewertungsebene ein größerer Anreiz, nicht nur implizite Annahmen auf Basis der vorliegenden Informationen zu treffen, sondern Letztere vielmehr zur expliziten Abbildung einzelner Wachstumskomponenten zu nutzen.

Im Folgenden wird untersucht, wie das **Soll-Objekt der wachstumsbezogenen Berichterstattung** beschaffen sein muss, um den Grundsätzen ordnungsmäßiger Erläuterung zu entsprechen. Angesichts der geäußerten Kritik am Status quo der Berichterstattung gilt es dabei Vorschläge zur zweckadäquaten **Konkretisierung und Erweiterung der gegenwärtigen Angabevorschriften** zu erarbeiten.

532. Angaben zur Erläuterung allgemeiner Wachstumsannahmen

Als wesentliche im Bewertungsgutachten offenzulegende Prämissen sind bezogen auf die Abbildung von Wachstum die Annahmen zum Ausschüttungs- und Investitionsverhalten sowie zur Verwendung thesaurierter Beträge zu nennen.[1254]

Wenngleich eine Erläuterung der im jeweiligen Bewertungsfall getroffenen **Ausschüttungsannahme**[1255] nicht explizit durch IDW S 1 gefordert wird, lässt sich eine solche Erläuterungspflicht implizit aus der Zielsetzung[1256] der Berichterstattung nach IDW S 1 ableiten. Demnach soll der Berichtsempfänger u. a. in die Lage versetzt werden, die getroffenen Annahmen mit vertretbarem Aufwand nachvollziehen und aus seiner Perspektive würdigen zu

1252 Vgl. Abschn. 524 zum kritischen Vergleich zwei- und dreiphasiger Bewertungskalküle.

1253 Vgl. hierzu die einleitenden Anmerkungen zur Anwendung eines 3-Phasenmodells als Rahmenkonzept zur Objektivierung des Bewertungskalküls in Abschn. 521.

1254 Zur Diskussion wachstumsrelevanter Annahmen gem. IDW S 1 vgl. Abschn. 422.

1255 Zur Ausschüttungsannahme gem. IDW S 1 vgl. Abschn. 422.2.

1256 Zur Zielsetzung der Berichterstattung nach IDW S 1 vgl. Abschn. 433.

können. Da die konkrete Umsetzung dieses allgemeinen Anspruchs an die Berichterstattung generell ermessensbehaftet ist, erscheint hinsichtlich der Erläuterung der Ausschüttungsannahme eine Konkretisierung der Angabepflichten nach IDW S 1 geboten. Diese muss in erster Linie gewährleisten, dass aus Sicht des Berichtsadressaten ersichtlich ist, wieso im jeweiligen Fall eine volle oder nur teilweise Ausschüttung der finanziellen Überschüsse unterstellt wird. Um überdies die Abbildung thesaurierungsbedingten Wachstums jenseits der Detailplanungsphase nachvollziehen zu können, sollte zudem sichergestellt sein, dass die Herleitung des als nachhaltig unterstellten Ausschüttungsverhaltens im Bewertungsgutachten darzulegen ist.[1257]

Eine explizite Erläuterungspflicht besteht gegenwärtig ebenso wenig für die jenseits des Detailplanungszeitraums zu treffende Annahme hinsichtlich der **Verwendung thesaurierter Beträge**. Da indes nach IDW S 1 kenntlich zu machen ist, welche wesentlichen Annahmen in die Wertermittlung eingeflossen sind,[1258] besteht auch für die kapitalwertneutrale Wiederanlageprämisse[1259] nach IDW S 1 unzweifelhaft eine implizite Erläuterungspflicht. Die Prämisse der Kapitalwertneutralität thesaurierter Beträge impliziert, dass das zu bewertende Unternehmen annahmegemäß eine nachhaltige Rendite in Höhe der Kapitalkosten bzw. Alternativrendite erzielt. Wenngleich diese Annahme bei langfristiger Betrachtung zu überzeugen vermag und somit auf den ersten Blick wenig erläuterungsbedürftig erscheint, ergibt sich bei einer Differenzierung in nur zwei Bewertungsphasen durchaus Erklärungsbedarf. Betrachtet man die idealtypische Unterteilung des Prognosezeitraums in zwei Phasen nicht als gegeben, sondern lässt alternative Konzepte zur Phasendifferenzierung zu, ist bei Anwendung eines zweiphasigen Bewertungskalküls zu erläutern, wieso im konkreten Bewertungsfall dennoch bereits nach Ende der Detailplanungsphase die vereinfachende Annahme der Kapitalwertneutralität zur Komplexitätsreduktion gerechtfertigt und somit eine explizite Abbildung der andernfalls zu unterstellenden Renditekonvergenz obsolet erscheint. Diesem Erklärungsbedarf sollte durch eine fallweise Angabepflicht in Abhängigkeit der gewählten Phasendifferenzierung Rechnung getragen werden.

In der Bewertungspraxis ist es üblich, im Restwertzeitraum die **Wertidentität von Abschreibungen und Investitionen** zu unterstellen, wobei diese Annahme unter bestimmten Voraussetzungen durchaus konform zu den Ausführungen in IDW S 1 ist.[1260] Ausgehend von dieser Annahme wird in der Praxis regelmäßig die Reinvestitionsrate anstelle der Abschreibungen

---

[1257] Auf die Erläuterung des als nachhaltig unterstellten Ausschüttungsverhaltens wird im Zusammenhang mit der Berichterstattung über das thesaurierungsbedingte Wachstum vertiefend eingegangen. Vgl. hierzu Abschn. 533. Die Notwendigkeit einer Erläuterung der nachhaltigen Ausschüttungsannahme stellt sich unabhängig von der dem Bewertungskalkül zugrunde liegenden Phasendifferenzierung, da die nachhaltige Ausschüttungsquote nicht allein für die Abbildung des Ausschüttungsverhaltens in der Restwertphase bedeutsam ist, sondern zugleich bei Implementierung einer Konvergenzphase als Zielgröße zur Abbildung des Ausschüttungsverhaltens in diesem Zeitraum fungiert. Zur expliziten Abbildung längerfristiger Ausschüttungserwartungen in der Konvergenzphase vgl. Abschn. 522.23.

[1258] Vgl. HFA DES IDW (Hrsg.), IDW S 1, Tz. 177.

[1259] Zur kapitalwertneutralen Wiederanlageprämisse nach IDW S 1 vgl. Abschn. 422.3.

[1260] Zur Annahme der Wertidentität von Abschreibungen und Investitionen vgl. Abschn. 422.4.

zur Restwertermittlung angesetzt.[1261] Wenngleich diese Annahme unter dem Gesichtspunkt der Komplexitätsreduktion bei Beachtung der gebotenen Vorrausetzungen ihrer Anwendung vertretbar erscheint, sollte nicht zuletzt für Plausibilisierungszwecke die Nachvollziehbarkeit der herangezogenen Reinvestitionsrate gewährleistet sein. Ausgehend von den einzelnen Parametern zur Ermittlung der Reinvestitionsrate[1262] sollte daher anzugeben sein, ob für verschiedene Anlageklassen differenzierte Reinvestitionsraten ermittelt wurden und wenn ja, anhand welcher Kriterien diese Anlageklassen gebildet wurden. Ferner sollte auf die jeweils zugrunde gelegte Abschreibungsmethode und die unterstellte wirtschaftliche Nutzungsdauer sowie das jeweilige Vorgehen zur Durchschnittsbildung einzugehen sein. Da hiermit lediglich die Bezugnahme auf solche Parameter angeregt sei, die tatsächlich in die Ermittlung der Reinvestitionsrate(n) eingeflossen sein sollten, resultiert aus der hier vorgeschlagenen Konkretisierung und Erweiterung der Angabepflichten im Bewertungsgutachten nach IDW S 1 kein zusätzlicher Informationsbedarf.

Wenngleich die an dieser Stelle thematisierten Prämissen wesentlichen Einfluss auf die bewertungstechnische Abbildung von Wachstum haben, drückt sich dieses im Bewertungskalkül in Abhängigkeit der zugrunde gelegten Phasendifferenzierung stellenweise erst in den einzelnen Wachstumskomponenten konkret aus.

533. Angaben zur Erläuterung einzelner Wachstumskomponenten

Die in IDW S 1 kodifizierten Angabevorschriften[1263] speziell zum Wachstum der künftigen finanziellen Überschüsse beschränken sich auf den Wachstumsabschlag im Nenner des Bewertungskalküls. In Abhängigkeit von der gewählten Vorgehensweise zur bewertungstechnischen Abbildung[1264] der einzelnen Wachstumskomponenten muss sich ein etwaiges Wachstum der künftigen finanziellen Überschüsse indes nicht allein im Wachstumsabschlag im Nenner des Bewertungskalküls niederschlagen.[1265] Will man sicherstellen, dass unabhängig von ihrer bewertungstechnischen Abbildung ausgewogen und vollständig über die einzelnen Wachstumskomponenten Bericht erstattet wird,[1266] sollten sich die entsprechenden Angabevorschriften weniger auf konkrete Parameter im Zähler oder Nenner des Bewertungskalküls beziehen, sondern sich vielmehr i. S. einer **komponentenbezogenen Betrachtung** an den nach IDW S 1 sachlich anerkannten Quellen des Wachstums der künftigen finanziellen Überschüsse orientieren.[1267]

1261 Vgl. IDW (Hrsg.), WP Handbuch 2008, Bd. II, Rn. A 265.

1262 Zur konkretisierten Ableitung der Reinvestitionsrate i. S. v. IDW S 1 vgl. Abschn. 522.34.

1263 Zu den Angabevorschriften im Bewertungsgutachten nach IDW S 1 vgl. Abschn. 433.

1264 Zur bewertungstechnischen Abbildung von Wachstum gem. IDW S 1 vgl. Abschn. 42.

1265 Vgl. exemplarisch zur alternativen Abbildung nominalen und thesaurierungsbedingten Wachstums im Zähler oder Nenner des Bewertungskalküls WAGNER, W./JONAS, M./BALLWIESER, W./TSCHÖPEL, A., Unternehmensbewertung, S. 1020-1022.

1266 Streng genommen ließen sich die Angabevorschriften nach IDW S 1 durch eine Verlagerung von Wachstumskomponenten in den Zähler des Bewertungskalküls umgehen.

1267 Vgl. Abschn. 211 zu möglichen Wachstumsquellen im Allgemeinen bzw. Abschn. 423.1 zu den in IDW S 1 als Wachstumskomponenten zugelassenen Quellen im Speziellen.

Die künftigen finanziellen Überschüsse können dabei zunächst preisbedingt wachsen.[1268] Ein solches **nominales Wachstum** bemisst sich dabei nach der effektiven Teuerungsrate des zu bewertenden Unternehmens. Die Berichterstattung zur Komponente des nominalen Wachstums hat sich daher insbesondere auf die Ermittlung dieser (bewertungs-)relevanten Preissteigerungsrate zu beziehen.[1269] Soll der Berichtsadressat in die Lage versetzt werden, deren Herleitung nachvollziehen zu können, ist im Bewertungsgutachten zunächst darzulegen, welcher (Inflations-)Maßstab für die Änderungen des gesamtwirtschaftlichen Preisniveaus im konkreten Bewertungsfall als Ausgangspunkt der Ableitung der relevanten Preissteigerungsrate gewählt wurde. Da die effektive Teuerungsrate darauf aufbauend nicht zuletzt durch die bewertungsobjektspezifische Fähigkeit zur Überwälzung der gesamtwirtschaftlichen Inflation determiniert wird, sollten das jeweils zugrunde gelegte Überwälzungsszenario[1270] begründet und die Implikationen der daraus resultierenden Überwälzungsquote erläutert werden. Da die effektive Teuerungsrate indes auch durch einen nur schwer zu quantifizierenden technischen Fortschritt beeinflusst wird, lässt sich ein verbleibender Ermessensspielraum bei der Ableitung der relevanten Preissteigerungsrate nicht negieren. Daher erscheint es umso gewichtiger, dass über diesen mittels der vorgeschlagenen Angabepflichten zum nominalen Wachstum transparent Bericht erstattet wird.

Als weitere Ursache für ein etwaiges Wachstum der künftigen finanziellen Überschüsse kommen reale positive Veränderungen leistungswirtschaftlicher Erfolgsfaktoren in Betracht, die sich ihrerseits aus Mengen- und Strukturveränderungen ergeben können.[1271] Der Anfall eines derartigen **realen Wachstums** wird dabei stark durch die Entwicklung des relevanten Markts beeinflusst und ist grundsätzlich zeitlich begrenzt.[1272] Zwar erkennt IDW S 1 die Notwendigkeit zum Einbezug der Entwicklung des relevanten Markt- und Wettbewerbsumfelds an,[1273] nimmt diese Erkenntnis aber nicht zum Anlass konkreter Angabevorschriften zum realen Wachstum der künftigen finanziellen Überschüsse. Im Zuge der Berichterstattung über die bewertungstechnische Abbildung realen Wachstums sollte zunächst zwingend darzulegen sein, wie der relevante Markt abzugrenzen ist. Wenngleich sachkundigen Investoren und Marktbeobachtern die wesentlichen Wettbewerber des zu bewertenden Unternehmens vertraut sein dürften, sollte zur besseren Nachvollziehbarkeit nachrichtlich anzugeben sein, welche Vergleichsunternehmen in die Marktanalyse einzubeziehen sind. Damit der Berichtsadressat darauf aufbauend beurteilen kann, ob die Abbildung realen Wachstums im Bewer-

---

[1268] Für eine inhaltliche Begründung der Berücksichtigung nominalen Wachstums im Bewertungskalkül gem. IDW S 1 vgl. Abschn. 423.11.

[1269] Während sich die relevante Preissteigerungsrate im Detailplanungszeitraum unmittelbar in den differenziert geplanten finanziellen Überschüssen ausdrückt, stützt sich die bewertungstechnische Abbildung nominalen Wachstums jenseits des Detailplanungszeitraums auf pauschale Annahmen, die es i. S. einer nachvollziehbaren und transparenten Berichterstattung zu erläutern gilt. Die Ausführungen zur Berichterstattung über die bewertungstechnische Abbildung nominalen Wachstums beziehen sich daher in erster Linie auf die Bewertungsphase(n) im Anschluss an den Detailplanungszeitraum.

[1270] Zu denkbaren Überwälzungsszenarien vgl. Abschn. 424.21.

[1271] Zum Ursprung realen Wachstums künftiger finanzieller Überschüsse vgl. Abschn. 423.12.

[1272] Vgl. Abschn. 424.22 zum Marktwachstum als mögliche Obergrenze bzw. Abschn. 424.3 zur zeitlichen Begrenzung des Wachstums von Unternehmen.

[1273] Vgl. HFA DES IDW (Hrsg.), IDW S 1, Tz. 79.

tungskalkül gerechtfertigt oder beispielsweise aufgrund einer festzustellenden Marktsättigung abzulehnen ist,[1274] sind ihm entsprechende Informationen zur Entwicklung dieses – als relevant erachteten – Markts zur Verfügung zu stellen. Sofern z. B. Marktstudien in die bewertungstechnische Abbildung realen Wachstums eingeflossen sind, sollten die darin enthaltenen Informationen, soweit sie wesentlicher Natur sind, auch dem Berichtsadressaten zugänglich gemacht werden. In diesem Zusammenhang bietet es sich ferner an, im Zuge der Vergangenheitsanalyse[1275] einzuholende Informationen zum Markt- und Wettbewerbsumfeld in das Bewertungsgutachten aufzunehmen, sofern diese zur Plausibilisierung realen Wachstums hilfreich sein können.[1276] Hinsichtlich der Berichterstattung zur bewertungstechnischen Abbildung realen Wachstums ist ebenfalls einschränkend anzumerken, dass eine Ausweitung bzw. Konkretisierung der Angabevorschriften auf Bewertungsebene bestehende Ermessensspielräume keineswegs zu eliminieren vermag. Indes lässt sich mittels der vorstehend angeregten Angabepflichten der Einfluss des subjektiven Ermessens des Bewertenden auf Berichtsebene deutlich einschränken und zugleich ein wichtiger Beitrag zur Plausibilisierung des realen Wachstums auf Bewertungsebene leisten.

Das Wachstum der künftigen finanziellen Überschüsse des Unternehmens kann indes nicht nur preis- oder mengenbedingt sein, sondern seinen Ursprung ebenso in Thesaurierungen haben. Ein solches **thesaurierungsbedingtes Wachstum**, das zwar erst durch den Einbehalt ausschüttungsfähiger finanzieller Überschüsse ermöglicht wird, aber streng genommen als steuerinduziert zu beschreiben ist, gilt es ebenfalls im Bewertungsgutachten eigenständig zu erläutern. Die Erläuterung des thesaurierungsbedingten Wachstums ist dabei klar zu unterscheiden von jener der allgemeinen Ausschüttungsannahme.[1277] Während im Hinblick auf die Ausschüttungsannahme begründet werden sollte, wieso im konkreten Bewertungsfall eine volle oder nur teilweise Ausschüttung der finanziellen Überschüsse unterstellt wird, ist dem thesaurierungsbedingten Wachstum erst dann (bewertungs- und) berichtstechnische Relevanz beizumessen, wenn die Ausschüttungspolitik einen Einbehalt der finanziellen Überschüsse vorsieht. Die Berichterstattung über die bewertungstechnische Abbildung thesaurierungsbedingten Wachstums sollte dabei das Hauptaugenmerk auf die Erläuterung des Bewertungszeitraums jenseits der Detailplanungsphase legen.[1278] Demnach gilt es in erster Linie die nachhaltige Ausschüttungsquote als wesentlichen Bestimmungsfaktor des thesaurierungsbedingten Wachstums zu erläutern. Selbst für den Fall, dass die Ausschüttungsquote mit kapi-

1274 Analog zur Berichterstattung über die bewertungstechnische Abbildung nominalen Wachstums beziehen sich die Ausführungen zum realen Wachstum vorrangig auf den Bewertungshorizont jenseits der Detailplanungsphase. Vgl. Fn. 1269 zur Begründung dieser Betrachtungsweise für Zwecke des nominalen Wachstums.

1275 Vgl. Abschn. 224.1 zur Vergangenheitsanalyse als Ausgangsbasis der Prognose künftiger finanzieller Überschüsse.

1276 Zu denken ist hierbei beispielsweise an die Angabe des historischen Marktwachstums über einen mehrjährigen Betrachtungszeitraum in der Vergangenheit.

1277 Zur Erläuterung der Ausschüttungsannahme im Bewertungsgutachten vgl. Abschn. 532.

1278 Analog zum nominalen und realen Wachstum kann auch für das thesaurierungsbedingte Wachstum in Anspruch genommen werden, dass aus der differenzierten Planung im Detailplanungszeitraum ein vergleichsweise geringer Erklärungsbedarf resultiert. Die folgenden Ausführungen fokussieren daher die Erläuterung des thesaurierungsbedingten Wachstums für den Bewertungshorizont jenseits der Detailplanungsphase.

talmarktorientierten Daten unterlegt wird, eröffnen sich dem Bewertenden im Zuge ihrer Herleitung weitreichende Ermessensspielräume.[1279] Wird die Ausschüttungsquote in Anlehnung an die Empfehlung des FAUB über eine Peer Group ermittelt, obliegen die Auswahl der einbezogenen Vergleichsunternehmen, die Festlegung der Länge des Betrachtungszeitraums wie auch das jeweilige Vorgehen zur Mittelwertbildung grundsätzlich dem Ermessen des Bewertenden.[1280] Diesem Ermessensspielraum sollte durch korrespondierende Angabepflichten im Bewertungsgutachten nach IDW S 1 begegnet werden.

Um die Adressaten des Bewertungsgutachtens darüber hinaus in die Lage zu versetzen, den (Wert-)Einfluss bestehender Ermessensspielräume auch in quantitativer Sicht nachvollziehen zu können, sei an dieser Stelle ergänzend die **obligatorische Angabe von Sensitivitätsanalysen** zum Wachstum der künftigen finanziellen Überschüsse im Bewertungsgutachten angeregt. Unter Verweis auf den Grundsatz der Wesentlichkeit[1281] sollten sich diese auf die einzelnen Wachstumskomponenten bzw. ihre wesentlichen Einflussfaktoren beschränken. Beispielsweise empfiehlt sich eine solche Szenariobetrachtung für die effektive Teuerungsrate als wesentliche Determinante des nominalen Wachstums oder die nachhaltige Ausschüttungsquote als maßgeblichen Einflussfaktor auf das thesaurierungsbedingte Wachstum. Mittels entsprechender Sensitivitätsanalysen ließe sich über den grundsätzlichen Hinweis auf bestehende Ermessensspielräume hinaus auch der aus ihnen resultierende Einfluss auf den Unternehmenswert transparent darstellen.

Die an dieser Stelle erarbeiteten Ansätze[1282] zur Ausweitung und Konkretisierung der gegenwärtigen Angabevorschriften nach IDW S 1 werden im Folgenden unter Berücksichtigung der Grundsätze ordnungsmäßiger Erläuterung von Unternehmensbewertungen einer kritischen Würdigung unterzogen.

534. Kritische Würdigung der empfohlenen Angaben zur transparenten Abbildung von Wachstum im Bewertungsgutachten

Unter Einbezug der Grundsätze ordnungsmäßiger Erläuterung[1283] von Unternehmensbewertungen offenbaren die derzeitigen **Angabevorschriften nach IDW S 1** hinsichtlich der durch sie vermittelten Transparenz der Bewertung deutliches Optimierungspotenzial.[1284] Die vorab erarbeiteten Vorschläge zur Ausweitung und Konkretisierung Berichterstattung gemäß IDW S 1 werden daher an dieser Stelle ihrerseits dahingehend kritisch gewürdigt, inwieweit sie den auf Berichtsebene vorhandenen Spielraum für Verbesserungen auszuschöpfen vermögen.

[1279] Vgl. Trützschler, K./David, U./Strauch, J./Tomaszweski, C., Rechnungslegung von Akquisitionen, S. 402.

[1280] Vgl. Abschn. 522.33 zu der durch den FAUB empfohlenen Vorgehensweise zur Ermittlung der Ausschüttungsquote.

[1281] Zum Grundsatz der Wesentlichkeit vgl. Abschn. 243.

[1282] Die vorgeschlagenen Angabe- und Erläuterungspflichten werden in Anhang 18 i. S. eines idealtypischen Sollobjekts der wachstumsbezogenen Berichterstattung zusammengefasst.

[1283] Zu den Grundsätzen ordnungsmäßiger Erläuterung vgl. Abschn. 243.

[1284] Für eine kritische Würdigung der Berichterstattung nach IDW S 1 vgl. Abschn. 434.

Nach dem **Grundsatz der Informationszerlegung** sind verdichtete Informationen auf Berichtsebene i. S. einer transparenten Darstellung der wesentlichen Komponenten der aggregierten Größen zu disaggregieren.[1285] Dem Grundsatz der Informationszerlegung tragen die vorgebrachten Empfehlungen zur Ausweitung und Konkretisierung der gegenwärtigen Angabepflichten nach IDW S 1 insofern Rechnung, als dass sie weit über die bloße Angabe des aggregierten Wachstumsabschlags hinaus zum Zweck einer disaggregierten Darstellung Angaben und Erläuterungen zu den einzelnen Wachstumsannahmen und -komponenten vorsehen. Während bislang lediglich über das im Wachstumsabschlag verdichtete Ergebnis der bewertungstechnischen Abbildung von Wachstum Bericht zu erstatten ist, setzen die dargelegten Anregungen zur Ausweitung und Konkretisierung der Angabevorschriften gemäß IDW S 1 vielmehr an einzelnen wachstumsrelevanten Bewertungsparametern an. Im Gegensatz zum Status quo der Berichterstattung nach IDW S 1 liegt den Vorschlägen zur Ausweitung und Konkretisierung der derzeitigen Angabepflichten keine vorrangig ergebnisorientierte Betrachtungsweise zugrunde. Durch die Einnahme einer prozessorientierten Perspektive soll der gesamte Prozess der bewertungstechnischen Abbildung von Wachstum und nicht allein das aggregierte Ergebnis dieses Prozesses aus Sicht des Adressaten des Bewertungsgutachtens nachvollziehbar und transparent dargelegt werden. Indem durch den vorgeschlagenen Katalog konkretisierter Angabepflichten dem Grundsatz der Informationszerlegung entsprochen wird, wird zugleich dem möglichen Vorwurf der vermeintlichen Scheingenauigkeit einer differenzierten Abbildung von Rechnung getragen, da diese durch die geforderte Offenlegung der zugrunde liegenden Annahmen sowie der angewendeten Methodik aufgedeckt würde.

Der **Grundsatz der Klarheit** fordert prägnante, verständliche und übersichtliche Angaben im Bewertungsgutachten.[1286] Die vorgetragenen Anregungen zur Ausweitung und Konkretisierung der Angabevorschriften nach IDW S 1 tragen auch im Hinblick auf den Grundsatz der Klarheit zu einer deutlichen Verbesserung der Berichterstattung bei. Während sich bislang infolge der äußerst rudimentären Angabepflichten nach IDW S 1 allenfalls implizit aus der allgemeinen Zielsetzung der Berichterstattung nach IDW S 1 weitergehende Angabe- und Erläuterungspflichten ableiten lassen, begegnet der vorgeschlagene Katalog diesem Missstand durch explizite Angabepflichten im Bewertungsgutachten. Indem der Status quo der Berichterstattung dem Grundsatz der Klarheit nur unzureichend genügt und die wachstumsbezogenen Angabepflichten, wie bereits angemerkt, eher impliziten Charakter besitzen, eröffnen sich dem Bewertenden und zugleich Berichterstattenden weitreichende Ermessensspielräume auf Berichtsebene. Mangels konkreter Angabepflichten zur Abbildung von Wachstum im Bewertungskalkül obliegen Inhalt und Umfang der zugehörigen Berichterstattung in weiten Teilen dem Ermessen der die Bewertung und Berichterstattung durchführenden Instanz. Indem der

---

1285 Vgl. BALLWIESER, W., Informations-GoB, S. 119; BRINKMANN, J., Zweckadäquanz, S. 47; DOHRN, M., Entscheidungsrelevanz, S. 83 sowie ausführlich zum Grundsatz der Informationszerlegung KOELEN, P., Investitionstheoretische Bewertungskalküle, S. 105-107.

1286 Vgl. BAETGE, J./FISCHER, T. R./PASKERT, D., Lagebericht, S. 19; BAETGE, J./SOLMECKE, H., Value Reporting, S. 20; BALLWIESER, W., Informations-GoB, S. 118; HEUMANN, R., Value Reporting, S. 70; MOXTER, A., Fundamentalgrundsätze, S. 93. Zum Grundsatz der Klarheit vgl. KOELEN, P., Investitionstheoretische Bewertungskalküle, S. 99-102.

dargelegte Katalog erweiterter und konkretisierter Angabepflichten dem Grundsatz der Klarheit durch explizite Angabevorschriften Rechnung trägt, kann er zugleich als dringend gebotene Reaktion auf die gegenwärtig auf Berichtsebene bestehenden Ermessensspielräume verstanden werden.

Wenngleich die Anwendung des **Grundsatzes der Ausgewogenheit**[1287] auf den Status quo der Berichterstattung je nach Interpretation des Wortlauts der wachstumsbezogenen Angabevorschrift in IDW S 1 entbehrlich erscheint,[1288] sollte er im Hinblick auf die vorgetragenen Anregungen zur Ausweitung und Konkretisierung der Berichterstattung keineswegs unbeachtet bleiben. Indem der empfohlene Katalog expliziter und konkretisierter Angabevorschriften gegenüber dem Status quo auf Berichtsebene eine weitaus intensivere Auseinandersetzung mit dem Wachstum der künftigen finanziellen Überschüsse erfordert, sollte dieser tendenziell zu einer ausführlicheren Berichterstattung führen. Mit zunehmendem Umfang der Berichterstattung bedarf es indes umso mehr einer ausgewogenen Darstellung von positiven und negativen Sachverhalten. Bezogen auf die berichtstechnische Abbildung von Wachstum wird der Grundsatz der Ausgewogenheit durch die gebotene Bezugnahme auf bestehende Wachstumsgrenzen gewahrt. Demnach schlagen sich in der Berichterstattung nicht nur vorhandene Wachstumspotenziale, sondern gleichfalls zu beachtende Wachstumsgrenzen[1289] nieder.

Die Angaben im Bewertungsgutachten müssen indes nicht nur den vorstehend thematisierten Grundsätzen genügen. Die Berichterstattung muss gleichermaßen mit dem **Grundsatz der Wesentlichkeit** in Einklang stehen. Nach diesem ist nur über solche (wachstumsrelevanten) Sachverhalte Bericht zu erstatten, die einen wesentlichen Effekt auf das Bewertungsergebnis haben. Vergegenwärtigt man sich, welchen Einfluss allein der Wachstumsabschlag im Nenner des Bewertungskalküls auf den Unternehmenswert hat,[1290] dürfte dies für die im vorgeschlagenen Angabenkatalog erfassten Wachstumsannahmen und -komponenten zweifellos außer Frage stehen. Im Ergebnis ist somit festzuhalten, dass die vorgeschlagene Modifikation der Berichterstattung nach IDW S 1 auch den Grundsatz der Wesentlichkeit wahrt. Wenngleich nicht negiert werden kann, dass aus den empfohlenen Angaben und Erläuterungen ein zusätzlicher Aufwand auf Berichtsebene erwächst, wird dieser durch den deutlichen Zugewinn an Transparenz legitimiert.

1287 Vgl. ARBEITSKREIS "EXTERNE UNTERNEHMENSRECHNUNG" DER SCHMALENBACH-GESELLSCHAFT FÜR BETRIEBSWIRTSCHAFT E. V., Value Reporting, S. 2340; BAETGE, J./SOLMECKE, H., Value Reporting, S. 22; BRINKMANN, J., Zweckadäquanz, S. 45 sowie im Kontext der handelsrechtlichen Lageberichterstattung KIRSCH, H.-J./KÖHRMANN, H., Lageberichterstattung, Rn. 32. Zum Grundsatz der Ausgewogenheit vgl. KOELEN, P., Investitionstheoretische Bewertungskalküle, S. 102-104.

1288 Zur Anwendbarkeit des Grundsatzes der Ausgewogenheit auf den Status quo der Berichterstattung nach IDW S 1 vgl. Abschn. 434.

1289 Ausgehend von dem durch das IDW unterstellten Überwälzungsszenario ist diesbezüglich die geforderte Angabe der (impliziten) Überwälzungsquote als Beispiel zu nennen. Vgl. in diesem Zusammenhang Abschn. 424.21, welcher der Frage gewidmet ist, inwieweit die Inflation eine mögliche (Unter-)Grenze des Wachstums von Unternehmen darstellt.

1290 Zum Einfluss des Wachstumsabschlags auf den Unternehmenswert vgl. Abschn. 32.

54 Abschließende Beurteilung der vorgestellten Möglichkeiten einer objektivierten und transparenten Abbildung von Wachstum

Bei kritischer Analyse[1291] der Abbildung von Wachstum im Bewertungskalkül und -gutachten nach IDW S 1 wird deutlich, dass die Berücksichtigung wachsender finanzieller Überschüsse sowohl auf Bewertungs- als auch auf Berichtsebene äußerst ermessensbehaftet ist. Als Reaktion auf die **weitreichenden Ermessensspielräume** der bewertenden und zugleich berichterstattenden Instanz ist der Frage nachzugehen, inwieweit dem Einfluss des subjektiven Ermessens auf Bewertungsebene durch eine Objektivierung des Bewertungskalküls bzw. auf Berichtsebene durch eine transparente Berichterstattung begegnet werden kann.

Als Rahmenkonzept der einzelnen bewertungstechnischen Ansätze[1292] zur **Objektivierung des Bewertungskalküls** bietet sich insbesondere ein dreiphasiges Bewertungskalkül an. In der Ausprägung als Konvergenzmodell erlaubt ein solches dreiphasiges Bewertungskalkül eine deutliche Annäherung der Modellwelt an die Unternehmensrealität. Die damit einhergehende Implementierung einer Übergangsphase[1293] zur Abbildung von Konvergenzprozessen fördert und fordert nicht nur den verstärkten Einbezug von Marktinformationen, sondern vergrößert zugleich den Handlungsspielraum für die Verwendung quantitativ-statistischer bzw. empirischer Verfahren zur Bestimmung wachstumsrelevanter Bewertungsparameter. Eine Objektivierung des Bewertungskalküls lässt sich indes nicht allein durch die vorrangig **(kapital-)marktorientierte Unterlegung einzelner Bewertungsparameter** bewerkstelligen. Da auch die Anwendung empirischer Verfahren zur Ermittlung einzelner Bewertungsparameter im Hinblick auf die konkrete Vorgehensweise ermessensbehaftet sein kann, ist unter dem Gesichtspunkt der Objektivierung eine Strukturierung und Vereinheitlichung der möglichen Ansätze zur Ermittlung einzelner Größen geboten.[1294] Eine **Normierung** bietet sich für die Verfahren zur Ableitung der als nachhaltig unterstellten Parameter der Restwertphase an,[1295] da diese gleichsam als Zielgrößen zur bewertungstechnischen Abbildung von Wachstum in der Konvergenzphase fungieren. Die vorgenommene Konkretisierung eines dreiphasigen Bewertungskalküls zeigt dabei, dass scheinbar komplexe Bewertungsmodelle bei intensiver Auseinandersetzung oftmals weitaus weniger komplex sind als dies nach weitläufiger Meinung erwartet bzw. behauptet wird.[1296] Wenngleich die vermeintliche Komplexität dreiphasiger Bewertungskalküle entgegen den bisherigen Vorbehalten in der Bewertungspraxis kein überzeugendes Argument gegen ihre praktische Anwendung darstellt, muss zugleich zugestanden werden, dass der Objektivierung des Bewertungskalküls auch bei alternativer Phasendifferenzierung gewisse Grenzen gesetzt sind.

1291 Für eine kritische Analyse der gegenwärtigen Abbildung von Wachstum nach IDW S 1 vgl. Abschn. 42 zur Bewertungsebene bzw. Abschn. 43 zur Berichtsebene.

1292 Die bewertungstechnische Abbildung von Wachstum und Berücksichtigung möglicher Ansätze zur Objektivierung des Bewertungskalküls ist Gegenstand von Abschn. 52.

1293 Zur Abbildung von Wachstum in der Konvergenzphase vgl. Abschn. 522.2.

1294 Vgl. HACHMEISTER, D./KÜHNLE, B./LAMPENIUS, N., Squeeze-Out-Fälle, S. 1235.

1295 Zur Abbildung von Wachstum in der Phase der ewigen Rente vgl. Abschn. 522.3.

1296 Vgl. MEITNER, M., Value Driver Model, S. 54.

Da sich die auf Bewertungsebene vorhandenen Ermessensspielräume auch unter Einbezug der vorgestellten Möglichkeiten zur Objektivierung des Bewertungskalküls nicht vollständig beseitigen lassen, ist die **Transparenz der Abbildung von Wachstum im Bewertungsgutachten** zu stärken.[1297] Wenngleich die Objektivierung des Bewertungskalküls ein sehr wirkungsvolles Instrument zur Eliminierung von Ermessensspielräumen darstellt, entfaltet dieses keine unbegrenzte Wirksamkeit. Selbst bei (kapital-)marktobjektivierter und methodisch normierter Quantifizierung der einzelnen Wachstumskomponenten bleibt eine völlig ermessensfreie Abbildung von Wachstum utopisch. Angesichts dieser Erkenntnis ist dafür Sorge zu tragen, dass verbleibende Ermessensspielräume zumindest insoweit transparent dargestellt werden sollten, als dass sie aus Adressatensicht nachvollzogen werden können. Da indes infolge der gegenwärtig äußerst rudimentären Angabepflichten in Frage zu stellen ist, inwieweit der Status quo der Berichterstattung nach IDW S 1 eine transparente Abbildung von Wachstum auf Berichtsebene zu gewährleisten vermag, ist dringend eine Ausweitung und Konkretisierung der bestehenden Angabepflichten nach IDW S 1 geboten. Der vorgestellte **Katalog erweiterter und konkretisierter Angabepflichten** ersetzt daher die gegenwärtig in weiten Teilen nur implizit ableitbaren Angabepflichten durch explizite Angabevorschriften. Auf diese Weise wird zugleich den auf Berichtsebene bestehenden Ermessensspielräumen entgegengewirkt, die ihrerseits das Resultat des gegenwärtig äußerst geringen Umfangs konkreter Angabepflichten in IDW S 1 sind.

[1297] Mögliche Ansätze einer transparenten Abbildung von Wachstum im Bewertungsgutachten sind Gegenstand von Abschn. 53.

6 Zusammenfassung und Ausblick

Die Abbildung von Wachstum wird bereits seit längerer Zeit kontrovers in der einschlägigen Literatur zur Unternehmensbewertung diskutiert, wobei in der jüngeren Vergangenheit eine intensivierte Auseinandersetzung bezogen auf die simultane Abbildung einzelner Wachstumskomponenten zu beobachten ist. Motiviert durch die Diskussion im Schrifttum ist das Wachstum von Unternehmen zudem zusehends Gegenstand der empirischen Forschung, deren Befunde das übliche Vorgehen in der Bewertungspraxis und -judikatur zur Quantifizierung des Wachstums von Unternehmen teilweise in Frage stellen. Die wesentlichen Ergebnisse der – anlässlich der soeben skizzierten Kontroverse – durchgeführten Analyse werden an dieser Stelle komprimiert zusammengefasst.

Im Zuge der Erarbeitung der relevanten **Grundlagen der Unternehmensbewertung** ist in Abhängigkeit des zugrunde liegenden Bewertungsanlasses bzw. der jeweiligen Funktion des Bewertenden ein unterschiedlich stark ausgeprägtes Objektivierungs- und Transparenzerfordernis zu erkennen. Dieses ist v. a. in solchen Bewertungssituationen evident, in denen schutzwürdige Personen- bzw. Personengruppen durch die Bewertung tangiert sind. Zu denken ist hierbei an das schutzwürdige Interesse von Minderheitsaktionären bei Bewertungen aus Anlass gesellschaftsrechtlicher, gesetzlicher bzw. vertraglicher Vereinbarungen wie auch von Jahresabschlussadressaten bei Bewertungen aus Gründen der externen Rechnungslegung. Die zugehörige Diskussion findet dabei oftmals losgelöst von konkreten Bewertungsverfahren statt. Indes zeigt sich bei differenzierter Betrachtungsweise durchaus eine Abhängigkeit des Wachstumsabschlags im Nenner von der Kapitalisierungsgröße im Zähler des Bewertungskalküls. Entgegen des häufig im Schrifttum vermittelten Eindrucks gibt es demnach keineswegs den einen idealtypischen Wachstumsabschlag. Da dieser durch die Kapitalisierungsgröße beeinflusst und diese ihrerseits durch die verfahrensspezifische Definition des jeweils maßgeblichen finanziellen Überschusses determiniert wird, ist vielmehr eine verfahrensbezogene Diskussion geboten.

Unterzieht man das übliche Vorgehen der Bewertungspraxis und -judikatur zur Quantifizierung von Wachstumsabschlägen einer kritischen Analyse, erhärtet sich angesichts einer weitgehend einheitlichen Wertbandbreite augenscheinlich der vereinzelt im Schrifttum geäußerte Verdacht einer „tradierten Annahme". Werden zusätzlich die Ergebnisse quantitativ-statistischer Untersuchungen in die **quantitative Analyse des Wachstums von Unternehmen** einbezogen, zeigt sich ein sehr heterogenes Bild der empirisch ermittelten Wachstumsraten. Vergleicht man die empirischen Befunde mit der Bandbreite üblicher Wachstumsabschläge in Bewertungspraxis und -judikatur, tritt eine deutliche Diskrepanz zutage, die darauf hindeutet, dass das tatsächliche Wachstum von Unternehmen offenbar höher ist als gemeinhin angenommen. Ob diese Vermutung gerechtfertigt ist, lässt sich indes allein auf Basis der verfügbaren Studien angesichts ihrer eingeschränkten Vergleichbarkeit und gewisser methodischer Schwächen nicht abschließend beantworten. Wenngleich die Gefahr möglicher Ergebnisverzerrungen diesbezüglich allgegenwärtig ist, rechtfertigt diese Einsicht in methodischer Hinsicht keineswegs die unreflektierte Hinnahme der damit zusammenhängenden Probleme eines Survivorship bzw. Small Sample Bias oder möglicher Verzerrungen bedingt durch Extremwerte. Neben möglichen Ansätzen zur Handhabung der geschilderten Schwierigkeiten unterscheidet sich die eigens durchgeführte empirische Studie von der Mehrheit vergangener Untersuchungen durch die vorgenommene Branchendifferenzierung. Diese verdeutlicht zugleich, dass angesichts branchenspezifischer Wachstumstrends allenfalls auf Branchenbasis ermittelte Wachstumsraten als Argumentationshilfe in Betracht gezogen werden können.

Angesichts gebotener Relativierungen lassen die aus der quantitativen Analyse abgeleiteten Implikationen kein abschließendes Urteil zu, inwieweit die Modellwelt das in der Unternehmensrealität zu beobachtende Wachstum zutreffend abbildet. Zum Zweck einer vollumfänglichen Betrachtung sind die empirischen Befunde auf qualitativer Ebene durch eine **kritische Analyse der Abbildung von Wachstum nach Maßgabe von IDW S 1** aus theoretischer Sicht zu hinterfragen.

Zwar ist die in Anlehnung an das Wachstumsmodell von GORDON/SHAPIRO gewählte Grundkonzeption von IDW S 1 zur **Abbildung von Wachstum auf Bewertungsebene** nicht in Frage zu stellen, indes besteht dennoch Raum für punktuelle Verbesserungen:

- Diesbezüglich ist v. a. der geringe Umfang operabler Handlungsanweisungen zur Ableitung wachstumsrelevanter Parameter zu nennen. Infolge dieses regulatorischen Vakuums eröffnen sich dem Bewertenden zahlreiche Ermessensspielräume.
- Zudem beruht die IDW S 1 zugrunde liegende Phasendifferenzierung auf zahlreichen impliziten Annahmen, wodurch ebenfalls ein nicht unerheblicher Einflussbereich für das subjektive Ermessen des Bewertenden entsteht. Die mit der idealtypischen Phasendifferenzierung i. S. v. IDW S 1 einhergehende Vereinfachung des Bewertungskalküls führt in der praktischen Anwendung häufig zu einem „Bruch“ zwischen den Wertansätzen der beiden Bewertungsphasen. Infolge der angestrebten Komplexitätsreduktion und der daraus resultierenden Inkaufnahme eines hohen Abstraktionsgrads von der Unternehmensrealität wird das grundsätzlich zwischen den beiden Phasen bestehende Konsistenzerfordernis streng genommen regelmäßig nicht gewahrt.
- Unterstellt man zudem, wie nach IDW S 1 aus Gründen der Vereinfachung vorgesehen, dass sich das zu bewertende Unternehmen unmittelbar nach Ende der Detailplanungsphase in einem Gleichgewichts- bzw. Beharrungszustand befindet, schränkt dies die bewertungstechnische Erfassung von Wachstumsgrenzen v. a. in zeitlicher Hinsicht stark ein. Diesbezüglich kommt erschwerend hinzu, dass es bislang an einer Definition des eingeschwungenen Zustands nach IDW S 1 fehlt.
- In terminologischer Hinsicht ist zudem die stellenweise undifferenzierte bzw. unausgewogene Betrachtung der verschiedenen Wachstumskomponenten in IDW S 1 zu bemängeln. Die fokussierte Behandlung des inflationsbedingten Wachstums bei gleichzeitig fallweiser Zusammenfassung des inflations- und mengenbedingten Wachstums spiegelt v. a. den Charakter des mengenbedingten Wachstums als grundsätzlich eigenständige Wachstumskomponente nur unzureichend wider. Es steht dabei zu befürchten, dass die schwerpunktmäßige Auseinandersetzung mit dem preisbedingten Wachstum der künfti-

gen finanziellen Überschüsse in IDW S 1 bzw. den zugehörigen Ausführungen im WP-Handbuch wohl auch maßgeblichen Einfluss auf die Quantifizierung von Wachstumsabschlägen in der Bewertungspraxis und -judikatur hat.

- Bei differenzierter Betrachtung der einzelnen Wachstumskomponenten lässt sich demnach auch der vermeintliche Widerspruch zwischen den üblicherweise in der Bewertungspraxis und -judikatur angesetzten Wachstumsabschlägen einerseits und den empirischen Befunden zum Wachstum von Unternehmen andererseits unzweifelhaft widerlegen. Zur Quantifizierung der einzelnen Wachstumskomponenten beschränken sich Bewertungspraxis und -judikatur nicht zuletzt infolge der Komplexität der zugehörigen Bewertungsaufgabe, sondern vermutlich auch als Folge des geschilderten Schwerpunkts in IDW S 1, oftmals auf den Ansatz eines ausschließlich inflationsinduzierten Wachstumsabschlags. Bezieht man indes auch ein mögliches thesaurierungsbedingtes Wachstum in die Betrachtung ein und legt daher der Quantifizierung des nachhaltigen Wachstums des Restwertzeitraums eine sog. analytische Gesamtwachstumsrate zugrunde, sind durchaus auch solche Wachstumsabschläge konform zu IDW S 1, die oberhalb der gesamtwirtschaftlichen Inflationsrate liegen.

Wie bereits angemerkt, eröffnen sich dem Bewertenden bei der Abbildung von Wachstum nach IDW S 1 erhebliche Ermessensspielräume. Da der Eliminierung solcher Ermessensspielräume indes Grenzen gesetzt sind, kommt der transparenten **Abbildung von Wachstum auf Berichtsebene** eine tragende Rolle zu:

- Hinsichtlich der berichtstechnischen Abbildung von Wachstum gemäß IDW S 1 ist indes zu bemängeln, dass IDW S 1 gegenwärtig nur rudimentäre Angabepflichten vorsieht. Legt man die dem Wachstum der künftigen finanziellen Überschüsse gewidmete Angabevorschrift eng aus, ist streng genommen die bloße und unkommentierte Angabe des angesetzten Wachstumsabschlags konform zu IDW S 1.
- Ob die Berichterstattung nach IDW S 1 ihrer eigentlichen Zielsetzung, den Berichtsempfänger u. a. in die Lage zu versetzen, die Wertermittlung sowie die getroffenen Annahmen mit vertretbarem Aufwand nachvollziehen und aus seiner Perspektive würdigen zu können, bezogen auf die berichtstechnische Abbildung des Wachstums der künftigen finanziellen Überschüsse gerecht wird, ist anzuzweifeln.

Die bei der Abbildung von Wachstum nach IDW S 1 gleichermaßen auf Bewertungs- und Berichtsebene bestehenden Ermessensspielräume verdeutlichen die dringende Notwendigkeit einer intensiven Auseinandersetzung mit möglichen Ansätzen zur **Stärkung der Objektivierung und Transparenz** hinsichtlich der Abbildung von Wachstum nach Maßgabe von IDW S 1.

Der gegenwärtig nicht zu vernachlässigende Einfluss des subjektiven Ermessens auf die **Abbildung von Wachstum auf Bewertungsebene** erwächst v. a. aus der IDW S 1 zugrunde liegenden Differenzierung in nur zwei Bewertungsphasen:

- Zum Zweck der Objektivierung des Bewertungskalküls bietet sich i. S. einer alternativen Phasendifferenzierung die Anwendung eines dreiphasigen Bewertungskalküls in der Ausprägung als Konvergenzmodell an. Dieses gewährleistet nicht nur eine größere Realitätsnähe, da infolge der Zwischenschaltung einer Übergangsphase zwischen Detailplanungs- und Restwertzeitraum die explizite Abbildung längerfristiger Trendentwicklungen ermöglicht wird. Die Implementierung einer solchen Konvergenzphase trägt v. a. dem zwischen Detailplanungs- und Restwertphase bestehenden und gegenwärtig in IDW S 1 vernachlässigten Konsistenzerfordernis verstärkt Rechnung. Die mit der Anwendung eines dreiphasigen Bewertungskalküls einhergehende Verlagerung von Wertanteilen leistet zugleich der vielfach geäußerten Forderung einer „Entschlüsselung der Black Box" des Restwerts Folge.
- Über die genannten Vorzüge hinaus ist aus Objektivierungsgesichtspunkten die zwangsläufig zu erbringende Offenlegung getroffener Annahmen im Bewertungskalkül zu betonen. Da die bewertungstechnische Abbildung von Wachstum im Rahmen eines dreiphasigen Bewertungskalküls auf weitaus weniger impliziten Annahmen beruht, stärkt die im Konvergenzmodell vollzogene Explikation von Bewertungsprämissen die intersubjektive Nachprüfbarkeit der Wertermittlung.
- Überdies ist festzuhalten, dass aus der Implementierung einer Konvergenzphase weniger ein zusätzlicher Informationsbedarf an Prognosedaten, sondern vielmehr eine differenziertere Verarbeitung ohnehin erforderlicher Prognosedaten resultiert. Wie sich im Zuge einer Konkretisierung des Konvergenzmodells zeigen lässt, folgt aus dieser differenzierten Informationsverarbeitung gleichwohl kein derart hoher Komplexitätsgrad, der eine kategorische Ablehnung unter Berufung auf den Grundsatz der Wirtschaftlichkeit rechtfertigen würde. In Anbetracht ihrer Flexibilität, die sich in der vergleichsweise einfachen Überführbarkeit in ein zweiphasiges Bewertungskalkül ausdrückt, erscheinen dreiphasige Bewertungskalküle auch vor dem Hintergrund des Primats der Zweckadäquanz konzeptionell vorziehenswürdig.
- Eine Objektivierung des Bewertungskalküls lässt sich indes auch unabhängig von der jeweiligen Phasendifferenzierung erreichen. Da sich zahlreiche Ermessensspielräume aus dem Fehlen konkreter Vorgaben in IDW S 1 zur Ableitung wachstumsrelevanter Bewertungsparameter ergeben, sei eine verfahrensbezogene bzw. methodische Normierung dieser Parameter angeregt.

Angesichts gegenwärtig nur rudimentärer wachstumsbezogener Angabepflichten in IDW S 1 besteht erheblicher Bedarf zur Stärkung der Transparenz hinsichtlich der **Abbildung von Wachstum auf Berichtsebene**:

- Auf Ebene der berichtstechnischen Abbildung von Wachstum kann ein notwendiger Beitrag zur transparenten Abbildung von Wachstum im Allgemeinen bzw. zur Kenntlichmachung ausgefüllter Ermessensspielräume durch eine Ausweitung und Konkretisierung der Angabepflichten nach IDW S 1 geleistet werden.

- Ein gesteigerter Rechtfertigungszwang auf Berichtsebene erfordert demnach zwangsläufig eine intensivere Auseinandersetzung mit der Abbildung von Wachstum auf Bewertungsebene.
- Hinsichtlich des vorgestellten Katalogs idealtypisch empfohlener Angabepflichten ist anzumerken, dass dieser nicht nur gleichermaßen den Grundsätzen der Informationszerlegung, Klarheit und Ausgewogenheit gegenüber der gegenwärtigen Berichterstattung i. S. v. IDW S 1 weitaus stärker gerecht wird, sondern zugleich dem Grundsatz der Wesentlichkeit genügt.

Der eingangs dieser Arbeit hervor gehobene Dialog zwischen Theorie und Praxis der Unternehmensbewertung tritt v. a. in den Klarstellungen des FAUB zutage. Wenngleich diese einen wichtigen Beitrag zur Aufklärung von Missverständnissen sowie zur Aufarbeitung der Auseinandersetzung zwischen Theorie und Praxis bzw. innerhalb der beiden Sphären leisten, besteht hinsichtlich der **künftigen Entwicklung von IDW S 1** weiterhin punktueller Verbesserungsbedarf. Will man das erarbeitete Verbesserungspotenzial zum Zweck einer objektivierten und transparenten Abbildung von Wachstum nutzen, bedarf es gleichwohl nicht allein einer Überarbeitung von IDW S 1, sondern auch einer Sensibilisierung der Bewertungspraxis zum Abbau von Ressentiments gegenüber vermeintlich komplexen Bewertungsmodellen. Diesbezüglich wäre insbesondere im Hinblick auf das Konzept der Phasendifferenzierung eine Rückbesinnung auf das in HFA 2/1983 kodifizierte Bewertungskalkül wünschenswert. Insofern gilt es sich in Anlehnung an HENSELMANN zu vergegenwärtigen, dass die Historie der Unternehmensbewertung in ihrer Vielfalt durchaus wertvolle Hinweise zur Handhabung aktueller Herausforderungen und Bewertungsaufgaben liefert.[1298] Es sei daher gleichfalls an die Worte von LESSING erinnert: „Die Geschichte soll nicht das Gedächtnis beschweren, sondern den Verstand erleuchten.“ Es bleibt daher zu hoffen, dass der intensive Gedankenaustausch zwischen Theorie und Praxis der Unternehmensbewertung in diesem Sinne auch künftig zur theoretisch fundierten und zugleich praktikablen Fortentwicklung von Bewertungsstandards genutzt wird. Bezogen auf die Berücksichtigung wachsender finanzieller Überschüsse ist dies indes mit der angesprochenen Herausforderung verbunden, die konsistente Abbildung einzelner Wachstumskomponenten nicht nur durch konkrete Vorgaben zu untermauern, sondern zugleich dafür Sorge zu tragen, dass die entsprechenden Handlungsanweisungen aus Sicht der Bewertungspraxis nicht allein als theoretisch fundiert, sondern zugleich als operabel empfunden werden. Es gilt mithin bestehende Vorbehalte in der Bewertungspraxis abzubauen, um zu gewährleisten, dass der durch die theoretische Fundierung geebnete „Königsweg der Unternehmensbewertung“ auch in Form der praktischen Anwendung theoretisch vorziehenswürdiger Ansätze bzw. Methoden tatsächlich beschritten wird.

1298 Vgl. HENSELMANN, K., Unternehmensbewertung, S. 122.

Anhänge

Untersuchungsgröße	Definition	Berechnung
EBIT	EBIT represent the earnings of a company before interest expense and income taxes.	It is calculated by taking the pre-tax income and adding back interest expense on debt and subtracting interest capitalized.
EBITDA	EBITDA represent the earnings of a company before interest expense, income taxes, depreciation and amortization.	It is calculated by taking the pre-tax income and adding back interest expense on debt and depreciation, depletion and amortization and subtracting interest capitalized.
Free Cashflow	Net Cash Flow from operating activities, which represent the net cash receipts and disbursements resulting from the operations of the company.	It is the sum of Funds from Operations, Funds From/Used for Other Operating Activities and Extraordinary Items.
Jahresüberschuss	Net Income	Represents income after all operating and non-operating income and expense, reserves, income taxes, minority interest and extraordinary items.
Dividendenzahlungen	The dividend rate, adjusted, based upon payment date, is the most recent actual dividend payment. This represents an individual cash income dividend payment adjusted for any capital change since the ex-dividend date of the payment. The data displayed is based upon the dividend whose payment date is most recent to the user's request date.	The adjusted dividend rate is calculated from the unadjusted figure , using an adjustment factor that caters for capital changes since the ex-dividend date of the payment.

Anhang 1: Definition und Berechnung der betrachteten Untersuchungsgrößen[1299]

[1299] In Anlehnung an THOMSON FINANCIAL, Datatype Definitions Guide.

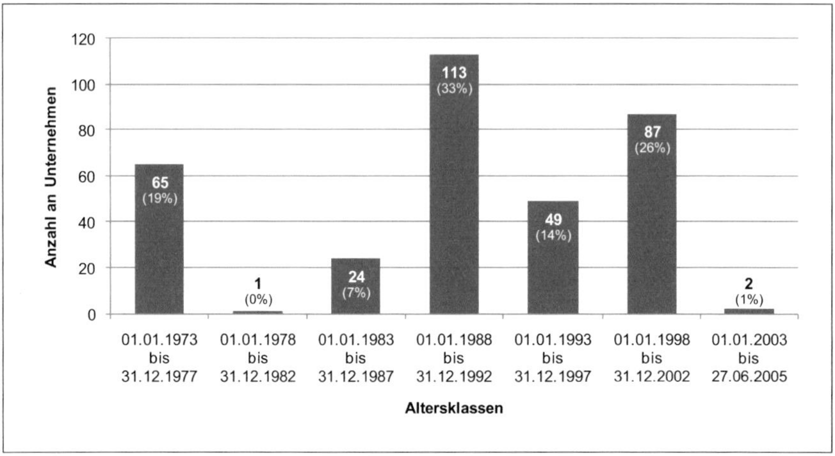

Anhang 2: **Altersstruktur der Datenbasis bezogen auf das Datum der erstmaligen Verfügbarkeit von Unternehmensdaten in der Datenbank Thomson Financial Datastream (sog. Base oder Start Date)**

Branchensystematik des Industry Classification Benchmark

Brancheneinteilung	Übergeordneter Sektor	Sektor	Untergeordneter Sektor
Erdöl- und Erdgasproduzenten	Erdöl- und Erdgasproduzenten	Erdöl- und Erdgasproduzenten	Exploration und Produktion
			Integrierte Erdöl- und Erdgasgesellschaften
		Ausrüstungen, Dienstleistungen und Versorgung	Ausrüstungen und Dienstleistungen
			Pipelines
		Alternative Energiequellen	Erneuerbare Energieanlagen
			Alternative Kraftstoffe
Grundstoffe	Chemie	Chemie	Gebrauchschemikalien
			Spezielle Chemikalien
	Rohstoffe	Forstwirtschaft und Papierindustrie	Forstwirtschaft
			Papierindustrie
		Industrielle Metalle und Bergbau	Aluminium
			Nichteisenhaltige Metalle
			Eisen und Stahl
		Bergbau	Diamanten und Edelsteine
			Allgemeiner Bergbau
			Gold
			Platin und Edelmetalle
Industrieunternehmen	Bauwesen und Materialien	Bauwesen und Materialien	Baustoffe und Befestigungen
			Hoch- und Tiefbau
	Industriegüter und Dienstleistungen	Luftfahrt und Verteidigung	Luftfahrt
			Verteidigung
		Allgemeine Industrieunternehmen	Container und Verpackungen
			Diversifizierte Gewerbe
		Elektronische und elektrische Ausrüstungselemente	Elektronische Bauteile und Ausrüstungselemente
			Elektronische Ausrüstungselemente
		Produktionstechnik	Nutzfahrzeuge und LKW
			Industriemaschinen
		Transport	Versanddienst
			Seetransport
			Eisenbahn
			Transportdienstleistungen
			LKW-Transport
		Supportleistungen	Business-Supportleistungen
			Anbieter von Business-Lehrgängen und Arbeitsvermittler
			Finanzverwaltung
			Industrielieferanten
			Abfall- und Entsorgungsdienstleister
Vebrauchsgüter	Automobilhersteller und Zulieferer	Automobilhersteller und Zulieferer	Automobile
			Autoteile
			Reifen
	Nahrungsmittel und Getränke	Getränke	Brauereien
			Brennereien und Winzer
			Alkoholfreie Getränke
		Nahrungsmittelsproduktion	Nahrungsmittel

Branchensystematik des Industry Classification Benchmark (Fortsetzung)

<table>
<tr><th>Brancheneinteilung</th><th>Übergeordneter Sektor</th><th>Sektor</th><th>Untergeordneter Sektor</th></tr>
<tr><td rowspan="12">Verbrauchsgüter</td><td rowspan="12">Persönliche Haushaltsgegenstände</td><td rowspan="4">Haushaltsgeräte und Wohnbau</td><td>Langlebige Haushaltsprodukte</td></tr>
<tr><td>Kurzlebige Haushaltsprodukte</td></tr>
<tr><td>Möbel</td></tr>
<tr><td>Hausbau</td></tr>
<tr><td rowspan="3">Freizeitgüter</td><td>Unterhaltungselektronik</td></tr>
<tr><td>Freizeitprodukte</td></tr>
<tr><td>Spielzeug</td></tr>
<tr><td rowspan="3">Persönliche Güter</td><td>Bekleidung und Accessoires</td></tr>
<tr><td>Schuhe</td></tr>
<tr><td>Pflegeprodukte</td></tr>
<tr><td>Tabakwaren</td><td>Tabakwaren</td></tr>
<tr><td rowspan="5">Gesundheitswesen</td><td rowspan="5">Gesundheit</td><td rowspan="3">Pflegeausstattung und Dienstleistungen</td><td>Medizinische Leistungen</td></tr>
<tr><td>Medizinische Geräte</td></tr>
<tr><td>Medizinische Produkte</td></tr>
<tr><td rowspan="2">Arzneimittel und Biotechnologie</td><td>Biotechnologie</td></tr>
<tr><td>Arzneimittel</td></tr>
<tr><td rowspan="16">Verbraucherservice</td><td rowspan="7">Einzelhandel</td><td rowspan="2">Nahrungsmittel- und Arzneimitteleinzelhändler</td><td>Arzneimitteleinzelhändler</td></tr>
<tr><td>Einzel- und Großhändler für Nahrungsmittel</td></tr>
<tr><td rowspan="5">Allgemeine Einzelhändler</td><td>Einzelhändler für Bekleidung und Accessoires</td></tr>
<tr><td>Einzelhändler ohne Spezialisierung</td></tr>
<tr><td>Heimwerkermärkte</td></tr>
<tr><td>Spezielle Dienstleistungen</td></tr>
<tr><td>Facheinzelhändler</td></tr>
<tr><td rowspan="3">Medien</td><td rowspan="3">Medien</td><td>Radio, TV und Unterhaltung</td></tr>
<tr><td>Medienagenturen</td></tr>
<tr><td>Verlagswesen</td></tr>
<tr><td rowspan="6">Reisen und Freizeit</td><td rowspan="6">Reisen und Freizeit</td><td>Fluggesellschaften</td></tr>
<tr><td>Spielhallen</td></tr>
<tr><td>Hotels</td></tr>
<tr><td>Freizeitanlagen</td></tr>
<tr><td>Restaurants und Bars</td></tr>
<tr><td>Reisen und Tourismus</td></tr>
<tr><td rowspan="2">Telekommunikation</td><td rowspan="2">Telekommunikation</td><td>Festnetz-Telekommunikation</td><td>Festnetz-Telekommunikation</td></tr>
<tr><td>Mobil-Telekommunikation</td><td>Mobil-Telekommunikation</td></tr>
<tr><td rowspan="5">Versorger</td><td rowspan="5">Energierversorgung</td><td rowspan="2">Elektrizität</td><td>Herkömmliche Stromerzeugung</td></tr>
<tr><td>Alternative Stromerzeugung</td></tr>
<tr><td rowspan="3">Erdgas, Wasser und kombinierte Energiererzeugung</td><td>Gasversorgung</td></tr>
<tr><td>Kombinierte Energieerzeugung</td></tr>
<tr><td>Wasser</td></tr>
</table>

Branchensystematik des Industry Classification Benchmark (Fortsetzung)

Brancheneinteilung	Übergeordneter Sektor	Sektor	Untergeordneter Sektor
Finanzdienstleistungen	Banken	Banken	Banken
	Versicherungen	Andere Versicherungen als Lebensversicherungen	Globalversicherungsgesellschaften
			Versicherungsmakler
			Sach- und Unfallversicherungen
			Rückversicherungen
		Lebensversicherungen	Lebensversicherungen
	Immobilien	Immobilienanlagen und Dienstleistungen	Besitz und Erschließung von Immobilien
			Dienstleistungen für Immobilien
		Immobilienfonds	Industrielle und Büro-REITs
			Einzelhandels-REITs
			Wohnungs-REITs
			Diversifizierte REITs
			Spezielle REITs
			Hypotheken-REITs
			Hotel- und Berhebungs-REITs
	Finanzdienstleistungen	Allgemeines Finanzwesen	Vermögensverwaltung
			Privatkundengeschäft
			Spezielle Finanzdienste
			Investment-Dienstleistungen
			Hypotheken-Finanzierung
		Kapitalinvestitionen	Kapitalinvestitionen
		Investitionen ohne Kapitalbeteiligung	Investitionen ohne Kapitalbeteiligung
Technologie	Technologie	Software- und Computer-Dienstleister	Computer-Dienstleister
			Internet
			Software
		Hardware und Ausrüstung	Hardware
			Elektronische Büroausstattung
			Halbleiter
			Telekommunikationsausrüstung

Anhang 3: ICB-Systematik zur Branchenklassifizierung[1300]

[1300] Detaillierte Definitionen der einzelnen untergeordneten Sektoren gem. Anhang 3 sind abrufbar unter: http://www.icbenchmark.com/docs/Structure_Defs_German.pdf.

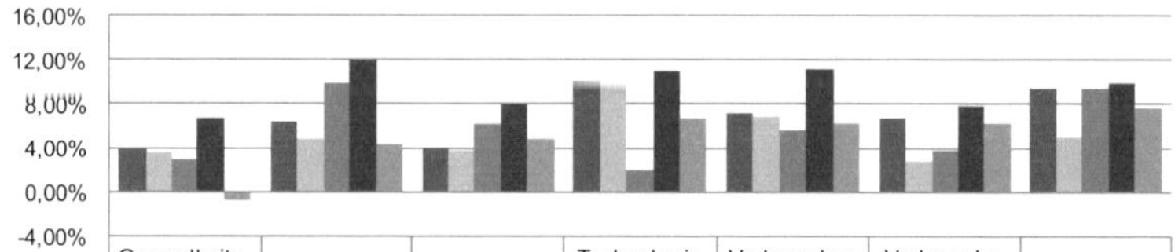

	Gesundheits-wesen	Grundstoffe	Industrie	Technologie & Telekom.	Verbraucher-service	Verbrauchs-güter	Versorger
EBIT	3,87%	6,37%	4,02%	10,06%	7,14%	6,78%	9,36%
EBITDA	3,59%	4,83%	3,69%	9,42%	6,82%	2,71%	5,03%
FCF	2,86%	9,93%	6,29%	1,88%	5,53%	3,72%	9,44%
JÜ	6,77%	11,93%	8,05%	11,03%	11,23%	7,84%	9,90%
Dividenden	-0,71%	4,37%	4,84%	6,71%	6,27%	6,24%	7,68%

■ EBIT ■ EBITDA ■ FCF ■ JÜ ■ Dividenden

Anhang 4: **Branchenbezogene Wachstumsraten auf Basis normalisierter Basis- und Endwerte im Zeitraum 1996 bis 2006**

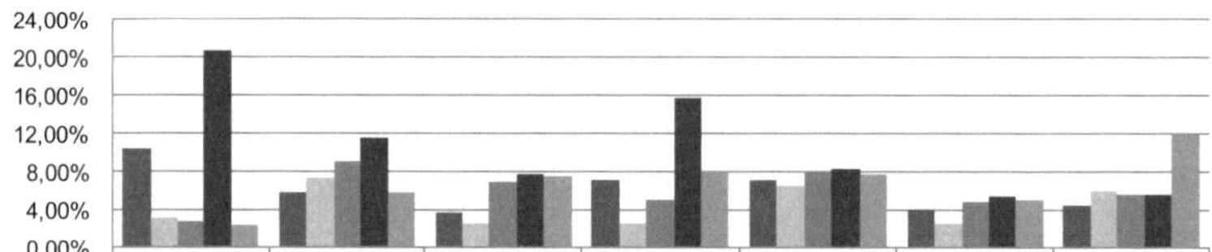

	Gesundheits-wesen	Grundstoffe	Industrie	Technologie & Telekom.	Verbraucher-service	Verbrauchs-güter	Versorger
EBIT	10,44%	5,75%	3,61%	7,12%	7,14%	4,07%	4,37%
EBITDA	3,11%	7,24%	2,53%	2,50%	6,50%	2,51%	6,04%
FCF	2,81%	8,96%	7,00%	5,08%	7,90%	4,84%	5,64%
JÜ	20,69%	11,58%	7,62%	15,74%	8,25%	5,31%	5,65%
Dividenden	2,25%	5,79%	7,55%	8,13%	7,66%	5,02%	12,17%

■ EBIT ■ EBITDA ■ FCF ■ JÜ ■ Dividenden

Anhang 5: **Branchenbezogene Wachstumsraten auf Basis tatsächlicher Basis- und Endwerte im Zeitraum 1998 bis 2008**

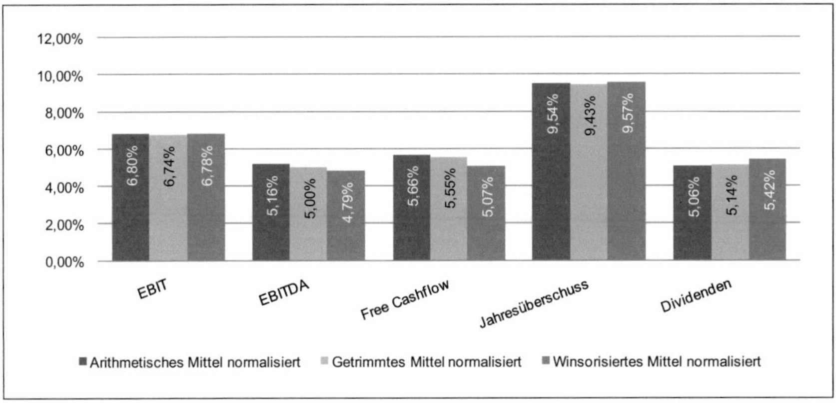

Anhang 6: **Branchenübergreifende Wachstumsraten auf Basis normalisierter Basis- und Endwerte im Zeitraum 1996 bis 2006 unter Zuhilfenahme robuster Mittelwerte**

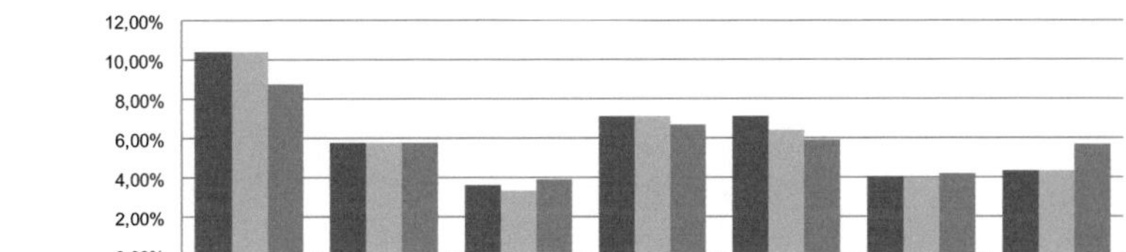

	Gesundheits-wesen	Grundstoffe	Industrie	Technologie & Telekom.	Verbraucher-service	Verbrauchs-güter	Versorger
Arithmetisches Mittel	10,44%	5,75%	3,61%	7,12%	7,14%	4,07%	4,37%
Getrimmtes Mittel	10,44%	5,75%	3,35%	7,12%	6,40%	3,99%	4,37%
Winsorisiertes Mittel	8,78%	5,78%	3,94%	6,72%	5,94%	4,20%	5,72%

Arithmetisches Mittel · Getrimmtes Mittel · Winsorisiertes Mittel

Anhang 7: **Branchenspezifische Wachstumsraten des EBIT auf Basis tatsächlicher Basis- und Endwerte im Zeitraum 1998 bis 2008 unter Zuhilfenahme robuster Mittelwerte**

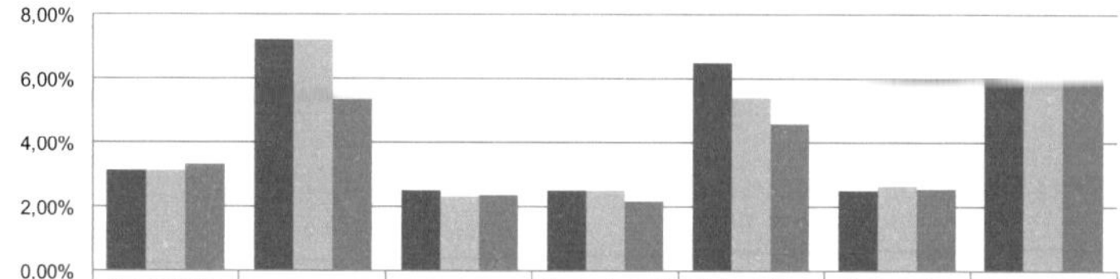

	Gesundheits-wesen	Grundstoffe	Industrie	Technologie & Telekom.	Verbraucher-service	Verbrauchs-güter	Versorger
Arithmetisches Mittel	3,11%	7,24%	2,53%	2,50%	6,50%	2,51%	6,04%
Getrimmtes Mittel	3,11%	7,24%	2,31%	2,50%	5,43%	2,68%	6,04%
Winsorisiertes Mittel	3,31%	5,38%	2,35%	2,19%	4,60%	2,58%	6,04%

Anhang 8: **Branchenspezifische Wachstumsraten des EBITDA auf Basis tatsächlicher Basis- und Endwerte im Zeitraum 1998 bis 2008 unter Zuhilfenahme robuster Mittelwerte**

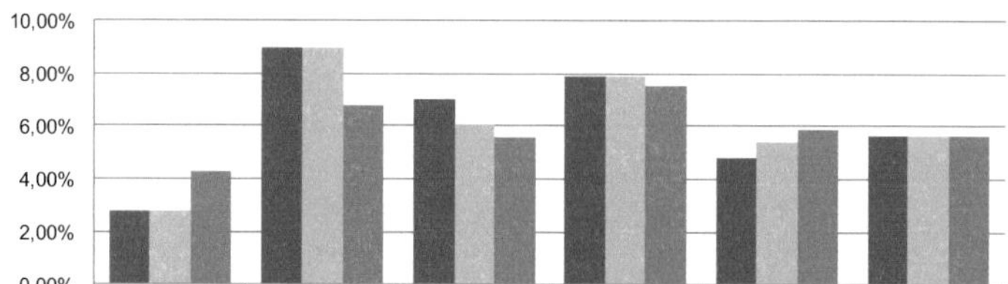

	Gesundheits-wesen	Grundstoffe	Industrie	Verbraucher-service	Verbrauchs-güter	Versorger
Arithmetisches Mittel	2,81%	8,96%	7,00%	7,90%	4,84%	5,64%
Getrimmtes Mittel	2,81%	8,96%	6,07%	7,90%	5,38%	5,64%
Winsorisiertes Mittel	4,28%	6,78%	5,56%	7,55%	5,90%	5,64%

Anhang 9: **Branchenspezifische Wachstumsraten des Free Cashflow auf Basis tatsächlicher Basis- und Endwerte im Zeitraum 1998 bis 2008 unter Zuhilfenahme robuster Mittelwerte**

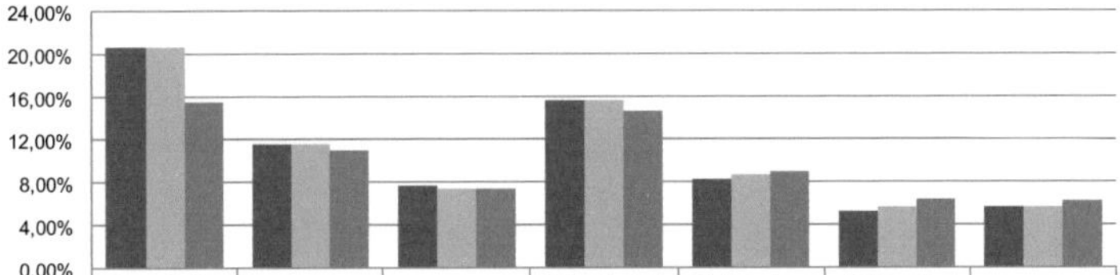

	Gesundheits-wesen	Grundstoffe	Industrie	Technologie & Telekom.	Verbraucher-service	Verbrauchs-güter	Versorger
Arithmetisches Mittel	20,69%	11,58%	7,62%	15,74%	8,25%	5,31%	5,65%
Getrimmtes Mittel	20,69%	11,58%	7,40%	15,74%	8,62%	5,65%	5,65%
Winsorisiertes Mittel	15,47%	10,94%	7,36%	14,69%	9,00%	6,44%	6,28%

■ Arithmetisches Mittel ■ Getrimmtes Mittel ■ Winsorisiertes Mittel

Anhang 10: **Branchenspezifische Wachstumsraten des Jahresüberschusses auf Basis tatsächlicher Basis- und Endwerte im Zeitraum 1998 bis 2008 unter Zuhilfenahme robuster Mittelwerte**

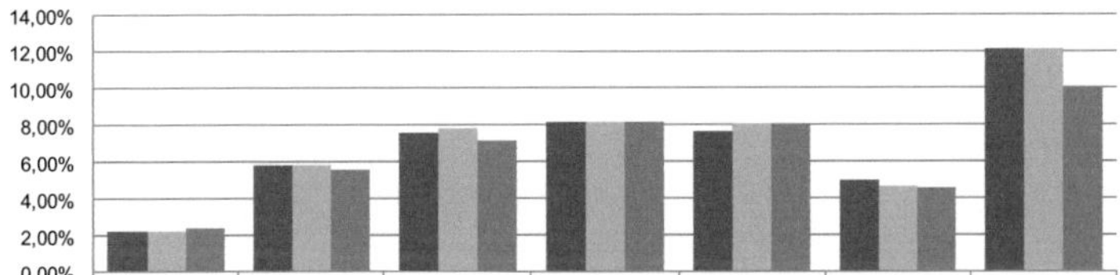

	Gesundheits-wesen	Grundstoffe	Industrie	Technologie & Telekom.	Verbraucher-service	Verbrauchs-güter	Versorger
Arithmetisches Mittel	2,25%	5,79%	7,55%	8,13%	7,66%	5,02%	12,17%
Getrimmtes Mittel	2,25%	5,79%	7,79%	8,13%	8,09%	4,69%	12,17%
Winsorisiertes Mittel	2,42%	5,55%	7,14%	8,13%	8,06%	4,59%	10,01%

■ Arithmetisches Mittel ■ Getrimmtes Mittel ■ Winsorisiertes Mittel

Anhang 11: **Branchenspezifisches Dividendenwachstum auf Basis tatsächlicher Basis- und Endwerte im Zeitraum 1998 bis 2008 unter Zuhilfenahme robuster Mittelwerte**

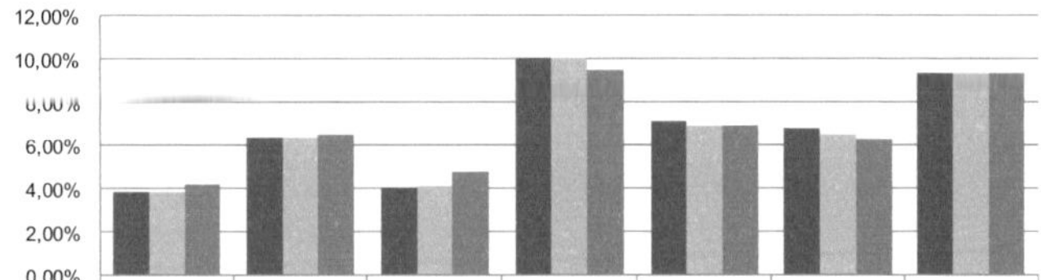

	Gesundheits-wesen	Grundstoffe	Industrie	Technologie & Telekom.	Verbraucher-service	Verbrauchs-güter	Versorger
Arithmetisches Mittel normalisiert	3,87%	6,37%	4,02%	10,06%	7,14%	6,78%	9,36%
Getrimmtes Mittel normalisiert	3,87%	6,37%	4,15%	10,06%	6,94%	6,45%	9,36%
Winsorisiertes Mittel normalisiert	4,21%	6,45%	4,77%	9,46%	6,95%	6,24%	9,36%

■ Arithmetisches Mittel normalisiert ■ Getrimmtes Mittel normalisiert ■ Winsorisiertes Mittel normalisiert

Anhang 12: Branchenspezifische Wachstumsraten des EBIT auf Basis normalisierter Basis- und Endwerte im Zeitraum 1996 bis 2006 unter Zuhilfenahme robuster Mittelwerte

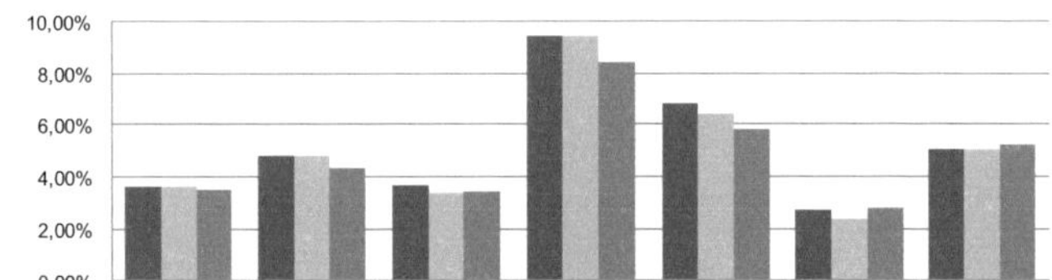

	Gesundheits-wesen	Grundstoffe	Industrie	Technologie & Telekom.	Verbraucher-service	Verbrauchs-güter	Versorger
Arithmetisches Mittel normalisiert	3,59%	4,83%	3,69%	9,42%	6,82%	2,71%	5,03%
Getrimmtes Mittel normalisiert	3,59%	4,83%	3,37%	9,42%	6,40%	2,37%	5,03%
Winsorisiertes Mittel normalisiert	3,52%	4,32%	3,44%	8,41%	5,83%	2,78%	5,24%

■ Arithmetisches Mittel normalisiert ■ Getrimmtes Mittel normalisiert ■ Winsorisiertes Mittel normalisiert

Anhang 13: Branchenspezifische Wachstumsraten des EBITDA auf Basis normalisierter Basis- und Endwerte im Zeitraum 1996 bis 2006 unter Zuhilfenahme robuster Mittelwerte

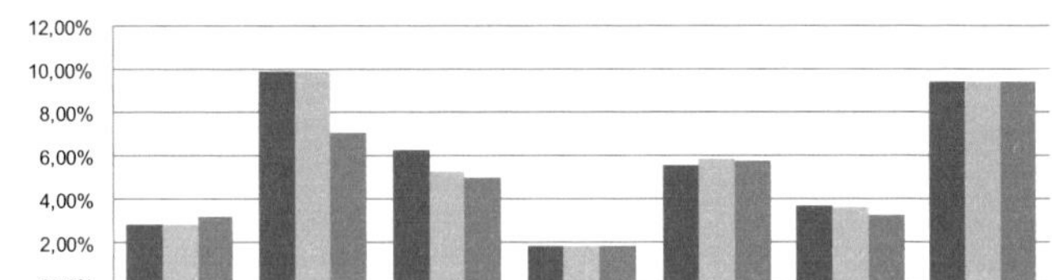

	Gesundheits-wesen	Grundstoffe	Industrie	Technologie & Telekom.	Verbraucher-service	Verbrauchs-güter	Versorger
Arithmetisches Mittel normalisiert	2,86%	9,93%	6,29%	1,88%	5,53%	3,72%	9,44%
Getrimmtes Mittel normalisiert	2,86%	9,93%	5,25%	1,88%	5,84%	3,65%	9,44%
Winsorisiertes Mittel normalisiert	3,18%	7,03%	4,96%	1,88%	5,74%	3,29%	9,44%

■ Arithmetisches Mittel normalisiert ■ Getrimmtes Mittel normalisiert ■ Winsorisiertes Mittel normalisiert

Anhang 14: Branchenspezifische Wachstumsraten des Free Cashflow auf Basis normalisierter Basis- und Endwerte im Zeitraum 1996 bis 2006 unter Zuhilfenahme robuster Mittelwerte

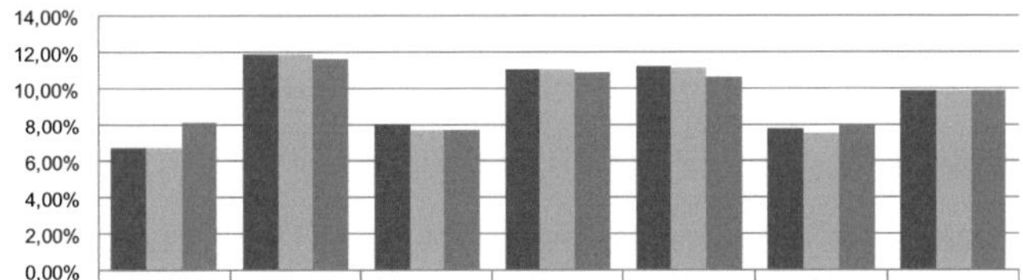

	Gesundheits-wesen	Grundstoffe	Industrie	Technologie & Telekom.	Verbraucher-service	Verbrauchs-güter	Versorger
Arithmetisches Mittel normalisiert	6,77%	11,93%	8,05%	11,03%	11,23%	7,84%	9,90%
Getrimmtes Mittel normalisiert	6,77%	11,93%	7,69%	11,03%	11,16%	7,55%	9,90%
Winsorisiertes Mittel normalisiert	8,11%	11,65%	7,76%	10,92%	10,68%	7,94%	9,90%

■ Arithmetisches Mittel normalisiert ■ Getrimmtes Mittel normalisiert ■ Winsorisiertes Mittel normalisiert

Anhang 15: Branchenspezifische Wachstumsraten des Jahresüberschusses auf Basis normalisierter Basis- und Endwerte im Zeitraum 1996 bis 2006 unter Zuhilfenahme robuster Mittelwerte

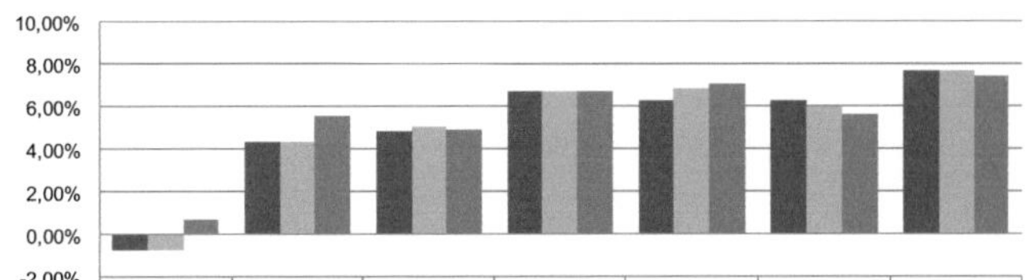

	Gesundheits-wesen	Grundstoffe	Industrie	Technologie & Telekom.	Verbraucher-service	Verbrauchs-güter	Versorger
Arithmetisches Mittel normalisiert	-0,71%	4,37%	4,84%	6,71%	6,27%	6,24%	7,68%
Getrimmtes Mittel normalisiert	-0,71%	4,37%	5,09%	6,71%	6,85%	6,00%	7,68%
Winsorisiertes Mittel normalisiert	0,73%	5,55%	4,89%	6,71%	7,05%	5,62%	7,40%

■ Arithmetisches Mittel normalisiert ■ Getrimmtes Mittel normalisiert ■ Winsorisiertes Mittel normalisiert

Anhang 16: Branchenspezifisches Dividendenwachstum auf Basis normalisierter Basis- und Endwerte im Zeitraum 1996 bis 2006 unter Zuhilfenahme robuster Mittelwerte

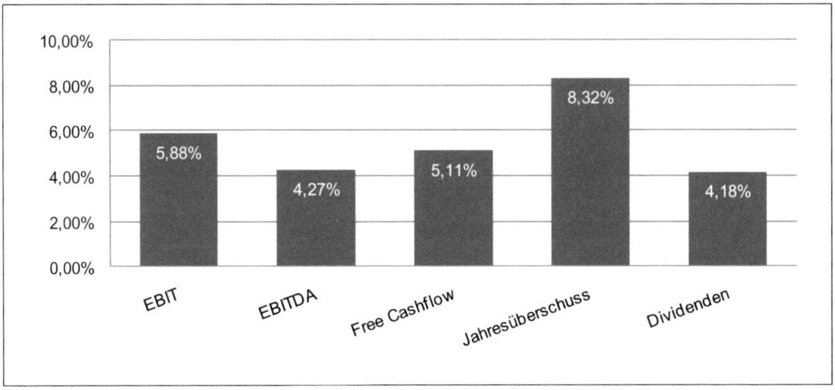

Anhang 17: Branchenübergreifende Wachstumsraten bei Verwendung normalisierter Basis- und Endwerte im verlängerten Untersuchungszeitraum von 1992 bis 2006

Wachstumsannahmen		
Ausschütttungsannahme	Kapitalwertneutrale Wiederanlageprämisse	Wertidentität von Abschreibungen und Investitionen
▪ Erläuterung der bewertungsobjekt-spezifischen Entscheidung für bzw. wider eine Vollausschüttungsfiktion	▪ bei Anwendung eines zweiphasigen Bewertungs-kalküls Begründung des Verzichts auf die explizite Abbildung einer möglichen Renditekonvergenz	Angaben zur Reinvestitionsrate: ▪ ggf. Kriterien zur Bildung von Anlageklassen ▪ Reinvestitionsrate(n) ▪ Abschreibungsmethode ▪ wirtschaftliche Nutzungs-dauer ▪ Verfahren zur Durchschnittsbildung
Wachstumskomponenten		
Nominales Wachstum	Reales Wachstum	Thesaurierungsbedingtes Wachstum
▪ Erläuterung der Ableitung der effektiven Teuerungsrate π^U ▪ Gesamtwirtschaftliche Inflationsrate ▪ (implizite) Überwälzungs-quote	▪ Erläuterung der Abgrenzung des relevanten Markts (Nennung wesent-licher Wettbewerber) ▪ Angabe relevanter Informationen aus der Vergangenheitsanalyse und einbezogenen Marktstudien	Angaben zur nachhaltigen Ausschüttungsquote: ▪ Auswahl der einbezogenen Vergleichsunternehmen ▪ Länge des Betrachtungs-zeitraums ▪ Verfahren zur Mittelwert-bildung

Anhang 18: Katalog idealtypisch empfohlener Angabepflichten zur Abbildung von Wachstum im Bewertungsgutachten nach IDW S 1[1301]

[1301] Bei Anwendung eines dreiphasigen Bewertungskalküls können über die in Anhang 18 aufgeführten Angabe- und Erläuterungspflichten hinaus zusätzlich gegebenenfalls zur bewertungstechnischen Abbildung von Wachstum in der Konvergenzphase verwendete Fade-Faktoren zu erläutern sein. Da diese im gegenwärtigen Bewertungskalkül nach IDW S 1 nicht explizit vorgesehen sind, wurde an dieser Stelle von ihrer Inanspruchnahme abstrahiert. Zum Einsatz von Fade-Faktoren in der Konvergenzphase vgl. Abschn. 522.22.

Quellenverzeichnis

Verzeichnis der Beiträge in Kommentaren

BAETGE, JÖRG/KIRSCH, HANS-JÜRGEN, Kapitel 4: Grundsätze ordnungsmäßiger Buchführung, in: Handbuch der Rechnungslegung (Einzelabschluss) – Kommentar zur Bilanzierung und Prüfung (Loseblatt), hrsg. v. Küting, Karlheinz/Weber, Claus-Peter, 5. Aufl., Stuttgart 2002 ff. (Grundsätze ordnungsmäßiger Buchführung).

BAETGE, JÖRG/ZIESEMER, STEFAN, § 252 HGB, in: Bilanzrecht – Handelsrecht mit Steuerrecht und den Regelungen des IASB (Loseblatt), hrsg. v. Baetge, Jörg/Kirsch, Hans-Jürgen/Thiele, Stefan, Bonn/Berlin 2002 ff. (§ 252 HGB).

HÖMBERG, REINHOLD/KÖNIG, MICHAEL, § 250 HGB, in: Bilanzrecht – Handelsrecht mit Steuerrecht und den Regelungen des IASB (Loseblatt), hrsg. v. Baetge, Jörg/Kirsch, Hans-Jürgen/Thiele, Stefan, Bonn/Berlin 2002 ff. (§ 250 HGB).

HOMMEL, MICHAEL, § 249 HGB, in: Bilanzrecht – Handelsrecht mit Steuerrecht und den Regelungen des IASB (Loseblatt), hrsg. v. Baetge, Jörg/Kirsch, Hans-Jürgen/Thiele, Stefan, Bonn/Berlin 2002 ff. (§ 249 HGB).

KIRSCH, HANS-JÜRGEN/HARMS, SONJA/SIEGEL, DANIEL, § 242 HGB, in: Bilanzrecht – Handelsrecht mit Steuerrecht und den Regelungen des IASB (Loseblatt), hrsg. v. Baetge, Jörg/Kirsch, Hans-Jürgen/Thiele, Stefan, Bonn/Berlin 2002 ff. (§ 242 HGB).

KIRSCH, HANS-JÜRGEN/KOELEN, PETER, IAS 10 – Ereignisse nach dem Bilanzstichtag, in: Münchener Kommentar zum Bilanzrecht (Loseblatt), hrsg. v. Hennrichs, Joachim/Kleindieck, Detlef/Watrin, Christoph, München 2008 ff. (IAS 10).

KIRSCH, HANS-JÜRGEN/KÖHRMANN, HANNES, Grundlagen der Lageberichterstattung (B 500), in: Beck'sches Handbuch der Rechnungslegung (Loseblatt), hrsg. v. Castan, Edgar/Böcking, Hans-Joachim/Heymann, Gerd/Pfitzer, Norbert/Scheffler, Eberhard, München 1986 ff. (Lageberichterstattung).

KIRSCH, HANS-JÜRGEN/NIMWEGEN, SEBASTIAN, Prüfung des Lageberichts (B 520), in: Beck'sches Handbuch der Rechnungslegung (Loseblatt), hrsg. v. Castan, Edgar/Böcking, Hans-Joachim/Heymann, Gerd/Pfitzer, Norbert/Scheffler, Eberhard, München 1986 ff. (Lagebericht).

Verzeichnis der Beiträge in Sammelwerken

ADERS, CHRISTIAN/SCHRÖDER, JAKOB, Konsistente Ermittlung des Fortführungswertes bei nominellem Wachstum, in: Unternehmensbewertung – Moderne Instrumente und Lösungsansätze, hrsg. v. Richter, Frank/Timmreck, Christian, Stuttgart 2004, S. 99-116 (Fortführungswert).

ALLEN, FRANKLIN/MICHAELY, RONI, Payout Policy, in: Handbook of the Economics of Finance, hrsg. v. Constantinides, George M./Harris, Milton/Stulz, René M., Amsterdam [u. a.] 2003, S. 337-429 (Payout Policy).

BAETGE, JÖRG/KRUSE, ARIANE, Objektivität der Urteilsbildung, in: Lexikon der Internen Revision, hrsg. v. Lück, Wolfgang, München/Wien 2001, S. 204-205 (Objektivität der Urteilsbildung).

BAETGE, JÖRG/NIEMEYER, KAI/KÜMMEL, JENS/SCHULZ, ROLAND, Bewertungsverfahren – Teil B: Darstellung der Discounted Cashflow-Verfahren (DCF-Verfahren) mit Beispiel, in: Praxishandbuch der Unternehmensbewertung, hrsg. v. Peemöller, Volker H., 4. Aufl., Herne/Berlin 2009, S. 339-477 (DCF-Verfahren).

BALLWIESER, WOLFGANG, Unternehmensbewertung mit Hilfe von Multiplikatoren, in: Aktuelle Fragen der Finanzwirtschaft und der Unternehmensbesteuerung – Festschrift für Erich Loitlsberger zum 70. Geburtstag, hrsg. v. Rückle, Dieter, Wien 1991, S. 47-66 (Multiplikatoren).

BALLWIESER, WOLFGANG, Zum risikolosen Zins für die Unternehmensbewertung, in: Kapitalgeberansprüche, Marktwertorientierung und Unternehmenswert – Festschrift für Prof. Dr. Dr. h. c. Jochen Drukarczyk zum 65. Geburtstag, hrsg. v. Richter, Frank/Schüler, Andreas/Schwetzler, Bernhard, München 2003, S. 19-35 (Risikoloser Zins).

BERENS, WOLFGANG/HOFFJAN, ANDREAS/STRAUCH, JOACHIM, Planung und Durchführung der Due Diligence, in: Due Diligence bei Unternehmensakquisitionen, hrsg. v. Berens, Wolfgang/Brauner, Hans U./Strauch, Joachim, 5. Aufl., Stuttgart 2008, S. 113-162 (Planung und Durchführung der Due Diligence).

BERENS, WOLFGANG/MERTES, MARTIN/STRAUCH, JOACHIM, Unternehmensakquisitionen, in: Due Diligence bei Unternehmensakquisitionen, hrsg. v. Berens, Wolfgang/Brauner, Hans U./Strauch, Joachim, 5. Aufl., Stuttgart 2008, S. 23-69 (Unternehmensakquisitionen).

BERENS, WOLFGANG/SCHMITTING, WALTER/STRAUCH, JOACHIM, Funktionen, Terminierung und rechtliche Einordnung der Due Diligence, in: Due Diligence bei Unternehmensakquisitionen, hrsg. v. Berens, Wolfgang/Brauner, Hans U./Strauch, Joachim, 5. Aufl., Stuttgart 2008, S. 71-112 (Funktionen der Due Diligence).

BERENS, WOLFGANG/STRAUCH, JOACHIM, Herkunft und Inhalt des Begriffes der Due Diligence, in: Due Diligence bei Unternehmensakquisitionen, hrsg. v. Berens, Wolfgang/Brauner, Hans U./Strauch, Joachim, 5. Aufl., Stuttgart 2008, S. 3-21 (Begriff der Due Diligence).

BERENS, WOLFGANG/STRAUCH, JOACHIM/MENKE, JAN-PHILIPP, Grundsätze ordnungsmäßiger Due Diligence, in: Rechnungslegung und Wirtschaftsprüfung – Festschrift zum 70. Geburtstag von Prof. Dr. Dr. h. c. Jörg Baetge, hrsg. v. Kirsch, Hans-Jürgen/Thiele, Stefan, Düsseldorf 2007, S. 811-837 (Grundsätze ordnungsmäßiger Due Diligence).

BERTHEL, JÜRGEN, Informationsbedarf, in: Handwörterbuch Unternehmensführung und Organisation, hrsg. v. Schreyögg, Goerg/Werder, Axel von, 4. Aufl., Stuttgart 2004, S. 872-886 (Informationsbedarf).

BÖMELBURG, PETER, Prozess der Unternehmensbewertung – Teil A: Vorbereitung der Unternehmensbewertung, in: Praxishandbuch der Unternehmensbewertung, hrsg. v. Peemöller, Volker H., 4. Aufl., Herne/Berlin 2009, S. 157-167 (Vorbereitung der Unternehmensbewertung).

DE VRIES, JOSEF, Objektiv, in: Philosophisches Wörterbuch, hrsg. v. Brugger, Walter, 7. Aufl., Freiburg 1959, S. 215-216 (Objektiv).

DELLMANN, KLAUS/DELLMANN, MARC, Jahresabschlußbasierte DCF-Valuation ganzer Unternehmen und Risikoanalyse, in: Der Wirtschaftsprüfer und sein Umfeld zwischen Tradition und Wandel zu Beginn des 21. Jahrhunderts – Festschrift zum 75. Geburtstag von Hans-Heinrich Otte, hrsg. v. Boysen, Kurt/Dyckerhoff, Christian/Otte, Holger, Düsseldorf 2001, S. 67-93 (Jahresabschlußbasierte DCF-Valuation).

HABBEL, MARKUS/KRAUSE, JAN/OLLMANN, MICHAEL, Die Relevanz von Branchenanalysen für die Unternehmensbewertung, in: Branchenorientierte Unternehmensbewertung, hrsg. v. Drukarczyk, Jochen/Ernst, Dietmar, 3. Aufl., München 2010, S. 9-19 (Relevanz von Branchenanalysen).

HENSELMANN, KLAUS, Grundlagen der Unternehmensbewertung – Teil E: Geschichte der Unternehmensbewertung, in: Praxishandbuch der Unternehmensbewertung, hrsg. v. Peemöller, Volker H., 4. Aufl., Herne/Berlin 2009, S. 91-126 (Unternehmensbewertung).

HU, LI-TZE/BENTLER, PETER M., Evaluating Model Fit, in: Structural Equation Modeling – Concepts, Issues, and Applications, hrsg. v. Hoyle, Rick H., Thousand Oaks [u. a.] 1995, S. 76-99 (Evaluating Model Fit).

KIRSCH, HANS-JÜRGEN, Die Objektivierung künftiger Zahlungsströme bei einer Bewertung nach IFRS, in: Rechnungslegung und Wirtschaftsprüfung – Festschrift zum 70. Geburtstag von Prof. Dr. Dr. h. c. Jörg Baetge, hrsg. v. Kirsch, Hans-Jürgen/Thiele, Stefan, Düsseldorf 2007, S. 359-380 (Objektivierung künftiger Zahlungsströme).

KIRSCH, HANS-JÜRGEN/KOELEN, PETER, IFRS-Rechnungslegung und Unternehmensbewertung - Möglichkeiten und Grenzen für Ersteller und Analysten, in: IFRS-Management, hrsg. v. Heyd, Reinhard, München 2007, S. 279-301 (IFRS-Rechnungslegung und Unternehmensbewertung).

KRUSCHWITZ, LUTZ, Barwerte – Gelöste, ungelöste und unlösbare Fragen der Investitionsrechnung, in: Zum Erkenntnisstand der Betriebswirtschaftslehre am Beginn des 21. Jahrhunderts – Festschrift für Erich Loitlsberger zum 80. Geburtstag, hrsg. v. Wagner, Udo, Berlin 2001, S. 157-175 (Barwerte).

MANDL, GERWALD/RABEL, KLAUS, Grundlagen der Unternehmensbewertung – Teil D: Methoden der Unternehmensbewertung (Überblick), in: Praxishandbuch der Unternehmensbewertung, hrsg. v. Peemöller, Volker H., 4. Aufl., Herne/Berlin 2009, S. 49-90 (Unternehmensbewertung).

MEITNER, MATTHIAS, Bewertungsverfahren – Teil D: Der Terminal Value in der Unternehmensbewertung, in: Praxishandbuch der Unternehmensbewertung, hrsg. v. Peemöller, Volker H., 4. Aufl., Herne/Berlin 2009, S. 491-540 (Terminal Value).

MOXTER, ADOLF, Fundamentalgrundsätze ordnungsmäßiger Rechenschaft, in: Bilanzfragen – Festschrift zum 65. Geburtstag von Prof. Dr. Ulrich Leffson, hrsg. v. Baetge, Jörg/Moxter, Adolf/Schneider, Dieter, Düsseldorf 1976, S. 87-100 (Fundamentalgrundsätze).

NIESWANDT, HOLGER/SEIBERT, DANIEL, Prognose der bewertungsrelevanten Cashflows, in: Unternehmensbewertung – Moderne Instrumente und Lösungsansätze, hrsg. v. Richter, Frank/Timmreck, Christian, Stuttgart 2004, S. 21-39 (Prognose).

PEEMÖLLER, VOLKER H., Grundlagen der Unternehmensbewertung – Teil A: Wert und Werttheorien, in: Praxishandbuch der Unternehmensbewertung, hrsg. v. Peemöller, Volker H., 4. Aufl., Herne/Berlin 2009, S. 1-15 (Wert und Werttheorien).

PEEMÖLLER, VOLKER H., Grundlagen der Unternehmensbewertung – Teil C: Grundsätze ordnungsmäßiger Unternehmensbewertung, in: Praxishandbuch der Unternehmensbewertung, hrsg. v. Peemöller, Volker H., 4. Aufl., Herne/Berlin 2009, S. 29-48 (Grundsätze ordnungsmäßiger Unternehmensbewertung).

PEEMÖLLER, VOLKER H./KUNOWSKI, STEFAN, Bewertungsverfahren – Teil A: Ertragswertverfahren nach IDW, in: Praxishandbuch der Unternehmensbewertung, hrsg. v. Peemöller, Volker H., 4. Aufl., Herne/Berlin 2009, S. 265-338 (Ertragswertverfahren nach IDW).

POPP, MATTHIAS, Prozess der Unternehmensbewertung – Teil B: Vergangenheits- und Lageanalyse, in: Praxishandbuch der Unternehmensbewertung, hrsg. v. Peemöller, Volker H., 4. Aufl., Herne/Berlin 2009, S. 169-207 (Vergangenheits- und Lageanalyse).

SCHMITTING, WALTER, Perspektiven eines Risikomanagements im Rahmen von Unternehmensakquisition und Due Diligence, in: Due Diligence bei Unternehmensakquisitionen, hrsg. v. Berens, Wolfgang/Brauner, Hans U./Strauch, Joachim, 5. Aufl., Stuttgart 2008, S. 233-270 (Unternehmensakquisition und Due Diligence).

SIEBEN, GÜNTER, Der Unternehmenserfolg als Determinante des Unternehmenswerts – Berechnung auf der Basis künftiger Entnahme- oder künftiger Ertragsüberschüsse, in: Unternehmungserfolg: Planung, Ermittlung, Kontrolle – Festschrift für Walther Busse von Colbe zum 60. Geburtstag, hrsg. v. Domsch, Michel/Eisenführ, Franz/Ordelheide, Dieter/Perlitz, Manfred, Wiesbaden 1988, S. 361-375 (Unternehmenserfolg).

WALLMEIER, MARTIN, Der „Steady State“: Das Phantom der Unternehmensbewertung, in: Finanzierungstheorie auf vollkommenen und unvollkommenen Kapitalmärkten – Festschrift für Lutz Kruschwitz zum 65. Geburtstag, hrsg. v. Laitenberger, Jörg/Löffler, Andreas, München 2008, S. 139-156 (Steady State).

WEBER, EBERHARD, Berücksichtigung von Synergieeffekten bei der Unternehmensbewertung, in: Akquisition und Unternehmensbewertung, hrsg. v. Baetge, Jörg, Düsseldorf 1991, S. 97-115 (Berücksichtigung von Synergieeffekten).

WERNER, WINFRIED, Die Behandlung von Verbundeffekten bei Abfindungen nach den §§ 305 und 320 AktG, in: Festschrift für Ernst Steindorff zum 70. Geburtstag am 13. März 1990, hrsg. v. Baur, Jürgen F./Hopt, Klaus J./Mailänder, K. Peter, Berlin 1990, S. 303-320 (Behandlung von Verbundeffekten).

WILHELM, JOCHEN, Ausschüttungspolitik, in: Enzyklopädie der Betriebswirtschaftslehre, hrsg. v. Wittmann, Waldemar/Kern, Werner/Köhler, Richard/Küpper, Hans-Ulrich/von Wysocki, Klaus, 5. Aufl., Stuttgart 1993, S. 213–227 (Ausschüttungspolitik).

Verzeichnis der Monographien

ADAM, DIETRICH, Planung und Entscheidung – Modelle, Ziele, Methoden, 4. Aufl., Wiesbaden 1996 (Planung und Entscheidung).

ADERS, CHRISTIAN, Unternehmensbewertung bei Preisinstabilität und Inflation, Frankfurt a. M. [u. a.] 1998 (Preisinstabilität und Inflation).

ALVANO, WOLFGANG, Unternehmensbewertung auf der Grundlage der Unternehmensplanung, 2. Aufl., Köln 1989 (Unternehmensplanung).

ARZAC, ENRIQUE R., Valuation for Mergers, Buyouts, and Restructuring, 2. Aufl., Hoboken 2008 (Valuation).

BAETGE, JÖRG, Möglichkeiten der Objektivierung des Jahreserfolges, Düsseldorf 1970 (Objektivierung des Jahreserfolges).

BAETGE, JÖRG/FISCHER, THOMAS R./PASKERT, DIERK, Der Lagebericht – Aufstellung, Prüfung und Offenlegung, Stuttgart 1989 (Lagebericht).

BAETGE, JÖRG/KIRSCH, HANS-JÜRGEN/THIELE, STEFAN, Bilanzanalyse, 2. Aufl., Düsseldorf 2004 (Bilanzanalyse).

BAETGE, JÖRG/KIRSCH, HANS-JÜRGEN/THIELE, STEFAN, Bilanzen, 10. Aufl., Düsseldorf 2009 (Bilanzen).

BALLWIESER, WOLFGANG, Unternehmensbewertung und Komplexitätsreduktion, 3. Aufl., Wiesbaden 1990 (Komplexitätsreduktion).

BALLWIESER, WOLFGANG, Unternehmensbewertung – Prozeß, Methoden und Probleme, 2. Aufl., Stuttgart 2007 (Unternehmensbewertung).

BEA, FRANZ XAVER/HAAS, JÜRGEN, Strategisches Management, 4. Aufl., Stuttgart 2005 (Strategisches Management).

BERENS, WOLFGANG/STRAUCH, JOACHIM, Due Diligence bei Unternehmensakquisitionen – eine empirische Untersuchung, Frankfurt am Main 2002 (Unternehmensakquisitionen).

BERENTZEN, CHRISTOPH, Die Bilanzierung von finanziellen Vermögenswerten im IFRS-Abschluss nach IAS 39 und nach IFRS 9 – Eine vergleichende Untersuchung der Entscheidungsnützlichkeit unter besonderer Berücksichtigung des Komplexitätsgrads, Lohmar/Köln 2010 (Bilanzierung von finanziellen Vermögenswerten).

BOFINGER, PETER, Grundzüge der Volkswirtschaftslehre – Eine Einführung in die Wissenschaft von Märkten, 2. Aufl., München 2007 (Volkswirtschaftslehre).

BORGMANN, MICHAEL, Steuerarbitragestrategien mit festverzinslichen Wertpapieren – Steueroptimierung von Investmentfonds, Wiesbaden 2002 (Steuerarbitragestrategien).

BORN, KARL, Unternehmensanalyse und Unternehmensbewertung, 2. Aufl., Stuttgart 2003 (Unternehmensanalyse).

BREALEY, RICHARD A./MYERS, STEWART C./ALLEN, FRANKLIN, Principles of Corporate Finance, 9. Aufl., Boston [u. a.] 2008 (Corporate Finance).

BRETTEL, MALTE/RUDOLF, MARKUS/WITT, PETER, Finanzierung von Wachstumsunternehmen – Grundlagen, Finanzierungsquellen, Praxisbeispiele, Wiesbaden 2005 (Finanzierung von Wachstumsunternehmen).

BRETZKE, WOLF-RÜDIGER, Das Prognoseproblem bei der Unternehmungsbewertung – Ansätze zu einer risikoorientierten Bewertung ganzer Unternehmungen auf der Grundlage modellgestützter Erfolgsprognosen, Düsseldorf 1975 (Prognoseproblem).

BRINKMANN, JÜRGEN, Zweckadäquanz der Rechnungslegung nach IFRS – Eine Untersuchung aus deutscher Sicht, Berlin 2006 (Zweckadäquanz).

BRÜMMERHOFF, DIETER, Volkswirtschaftliche Gesamtrechnungen, 8. Aufl., München/Wien 2007 (Volkswirtschaftliche Gesamtrechnungen).

BRUNS, CARSTEN, Unternehmensbewertung auf der Basis von HGB- und IAS-Abschlüssen – Rechnungslegungsunterschiede in der Vergangenheitsanalyse, Herne/Berlin 1998 (Unternehmensbewertung).

BUSCH, KAI, Unternehmensbewertung von kleinen und mittleren Unternehmen (KMU) – Theorie und Praxis, Göttingen 2008 (Unternehmensbewertung von KMU).

BUSSE VON COLBE, WALTHER, Der Zukunftserfolg – Die Ermittlung des künftigen Unternehmungserfolges und seine Bedeutung für die Bewertung von Industrieunternehmen, Wiesbaden 1957 (Zukunftserfolg).

CLEFF, THOMAS, Deskriptive Statistik und moderne Datenanalyse – Eine computergestützte Einführung mit Excel, SPSS und STATA, Wiesbaden 2008 (Deskriptive Statistik).

COENENBERG, ADOLF G./HALLER, AXEL/SCHULTZE, WOLFGANG, Jahresabschluss und Jahresabschlussanalyse – Betriebswirtschaftliche, handelsrechtliche, steuerrechtliche und internationale Grundsätze – HGB, IFRS und US-GAAP –, 21. Aufl., Stuttgart 2009 (Jahresabschluss).

COPELAND, THOMAS E./WESTON, JOHN FRED/SHASTRI, KULDEEP, Financial Theory and Corporate Policy, 4. Aufl., Boston [u. a.] 2005 (Financial Theory).

COPELAND, TOM/KOLLER, TIM/MURRIN, JACK, Valuation – Measuring and Managing the Value of Companies, 3. Aufl., New York [u. a.] 2000 (Valuation, 3. Aufl.).

COPELAND, TOM/KOLLER, TIM/MURRIN, JACK, Unternehmenswert – Methoden und Strategien für eine wertorientierte Unternehmensführung, 3. Aufl., Frankfurt a. M./New York 2002 (Unternehmenswert).

CREUTZMANN, ANDREAS/ESSLER, WOLFGANG/HENSELMANN, KLAUS/KNIEST, WOLFGANG, Tagungsband Symposium Unternehmensbewertung in der Rechtsprechung – 18. November 2008 in Frankfurt am Main, Frankfurt a. M. 2008 (Rechtsprechung).

DAMODARAN, ASWATH, Corporate Finance – Theory and Practice, 2. Aufl., New York [u. a.] 2001 (Corporate Finance).

DAMODARAN, ASWATH, Investment Valuation – Tools and Techniques for Determining the Value of Any Asset, 2. Aufl., New York 2002 (Investment Valuation).

DAMODARAN, ASWATH, Damodaran on Valuation – Security Analysis for Investment and Corporate Finance, 2. Aufl., Hoboken 2006 (Valuation).

DEUTSCHE BUNDESBANK, Jahresabschlüsse westdeutscher Unternehmen 1971 bis 1996, Frankfurt a. M. 1999 (Jahresabschlüsse westdeutscher Unternehmen 1971 bis 1996).

DEUTSCHE BUNDESBANK, Hochgerechnete Angaben aus Jahresabschlüssen deutscher Unternehmen von 1994 bis 2003, Frankfurt a. M. 2006 (Jahresabschlüsse deutscher Unternehmen von 1994 bis 2003).

DINSTUHL, VOLKMAR, Konzernbezogene Unternehmensbewertung – DCF-orientierte Konzern- und Segmentbewertung unter Berücksichtigung der Besteuerung, Wiesbaden 2003 (Konzernbezogene Unternehmensbewertung).

DOHRN, MATTHIAS, Entscheidungsrelevanz des Fair Value-Accounting am Beispiel von IAS 39 und IAS 40, Lohmar/Köln 2004 (Entscheidungsrelevanz).

DÖRSCHELL, ANDREAS/FRANKEN, LARS/SCHULTE, JÖRN, Der Kapitalisierungszinssatz in der Unternehmensbewertung – Praxisgerechte Ableitung unter Verwendung von Kapitalmarktdaten, Düsseldorf 2009 (Kapitalisierungszinssatz).

DREIER, CONRAD BERNHARD, Die Verwendung von Vorrats- und Mantelgesellschaften unter haftungsrechtlichen Gesichtspunkten, Münster 2008 (Vorrats- und Mantelgesellschaften).

DRUKARCZYK, JOCHEN/SCHÜLER, ANDREAS, Unternehmensbewertung, 6. Aufl., München 2009 (Unternehmensbewertung).

EIDEL, ULRIKE, Moderne Verfahren der Unternehmensbewertung und Performance-Messung – Kombinierte Analysemethoden auf der Basis von US-GAAP-, IAS- und HGB-Abschlüssen, 2. Aufl., Herne/Berlin 2000 (Moderne Verfahren).

ENGELMANN, ANDREE/JUNCKER, KLAUS/NATUSCH, INGO/TEBROKE, HERMANN-JOSEF, Moderne Unternehmensfinanzierung – Risikokapital für Unternehmensgründung und -wachstum, Frankfurt a. M. 2000 (Moderne Unternehmensfinanzierung).

ERNST, DIETMAR/SCHNEIDER, SONJA/THIELEN, BJOERN, Unternehmensbewertungen erstellen und verstehen – Ein Praxisleitfaden, 3. Aufl., München 2008 (Unternehmensbewertungen).

EUROPÄISCHE ZENTRALBANK, Monatsbericht September 2007, Frankfurt a. M. 2007 (Monatsbericht September 2007).

FAHRMEIR, LUDWIG/KÜNSTLER, RITA/PIGEOT, IRIS/TUTZ, GERHARD, Statistik – Der Weg zur Datenanalyse, 6. Aufl., Berlin [u. a.] 2007 (Statistik).

FARRELL, JAMES L., Portfolio Management – Theory and Application, 2. Aufl., New York 1997 (Portfolio Management).

FISHER, IRVING, The Theory of Interest – As Determined by Impatience to Spend Income and Opportunity to Invest It, New York 1930 (Theory of Interest).

FRANKE, GÜNTER/HAX, HERBERT, Finanzwirtschaft des Unternehmens und Kapitalmarkt, 6. Aufl., Berlin [u. a.] 2009 (Finanzwirtschaft).

FRENKEL, MICHAEL/JOHN, KLAUS DIETER, Volkswirtschaftliche Gesamtrechnung, 6. Aufl., München 2006 (Volkswirtschaftliche Gesamtrechnung).

FRUHAN, WILLIAM E., Financial Strategy – Studies in the creation, transfer, and destruction of shareholder value, Homewood 1979 (Financial Strategy).

GAMPENRIEDER, PETER, Squeeze-out – Rechtsvergleich, empirischer Befund und ökonomische Analyse, Frankfurt a. M. [u. a.] 2004 (Squeeze-out).

GOETZKE, WOLFGANG/SIEBEN, GÜNTER (Hrsg.), Moderne Unternehmungsbewertung und Grundsätze ihrer ordnungsmäßigen Durchführung – Bericht von der 1. Kölner BFuP-Tagung am 18. und 19. November 1976 in Köln, Köln 1977 (Moderne Unternehmungsbewertung).

GORDON, MYRON J., The Investment, Financing and Valuation of the Corporation, Homewood 1962 (Valuation of the Corporation).

GROB, HEINZ LOTHAR, Investitionsrechnung mit vollständigen Finanzplänen, München 1989 (Investitionsrechnung mit vollständigen Finanzplänen).

GROßFELD, BERNHARD, Unternehmens- und Anteilsbewertung im Gesellschaftsrecht, 4. Aufl., Köln 2002 (Unternehmens- und Anteilsbewertung).

GÜNTHER, THOMAS, Unternehmenswertorientiertes Controlling, München 1997 (Unternehmenswertorientiertes Controlling).

HACHMEISTER, DIRK, Der Discounted Cash Flow als Maß der Unternehmenswertsteigerung, 4. Aufl., Frankfurt a. M. [u. a.] 2000 (Unternehmenswertsteigerung).

HAX, KARL, Die Substanzerhaltung der Betriebe, Köln/Opladen 1957 (Substanzerhaltung).

HAYN, MARC, Bewertung junger Unternehmen, 3. Aufl., Herne/Berlin 2003 (Bewertung junger Unternehmen).

HENSELMANN, KLAUS, Unternehmensrechnungen und Unternehmenswert – Ein situativer Ansatz, Aachen 1999 (Unternehmensrechnungen).

HEPERS, LARS, Entscheidungsnützlichkeit der Bilanzierung von Intangible Assets in den IFRS – Analyse der Regelungen des IAS 38 unter besonderer Berücksichtigung der ergänzenden Regelungen des IAS 36 sowie des IFRS 3, Lohmar/Köln 2005 (Entscheidungsnützlichkeit).

HERTER, RONALD N., Unternehmenswertorientiertes Management (UwM) – Strategische Erfolgsbeurteilung von dezentralen Organisationseinheiten auf der Basis der Wertsteigerungsanalyse, München 1994 (Unternehmenswertorientiertes Management).

HEUMANN, RAINER, Value Reporting in IFRS-Abschlüssen und Lageberichten, Düsseldorf 2005 (Value Reporting).

HIELSCHER, UDO, Investmentanalyse, 3. Aufl., München/Wien 1999 (Investmentanalyse).

HOMBURG, CHRISTIAN, Quantitative Betriebswirtschaftslehre – Entscheidungsunterstützung durch Modelle, 3. Aufl., Wiesbaden 2000 (Quantitative Betriebswirtschaftslehre).

IDW (Hrsg.), WP Handbuch 2006 – Wirtschaftsprüfung, Rechnungslegung, Beratung, Bd. I, 13. Aufl., Düsseldorf 2006 (WP Handbuch 2006, Bd. I).

IDW (Hrsg.), WP Handbuch 2008 – Wirtschaftsprüfung, Rechungslegung, Beratung, Bd. II, 13. Aufl., Düsseldorf 2007 (WP Handbuch 2008, Bd. II).

JAKOBI, MARCO, Aktienrechtliches und übernahmerechtliches Squeeze-out – Ein Vergleich mit der übertragenden Auflösung und der Eingliederung durch Mehrheitsbeschluss, Lohmar/Köln 2008 (Squeeze-out).

KANT, IMMANUEL, Kritik der reinen Vernunft, 2. Aufl., Riga 1787 (Kritik der reinen Vernunft).

KIRSCH, HANS-JÜRGEN, Die Equity-Methode im Konzernabschluß – Der Charakter der deutschen Regelungen vor dem Hintergrund der internationalen Entwicklung, Düsseldorf 1990 (Equity-Methode).

KLEBER, PETER, Prognoseprobleme in der Unternehmensbewertung, Wiesbaden 1989 (Prognoseprobleme).

KOELEN, PETER, Investitionstheoretische Bewertungskalküle in der IFRS-Rechnungslegung – Möglichkeiten und Grenzen einer unternehmenswertorientierteren Berichterstattung, Lohmar/Köln 2009 (Investitionstheoretische Bewertungskalküle).

KÖHRMANN, HANNES, Die Rechnungslegung kommunaler Gebietskörperschaften – Eine Analyse der Regelungen des NKF und der IPSAS, Lohmar/Köln 2009 (Rechnungslegung).

KOLLER, TIM/GOEDHART, MARC/WESSELS, DAVID, Valuation – Measuring and Managing the Value of Companies, 4. Aufl., Hoboken 2005 (Valuation).

KROG, MARKUS, Marktorientierung und gesellschaftsrechtliche Unternehmensbewertung – Aktienkurse als Determinante von Abfindungen und Umtauschverhältnissen, Wiesbaden 2000 (Marktorientierung).

KRUSCHWITZ, LUTZ, Investitionsrechnung, 12. Aufl., München 2009 (Investitionsrechnung).

KRUSCHWITZ, LUTZ/LÖFFLER, ANDREAS, Discounted cash flow – A Theory of the Valuation of Firms, Chichester 2006 (DCF).

KUHNER, CHRISTOPH/MALTRY, HELMUT, Unternehmensbewertung, Berlin [u. a.] 2006 (Unternehmensbewertung).

KÜMMEL, JENS, Grundsätze für die Fair Value-Ermittlung mit Barwertkalkülen – Eine Untersuchung auf der Grundlage des Statement of Financial Accounting Concepts No. 7 –, Düsseldorf 2002 (Fair Value-Ermittlung mit Barwertkalkülen).

KÜNNEMANN, MARTIN, Objektivierte Unternehmensbewertung, Frankfurt a. M. [u. a.] 1985 (Objektivierte Unternehmensbewertung).

KURZ, LÜDER, Bilanzierung von Klimaschutzprojekten nach IFRS – Clean Development Mechanism und Joint Implementation unter dem Protokoll von Kyoto, Lohmar/Köln 2010 (Bilanzierung).

KÜTING, KARLHEINZ, Bilanzierung und Bilanzanalyse am Neuen Markt – Wege zur umfassenden Unternehmensanalyse, Stuttgart 2001 (Bilanzanalyse am Neuen Markt).

LANGENKÄMPER, CHRISTOF, Unternehmensbewertung – DCF-Methoden und simulativer VOFI-Ansatz, Wiesbaden 2000 (DCF-Methoden).

LEFFSON, ULRICH, Die Grundsätze ordnungsmäßiger Buchführung, 7. Aufl., Düsseldorf 1987 (GoB).

LEHMANN, STEFFEN, Neue Wege in der Bewertung börsennotierter Aktiengesellschaften – Ein Cash-flow-orientiertes Ertragswertmodell, Wiesbaden 1994 (Bewertung börsennotierter Aktiengesellschaften).

LEWIS, THOMAS G., Steigerung des Unternehmenswertes – Total Value Management, 2. Aufl., Landsberg/Lech 1995 (Unternehmenswert).

LIPCZYNSKI, JOHN/WILSON, JOHN O. S./GODDARD, JOHN, Industrial Organization – Competition, Strategy, Policy, 3. Aufl., Harlow [u. a.] 2009 (Industrial Organization).

LOBE, SEBASTIAN, Unternehmensbewertung und Terminal Value – Operative Planung, Steuern und Kapitalstruktur, Frankfurt a. M. [u. a.] 2006 (Terminal Value).

LODERER, CLAUDIO/JÖRG, PETRA/PICHLER, KARL/ROTH, LUKAS/ZGRAGGEN, PIUS, Handbuch der Bewertung – Praktische Methoden und Modelle zur Bewertung von Projekten, Unternehmen und Strategien, 4. Aufl., Zürich 2007 (Handbuch der Bewertung).

MANDL, GERWALD/RABEL, KLAUS, Unternehmensbewertung – Eine praxisorientierte Einführung, Wien 1997 (Unternehmensbewertung).

MANKIW, NICHOLAS GREGORY/TAYLOR, MARK P., Grundzüge der Volkswirtschaftslehre, 4. Aufl., Stuttgart 2008 (Volkswirtschaftslehre).

MARKOWITZ, HARRY M., Portfolio Selection – Efficient Diversification of Investments, New York 1959 (Portfolio Selection).

MATSCHKE, MANFRED JÜRGEN/BRÖSEL, GERRIT, Unternehmensbewertung – Funktionen, Methoden, Grundsätze, 3. Aufl., Wiesbaden 2007 (Unternehmensbewertung).

MELLEROWICZ, KONRAD, Grundlagen betriebswirtschaftlicher Wertungslehre. – Ein Beitrag zur Theorie der Betriebswirtschaftslehre., Berlin 1926 (Betriebswirtschaftliche Wertungslehre).

METH, DIRK, Die IFRS als Grundlage der Rechnungslegung mittelständischer Unternehmen – Eine Analyse der Eignung der IFRS für mittelständische Unternehmen unter Berücksichtigung des IASB Projektes „Accounting Standards for Small and Medium-sized Entities", Lohmar/Köln 2007 (Rechnungslegung mittelständischer Unternehmen).

METZ, VOLKER, Der Kapitalisierungszinssatz bei der Unternehmensbewertung – Basiszinssatz und Risikozuschlag aus betriebswirtschaftlicher Sicht und aus Sicht der Rechtsprechung, Wiesbaden 2007 (Kapitalisierungszinssatz).

MOXTER, ADOLF, Grundsätze ordnungsmäßiger Unternehmensbewertung, 2. Aufl., Wiesbaden 1983 (Grundsätze ordnungsmäßiger Unternehmensbewertung).

MOXTER, ADOLF, Grundsätze ordnungsgemäßer Rechnungslegung, Düsseldorf 2003 (Grundsätze ordnungsgemäßer Rechnungslegung).

MUELLER, DENNIS C., Profits in the Long Run, Cambridge [u. a.] 1986 (Profits).

MÜLLER, KLAUS, Der Sachverständige im gerichtlichen Verfahren – Handbuch des Sachverständigenbeweises, 3. Aufl., Heidelberg 1988 (Sachverständiger im gerichtlichen Verfahren).

MUNKERT, MICHAEL J., Der Kapitalisierungszinssatz in der Unternehmensbewertung – Theorie, Gutachtenpraxis und Rechtsprechung in Spruchverfahren, Wiesbaden 2005 (Kapitalisierungszinssatz).

MÜNSTERMANN, HANS, Wert und Bewertung der Unternehmung, Wiesbaden 1966 (Wert und Bewertung).

NEYER, WOLFGANG, Der Mantelkauf: Neuregelungen durch das Unternehmensteuerreformgesetz 2008 – Erläuterungen, Praxishinweise, Gestaltungsempfehlungen, Herne 2008 (Mantelkauf).

NOWAK, KARSTEN, Marktorientierte Unternehmensbewertung – Discounted Cash Flow, Realoption, Economic Value Added und der Direct Comparison Approach, 2. Aufl., Wiesbaden 2003 (Marktorientierte Unternehmensbewertung).

OBERDÖRSTER, TATJANA, Finanzberichterstattung und Prognosefehler von Finanzanalysten, Wiesbaden 2009 (Finanzberichterstattung).

PAPE, ULRICH, Wertorientierte Unternehmensführung und Controlling, 3. Aufl., Sternenfels 2004 (Wertorientierte Unternehmensführung).

PELLENS, BERNHARD/FÜLBIER, ROLF UWE/GASSEN, JOACHIM/SELLHORN, THORSTEN, Internationale Rechnungslegung – IFRS 1 bis 8, IAS 1 bis 41, IFRIC-Interpretationen, Standardentwürfe, 7. Aufl., Stuttgart 2008 (Internationale Rechnungslegung).

PERRIDON, LOUIS/STEINER, MANFRED, Finanzwirtschaft der Unternehmung, 14. Aufl., München 2007 (Finanzwirtschaft).

PETERS, SÖREN, Entscheidungsnützlichkeit der Leasingbilanzierung nach IFRS und US-GAAP – Eine Analyse der aktuellen Reformbestrebungen, Lohmar/Köln 2009 (Entscheidungsnützlichkeit).

PFINGSTEN, FLORIAN, Shareholder-Value im Lebenszyklus – Methoden einer marktwertorientierten Unternehmensführung, Wiesbaden 1998 (Shareholder-Value).

PILTZ, DETLEV JÜRGEN, Die Unternehmensbewertung in der Rechtsprechung, 3. Aufl., Düsseldorf 1994 (Unternehmensbewertung in der Rechtsprechung).

POOTEN, HOLGER, Grundsätze ordnungsmäßiger Unternehmensbewertung – Ermittlung und Inhalt aus Käufersicht –, Büren 1999 (GoB aus Käufersicht).

POPPER, KARL R., Logik der Forschung – Zur Erkenntnistheorie der modernen Naturwissenschaft, 1. Aufl., Wien 1935 (Logik der Forschung, 1. Aufl.).

POPPER, KARL R., Logik der Forschung, 11. Aufl., Tübingen 2005 (Logik der Forschung).

PRATT, SHANNON P./GRABOWSKI, ROGER J., Cost of Capital – Applications and Examples, 3. Aufl., Hoboken 2008 (Cost of Capital).

RAISCH, SEBASTIAN/PROBST, GILBERT/GOMEZ, PETER, Wege zum Wachstum – Wie Sie nachhaltigen Unternehmenserfolg erzielen, Wiesbaden 2007 (Wege zum Wachstum).

RAPPAPORT, ALFRED, Shareholder Value – Ein Handbuch für Manager und Investoren, 2. Aufl., Stuttgart 1999 (Shareholder Value).

RATHAUSKY, UWE, Squeeze-out in Deutschland – Empirisch-ökonomische Analyse im Spannungsfeld zwischen Unternehmenswert und Minderheitsaktionärspartizipation, Baden-Baden 2008 (Squeeze-out).

REESE, RAIMO, Schätzung von Eigenkapitalkosten für die Unternehmensbewertung, Frankfurt a. M. [u. a.] 2007 (Schätzung von Eigenkapitalkosten).

ROSS, STEPHEN A./WESTERFIELD, RANDOLPH W./JAFFE, JEFFREY F., Corporate Finance, 7. Aufl., Boston [u. a.] 2005 (Corporate Finance).

RÖßLER, GERNOT J., Squeeze Out – Rechtsfragen und Probleme einer Neuerung des deutschen Aktienrechts mit Ausblick ins Übernahmerecht, Frankfurt a. M. [u. a.] 2007 (Squeeze Out).

SACHS, LOTHAR/HEDDERICH, JÜRGEN, Angewandte Statistik – Methodensammlung mit R, 13. Aufl., Berlin [u. a.] 2009 (Angewandte Statistik).

SAMUELSON, PAUL A./NORDHAUS, WILLIAM D., Volkswirtschaftslehre – Das internationale Standardwerk der Makro- und Mikroökonomie, 3. Aufl., Landsberg am Lech 2007 (Volkswirtschaftslehre).

SCHEELE, ALEXANDER, Strategieorientierte Lageberichterstattung – Eine kritische Analyse internationaler Entwicklungen vor dem Hintergrund des Management Commentary des IASB, Lohmar/Köln 2007 (Strategieorientierte Lageberichterstattung).

SCHELLHORN, MATHIAS, Umweltrechnungslegung – Instrumente der Rechenschaft über die Inanspruchnahme der natürlichen Umwelt, Wiesbaden 1995 (Instrumente der Rechenschaft).

SCHMALENBACH, EUGEN, Dynamische Bilanz, 11. Aufl., Köln/Opladen 1953 (Dynamische Bilanz).

SCHNEIDER, EGON, Beweis und Beweiswürdigung – unter besonderer Berücksichtigung des Zivilprozesses, 5. Aufl., München 1994 (Beweis und Beweiswürdigung).

SCHULTZE, WOLFGANG, Methoden der Unternehmensbewertung – Gemeinsamkeiten, Unterschiede, Perspektiven, 2. Aufl., Düsseldorf 2003 (Unternehmensbewertung).

SCHULZ, ROLAND, Größenabhängige Risikoanpassungen in der Unternehmensbewertung, Düsseldorf 2009 (Größenabhängige Risikoanpassungen).

SCHUMANN, JÖRG, Unternehmenswertorientierung in Konzernrechnungslegung und Controlling – Impairment of Assets (IAS 36) im Kontext bereichsbezogener Unternehmensbewertung und Performancemessung, Wiesbaden 2008 (Unternehmenswertorientierung).

SCHUMPETER, JOSEPH ALOIS, Theorie der wirtschaftlichen Entwicklung, Leipzig 1912 (Theorie der wirtschaftlichen Entwicklung).

SEPPELFRICKE, PETER, Handbuch Aktien- und Unternehmensbewertung – Bewertungsverfahren, Unternehmensanalyse, Erfolgsprognose, 3. Aufl., Stuttgart 2007 (Aktien- und Unternehmensbewertung).

SIEBEN, GÜNTER/ZAPF, BERNHARD, Unternehmensbewertung als Grundlage unternehmerischer Entscheidungen – Bericht des Arbeitskreises „Unternehmensbewertung im Rahmen der unternehmerischen Zielsetzung“, Stuttgart 1981 (Unternehmerische Entscheidungen).

STATISTISCHES BUNDESAMT, Klassifikation der Wirtschaftszweige, Wiesbaden 2008 (Klassifikation der Wirtschaftszweige).

STATISTISCHES BUNDESAMT, Statistisches Jahrbuch 2008 – Für die Bundesrepublik Deutschland, Wiesbaden 2008 (Statistisches Jahrbuch 2008).

STATISTISCHES BUNDESAMT, Preise – Verbaucherpreisindizes für Deutschland (Lange Reihen ab 1948), Wiesbaden 2009 (Verbaucherpreisindizes).

STEINHAUER, LEIF, Die Objektivierung des kapitalmarktorientierten Value Reporting – Möglichkeiten und Grenzen des Economic Value Added, Lohmar/Köln 2007 (Value Reporting).

STELLBRINK, JÖRN, Der Restwert in der Unternehmensbewertung, Düsseldorf 2005 (Restwert).

STIGLER, GEORGE JOSEPH, Capital and Rates of Return in Manufacturing Industries – A Study by the National Bureau of Economic Research, Princeton 1963 (Capital and Rates of Return).

STOCK, DETLEV, Zur Relevanz von CAPM-Anomalien für den deutschen Aktienmarkt, Frankfurt a. M. [u. a.] 2002 (CAPM-Anomalien).

STOCK, JAMES H./WATSON, MARK W., Introduction to Econometrics, 2. Aufl., Boston 2007 (Econometrics).

STOWE, JOHN D./ROBINSON, THOMAS R./PINTO, JERALD E./MCLEAVEY, DENNIS W., Analysis of Equity Investments: Valuation, Charlottesville 2002 (Equity Investments).

STUDENMUND, ARNOLD H., Using Econometrics – A Practical Guide, 5. Aufl., Boston [u. a.] 2006 (Econometrics).

SUCKUT, STEFAN, Unternehmensbewertung für internationale Akquisitionen – Verfahren und Einsatz, Wiesbaden 1992 (Unternehmensbewertung).

TSCHÖPEL, ANDREAS, Risikoberücksichtigung bei Grenzpreisbestimmungen im Rahmen der Unternehmensbewertung, Lohmar/Köln 2004 (Risikoberücksichtigung).

VOIGT, JÜRGEN F., Unternehmensbewertung und Potentialanalyse – Chancen und Risiken von Unternehmen treffsicher bewerten, Wiesbaden 1990 (Potentialanalyse).

WEILER, AXEL, Verbesserung der Prognosegüte bei der Unternehmensbewertung – Konvergenzprozesse in der Restwertperiode, Aachen 2005 (Verbesserung der Prognosegüte).

WIESE, JÖRG, Komponenten des Zinsfußes in Unternehmensbewertungskalkülen – Theoretische Grundlagen und Konsistenz, Frankfurt a. M. [u. a.] 2006 (Komponenten des Zinsfußes).

WILLERSHAUSEN, TIMO, Marktwertorientierte Bewertung von Forschungs- und Entwicklungsaktivitäten – Eine realoptionstheoretische Analyse, Marburg 2008 (Marktwertorientierte Bewertung).

WILLIAMS, JOHN BURR, The Theory of Investment Value, Cambridge 1938 (Investment Value).

WINKER, PETER, Empirische Wirtschaftsforschung und Ökonometrie, 2. Aufl., Berlin/Heidelberg 2007 (Empirische Wirtschaftsforschung).

WÖHE, GÜNTER/DÖRING, ULRICH, Einführung in die Allgemeine Betriebswirtschaftslehre, 23. Aufl., München 2008 (Allgemeine Betriebswirtschaftslehre).

WÖHRMANN, ARNT, Intangible Impairment – Qualitativer Impairment-Test für immaterielle Vermögenswerte, Wiesbaden 2009 (Intangible Impairment).

WOLLNY, CHRISTOPH, Der objektivierte Unternehmenswert – Unternehmensbewertung bei gesetzlichen und vertraglichen Bewertungsanlässen, Herne 2008 (Objektivierter Unternehmenswert).

ZIMMERMANN, PETER, Schätzung und Prognose von Betawerten – Eine Untersuchung am deutschen Aktienmarkt, Bad Soden 1997 (Schätzung und Prognose von Betawerten).

Verzeichnis der Aufsätze

ADAM, SILKE/QUICK, REINER, Das Going Concern-Prinzip – Konzeption und praktische Implikationen, in: BFuP 2010, S. 243-258 (Going Concern-Prinzip).

ALBRECHT, PETER/KANTAR, CEMIL, Random Walk oder Mean Reversion?, in: Kredit und Kapital 2004, S. 223-245 (Mean Reversion).

ALBRECHT, PETER/KANTAR, CEMIL/XIAO, YANYING, Mean Reversion-Effekte beim Deutschen Aktienindex – Existenz und Konsequenzen, in: Die Bank 2005, Nr. 4, S. 14-16 (Mean Reversion-Effekte beim DAX).

ALBRECHT, THOMAS, Überlegungen zu Endwertermittlung und Wachstumsabschlag, in: FB 2004, S. 732-740 (Endwertermittlung).

ALLEN, DAVID E./SALIM, HEAZRY M., Forecasting profitability and earnings: a study of the UK market (1982-2000), in: Applied Economics 2005, S. 2009-2018 (Forecasting Profitability).

ARBEITSKREIS "EXTERNE UNTERNEHMENSRECHNUNG" DER SCHMALENBACH-GESELLSCHAFT FÜR BETRIEBSWIRTSCHAFT E. V., Grundsätze für das Value Reporting, in: DB 2002, S. 2337-2340 (Value Reporting).

AUERBACH, ALAN J., Taxation, Corporate Financial Policy and the Cost of Capital, in: Journal of Economic Literature 1983, S. 905-940 (Taxation).

BAETGE, JÖRG/KRAUSE, CLEMENS, Die Berücksichtigung des Risikos bei der Unternehmensbewertung, in: BFuP 1994, S. 433-456 (Berücksichtigung des Risikos).

BAETGE, JÖRG/SOLMECKE, HENRIK, Grundsätze und Konzeption des Value Reporting, in: ZfCM 2006, S. 16-30 (Value Reporting).

BALLWIESER, WOLFGANG, Aktuelle Aspekte der Unternehmensbewertung, in: WPg 1995, S. 119-129 (Unternehmensbewertung).

BALLWIESER, WOLFGANG, Kalkulationszinsfuß und Steuern, in: DB 1997, S. 2393-2396 (Kalkulationszinsfuß).

BALLWIESER, WOLFGANG, Unternehmensbewertung mit Discounted Cash Flow-Verfahren, in: WPg 1998, S. 81-92 (DCF-Verfahren).

BALLWIESER, WOLFGANG, Informations-GoB – auch im Lichte von IAS und US-GAAP, in: KoR 2002, S. 115-121 (Informations-GoB).

BALLWIESER, WOLFGANG, Betriebswirtschaftliche (kapitalmarkttheoretische) Anforderungen an die Unternehmensbewertung, in: WPg 2008 (Sonderheft), S. S102-S108 (Anforderungen an die Unternehmensbewertung).

BALLWIESER, WOLFGANG/LEUTHIER, RAINER, Betriebswirtschaftliche Steuerberatung: Grundprinzipien, Verfahren und Probleme der Unternehmensbewertung (Teil I), in: DStR 1986, S. 545-551 (Betriebswirtschaftliche Steuerberatung, Teil 1).

BALLWIESER, WOLFGANG/LEUTHIER, RAINER, Betriebswirtschaftliche Steuerberatung: Grundprinzipien, Verfahren und Probleme der Unternehmensbewertung (Teil II), in: DStR 1986, S. 604-609 (Betriebswirtschaftliche Steuerberatung, Teil 2).

BANZ, ROLF W./BREEN, WILLIAM J., Sample-Dependent Results Using Accounting and Market Data: Some Evidence, in: The Journal of Finance 1986, S. 779-793 (Sample-Dependent Results).

BARTELS, PETER/ENGLER, TORALF, Das Steuerparadoxon bei Wachstum im Rahmen der Unternehmensbewertung, in: DB 1999, S. 917-920 (Steuerparadoxon).

BARTHEL, CARL W., Unternehmenswert – Die nutzenorientierten Bewertungsverfahren – Zur Fragwürdigkeit des sogenannten „Allgemeingültigkeitsanspruches des Ertragswertverfahrens“, in: DStR 1995, S. 343-351 (Unternehmenswert).

BARTHEL, CARL W., Unternehmenswert: Dominanz der Argumentationsfunktion, in: FB 2005, S. 32-38 (Unternehmenswert).

BARTHEL, CARL W., Unternehmenswert: Glaubwürdigkeitsattribution von Argumentationswerten, in: FB 2006, S. 463-471 (Glaubwürdigkeitsattribution).

BAUSCH, ANRDEAS/PAPE, ULRICH, Ermittlung von Restwerten – eine vergleichende Gegenüberstellung von Ausstiegs- und Fortführungswerten, in: FB 2005, S. 474-484 (Ermittlung von Restwerten).

BERENS, WOLFGANG/SCHMITTING, WALTER/WÖHRMANN, ARNT, Instrumente zur Senkung des Kapitaleinsatzes – eine Analyse unter Berücksichtung von Unternehmensbeispielen, in: ZP 2005, Nr. 1, S. 1-26 (Kapitaleinsatz).

BERENS, WOLFGANG/STRAUCH, JOACHIM, Due Diligence bei Unternehmensakquisitionen – Eine empirische Untersuchung –, in: WPg 2002, S. 511-525 (Due Diligence).

BERGER, KATRIN/KNOLL, LEONHARD, Objektivierte Unternehmensbewertung und internationale Bewertungsstandards, in: BewertungsPraktiker 2009, Nr. 2, S. 2-11 (Objektivierte Unternehmensbewertung).

BEYER, SVEN, Unternehmensbewertung, Wachstum und Abgeltungsteuer, in: FB 2008, S. 256-267 (Wachstum).

BEYER, SVEN/GAAR, ANDREAS, Neufassung des IDW S 1 „Grundsätze zur Durchführung von Unternehmensbewertungen“, in: FB 2005, S. 240-251 (Neufassung des IDW S 1).

BLACK, FISCHER, Capital Market Equilibrium with Restricted Borrowing, in: The Journal of Business 1972, S. 444-455 (Capital Market Equilibrium).

BLACK, FISCHER, The Dividend Puzzle, in: The Journal of Portfolio Management 1976, Nr. 2, S. 5-8 (Dividend Puzzle).

BLUM, ANDREAS, Auswirkungen der Unternehmensteuerreform 2008 auf die Bewertung von Unternehmen mittels APV-Ansatz, in: WPg 2008, S. 455-463 (APV-Ansatz).

BLUM, ANDREAS, Unabhängigkeit des Unternehmenswerts von der Rechnungslegung des Unternehmens, in: BB 2008, S. 2170-2174 (Unabhängigkeit des Unternehmenswerts).

BORSIG, CLEMENS, Unternehmenswert und Unternehmensbewertung, in: zfbf 1993, S. 79-91 (Unternehmenswert).

BRADLEY, MICHAEL H./JARRELL, GREGG A., Expected Inflation and the Constant-Growth Valuation Model, in: Journal of Applied Corporate Finance 2008, Nr. 20, S. 66-78 (Expected Inflation).

BRENNAN, MICHAEL J., Taxes, Market Valuation and Corporate Financial Policy, in: National Tax Journal 1970, Nr. 4, S. 417-427 (Taxes).

BRÖSEL, GERRIT/HAUTTMANN, RICHARD, Einsatz von Unternehmensbewertungsverfahren zur Bestimmung von Konzessionsgrenzen sowie in Verhandlungssituationen – Eine empirische Analyse (Teil II), in: FB 2007, S. 293-309 (Verhandlungssituationen, Teil 2).

BRÖSEL, GERRIT/HAUTTMANN, RICHARD, Einsatz von Unternehmensbewertungsverfahren zur Bestimmung von Konzessionsgrenzen sowie in Verhandlungssituationen – Eine empirische Analyse (Teil I), in: FB 2007, S. 223-238 (Verhandlungssituationen, Teil 1).

BUSSE VON COLBE, WALTHER, Berücksichtigung von Synergien versus Stand-alone-Prinzip bei der Unternehmensbewertung, in: ZGR 1994, S. 595-609 (Berücksichtigung von Synergien).

BUUS, TOMÁS, Terminal Value Parameters: A Short Note, in: European Financial and Accounting Journal 2007, Nr. 2, S. 44-54 (Terminal Value Parameters).

CHAN, LOUIS K. C./KARCESKI, JASON/LAKONISHOK, JOSEF, The Level and Persistence of Growth Rates, in: The Journal of Finance 2003, S. 643-684 (Persistence of Growth Rates).

CHERIDITO, YVES/SCHNELLER, THOMAS, Der Residualwert in der Unternehmensbewertung – Verschiedene Formeln im Vergleich, in: Der Schweizer Treuhänder 2004, S. 735-741 (Residualwert).

CHERIDITO, YVES/SCHNELLER, THOMAS, Discounts und Premia in der Unternehmensbewertung – Sorgfältige Analyse und Anwendungshinweise unerlässlich, in: Der Schweizer Treuhänder 2008, S. 416-422 (Discounts und Premia).

CLAUS, JAMES/THOMAS, JACOB, Equity Premia as Low as Three Percent? Evidence from Analysts' Earnings Forecasts for Domestic and International Stock Markets, in: The Journal of Finance 2001, S. 1629-1666 (Equity Premia).

COENENBERG, ADOLF G./SCHULTZE WOLFGANG, Unternehmensbewertung: Konzeptionen und Perspektiven, in: DBW 2002, S. 597-621 (Unternehmensbewertung).

DARBY, MICHAEL R., The Financial and Tax Effects of Monetary Policy on Interest Rates, in: Economic Inquiry 1975, S. 266-276 (Financial and Tax Effects).

DASKE, HOLGER/GEBHARDT, GÜNTHER/KLEIN, STEFAN, Estimating the Expected Cost of Equity Capital Using Analysts' Consensus Forecasts, in: sbr 2006, S. 2-36 (Expected Cost of Equity Capital).

DASKE, HOLGER/WIESENBACH, KAI, Praktische Probleme der zukunftsorientierten Schätzung von Eigenkapitalkosten am deutschen Kapitalmarkt, in: FB 2005, S. 407-419 (Schätzung von Eigenkapitalkosten).

DÖRSCHELL, ANDREAS/FRANKEN, LARS/SCHULTE, JÖRN, Ermittlung eines objektivierten Unternehmenswertes für Personengesellschaften nach der Unternehmensteuerreform 2008, in: WPg 2008, S. 444-454 (Objektivierter Unternehmenswert).

DÖRSCHELL, ANDREAS/FRANKEN, LARS/SCHULTE, JÖRN/BRÜTTING, CHRISTIAN, Ableitung CAPM-basierter Risikozuschläge bei der Unternehmensbewertung – eine kritische Analyse ausgewählter Problemkreise im Rahmen von IDW S 1 i. d. F. 2008, in: WPg 2008, S. 1152-1162 (CAPM-basierte Risikozuschläge).

DURAND, DAVID, Growth Stocks and the Petersburg Paradox, in: The Journal of Finance 1957, S. 348-363 (Growth Stocks).

EVANS, MARTIN D. D./LEWIS, KAREN K., Do Expected Shifts in Inflation Affect Estimates of the Long-Run Fisher Relation?, in: The Journal of Finance 1995, S. 225-253 (Expected Shifts).

EZZELL, JOHN R./KELLY, WILLIAM A., An APV Analysis of Capital Budgeting Under Inflation, in: Financial Management 1984, Nr. 3, S. 49-54 (APV Analysis).

FAMA, EUGENE F./FRENCH, KENNETH R., Permanent and Temporary Components of Stock Prices, in: Journal of Political Economy 1988, S. 246-273 (Stock Prices).

FAMA, EUGENE F./FRENCH, KENNETH R., Common risk factors in the returns on stocks and bonds, in: Journal of Financial Economics 1993, S. 3-56 (Common Risk Factors).

FAMA, EUGENE F./FRENCH, KENNETH R., Forecasting Profitability and Earnings, in: The Journal of Business 2000, S. 161-175 (Forecasting Profitability).

FAMA, EUGENE F./FRENCH, KENNETH R., The Equity Premium, in: The Journal of Finance 2002, S. 637-659 (Equity Premium).

FELDSTEIN, MARTIN, Inflation, Income Taxes, and the Rate of Interest: A Theoretical Analysis, in: The American Economic Review 1976, S. 809-820 (Inflation).

FINK, CHRISTIAN, Bilanzierung von Unternehmenszusammenschlüssen nach der Überarbeitung von IFRS 3, in: PiR 2008, S. 114-119 (Unternehmenszusammenschlüsse).

FISCHER-WINKELMANN, WOLF F./BUSCH, KAI, Die praktische Anwendung der verschiedenen Unternehmensbewertungsverfahren – Empirische Untersuchung im steuerberatenden Berufsstand – 1. allgemeiner Teil zur Bewertungspraxis –, in: FB 2009, S. 635-656 (Unternehmensbewertungsverfahren, Teil 1).

FISCHER-WINKELMANN, WOLF F./BUSCH, KAI, Die praktische Anwendung der verschiedenen Unternehmensbewertungsverfahren – Empirische Untersuchung im steuerberatenden Berufsstand – 2. spezieller Teil zur Bewertung von kleinen und mittleren Unternehmen (KMU) –, in: FB 2009, S. 715-726 (Unternehmensbewertungsverfahren, Teil 2).

FISHER, IRVING, Appreciation and Interest, in: Publications of the American Economic Association 1896, S. 337-446 (Appreciation and Interest).

FRIEDL, GUNTHER/SCHWETZLER, BERNHARD, Inflation, Wachstum und Unternehmensbewertung, in: WPg 2009, S. 152-158 (Inflation).

FRÜHLING, VOLKER, Sensitivitätsanalyse zum Barwertmodell der Unternehmensbewertung, in: FB 2004, S. 741-746 (Barwertmodell).

FRÜHLING, VOLKER, Unternehmensbewertung und ewige Rente, in: FB 2009, S. 200-203 (Ewige Rente).

FULLER, RUSSELL J./HSIA, CHI-CHENG, A Simplified Common Stock Valuation Model, in: Financial Analysts Journal 1984, Nr. 5, S. 49-56 (Common Stock Valuation).

FUNK, ROLF, Anforderungen der Rechnungslegung an die Unternehmensbewertung, in: WPg 2008 (Sonderheft), S. S114-S116 (Anforderungen der Rechnungslegung).

GAMPENRIEDER, PETER, Unternehmensbewertung: Künftig sind niedrigere Ertragswerte zu erwarten – Neuerungen durch den IDW ES 1 n. F. machen sich insbesondere bei der Abfindung von Streubesitzaktionären bemerkbar, in: Versicherungswirtschaft 2005, S. 570-576 (Unternehmensbewertung).

GORDON, MYRON J., Management of Corporate Capital – Optimal Investment and Financing Policy, in: The Journal of Finance 1963, S. 264-272 (Corporate Capital).

GORDON, MYRON J./GOULD, LAWRENCE I., The Cost of Equity Capital with Personal Income Taxes and Flotation Costs, in: The Journal of Finance 1978, S. 1201-1212 (Cost of Equity Capital).

GORDON, MYRON J./GOULD, LAWRENCE I., The Cost of Equity Capital: A Reconsideration, in: The Journal of Finance 1978, S. 849-861 (Cost of Equity Capital).

GORDON, MYRON J./SHAPIRO, ELI, Capital Equipment Analysis: The Required Rate of Profit, in: Management Science 1956, Nr. 1, S. 102-110 (Rate of Profit).

GRÖGER, HANS-CHRISTIAN, Zusammenhänge zwischen Ausschüttungsquote und Unternehmensrendite – Zugleich Anmerkung zu den Beiträgen von Wiese, WPg, Heft 11/2005, S. 617-623 und Beyer, FB, Heft 4/2008, S. 256-267 –, in: FB 2008, S. 672-679 (Ausschüttungsquote und Unternehmensrendite).

HACHMEISTER, DIRK, Die Abbildung der Finanzierung im Rahmen verschiedener Discounted Cash Flow-Verfahren, in: zfbf 1996, S. 251-277 (Finanzierung).

HACHMEISTER, DIRK/KÜHNLE, BENJAMIN/LAMPENIUS, NIKLAS, Unternehmensbewertung in Squeeze-Out-Fällen: eine empirische Analyse, in: WPg 2009, S. 1234-1246 (Squeeze-Out-Fälle).

HACHMEISTER, DIRK/WIESE, JÖRG, Der Zinsfuß in der Unternehmensbewertung: Aktuelle Probleme und Rechtsprechung, in: WPg 2009, S. 54-65 (Zinsfuß).

HALBERKAMP, THOMAS/GREVE, MARTIN, Squeeze-out und Barabfindung, in: FB 2002, S. 580-589 (Squeeze-out).

HANSEN, HERBERT/KNOLL, LEONHARD, Dividenden börsennotierter Aktiengesellschaften in Deutschland, in: ZSteu 2005, S. 256-261 (Dividenden börsennotierter Aktiengesellschaften).

HARRIS, ROBERT S./PRINGLE, JOHN J., Risk-Adjusted Discount Rates – Extensions from the Average-Risk case, in: The Journal of Financial Research 1985, S. 237-244 (Risk-Adjusted Discount Rates).

HAUGEN, ROBERT A./HEINS, A. JAMES, The Effects of the Personal Income Tax on the Stability of Equity Value, in: National Tax Journal 1969, S. 466-471 (Personal Income Tax).

HAYN, MARC, Unternehmensbewertung: Die funktionalen Wertkonzeptionen – Gemeinsamkeiten, Unterschiede und Konsequenzen für die Überarbeitung des Entwurfs der HFA-Stellungnahme 2/1983 –, in: DB 2000, S. 1346-1353 (Funktionale Wertkonzeptionen).

HEDLEY, BARRY, Strategy and the "Business Portfolio", in: Long Range Planning 1977, Nr. 1, S. 9-15 (Strategy).

HELBLING, CARL, DCF-Methode und Kapitalkostensatz in der Unternehmensbewertung – Discounted Cash Flow-Methode falls kein Fair Market Value, in: Der Schweizer Treuhänder 1993, S. 157-164 (DCF-Methode und Kapitalkostensatz).

HELBLING, CARL, Bewertung von KMU – Grundsätze und Besonderheiten bei der Bewertung von kleineren und mittleren Unternehmen, in: Der Schweizer Treuhänder 1996, S. 931-938 (Bewertung von KMU).

HENSELMANN, KLAUS, Der Restwert in der Unternehmensbewertung – eine „Kleinigkeit"?, in: FB 2000, S. 151-157 (Restwert).

HENSELMANN, KLAUS/BARTH, THOMAS, „Übliche Bewertungsmethoden" – Eine empirische Erhebung für Deutschland, in: BewertungsPraktiker 2009, Nr. 2, S. 9-13 (Übliche Bewertungsmethoden).

HENSELMANN, KLAUS/WEILER, AXEL, Empirische Erkenntnisse zu Restwertverläufen in der Unternehmensbewertung, in: FB 2007, S. 354-362 (Restwertverläufe).

HFA DES IDW (Hrsg.), Stellungnahme HFA 2/1983: Grundsätze zur Durchführung von Unternehmensbewertungen, in: WPg 1983, S. 468-480 (HFA 2/1983).

HFA DES IDW (Hrsg.), IDW Standard: Grundsätze zur Durchführung von Unternehmensbewertungen (IDW S 1), in: WPg 2000, S. 825-842 (IDW S 1 i. d. F. 2000).

HFA DES IDW (Hrsg.), IDW Standard: Grundsätze zur Durchführung von Unternehmensbewertungen (IDW S 1), in: WPg 2005, S. 1303-1323 (IDW S 1 i. d. F. 2005).

HFA DES IDW (Hrsg.), IDW Stellungnahme zur Rechnungslegung: Anwendung der Grundsätze des IDW S 1 bei der Bewertung von Beteiligungen und sonstigen Unternehmensanteilen für die Zwecke eines handelsrechtlichen Jahresabschlusses (IDW RS HFA 10), in: WPg 2005, S. 1322-1323 (IDW RS HFA 10).

HFA DES IDW (Hrsg.), IDW Stellungnahme zur Rechnungslegung: Bewertungen bei der Abbildung von Unternehmenserwerben und bei Werthaltigkeitsprüfungen nach IFRS (IDW RS HFA 16), in: WPg 2005, S. 1415-1426 (IDW RS HFA 16).

HFA DES IDW (Hrsg.), IDW Prüfungsstandard: Grundsätze ordnungsmäßiger Berichterstattung bei Abschlussprüfungen (IDW PS 450), in: WPg 2006, S. 113-128 (IDW PS 450).

HFA DES IDW (Hrsg.), IDW Standard: Grundsätze zur Durchführung von Unternehmensbewertungen (IDW S 1 i. d. F. 2008), in: IDW FN 2008, S. 271-292 (IDW S 1).

HOWELL, ROBERT A., Turn Your Budgeting Process Upside Down, in: HBR 2004, Nr. 4, S. 21-22 (Budgeting Process).

HÜLSMANN, CHRISTOPH, Gesellschafterabfindung und Unternehmensbewertung nach der Ertragswertmethode im Lichte der Rechtsprechung, in: ZIP 2001, S. 450-455 (Gesellschafterabfindung).

HÜTTEMANN, RAINER, Rechtliche Vorgaben für ein Bewertungskonzept, in: WPg 2007, S. 812-822 (Bewertungskonzept).

IDW (Hrsg.), Ergänzende Hinweise des FAUB zur Bestimmung des Basiszinssatzes im Rahmen objektivierter Unternehmensbewertungen, in: IDW FN 2008, S. 490-491 (Basiszinssatz).

IJIRI, YUJI/JAEDICKE, ROBERT K., Reliability and Objectivity of Accounting Measurements, in: The Accounting Review 1966, Nr. 3, S. 474-483 (Reliability and Objectivity).

JONAS, MARTIN, Unternehmensbewertung: Zur Anwendung der Discounted-Cash-flow-Methode in Deutschland, in: BFuP 1995, S. 83-98 (DCF-Methode).

JONAS, MARTIN, Ausschüttungsverhalten und Betafaktor deutscher Aktiengesellschaften, in: FB 2006, S. 479-485 (Ausschüttungsverhalten und Betafaktor).

JONAS, MARTIN, Unternehmensbewertung: Methodenkonsistenz bei unvollkommenen Märkten und unvollkommenen Rechtssystemen, in: WPg 2007, S. 835-843 (Methodenkonsistenz).

JONAS, MARTIN/LÖFFLER, ANDREAS/WIESE, JÖRG, Das CAPM mit deutscher Einkommensteuer, in: WPg 2004, S. 898-906 (CAPM mit deutscher Einkommensteuer).

KIRSCH, HANS-JÜRGEN/KOELEN, PETER/KÖHLING, KATHRIN, Möglichkeiten und Grenzen des management approach – Eine Analyse unter besonderer Berücksichtigung des Nutzungswerts des IAS 36, in: KoR 2010, S. 200-207 (Management Approach).

KIRSCH, HANS-JÜRGEN/KOELEN, PETER/TINZ, OLIVER, Die Berichterstattung der DAX-30-Unternehmen in Bezug auf die Neuregelung des impairment only approach des IASB (Teil 1), in: KoR 2008, S. 88-97 (Berichterstattung der DAX-30-Unternehmen, Teil 1).

KIRSCH, HANS-JÜRGEN/KOELEN, PETER/TINZ, OLIVER, Die Berichterstattung der DAX-30-Unternehmen in Bezug auf die Neuregelung des impairment only approach des IASB (Teil 2), in: KoR 2008, S. 188-193 (Berichterstattung der DAX-30-Unternehmen, Teil 2).

KIRSCH, HANS-JÜRGEN/KRAUSE, CLEMENS, Kritische Überlegungen zur Discounted Cash Flow-Methode, in: ZfB 1996, S. 793-812 (DCF-Methode).

KITTNER, MICHAEL, „Human Resources" in der Unternehmensbewertung, in: DB 1997, S. 2285-2290 (Human Resources).

KNEZ, PETER J./READY, MARK J., On The Robustness of Size and Book-to-Market in Cross-Sectional Regressions, in: The Journal of Finance 1997, S. 1355-1382 (Robustness).

KNOLL, LEONHARD, Wachstum und Ausschüttungsverhalten in der ewigen Rente: Probleme des IDW ES 1 n. F.? – Anmerkungen zu Schwetzler, WPg 2005, S. 601 ff., und Wiese, WPg 2005, S. 617 ff., in: WPg 2005, S. 1120-1125 (Wachstum und Ausschüttungsverhalten).

KNOLL, LEONHARD, Der objektivierte Unternehmenswert und das IDW – Theoretische Anmerkungen zum neuen IDW S 1 und praktische Erfahrungen mit seiner Entwurfsversion IDW ES 1 n. F., in: ZBB 2007, S. 169-178 (Objektivierter Unternehmenswert).

KNOLL, LEONHARD/HANSEN, HERBERT, Ausschüttungspolitik am Scheideweg – Überlegungen zu Dividendenalternativen börsennotierter Aktiengesellschaften –, in: FB 2006, S. 1-4 (Ausschüttungspolitik).

KNOLL, LEONHARD/LOBE, SEBASTIAN/TARTLER, THOMAS, Langfristiges Ergebniswachstum: Was sagt die Empirie?, in: BewertungsPraktiker 2009, Nr. 1, S. 12-19 (Langfristiges Ergebniswachstum).

KNOLL, LEONHARD/SEDLACEK, CHRISTOPH, Gewinnwachstum börsennotierter Unternehmen in Deutschland – Empirische Befunde einer Stichprobe für die Jahre 1992-2006, in: ZSteu 2008, S. 135-143 (Gewinnwachstum börsennotierter Unternehmen).

KÖSTER, ARMIN, Nachhaltige Preis- und Mengendifferenzierung in der Unternehmensbewertung, in: WPg 2006, S. 830-835 (Nachhaltige Preis- und Mengendifferenzierung).

KRITZMAN, MARK, What Practitioners Need To Know About Return and Risk, in: Financial Analysts Journal 1993, Nr. 3, S. 14-17 (Return and Risk).

KRUSCHWITZ, LUTZ, Risikoabschläge, Risikozuschläge und Risikoprämien in der Unternehmensbewertung, in: DB 2001, S. 2409-2413 (Risiko).

KRUSCHWITZ, LUTZ/LÖFFLER, ANDREAS, Unendliche Probleme bei der Unternehmensbewertung, in: DB 1998, S. 1041-1043 (Unendliche Probleme).

KRUSCHWITZ, LUTZ/LÖFFLER, ANDREAS, Kapitalkosten aus theoretischer und praktischer Perspektive, in: WPg 2008, S. 803-810 (Kapitalkosten).

KÜTING, KARLHEINZ/DAWO, SASCHA, Bilanzpolitische Gestaltungspotenziale im Rahmen der International Financial Reporting Standards (IFRS) – Bewertungsfragen insbesondere bei immateriellen Werten –, in: StuB 2002, S. 1205-1213 (Bilanzpolitische Gestaltungspotenziale).

KÜTING, KARLHEINZ/HAYN, MARC, Anwendungsgrenzen des Gesamtbewertungskonzepts in der IFRS-Rechnungslegung, in: BB 2006, S. 1211-1217 (Gesamtbewertungskonzept).

LAITENBERGER, JÖRG/BAHR, CHRISTIAN, Der Bedeutung der Einkommensteuer bei der Unternehmensbewertung, in: FB 2002, S. 703-708 (Bedeutung der Einkommensteuer).

LAITENBERGER, JÖRG/TSCHÖPEL, ANDREAS, Vollausschüttung und Halbeinkünfteverfahren, in: WPg 2003, S. 1357-1367 (Vollausschüttung).

LEFFSON, ULRICH, Die Berücksichtigung von Konjunkturschwankungen bei der Ermittlung des Ertragswertes von Unternehmungen, in: ZfhF 1950, S. 160-166 (Berücksichtigung von Konjunkturschwankungen).

LIENAU, ACHIM/ZÜLCH, HENNING, Die Ermittlung des value in use nach IFRS – Eine Betrachtung der Einflussfaktoren des value in use vor dem Hintergrund der Vermittlung entscheidungsnützlicher Abschlussinformationen –, in: KoR 2006, S. 319-329 (Value in Use).

LINTNER, JOHN, The Cost of Capital and Optimal Financing of Corporate Growth, in: The Journal of Finance 1963, S. 292-310 (Corporate Growth).

LINTNER, JOHN, Optimal Dividends and Corporate Growth Under Uncertainty, in: The Quarterly Journal of Economics 1964, Nr. 78, S. 49-95 (Optimal Dividends).

LINTNER, JOHN, Security Prices, Risk, and Maximal Gains from Diversification, in: The Journal of Finance 1965, S. 587-615 (Security Prices).

LINTNER, JOHN, The Valuation of Risk Assets and the Selection of Risky Investments in Stock Portfolios and Capital Budgets, in: The Review of Economics and Statistics 1965, S. 13-37 (Valuation of Risk Assets).

LITZENBERGER, ROBERT H./RAMASWAMY, KRISHNA, The Effect of Personal Taxes and Dividends on Capital Asset Prices – Theory and Empirical Evidence, in: Journal of Financial Economics 1979, S. 163-195 (Personal Taxes and Dividends).

LÖHR, DIRK, Unternehmensbewertung: Ausschüttungspolitik und Vollausschüttungshypothese, in: WPg 1992, S. 525-531 (Ausschüttungspolitik und Vollausschüttungshypothese).

LÜCKE, WOLFGANG, Investitionsrechnungen auf der Basis von Ausgaben oder Kosten?, in: ZfhF 1955, S. 310-324 (Investitionsrechnungen).

LÜDENBACH, NORBERT/HOFFMANN, WOLF-DIETER, Strukturelle Probleme bei der Implementierung des Goodwill-Impairment-Tests – Der Ansatz von IAS 36 im Vergleich zu US-GAAP –, in: WPg 2004, S. 1068-1077 (Goodwill-Impairment-Test).

LÜDENBACH, NORBERT/SCHULZ, ROLAND, Unternehmensbewertung für Bilanzierungszwecke – Neue Herausforderungen für den Berufsstand durch den impairment-Ansatz von FAS 142? –, in: WPg 2002, S. 489-499 (Bilanzierungszwecke).

MALLIAROPULOS, DIMITRIOS, A note on nonstationarity, structural breaks and the Fisher effect, in: Journal of Banking & Finance 2000, S. 695-707 (Fisher Effect).

MANDL, GERWALD/RABEL, KLAUS, Zweckadäquate Auswahl von Verfahren zur Unternehmensbewertung, in: RWZ 1997, S. 350-355 (Zweckadäquate Auswahl).

MANDL, GERWALD/WAGENHOFER, ALFRED, Renaissance des Übergewinnverfahrens?, in: RWZ 2002, S. 133-138 (Übergewinnverfahren).

MANKIW, NICHOLAS GREGORY/SHAPIRO, MATTHEW D., Do we reject too often? Small Sample Properties of Tests of Rational Expectations Models, in: Economics Letters 1986, S. 139-145 (Small Sample Properties).

MAUBOUSSIN, MICHAEL/JOHNSON, PAUL, Competitive advantage period: the neglected value driver, in: Financial Management 1997, S. 67-74 (Competitive Advantage Period).

MCGRATH, RITA GUNTHER/MACMILLAN, IAN C., Market Busting – Strategies for Exceptional Business Growth, in: HBR 2005, Nr. 3, S. 80-89 (Exceptional Business Growth).

MEITNER, MATTHIAS, Die Berücksichtigung und Bestimmung langfristiger Zahlungsüberschusswachstumsraten in der Unternehmensbewertung, in: UM 2005, S. 5-10 (Zahlungsüberschusswachstumsraten).

MEITNER, MATTHIAS, Die Berücksichtigung von Inflation in der Unternehmensbewertung – Terminal-Value-Überlegungen (nicht nur) zu IDW ES 1 i. d. F. 2007, in: WPg 2008, S. 248-255 (Inflation).

MEITNER, MATTHIAS, Die Kombination von Wachstumskomponenten im Terminal Value Modell, in: BewertungsPraktiker 2008, Nr. 1, S. 10-14 (Terminal Value Modell).

MILES, JAMES A./EZZELL, JOHN R., The Weighted Average Cost of Capital, Perfect Capital Markets, and Project Life: A Clarification, in: Journal of Financial and Quantitative Analysis 1980, S. 719-730 (Weighted Average Cost of Capital).

MILLER, MERTON H./MODIGLIANI, FRANCO, Dividend Policy, Growth, and the Valuation of Shares, in: The Journal of Business 1961, S. 411-433 (Dividend Policy).

MISHKIN, FREDERIC S., Is the Fisher effect for real? – A reexamination of the relationship between inflation and interest rates, in: Journal of Monetary Economics 1992, S. 195-215 (Fisher Effect).

MODIGLIANI, FRANCO/MILLER, MERTON H., The Cost of Capital, Corporation Finance and the Theory of Investment, in: The American Economic Review 1958, S. 261-297 (Cost of Capital).

MODIGLIANI, FRANCO/MILLER, MERTON H., Corporate Income Taxes and the Cost of Capital: A Correction, in: The American Economic Review 1963, S. 433-443 (Corporate Income Taxes)

MOSER, ULRICH, Behandlung der Reinvestitionen bei der Ermittlung des Terminal Value, in: BB 2002, Nr. 6 (Supplement), S. 17-23 (Behandlung der Reinvestitionen).

MOSSIN, JAN, Equilibrium in a Capital Asset Market, in: Econometrica 1966, S. 768-783 (Capital Asset Market).

MOXTER, ADOLF, Lineares Programmieren und betriebswirtschaftliche Kapitaltheorie, in: ZfhF 1963, S. 285-309 (Betriebswirtschaftliche Kapitaltheorie).

MOXTER, ADOLF, Die Bedeutung der Grundsätze ordnungsmäßiger Unternehmensbewertung, in: zfbf 1980, S. 454-459 (Grundsätze ordnungsmäßiger Unternehmensbewertung).

MÜLLER, WELF, Allweiler redividus? – Zur Unabhängigkeit des Abschlussprüfers und zu einigen Quisquilien in der Hauptversammlung –, in: WPg 2003, S. 741-750 (Unabhängigkeit des Abschlussprüfers).

NELSON, CHARLES R./KIM, MYUNG J., Predictable Stock Returns: The Role of Small Sample Bias, in: The Journal of Finance 1993, S. 641-661 (Predictable Stock Returns).

O'BRIEN, THOMAS J., The Constant Growth Model and Personal Taxes, in: Journal of Business Finance & Accounting 1991, S. 125-132 (Constant Growth Model).

PAULSEN, ANNE-JOSÉ, Statement – Rezeption wissenschaftlicher Thesen durch die Gerichte, in: WPg 2007, S. 823-824 (Rezeption wissenschaftlicher Thesen).

PAULSEN, ANNE-JOSÉ, Unternehmensbewertung und Rechtsprechung, in: WPg 2008 (Sonderheft), S. S109-S113 (Unternehmensbewertung und Rechtsprechung).

PEEMÖLLER, VOLKER H., Stand und Entwicklung der Unternehmensbewertung – Eine kritische Bestandsaufnahme –, in: DStR 1993, S. 409-416 (Stand und Entwicklung).

PEEMÖLLER, VOLKER H., Grundsätze der Unternehmensbewertung – Anmerkungen zum Standard IDW S 1, in: DStR 2001, S. 1401-1408 (Grundsätze der Unternehmensbewertung).

PEEMÖLLER, VOLKER H./BECKMANN, CHRISTOPH/MEITNER, MATTHIAS, Einsatz eines Nachsteuer-CAPM bei der Bestimmung objektivierter Unternehmenswerte – eine kritische Analyse des IDW ES 1 n. F., in: BB 2005, S. 90-96 (Nachsteuer-CAPM).

PEEMÖLLER, VOLKER H./BÖMELBURG, PETER/DENKMANN, ANDREAS, Unternehmensbewertung in Deutschland – Eine empirische Erhebung –, in: WPg 1994, S. 741-749 (Unternehmensbewertung).

PESARAN, HASHEM M./TIMMERMANN, ALLAN, Predictability of Stock Returns: Robustness and Economic Significance, in: The Journal of Finance 1995, S. 1201-1228 (Predictability of Stock Returns).

PFAFF, DIETER/PFEIFFER, THOMAS/GATHGE, DIETER, Unternehmensbewertung und Zustands-Grenzpreismodelle, in: BFuP 2002, S. 198-210 (Zustands-Grenzpreismodelle).

PORTER, MICHAEL E., What Is Strategy?, in: HBR 1996, Nr. 6, S. 61-78 (Strategy).

POTT, CHRISTOPH/VÖGTLE, MARCUS, Aktienrückkauf versus Dividende – Eine performance-orientierte Betrachtung, in: FB 2009, S. 558-568 (Aktienrückkauf).

RAPPAPORT, ALFRED, Strategic analysis for more profitable acquisitions, in: HBR 1979, Nr. 4, S. 99-110 (Strategic Analysis).

REUTER, ALEXANDER, Unternehmensbewertung bei Sacheinlagen: Der neue IDW-Standard S 1 auf dem Prüfstand des Kapitalaufbringungsrechts, in: BB 2000, S. 2298-2305 (Unternehmensbewertung bei Sacheinlagen).

RICHARDSON, MATTHEW/SMITH, TOM, Tests of Financial Models in the Presence of Overlapping Observations, in: The Review of Financial Studies 1991, S. 227-254 (Overlapping Observations).

ROHDE, CHRISTIAN, Unternehmensbewertung im Spannungsfeld zwischen Wissenschaft, Praxis und Rechtsprechung – Bericht über die Paneldiskussion, in: WPg 2008 (Sonderheft), S. S123-S126 (Unternehmensbewertung).

ROSS, STEVEN A., The Current Status of the Capital Asset Pricing Model (CAPM), in: The Journal of Finance 1978, S. 885-901 (CAPM).

SCHILDBACH, THOMAS, Kölner versus phasenorientierte Funktionenlehre der Unternehmensbewertung, in: BFuP 1993, S. 25-38 (Funktionenlehre).

SCHMALENBACH, EUGEN, Die Werte von Anlagen und Unternehmungen in der Schätztechnik, in: ZfhF 1917/1918, S. 1-20 (Schätztechnik).

SCHMALENBACH, EUGEN, Grundsätze ordnungsmäßiger Bilanzierung., in: ZfhF 1933, S. 225-233 (Grundsätze ordnungsmäßiger Bilanzierung).

SCHOEFFLER, SIDNEY/BUZZELL, ROBERT D./HEANY, DONALD F., Impact of strategic planning on profit performance, in: HBR 1974, Nr. 2, S. 137-145 (Profit Performance).

SCHRUFF, LOTHAR/BUSSE, JAN SIMON/HOFFMANN, TIM, Zur Weiterentwicklung der Rechnungslegung Spenden sammelnder Organisationen – Neufassung des Entwurfs einer IDW Stellungnahme zur Rechnungslegung (IDW ERS HFA 21 n. F.), in: WPg 2009, S. 812-820 (Weiterentwicklung der Rechnungslegung).

SCHÜLER, ANDREAS/LAMPENIUS, NIKLAS, Bewertungspraxis auf dem Prüfstand: Wachstumsannahmen, in: BewertungsPraktiker 2007, Nr. 3, S. 2-6 (Bewertungspraxis).

SCHÜLER, ANDREAS/LAMPENIUS, NIKLAS, Wachstumsannahmen in der Bewertungspraxis: eine empirische Untersuchung ihrer Implikationen, in: BFuP 2007, S. 232-248 (Wachstumsannahmen).

SCHWESER, CARL/SOLDOFSKY, ROBERT M./SCHNEEWEIS, TOM, The meaning of the mean, in: The Journal of Portfolio Management 1979, Nr. 4, S. 23-27 (Meaning of the Mean).

SCHWETZLER, BERNHARD, Probleme der Multiple-Bewertung, in: FB 2003, S. 79-90 (Multiple-Bewertung).

SCHWETZLER, BERNHARD, Ausschüttungsäquivalenz, inflationsbedingtes Wachstum und Nominalrechnung in IDW ES 1 n. F. – Replik zum Beitrag von Knoll, WPg 2005, S. 1120 ff. –, in: WPg 2005, S. 1125-1129 (Ausschüttungsäquivalenz).

SCHWETZLER, BERNHARD, Halbeinkünfteverfahren und Ausschüttungsäquivalenz – die „Übertypisierung" der Ertragswertbestimmung –, in: WPg 2005, S. 601-617 (Halbeinkünfteverfahren).

SCHWETZLER, BERNHARD, „Nebeneinander" von organischem und thesaurierungsbedingtem Wachstum in der Unternehmensbewertung?, in: BewertungsPraktiker 2007, Nr. 4, S. 2-6 (Nebeneinander).

SCHWETZLER, BERNHARD, Konsistente Nominalrechnung in der Unternehmensbewertung, in: BewertungsPraktiker 2008, Nr. 1, S. 15-19 (Konsistente Nominalrechnung).

SEEMS, JEVONS/COGGESHALL, F., The Arithmetic, Geometric and Harmonic Means, in: The Quarterly Journal of Economics 1886, S. 83-86 (Means).

SHARPE, WILLIAM F., A Simplified Model for Portfolio Analysis, in: Management Science 1963, S. 277-293 (Portfolio Analysis).

SHARPE, WILLIAM F., Capital Asset Prices: A Theory of Market Equilibrium under Conditions of Risk, in: The Journal of Finance 1964, S. 425-442 (Capital Asset Prices).

SHEARER, P. R., Missing Data in Quantitative Designs, in: Journal of the Royal Statistical Society (Series C: Applied Sciences) 1973, Nr. 2, S. 135-140 (Missing Data).

SIEGEL, THEODOR, Unternehmensbewertung, Unsicherheit und Komplexitätsreduktion, in: BFuP 1994, S. 457-476 (Unternehmensbewertung).

SIEPE, GÜNTER, Die Bemessung des Kapitalisierungszinsfußes bei der Unternehmensbewertung in Zeiten fortschreitender Geldentwertung (I), in: DB 1984, S. 1689-1695 (Kapitalisierungszinsfuß, Teil 1).

SIEPE, GÜNTER, Die Bemessung des Kapitalisierungszinsfußes bei der Unternehmensbewertung in Zeiten fortschreitender Geldentwertung (II), in: DB 1984, S. 1737-1741 (Kapitalisierungszinsfuß, Teil 2).

SIEPE, GÜNTER/DÖRSCHELL, ANDREAS/SCHULTE, JÖRN, Der neue IDW Standard: Grundsätze zur Durchführung von Unternehmensbewertungen (IDW S 1), in: WPg 2000, S. 946-960 (IDW Standard).

STEHLE, RICHARD, Die Festlegung der Risikoprämie von Aktien im Rahmen der Schätzung des Wertes von börsennotierten Kapitalgesellschaften, in: WPg 2004, S. 906-927 (Risikoprämie).

STEINER, MANFRED/WALLMEIER, MARTIN, Unternehmensbewertung mit Discounted Cash Flow-Methoden und dem Economic Value Added-Konzept, in: FB 1999, S. 1-10 (Unternehmensbewertung).

STERN, JOEL M., Earnings Per Share Don't Count, in: Financial Analysts Journal 1974, S. 39-40, 42-43, 67-75 (EPS).

STUDER, TOBIAS, Unternehmensbewertung im Umbruch?, in: Der Schweizer Treuhänder 1992, S. 303-308 (Unternehmensbewertung).

STUMPF, STEPHEN A., A Note on Handling Missing Data, in: Journal of Management 1978, Nr. 1, S. 65-73 (Handling Missing Data).

TEICHMANN, HEINZ, Der optimale Planungshorizont, in: ZfB 1975, S. 295-312 (Optimaler Planungshorizont).

TOBIN, JAMES, Liquidity Preference as Behavior Towards Risk, in: The Review of Economic Studies 1958, S. 65-86 (Liquidity Preference).

TREACY, MICHAEL/SIMS, JIM, Take Command of Your Growth, in: HBR 2004, Nr. 4, S. 127-133 (Growth).

TRÜTZSCHLER, KLAUS/DAVID, ULRICH/STRAUCH, JOACHIM/TOMASZWESKI, CLAUDE, Unternehmensbewertung und Rechnungslegung von Akquisitionen: Die Vorschriften nach IFRS und HGB vs. betriebswirtschaftliche Rationalität, in: ZP 2005, S. 383-406 (Rechnungslegung von Akquisitionen).

TSCHÖPEL, ANDREAS/WIESE, JÖRG/WILLERSHAUSEN, TIMO, Unternehmensbewertung und Wachstum bei Inflation, persönlicher Besteuerung und Verschuldung (Teil 1), in: WPg 2010, S. 349-357 (Unternehmensbewertung und Wachstum, Teil 1).

TSCHÖPEL, ANDREAS/WIESE, JÖRG/WILLERSHAUSEN, TIMO, Unternehmensbewertung und Wachstum bei Inflation, persönlicher Besteuerung und Verschuldung (Teil 2), in: WPg 2010, S. 405-412 (Unternehmensbewertung und Wachstum, Teil 2).

WAGNER, WOLFGANG, Unternehmensbewertung – Theorie und Praxis im Dialog, in: WPg 2008, S. I (Unternehmensbewertung).

WAGNER, WOLFGANG, Unternehmensbewertung – eine Kernaufgabe für Wirtschaftsprüfer: zur 100. Sitzung des FAUB, in: WPg 2009, S. I (Unternehmensbewertung).

WAGNER, WOLFGANG/JONAS, MARTIN/BALLWIESER, WOLFGANG/TSCHÖPEL, ANDREAS, Weiterentwicklung der Grundsätze zur Durchführung von Unternehmensbewertungen (IDW S 1), in: WPg 2004, S. 889-898 (Weiterentwicklung von IDW S 1).

WAGNER, WOLFGANG/JONAS, MARTIN/BALLWIESER, WOLFGANG/TSCHÖPEL, ANDREAS, Unternehmensbewertung in der Praxis – Empfehlungen und Hinweise zur Anwendung von IDW S 1 –, in: WPg 2006, S. 1005-1028 (Unternehmensbewertung).

WAGNER, WOLFGANG/SAUR, GERHARD/WILLERSHAUSEN, TIMO, Zur Anwendung der Neuerungen der Unternehmensbewertungsgrundsätze in IDW S 1 i. d. F. 2008 in der Praxis, in: WPg 2008, S. 731-747 (Unternehmensbewertungsgrundsätze).

WEGENER, WOLFGANG, Auswirkungen der Steuerreform auf den objektivierten Unternehmenswert von Kapitalgesellschaften, in: DStR 2008, S. 935-942 (Objektivierter Unternehmenswert).

WIDMANN, BERND/SCHIESZL, SVEN/JEROMIN, AXEL, Der Kapitalisierungszinssatz in der praktischen Unternehmensbewertung, in: FB 2003, S. 800-810 (Kapitalisierungszinssatz).

WIESE, JÖRG, Wachstum und Ausschüttungsannahmen im Halbeinkünfteverfahren, in: WPg 2005, S. 617-623 (Wachstum und Ausschüttungsannahmen).

WIESE, JÖRG, Unternehmensbewertung und Abgeltungssteuer, in: WPg 2007, S. 368-375 (Unternehmensbewertung und Abgeltungssteuer).

WIESE, JÖRG/GAMPENRIEDER, PETER, Kapitalmarktorientierte Bestimmung des Basiszinses – Möglichkeiten und Grenzen, in: Der Schweizer Treuhänder 2007, S. 442-448 (Basiszins).

WIESE, JÖRG/GAMPENRIEDER, PETER, Marktorientierte Ableitung des Basiszinses mit Bundesbank- und EZB-Daten, in: BB 2008, S. 1722-1726 (Basiszins).

WÜSTEMANN, JENS, Basiszinssatz und Risikozuschlag in der Unternehmensbewertung – aktuelle Rechtsprechungsentwicklungen, in: BB 2007, S. 2223-2228 (Basiszinssatz und Risikozuschlag).

WÜSTEMANN, JENS, BB-Rechtssprechungsreport: Unternehmensbewertung 2007/08, in: BB 2008, S. 1499-1503 (BB-Rechtssprechungsreport 2007/08).

WÜSTEMANN, JENS, BB-Rechtsprechungsreport: Unternehmensbewertung 2008/09, in: BB 2009, S. 1518-1523 (BB-Rechtsprechungsreport 2008/09).

WÜSTEMANN, JENS, BB-Rechtsprechungsreport: Unternehmensbewertung 2009/10, in: BB 2010, S. 1715-1720 (BB-Rechtsprechungsreport 2009/10).

ZEIDLER, GERNOT W./SCHÖNIGER, STEFAN/TSCHÖPEL, ANDREAS, Auswirkungen der Unternehmensteuerreform 2008 auf Unternehmensbewertungskalküle, in: FB 2008, S. 276-288 (Unternehmensteuerreform).

ZIEGLER, ANDREAS/SCHRÖDER, MICHAEL/SCHULZ, ANJA/STEHLE, RICHARD, Multifaktormodelle zur Erklärung deutscher Aktienrenditen: Eine empirische Analyse, in: zfbf 2007, S. 355-389 (Multifaktormodelle).

Verzeichnis der Arbeitspapiere und Internetdokumente

ALBRECHT, PETER/KANTAR, CEMIL/XIAO, YANYING, Mean Reversion Effekte auf dem deutschen Aktienmarkt: Statistische Analysen der Entwicklung des DAX-KGV, Mannheimer Manuskripte zu Risikotheorie, Portfolio Management und Versicherungswirtschaft 2004, verfügbar unter: http://madoc.bib.uni-mannheim.de/madoc/volltexte/2004/219/pdf/MAMA13.pdf, zuletzt geprüft am: 05. März 2010 (Mean Reversion Effekte).

BRADLEY, MICHAEL H./JARRELL, GREGG A., Inflation and the Constant-Growth Valuation Model: A Clarification, Working Paper 2003, verfügbar unter: http://papers.ssrn.com/abstract_id=356540, zuletzt geprüft am: 05. März 2010 (Inflation).

KENGELBACH, JENS/LE GRAND, HANS/ROOS, ALEXANDER, Permanence of abnormal returns and possible applications for company valuation – Empirical study of profitability sustainability and fade rates in the US capital market and suggested incorporation into valuation models, Working Paper 2007, verfügbar unter: http://papers.ssrn.com/sol3/papers.cfm?abstract_id=1002041, zuletzt geprüft am: 05. März 2010 (Abnormal Returns).

KRUSCHWITZ, LUTZ/LÖFFLER, ANDREAS, Sichere und unsichere Steuervorteile bei der Unternehmensbewertung I – Kritische Anmerkungen (nicht nur) zum WP-Handbuch 1998 –, Working Paper 1999, verfügbar unter: http://www.econbiz.de/archiv/b/fub/bank/steuervorteile.pdf, zuletzt geprüft am: 05. März 2010 (Sichere und unsichere Steuervorteile).

MEITNER, MATTHIAS, Modellkonsistenz, Renditeorientierung und Cash Flow Timing – Der Terminal Value in der Bewertungspraxis (Teil 2), IACVA Working Paper 2008, verfügbar unter: http://www.iacva.de/index.php?id=9&file=0A48B0&no_cache=1&uid=34, zuletzt geprüft am: 05. März 2010 (Modellkonsistenz, Teil 2).

MEITNER, MATTHIAS, Modellkonsistenz, Renditeorientierung und Cash Flow Timing – Der Terminal Value in der Bewertungspraxis (Teil 1), IACVA Working Paper 2008, verfügbar unter: http://www.iacva.de/index.php?id=9&file=0A45B0&no_cache=1&uid=34, zuletzt geprüft am: 05. März 2010 (Modellkonsistenz, Teil 1).

MEITNER, MATTHIAS, A Swan Song for the Value Driver Model – Modern Theory and Application of Constant-Growth Equity Valuation Models, Working Paper 2009, verfügbar unter: http://papers.ssrn.com/sol3/papers.cfm?abstract_id=1513183, zuletzt geprüft am: 05. März 2010 (Value Driver Model).

REESE, RAIMO, Alternative Modelle zur Schätzung der erwarteten Eigenkapitalkosten – Eine empirische Untersuchung für den deutschen Aktienmarkt –, Münchner Betriebswirtschaftliche Beiträge 2005 (Erwartete Eigenkapitalkosten).

SCHWETZLER, BERNHARD, Der Einfluß von Wachstum, Risiko und Risikoauflösung auf den Unternehmenswert, HHL-Arbeitspapier 2000 (Einfluß von Wachstum).

SCHWETZLER, BERNHARD, Nominalrechnung und Unternehmensbewertung, IACVA Working Paper 2008, verfügbar unter: http://www.iacva.de/index.php?id=9&file=0A46B0&no_cache=1&uid=34, zuletzt geprüft am: 05. März 2010 (Nominalrechnung).

SOMMER, FRIEDRICH/WÖHRMANN, ARNT/WÖMPENER, ANDREAS, Exploring the Accuracy of DCF and Comparables Valuation Methods by Using Ex-Post Market Data as Forecasts, Working Paper 2009, verfügbar unter: http://papers.ssrn.com/sol3/papers.cfm?abstract_id=1393812, zuletzt geprüft am: 15. März 2010 (DCF and Comparables).

STAMBAUGH, ROBERT F., Bias in Regressions with Lagged Stochastic Regressors, CRSP Working Paper 1986, verfügbar unter: http://finance.wharton.upenn.edu/~stambaugh/bias_reg.pdf, zuletzt geprüft am: 05. März 2010 (Bias in Regressions).

TRAUTEN, ANDREAS/SCHULZ, ROLAND C./DIERKES, MAIK, The Performance of IPO Investment Strategies and Pseudo Market Timing – Evidence from Germany, Working Paper 2007, verfügbar unter: http://papers.ssrn.com/sol3/papers.cfm?abstract_id=967420, zuletzt geprüft am: 05. März 2010 (Pseudo Market Timing).

WIESE, JÖRG, Steuerinduziertes und/oder inflationsbedingtes Wachstum in der Unternehmensbewertung? – Zur konsistenten Anwendung des Gordon/Shapiro-Modells bei Inflation und persönlicher Besteuerung –, Working Paper 2007, verfügbar unter: http://epub.ub.uni-muenchen.de/3767/1/wachstum.pdf, zuletzt geprüft am: 05. März 2010 (Steuerinduziertes Wachstum).

WIESE, JÖRG, Unternehmensbewertung unter neuen steuerlichen Rahmenbedingungen, Working Paper 2007, verfügbar unter: http://www.bwl.uni-muenchen.de/forschung/diskus_beitraege/workingpaper/3942.pdf, zuletzt geprüft am: 05. März 2010 (Neue steuerliche Rahmenbedingungen).

THOMSON FINANCIAL, Datatype Definitions Guide, verfügbar unter: http://extranet.datastream.com/News_Events/product_data%20news/caccounts/Worldscope%20Data%20Definitions%20Guide%20-%20April%202007.pdf, zuletzt geprüft am: 22.12.2009 (Datatype Definitions Guide).

Gesetzesverzeichnis

Aktiengesetz (AktG) vom 06.09.1965, BGBl. I 1965, S. 1089-1184, zuletzt geändert durch Gesetz vom 31.07.2009, BGBl. I 2009, S. 2509-2511.

Börsengesetz (BörsG) vom 16.07.2007, BGBl. I 2007, S. 1351-1368, zuletzt geändert durch Gesetz vom 20.03.2009, BGBl. I 2009, S. 607-629.

Gesetz über das gesellschaftsrechtliche Spruchverfahren (SpruchG) vom 12.06.2003, BGBl. I 2003, S. 838-843, zuletzt geändert durch Gesetz vom 17.12.2008, BGBl. I 2008, S. 2586-2743.

Gesetz über den Wertpapierhandel (WpHG) vom 09.09.1988, BGBl. I 1998, S. 2708-2725, zuletzt geändert durch Gesetz vom 31.07.2009, BGBl. I 2009, S. 2512-2520.

Gesetz über die Erstellung, Billigung und Veröffentlichung des Prospekts, der beim öffentlichen Angebot von Wertpapieren oder bei der Zulassung von Wertpapieren zum Handel an einem organisierten Markt zu veröffentlichen ist (WpPG) vom 22.06.2005, BGBl. I 2005, S. 1698-1719, zuletzt geändert durch Gesetz vom 19.12.2008, BGBl. I 2008, S. 2794-2845.

Gesetz zur Senkung der Steuersätze und zur Reform der Unternehmensbesteuerung (StSenkG) vom 23.10.2000, BGBl. I 2000, S. 1433-1466.

Gesetz zur Umsetzung der Richtlinie über Märkte für Finanzinstrumente und der Durchführungsrichtlinie der Kommission (Finanzmarktrichtlinie-Umsetzungsgesetz) vom 16.07.2007, BGBl. I 2007, S. 1330-1381.

Handelsgesetzbuch (HGB) vom 10.05.1897, RGBl. 1897, S. 219-436, zuletzt geändert durch Gesetz vom 31.07.2009, BGBl. I 2009, S. 2512-2520.

Verordnung über die Zulassung von Wertpapieren zum regulierten Markt einer Wertpapierbörse (BörsZulV) vom 09.09.1998, BGBl. I 1998, S. 2832-2852, zuletzt geändert durch Gesetz vom 21.12.2007, BGBl. I 2007, S. 3089-3139.

Wertpapiererwerbs- und Übernahmegesetz (WpÜG) vom 20.12.2001, BGBl. I 2001, S. 3822-3841, zuletzt geändert durch Gesetz vom 30.07.2009, BGBl. I 2009, S. 2479-2494.

Zivilprozessordnung (ZPO) vom 05.12.2005, BGBl. I 2005, S. 3202-3378, zuletzt geändert durch Gesetz vom 24.09.2009, BGBl. I 2009, S. 3145-3149.

Verzeichnis der Rechtsprechung

BGH, Urteil vom 17.01.1973 - IV ZR 142/70, in: DB 1973, S. 563-565.

BGH, Urteil vom 10.10.1979 - IV ZR 79/78, in: Juristenzeitung 1979, S. 105-106.

LG Dortmund, Beschluss vom 14.02.1996 - 20 AktE 3/94, in: AG 1996, S. 278-281.

LG Frankfurt a. M., Beschluss vom 19.12.1995 - 3-03 O 162/88, in: AG 1996, S. 187-190.

LG München I, Beschluss vom 03.12.1998 - 5 HKO 14889/92, in: AG 1999, S. 476-477.

LG Nürnberg-Fürth, Beschluss vom 22.04.1999 - 1 HK 6730/89, in: AG 2000, S. 89-91.

OLG Celle, Urteil vom 04.04.1979 - 9 Wx 2/77, in: DB 1979, S. 1031-1033.

OLG Celle, Beschluss vom 31.07.1998 - 9 W 128/97, in: AG 1999, S. 128-131.

OLG Düsseldorf, Beschluss vom 29.10.1976 - 19 W 6/73, in: DB 1977, S. 296-298.

OLG Düsseldorf, Beschluss vom 17.02.1984 - 19 W 1/81, in: DB 1984, S. 817-821.

OLG Düsseldorf, Beschluss vom 19.10.1999 - 19 W 1/96, in: AG 2000, S. 323-326.

OLG Düsseldorf, Beschluss vom 27.05.2009 - I-26 W 5/07, in: WM 2009, S. 2220-2229.

OLG Frankfurt a. M., Beschluss vom 09.02.2010 - 5 W 33/09, in: ZIP 2010, S. 729-733.

OLG Stuttgart, Beschluss vom 26.10.2006 - 20 W 14/05, in: NZG 2007, S. 112-119.

OLG Stuttgart, Beschluss vom 22.09.2009 - 20 W 20/06, in: WM 2010, S. 173-183.

OLG Zweibrücken, Beschluss vom 09.03.1995 - 3 W 133 und 145/92, in: AG 1995, S. 421-424.